Selected Works of Design Studios: Architecture, Urban Planning, Landscape, Tsinghua University

清华大学建筑 规划 景观设计教学丛书

体国经野

小 城 镇 空 间 规 划

于涛方 吴唯佳 等 著

清華大學出版社

北 京

内容简介

《体国经野：小城镇空间规划》是在清华大学城市规划专业本科生2017年、2018年“小城镇规划设计课”的基础上，经进一步的系统化研究而成的。这两年的设计课对象都是建制镇，一个在雄安新区上游，是华北大平原地区小城镇发展的一个典型样本，一个位于北京京郊浅山区，文化影响力举世瞩目，是首都地区小城镇发展的一个独特样本。从国家城镇行政层级来看，建制镇的规划设计尤其特殊，有城市的属性也有乡村的属性。本书以清华大学城市规划的教育为视角，一方面可以为建制镇层面的规划国家转向提供一个“鲜活”记录，如传统总体规划语境下的规划研究与规划关注，又如国土空间规划语境下的规划研究与规划关注；另一方面，可以对京津冀协同发展、首都功能疏解、生态文明理念、文化遗产活化、城乡协调发展等特殊时空背景的畿辅地区小城镇转型发展进行展现。一定意义上，无论从规划还是从发展角度，建制镇都是一个非常重要的研究对象。

本书适用于城市规划等专业高年级学生，可提高其对中国小城镇属性和变化的理解能力、对小城镇规划的研究能力、对空间设计表达的多学科理性分析与综合能力。

图书在版编目（CIP）数据

体国经野：小城镇空间规划 / 于涛方等著. — 北京：清华大学出版社，2021.5
（清华大学建筑　规划　景观设计教学丛书）
ISBN 978-7-302-57676-1

Ⅰ. ①体…　Ⅱ. ①于…　Ⅲ. ①小城镇—城市规划—研究—中国　Ⅳ. ①TU984.2

中国版本图书馆CIP数据核字（2021）第045417号

责任编辑： 刘一琳
封面设计： 陈国熙
责任校对： 赵丽敏
责任印制： 杨　艳

出版发行： 清华大学出版社
网　　址： http://www.tup.com.cn, http://www.wqbook.com
地　　址： 北京清华大学学研大厦A座　　**邮　　编：** 100084
社 总 机： 010-62770175　　**邮　　购：** 010-62786544
投稿与读者服务： 010-62776969, c-service@tup.tsinghua.edu.cn
质量反馈： 010-62772015, zhiliang@tup.tsinghua.edu.cn
印 装 者： 小森印刷（北京）有限公司
经　　销： 全国新华书店
开　　本： 165mm×230mm　　**印　　张：** 24　　**字　　数：** 398千字
版　　次： 2021年5月第1版　　**印　　次：** 2021年5月第1次印刷
定　　价： 88.00元

产品编号：089264-01

序　言

本作品集是清华大学本科生四年级“小城镇规划设计课”2017 年、2018 年课程基础上统筹整合而成。这两年的设计对象都是建制镇，而且都是京津冀协同背景下，选址在关键区的小城镇样本，一个是畿辅地区、雄安上游的传统产业集群小城镇，一个是京郊地区浅山区、山水相间、文化荟萃的世界文化小镇。

中国的小城镇规划处于一个快速的变革时期，传统基于总体规划的范畴开始转向基于“生态文明”的国土空间规划的范畴。规划不仅仅关注生活和非农生产的建成环境，而且更加注重山水林田湖草等非建设空间，或者具体来说，生态空间、农田空间的保护和利用。

《体国经野：小城镇空间规划》反映的是这种变革之际的小城镇规划。“体国经野”一词出自《周礼・天官》。其经典的解释是把都城划分为若干区域，由官宦贵族分别居住或让奴隶平民耕作，后泛指治理国家。在这里，一方面，体国经野作为治理国家的广义涵义，在小城镇规划里，贯彻“小城镇、大问题”的不变要义，将规划深刻地理解为国家治理的一个重要的工具；另一方面，从狭义规划的角度，体国经野概括了“小城镇规划设计”的“建成环境（国）”诗意栖居的营造和促进，以及“山水林田湖草（野）”的保护和空间秩序提升。

课程教学组织和题目选择

始于 2009 年，清华已连续开展了 10 年的研究生课程“专题设计一：空间规划”并出版了《空间规划Ⅰ》（清华大学出版社，2017 年）、《空间规划Ⅱ》（清华大学出版社，2020

年）等作品集专著，2013 年城市规划专业本科招生以来，小城镇规划设计课教学也成为一门非常核心的设计课。再加上“十八大”以来国家关于“市场—政府”“中央—地方”的国家战略安排仍激发着清华大学在规划教学方面的不断改革和创新，我们与时俱进地新设了《城市规划经济学》《人文地理学》等理论课程。

随着国家国土空间规划“四梁八柱”的形成，清华大学进一步形成了由“小城镇国土空间规划设计 studio”（四年级上学期）、“毕业设计”（四年级下学期）以及研究生一年级的“专题设计一：空间规划 studio”组成的“螺旋进阶式”的“国土空间规划设计”课程群，这在国内独一无二。这种 studio 群的课程一方面旨在通过设计课来统筹理论学习、提升战略判断与实践能力，另一方面由于课时限制等原因，一些关键的课程如经济学、管理学、地理学甚至是人类学、政治学等并未系统开设，通过设计课平台构筑和打开了与相关领域模块对接和交叉的渠道。

可以看出，立足于复合型人才培养的目标，清华规划系的“国土空间规划”系列设计课创新组织贯彻了“一肩挑”的教学理念。一方面，设计课强调“规划让空间资源配置更优化”的知识和能力提升；另一方面，设计课强调清华大学建筑学传统的“设计让栖居更诗意”的知识和能力提升。前者在传统总体规划基础上聚焦“理论与模式”（从农业区位论、阿隆索模型等土地经济学模型到中心地理论、中心流理论等空间体系模型乃至库兹涅兹周期、三次资本循环、公共品供给蒂伯特模型等经济学模型）以及“GIS 空间分析—计量经济—大数据分析”（双评价、产业演化、公共品供给外部性测度、土地减量和流量模拟等）、应对不确定性的“战略留白”和“情景方法”等弹性规划思维；后者除了注重小尺度空间的城市设计、场地设计乃至建筑设计表达外，更注重设计思维在国土空间秩序重塑、国土空间高品质提升等规划编制中的贯彻应用，强调“点线面网络”文化遗产、“山水林田湖草”大地景观与聚落空间构成的和谐统一体，创新探索了“公共经济学”等理念下的区域设计、地方设计、要素设计和过程设计。

我们不但通过“一肩挑”理念为学生构筑了根基稳固的“青藏高原”知识和能力体系，同时也重视了“因材施教”理念，发挥不同兴趣和特长的学生积极性，在“青藏高原”点缀了“深邃的海子”“无际的荒野”和“高耸的雪峰”。通过靶向“业界专家理论和实务讲座”“现场田野踏勘”、个人“专题环节”、集体“空间规划与设计”等环节最终实现了“各美其美”的专长发挥，“美美与共”的统筹综合等教学目标。

1. 教学组织

清华的“小城镇规划设计”课程教学设在四年级上学期，总共 16 周 128 学时。其教学曾主要是以传统的总体规划设计为基础，认识小城镇尺度的规划设计和规划管理问题，来统筹规划理论知识和融会贯通。之后，尤其在 2015 年后，小城镇规划设计课在不断地探索，不断地寻找与时代变迁相应的规划方法论和设计表达。2017 年后，京津冀协同发展和首都功能疏解、雄安新区建设等国家战略的深化实施，课程无论在选题上还是在教学组织方式和教学内容上都进一步做了重大的调整和探索（表 1）。

表 1 “小城镇规划设计 studio”课程教学组织架构示意

<table>
<tr><th>课程概述</th><th colspan="2">专题讲座、理论学习</th><th>调研策划问卷</th><th>现场调研</th><th colspan="2">调研资料整理与汇报</th><th colspan="2">分专题研究</th><th>中期汇报</th></tr>
<tr><td>1</td><td>2</td><td>3</td><td>4</td><td></td><td>5</td><td>6</td><td>7</td><td>8</td><td></td></tr>
<tr><td colspan="5">不同情景：
定位、发展目标、规模、空间布局研究与规划设计</td><td colspan="2">镇区规划
方案设计
城市设计</td><td colspan="2">方案整合、
成果输出</td><td>终期
汇报</td></tr>
<tr><td>9</td><td>10</td><td>11</td><td>12</td><td></td><td>13</td><td>14</td><td>15</td><td>16</td><td></td></tr>
</table>

在“小城镇规划设计 studio”之后是本科毕业设计和研究生“空间规划 studio”以及“总体城市设计 studio”。教学组织来看，前 8 周进行专题讲座、现场田野调查和专题研究。专题研究注重区域分析、产业空间、人口需求、土地利用、交通支撑、生态文化等小城镇本身发展和区域背景的清晰认知，从而基本形成定位、空间战略等基本判断。进而，后 8 周注重运用情景规划方法，从及问题导向和目标导向相结合的路径，深化小城镇空间发展的战略性预判和框架性策略，开展镇域和镇区等不同空间尺度的空间规划与设计表达。小城镇麻雀虽小，五脏俱全，甚至在一定程度上在规划中比大中城市更需要精准认识、洞悉和把握，更需要精准地靶向规划判断、布局和设计、策划。因此，从教学组织方式上，充分利用“教学共同体”。课程邀请国家自资部、住建部等管理和技术服务部门以及北规院、中城院和地方县市和乡镇政府管理和技术人员，融入从讲座、调研、点评等各个教学环节（图 1~ 图 3）。

图 1　2017 年教学组在保定石佛镇进行泵机生产现场调研

图 2　2018 年教学组与周口店人民政府进行座谈访谈

图 3　2018 年教学组在北京房山区周口店镇调研“十字寺遗址”

2. 教学内容与时俱进的探索

“十八大”以来，城市规划的改革日益深化。2017 年、2018 年清华大学的小城镇总体规划也体现了这一改革的新要求。

2017 年石佛镇的小城镇规划探索了传统总体规划训练的基础上，注重生态环境、服务设施布局等“区域公共问题”，注重非建设用地的资源配置利用，注重市场外力和区域协同驱动下小城镇发展的不确定性。

2018 年周口店的小城镇规划则做了较大的尝试。一方面，专门针对三区三线、山水林田湖草等“国土空间规划”新框架下的教学探索；另一方面，针对“建制镇”的特点，探索了从区域、镇域、重点地区、重点领域等战略规划、总体规划和详细规划乃至城市设计、策划等基于清华城市设计特色的训练。

3. 课程选题：京津冀协同背景下聚焦京畿地区的典型样本小城镇

从典型性和特殊性、区域意义和地方特色等出发，2017 年、2018 年的教学地区是：河北保定安国市石佛镇以及北京房山区的周口店镇。从典型性和特殊性来看，两个建制镇属京畿地区，同面临着京津冀协同大区域背景下产业转型、城镇发展模式转型的挑战，同时两个建制镇一个是首都北京的近郊区，一个处于距离北京较远的保定市；一个位于太行山浅山区，一个可远眺太行山；一个有丰富的世界级的文化遗产，一个文化底蕴相对薄弱；一个有丰富的自然地理条件变化，一个是沃野千里的华北大平原地貌（表2、图4）。

2017年保定安国市石佛镇总体规划的教学"兴趣点"包括：①京津冀协同发展和雄安新区规划对建制镇的影响；②（潴

表2　2017年、2018年两个studio典型教学案例小城镇周口店镇和石佛镇教学归纳

	保定市石佛镇	北京市周口店镇
区位条件	白洋淀上游潴龙河畔；属保定安国县级市；安国县城和博野县城之间；畿辅地区	北京西山浅山区，永定河支流上游；距离北京市中心60公里；毗邻房山区城关镇和燕山石化功能区；首都核心功能区
地形地貌	华北平原地形地貌	深山区—浅山区—平原区多元地理地貌
经济产业	泵机企业集群	传统的水泥、采矿停止，新产业在逐步形成
文化遗产	相对匮乏	国家级文保单位3处：周口店猿人遗址（世界文化遗产）、金陵遗址、十字寺遗址；文化遗产得天独厚；贾岛等名人和非物质文化遗产丰富
交通条件	现状可达性较差；有规划高铁和建设中的高速公路	京昆高速和建设中的轨道交通
教学难点（知识和能力教学兴趣点）	城与乡、生态与发展、演进与断裂、紧凑与分散、地方与区域、现状问题解决与长远目标实现等多方面存在诸多的不确定性	空间规划变革中小城镇规划设计的应对和特殊性认识；存量规划改造方法论和原理；文化遗产、生态等稀缺性以及中心城市和轨道交通导向下的阿隆索空间模型；山水林田湖非建设用地资源管理和规划；依附还是中心打造
教学重点	区域巨型工程和制度环境变化对小城镇的影响；小城镇的公共问题；小城镇的产业—居住—公共服务功能分化逻辑；阿隆索空间经济模型和形态模式；小城镇的城乡（国野）二元性认识和应对	生态和生态景观城乡耦合（生态景观都市主义）；文化和城乡耦合（文化都市主义）；生态—生产—生活的空间逻辑；小城镇内部的异质性和分化；小城镇发展与区域、与首都的政治经济学等内部机制；城乡—山水林田湖区域规划设计为本体的空间规划探讨；小城镇层面的聚落详细规划和特色设计特殊性应对；战略—规划—设计—策划—运营全链条；"五个一"体系
教学—科学共同体	安国市政府、石佛镇政府、中国城市规划院	周口店镇政府、北京规划设计院
学生数量	9人	6人

图 4　周口店镇和石佛镇两个案例教学点区位示意

龙河）流域生态环境治理；③全球经济危机背景下传统产业集群转型发展（石佛镇镇域内泵机企业近 500 家，是三北地区最大的工业泵生产基地,承担了 9000 余名的从业人员,有“草根化”顽强的企业家精神）；④高铁和高速公路等规划建设。

2018 年的北京市房山区周口店镇教学“兴趣点”有：①国土空间规划初现端倪，新一轮北京总规和县区分区规划背景下的小城镇规划探索；②山水林田湖草和聚落多元性的应对；③建制镇拥有世界文化遗产和 3 处国保单位；④有房山最高峰；⑤传统产业衰落和新产业兴起；⑥存量规划探索、功能人口疏解下的小城镇发展；⑦在北京市、房山区、燕山石化等作用下周口店镇的形态结构和功能面临多重动力影响。

目录

第 1 章　知识统筹 · 尺度关联：小城镇规划设计课教学探索　1

1.1　新时期小城镇设计教学面临两大挑战　2

1.2　“知识统筹 · 尺度关联”理念下的小城镇规划设计 studio 教学探索　4

1.2.1　“知识统筹”和“尺度联动”的 studio 教学框架探索　5

1.2.2　经济学等在地方—区域逻辑、特质判断等方面方法论应用　8

1.3　地方—区域尺度联动：战略—总体—专项—详规—设计—行动的空间规划教学探索　15

1.4　结论：小城镇规划设计 studio 教学中两个其他问题　16

第 2 章　畿辅地区安国市石佛镇总体规划　19

2.1　石佛镇：一个冀中南平原地区小城镇发展原型　20

2.2　模型构建、学理阐释：石佛镇小城镇规划专题研究　25

2.2.1　专题一：“京畿—山川”模型区域分析　25

2.2.2　专题二：新古典经济学模型视角的泵业产业集群研究　29

2.2.3　专题三：不确定性应对及收缩和异地城镇化聚焦的弹性情景模型　43

2.2.4　专题四：人口及公共品供需专题　59

2.2.5　专题五：就近城镇化模型解释　71

2.3　方案一：国野之城——异地城镇化、精明收缩　91

2.3.1　总体规划战略　91

2.3.2　总体规划定位　93

2.3.3　总体规划目标　93

2.3.4　产业路径情景　94

2.3.5　总体规划规模预测　95

2.3.6　镇域空间规划　100

2.3.7　镇区空间规划　115

2.3.8　“城更像城，乡更像乡”的愿景设计　125

2.4　方案二：石佛 3.0——就地城镇化、精明演进的路径　135

2.4.1　为何就地城镇化　135

2.4.2　石佛 3.0 之路　141

2.4.3 总体战略：四集中＋新要素吸引 143
2.4.4 镇域规划 148
2.4.5 镇区规划 161
2.4.6 重点片区城市设计：石佛镇区 170
2.5 学生课程感言摘录 175
2.5.1 陈婧佳：《最初也是最本心的表达》 175
2.5.2 邓立蔚：《游戏设计》 178
2.5.3 侯哲：《山重水复、渐入佳境》 181
2.5.4 马晗熙：《对规划课程体系的建议》 183
2.5.5 孟祥懿：《"术"与"路"》 185
2.5.6 张东宇：《带着脚镣跳舞》 187
2.5.7 郑伊辰：《朝花夕拾·言近旨远》 189
2.5.8 朱仕达：《理性地走下去》 192

第3章 京郊周口店镇国土空间规划 195
3.1 小镇周口店：太行山浅山区的文化高地 196
3.1.1 区位特征——近京近畿、半山半城、亦城亦乡 196
3.1.2 上位规划新要求——浅山区：生态修复、文化旅游、空间管控 196
3.1.3 选题意义 197
3.1.4 课程进度介绍 198
3.2 聚焦"公共品和公共问题"视野的专题研究 199
3.2.1 专题一：从结构格局到三次资本循环的产业路径 199
3.2.2 专题二：从生态禁地到生态都市主义 225
3.2.3 专题三：从文化遗产到文化都市主义 243
3.2.4 专题四：存量改造的方法论框架和谱系构建 255
3.2.5 专题五：从市域、区域、镇域看空间与形态 268
3.2.6 专题六：从底线保障到 SOD 公服引导开发 282
3.3 周口店镇"国土空间规划"教学探索 289
3.3.1 定位、路径与结构 289

3.3.2 规划战略 303
3.3.3 镇域空间规划 307
3.3.4 片区空间规划 320
3.3.5 详细规划与城市设计 330
3.4 学生课程感言摘录 353
3.4.1 梁媛媛:《从 ABC 到 XYZ》 353
3.4.2 刘赟:《如麦田间漫步》 354
3.4.3 李俊波:《从量变到质变》 356
3.4.4 王笑晨:《完全新鲜的空间规划》 358
3.4.5 王奕然:《仰望星空》 359
3.4.6 周雅青:《抓大放小、自主探索》 361

主要参考文献 364

后记 366

第 1 章

知识统筹·尺度关联：
小城镇规划设计课教学探索

1.1
新时期小城镇设计教学面临两大挑战

第一，新时期小城镇规划教学改革面临小城镇角色巨大分化的挑战。当前小城镇除了具有多样性、动态变化性外[①]，其角色也发生了转型和多样分化。在农业社会，小城镇的主要职能是集市。20 世纪 80 年代，随着改革开放后城乡经济的全面快速发展，乡镇企业快速崛起，小城镇，尤其是中心城镇经济实力明显加强，助推国民经济在工业化、城镇化和市场化改革中接力完成原始的资本积累过程。于是出现了“小城镇，大问题”的精辟论断。随着市场经济和城镇化、工业化进程的不断深化，中国的经济社会发生了翻天覆地的变化，小城镇的角色也发生了分化，有些小城镇开始成为都市区和城镇化地区的一个关键功能组成部分，发挥着生活、生产和生态的积极功能，有些小城镇则开始相对回归乡村的维度，发挥着基本公共服务提供的职能。当前小城镇规划和建设存在若干关键问题：①传统上，小城镇规划主要是基于城市总体规划的方法和内容来进行编制和实施。注重镇区、注重建设、注重生产、注重用地的扩张；轻视乡村、轻视非建设、轻视生活和生态、轻视用地的集约。②蓄水池、节流闸等社会目标下的资源配置失灵问题。许多地区的公共品、特色小

① 2015 年末，全国共有建制镇 20515 个，乡（苏木、民族乡、民族苏木）11315 个。

镇建设及配置未能结合实际，造成库存、收益低等问题。③经济发展角色目标导向下小城镇的生态环境问题加剧，包括集聚性问题、面源污染治理等问题。小城镇的环境结构（如大气、水源、绿地），资源结构（如土地、淡水、食物、能源等）可持续发展问题比较严峻。正是这种原因，20 世纪 80 年代中期以来，中国学术界在对小城镇的地位和作用的讨论中，在有肯定的同时，否定的意见开始多了起来。

第二，新时期小城镇规划教学面临新的规划制度和组织框架安排。2018 年国务院组成部门进行调整，空间规划的编制体系、管理机构和职能也随之发生变化和调整，面对空间规划体系重构的发展形势。从纵向尺度层级关系来看，大家更加关注新的治理体系，从国家到省、地级市、县级市（区）的变革日益清晰；内容上，越来越注重底线思维、指标管控和考核；从规划体系上，强调多规融合，分层级规划，在大的结构问题、战略问题明晰的基础上，确定了空间规划、用途管制和差异化考核三个重要方向，确定市场资源配置的根本性地位和角色。然而作为解决“不充分不均衡”等问题的重要单元——小城镇在本轮空间规划变革中，其规划方法论和技术工具尚有许多值得探讨的地方和不确定性。

这些都为小城镇规划设计 studio 教学带来了探索的可能和诸多挑战。其中包括方法论和规划设计知识跨学科原理的“知识统筹”的探索和挑战，又包括小城镇与乡村、小城镇与县城、小城镇与核心城市、小城镇与区域等“尺度关联”层面的探索和挑战。

1.2 “知识统筹 · 尺度关联”理念下的小城镇规划设计 studio 教学探索

城乡规划专业本科生主要学习城乡规划的基本知识与基础理论，接受城乡规划的原理、程序、方法以及设计表达等方面的基本训练，具备处理城乡发展与自然环境、社会环境、历史遗产的复杂关系的基本能力，并具有规划设计和规划管理工作的基本素质①。为此，国内各个高校的城市规划设计专业课程基本上都是围绕着“知识结构”（人文社会科学基础知识、专业理论知识、其他相关知识），“能力结构”（前瞻预测能力、综合思维能力、专业分析能力、公正处理能力、共识建构能力、协同创新能力）来进行课程设置和教学组织。

在清华大学城乡规划本科生教育中，为了突出本科生的“知识结构”框架完善和“能力结构”的完善，在“规划设计表达”的核心技能基础上，突出了“尺度递进和联动”和“知识循环累积”的教学组织特色，如图 1-1 所示。关于尺度递进和联动方面，突出规划设计从建筑尺度、场地尺度、住区和村庄尺度向城市设计地段和小城镇尺度的渐进性，涉及建筑设计、场地设计、住区规划设计、城市设计和详规以及总体规划等不同规划设计形态；而“知识循环累积”则包括规划建设历史、规划原理、地理、经济、社会、交通、基础设施、规划管理、遗产保护、生态和空间技术等课程。

---

① 参考资料：高等学校城乡规划本科指导性专业规范（2013 年版）. 中国建筑工业出版社。

		城乡规划基础平台				城乡规划专业平台			
		1年级		2年级		3年级		4年级	
设计系列课程	调整方案	设计基础 1 建筑与 空间类型 城市构成 空间单元	设计基础 2 建筑与 空间类型 环境应对 功能应对	规划基础 1 建筑组群 与场地 居住建筑 公共建筑	规划基础 2 建筑组群 与场地 建筑群落 场地设计	规划设计 1/2 住宅住区 （更新+新建）	规划设计 3/4 城市设计 （设计+详规）	规划设计 5/6 空间规划 （城乡+总规）	规划设计 7 毕业设计
	现行方案	建筑设计 1 空间构成 空间单元	建筑设计 2 环境应对 功能应对	建筑设计 3 别墅设计 建筑改造	建筑设计 4 幼儿园 建筑系馆	规划设计 1/2 场地设计 住宅住区	规划设计 3/4 城市设计 （设计+详规）	规划设计 5/6 小城镇总体规划	规划设计 7 毕业设计
专业基础课程	调整方案 历史课程 专业课程 技能课程	外古建史 空间基础 美术-1	中古建史 建筑设计原理 城市规划原理 美术-2	中国城市史 外国城市史 人文地理学	场地规划设计 城市社会学 规划经济学	住区规划与设计导论 城市交通与道路 房地产概论	城市设计概论 城乡基础设施 土地开发利用与管理 空间信息技术导论	城市制度与管理 城市文化历史保护 城市生态与环境学	综合论文训练
	现行方案	外古建史 美术-1 空间基础 设计基础（1）	中古建史 美术-2 人居基础 设计基础（2）	近现建史 美术-4 建筑概论 人文地理学	建筑原理 CAAD 规划原理 城市社会学	场地规划与设计 住区规划与设计 城市交通与道路 中外城市规划史	城市设计概论 城市规划经济学 城乡基础设施 空间信息技术导论 土地开发利用与管理	城市制度与管理 城市文化历史保护 城市生态与环境学 房地产概论	综合论文训练
实践环节		原建造实习	美术-3｜转系补 城乡认知 外语强化 新增		空间信息采集 传统村镇测绘 原测量 原美术6		城乡社会调查 空间信息技术应用	新增	规划院/规划局实习

图 1–1　清华本科生城乡规划学专业课程设计框架内容和改革

1.2.1 “知识统筹”和“尺度联动”的 studio 教学框架探索

小城镇规划设计教学是一个培养“知识统筹能力、尺度联动思维”的关键环节。对于规划学习者而言，小城镇是一个重要的空间尺度单元，是“五脏俱全的小麻雀”。因此，其规划设计教学对于统筹教学中的规划理论方法等核心能力，对于统筹社会、政治、经济、工程等相关知识是一个重要的对象平台，同时，小城镇在辐射带动乡村，链接大中城市等方面也有独特的表现。

1. “小城镇规划设计 studio”教学理念四象限示意

以“知识统筹”为研究训练脉络形成了“方法论”和“规划原理”二分法作为四象限的纵轴，以“尺度联动”为设计训练脉络形成了“基于地方的设计”和“基于区域的设计”二分法作为四象限的横轴，据此：①形成方法论层面的“规则统治”和“目标统治”研究判断认识和规划设计指导；②形成理性综合思维（实证主义、结构主义等）和现实主义、人文主义相协调的方法论；③形成“底线思维”和“愿景展望”的规划设计原则和思维能力训练；④进行“问题、机制、目标和路径”的整体和综合能力系统化训练（图 1-2）。

通过前两者来判断和确定规划“科学”问题、确定规划设计的基本价值判断和情景模式选择；初步了解规划的多元思潮——如实证主义、人本主义、结构主义的意义；了解规划的过程性——如政府市场和社区在规划编制、规划实施等中的不同角色，涉及沟通式规划、倡导式规划等。通过后两者进行“地方—区域”设计中相关原理和方法的有针对性的取舍权衡训练。包括运用新古典经济学和制度经济学等进行小城镇在区域中的比较优势和边际转折判断，运用公共经济学等进行小城镇层面的生态、公共设施、文化遗产、环境、

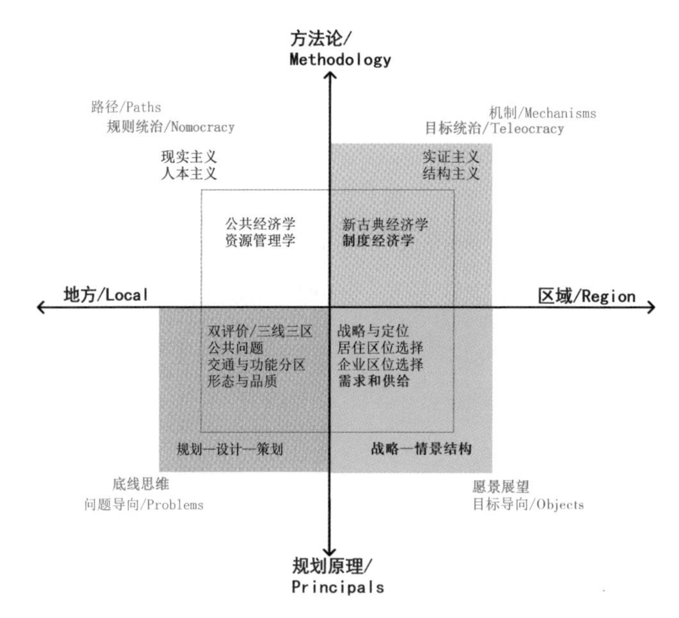

图 1-2　基于“知识统筹 · 尺度联动”的小城镇总体规划框架构建

社会等公共问题判断，运用资源管理学进行土地经济、山水林田湖资源配置关系的判断等。

2. 聚焦“方法论和原理知识统筹”的规划研究和设计前提战略判断

任何一个成熟的学科，其方法论和原理都是其核心知识构成。如经济学的核心课程是“经济学原理”和“经济学思想史”，而城乡规划学，“城市规划原理”不断进步和成熟的同时，“城市规划思想史”也日益得到关注。

“规划”的多元知识构成和“聚落”的多维知识构成共同形成一个复杂的知识“矩阵”体系。正是由于这样一个复杂的交织体系，使得小城镇规划设计教学受到不小的挑战。在训练中，关于人口预测、产业分析、生态分析等的基本方法和原理都有了一定的积累和理解，但是人口到底是目标还是手段，产业到底是内生的还是外生的，生态学中的生态和规划学中的生态意义，等等，很多问题都没有纳入一定的方法论前提下进行训练。

因此，一方面，对于小城镇规划设计的教学，其不仅仅是规划原理和设计方法的训练，而且尤为重要的是还要借此来强化方法论的了解、熟悉，进行相应的训练。包括：小城镇是什么的实证性认识？小城镇应该是什么，规划怎么做的规范性认识？小城镇规划的“目标统治”和“规则统治”的认识？以及基于理性科学的精细化系统谋划实证主义方法论？镇域底线思维基础上和市场资源配置基础上的现实主义“法无定试”弹性应对？小城镇的地方特色塑造和设计再强化？

小城镇是一个完整的行政单元，对于规划学习者而言，是一个重要的“五脏俱全的小麻雀”和“小白鼠”。其涉及规划的方方面面，涉及城乡发展的方方面面。虽然尺度小，但其规划设计教学对于统筹教学中的规划理论方法等核心能力，对于统筹社会、政治、经济、工程等相关知识是一个重要的对象平台；同时，小城镇既是沟通城市和乡村联系的枢纽，又是乡村市场经济、政治文化发展的中心和社会发展文明的标志。总之，小城镇规划设计教学是一个培养"知识统筹能力、尺度联动思维"的关键环节。

3. 聚焦"地方—区域尺度联动"的规划设计链教学

从空间尺度来看，小城镇的发展具有多维性。小城镇本身虽是一个完整的行政单元，但内部又有城市性质的"镇区"，又有乡村等基本单元；另一方面，小城镇本身在财政和治理方式上很大程度上依赖于所处的县级行政主体，在经济和社会生态方面深受区域中心城市的影响，更不用说小城镇在国家层面的重要生态和社会意义。

一方面，聚焦小城镇地方与区域的尺度联动内在机制和规划设计应对，聚焦小城镇内部村、社区、镇区以及山水林田湖等内在差异性；另一方面，重视从战略到总体规划、专项规划、详细设计等为主题的规划设计链条整体性教学。

因此，在规划设计训练中，高度重视不同层次的空间结构性表达、关联性表达、设计性表达等"规划设计链条"训练环节。

1.2.2 经济学等在地方—区域逻辑、特质判断等方面方法论应用

方法论层面一方面突出规划的目标统治和规则统治及与经济学关联关系，规则统治突出公共经济学思维，目标统治突出政治经济学和新古典经济学等相关思维和工具。教学中

突出各美其美（规则统治还是目标统治？），美美与共（规则统治和目标统治相结合）；另一方面，突出理性综合（实证主义、结构主义等）思潮的同时强调人文主义思潮，来认识和探索小城镇发展和规划的机制和路径。区域尺度方面，探索了新古典经济学、资本累计循环的应用，同时探索了战略定位、区位选择、供需关系的空间结构逻辑。地方尺度层面，注重生态—城乡、文化遗产—空间、公共服务设施—聚落、山水林田湖等类似“公共池塘资源”的空间资源配置和资源管理。

以下列举了其中的一些探索性教学展现。

1. 新古典经济学等进行小城镇和产业动力机制分析

以 2017 年石佛镇教学尝试为例，引导学生通过新古典经济学的模型构建来解释产业和城镇发展动力。通过资本、土地、劳动力以及内外供需关系进行石佛镇的泵机企业产业演进和城镇发展的逻辑模型构建和解释，采用短期生产函数描述了石佛镇泵机企业发展，具体参见第 2 章内容（图 2-20）。

2. 政治经济学等突出小城镇“地方—区域”机制逻辑：周口店镇的尝试

将规划设计镶嵌在政治经济的框架中进行认识和知识统筹训练。在 2018 年的小城镇规划设计课教学中，北京郊区的周口店镇无论从其发展机制动力识别还是从未来发展趋势的判断上，都需要从京畿互动关系，即“地方—区域”的视角进行整体和局地的多视角分析。在传统的新古典经济学模型基础上，又引导学生从政治经济学和新马克思主义的视角，通过资本三级循环模型等进行规划训练和认识。这包括了两个环节。

（1）一般性教学基础目的

周口店镇本身资本循环的认识和解析；结合哈维的资本三级循环理论，周口店乡村发展的第一个阶段正是资本的原始积累阶段，对应于资本初级循环。第二个和第三个阶段对应着资本的次级循环，即资本空间化的过程。而现阶段资本向社会领域的投入即向农民自身的投入是第三级循环的表征。在资本运动的过程中，总是试图创造出与自己的生产方式和生产关系相适应的空间，因此，周口店的乡村空间伴随资本的运动也呈现出不同的特征。将资本循环的三个回路与大都市近郊区周口店乡村的发展历程相结合，在资本的逻辑下，可以看出周口店的乡村转型大致经历了资本初级循环、资本次级循环和资本第三级循环三个阶段。同时由于北京相关政策的影响，在大的资本循环下，在生产部门内也形成了一些具有周口店自身特点的发展，如工业发展经历了从劳动力密集到资本密集再到技术密集型工业的历程，房地产业从小产权房发展到农家乐再发展到商品房建设，公共品由政府主导的基础设施建设到博物馆建设再到世界遗产小镇的建设等。

（2）特色性教学探索

周口店资本累积循环与大区域循环的耦合。周口店的发展历程基本符合哈维的资本三级循环理论，但是也有一些矛盾和特殊性。教学探索结果是：北京作为都城对周口店产生的影响不可忽略，周口店地区的发展是在首都圈层内的特殊的资本循环过程（表 1-1）。

周口店是北京重要的矿产品供应基地。改革开放以来，周口店地区大体经历了三个跨越式发展阶段：① 1978 年以来，在燕山石化的影响下采矿业异军突起，为乡村工业化阶段；② 2006 年以来，因为环保政策矿产关停；③ 2010 年以来，周口店美丽乡村建设整体推进，为美丽乡

表 1-1　周口店小城镇发展在政治经济等综合框架的认识

长波拐点	辽	元	明清	近代	1949年	1970年	2006年	今
重要时期	古人类时代	金陵建设时期	广开煤矿时期	生态破坏时期	煤/灰业鼎盛时期	集体产业发展时期	矿产产业链快速发展期	被迫转型期
生产部门			农业		采掘业	制造业	房地产先进制造业	公共品
资本循环阶段			农业积累阶段			初级循环	次级循环	三级循环
影响政策		金陵定址		煤矿开采鼓励	家庭联产承包制	企业改制	矿业禁令	美丽乡村
政府角色	可忽略	强烈的(直接的)管理者/调解者		可忽略		强烈的(直接的)管理者/调解者		强烈的(间接的)合作者/推动者
库兹涅茨周期	京西古道建设	1900年京山铁路建成	1972年京原铁路建成通车		2014年京昆高速建成	猿人遗址博物馆建设	政府东迁	2017年12月30日燕房线通车
形态	匀质原始聚落			增长极		点轴结构	网状结构	
建设密度	城市密度低，活动分散			活动有一定程度的聚集			高密度，活动中心集聚，紧凑式建筑建设	
交通方式	马车			铁路		高速公路	轨道交通	
	交通设施为生产服务，注重物流				各种交通混杂发展		多种出行方式迅速连接各个角落	
政府管理与政策			村民自治		政府介入+企业管理		自由放任主义	多元力量共同管理

村建设主导的乡村旅游化阶段。从2014年至今，现阶段乡村建设中出现了新的趋势，周口店北京人遗址博物馆等公共品开始出现，基础设施工作也逐渐开展。

3. 土地地租模型空间经济学方法和模型训练应用

第一，区域多中心下小城镇地租模型模拟。以石佛镇为例，通过阿隆索土地地租和空间经济模型，表征租金关系从县城中心向外的逻辑；以安国、博野县城为辐射中心，建构“国野地区”统一的经济联系，其目的能够厘清区内统一配置资源的市场逻辑（图1–3）。

第二，区域多中心和地方特质资源双重机制下土地地租模型模拟来指导空间结构：周口店镇探索。周口店镇一方面是北京市浅山郊区的一个建制镇，有其相对独立性，因此本身形成了一定的圈层化的土地竞租模型，同时其本身又受到环境舒适性（猿人文化遗址、金陵遗址、大房山以及大石河

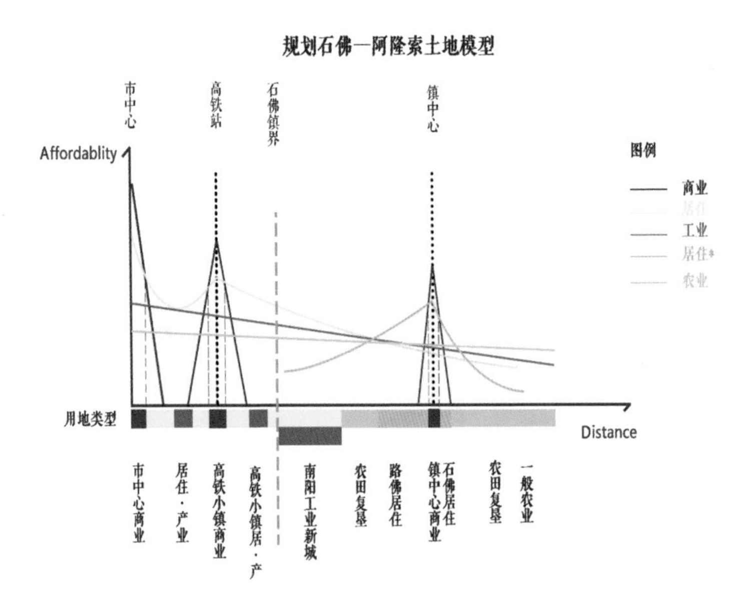

图1–3　石佛镇“地方—区域”地租模型模拟

水体等）以及可达性变化的影响（轨道交通新建、京昆高速公路），同时房山城关镇和燕山石化的发展转型也极大地影响着周口店镇的土地竞租模型（图 1–4）。

周口店中心镇区规划模型

- 猫耳峰为重要节点的大房山土地生态价值最高
- 以猿人遗址和博物馆为核心的片区土地文化价值最高
- 周口店地铁站周边TOD的发展模式使得地价升高
- 周口店镇区的土地价值是商业价值、文化价值和生态价值的共同体现

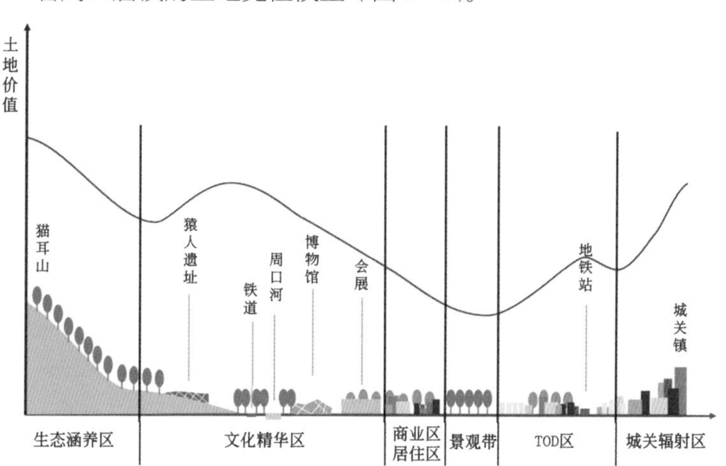

图 1–4　在可达性—舒适性等条件下的周口店镇空间规划结构

第三，存量土地资源管理和规划。遵循上位规划下达的指标，运用土地经济学原理、城市更新的谱系和相应的规划措施。通过卫星影像及上位存量分布图，摸清了周口店现有存量情况。根据房山分区规划中工业用地 5：1 采矿用地 20：1 及宅基地不超过 20% 的要求，计算出了三类用地一共可置换新用地面积 396 万 m^2，总体拆占比 1：0.33，远低于全市规模的 1∶0.7~1∶0.5，远期结合建设需求考虑指标转移。而建筑面积上，抽样了各处的宅基地，测算出宅基地容积率在 0.45 左右，停产及改造后的工业地统计率正在 0.7 左右，废弃地容积率按 0 处理，以此得到各类用地的现状建筑面积，一共是 341 万 m^2。

4. 公共经济学思维突出小城镇“公共品”“公共问题”

新背景下，小城镇规划编制和规划实施中，公共经济学的思维尤为重要。一方面，小城镇与中等城市和大城市相比，

其基本公共服务的职能会越发凸显，包括基础教育、社区卫生设施等。同时，经历了几十年以经济增长为导向的发展，小城镇的发展中面临着诸多的公共经济问题，如生态环境破坏、垃圾搜集和处理问题、地方文化延续等。另一方面，从政府职能转型来看，城市规划在中国也越来越从“生产力布局”导向，转向“山水林田湖草”等生态环境保护“底线保障”，转向公共资金靶向投入的“公共品”供给，转向解决负外部性和市场失灵。

当然，除非是纯公共品等领域，几乎所有的公共问题和公共品供给都可以通过政府和市场相结合的路径来实现，换一句话，公共品供给和公共问题解决除了能满足基本需求外，还能发挥或多或少的正外部性，引导城市高品质发展和人居质量提升。

因此，在设计中，既注重底线思维的生态和承载力评价，又注重积极的生态景观都市主义；既注重文化遗产的保护，又突出文化都市主义，让文化活起来；既注重基本的公共服务设施供给，鼓励蒂伯特模型等运用，又注重公共服务设施在城市发展中的“引擎”作用。

1.3 地方—区域尺度联动：战略—总体—专项—详规—设计—行动的空间规划教学探索

第一，区域层面的战略趋势结构规划。突出战略和结构（注重区域关系、注重空间逻辑、阿隆索土地经济学）及重大基础设施和边际性转折点等内容。

第二，地方小城镇层面的国土空间规划体系教学探索。地方尺度训练主要有两个层面。镇域层面主要训练空间规划体系：强调三区三线—土地适应性评价、非建设用地（山水林田湖）、文化遗产—公共设施等与城乡发展的关系；注重城乡二元性（走向城市，还是回归农村）；在镇域层面形成“五个一”的规划内容：一本账、一张图、一个体系、一套方法、一个项目库等。重点片区（镇区、特色区等）层面主要训练详细规划和设计策划等。重点片区涵盖了镇区、特色聚落区、非农建设用地中的大遗址区，并借鉴《农业区位论》等做了农田开敞空间的功能区位安排（图 1–5）。

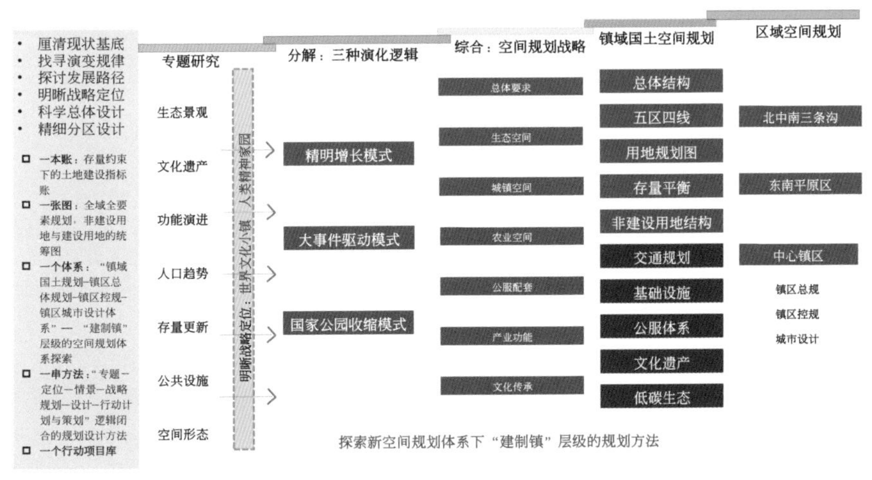

图 1–5　探索建制镇层面的国土空间规划体系

1.4 结论：小城镇规划设计 studio 教学中两个其他问题

虽说小城镇建设更大程度上是实践问题而非学术问题，但其studio 教学需要明确的方法论和科学性。因此在教学中，强调了“方法论—原理”的知识统筹，和基于“地方—区域”的尺度联动等框架体系的组织。除此以外，如下两个问题在此次小城镇规划设计 studio 中着重加强了训练。

第一，定与不定的思维和训练：规则统治—目标统治下的各美其美和美美与共。地方的定与不定规划设计应对：情景方法应对不确定性；突出地方化经济和地方比较优势及公共品等确定问题。①规则导向强调底线思维和确定规则，而目标统治强调规律性和愿景目标的把握；②小城镇规划中的区位和时位选择问题。因地制宜的区位分析——区域的视野。因时制宜的边际分析——从新古典经济学到多重经济政治的视野。

第二，亦城亦乡认知——小城镇层面的特殊性认识和教学训练。小城镇在中国有特殊功能和地位。一方面，小城镇与农村之间存在紧密的天然关系。另一方面，小城镇在城乡互动中具有纽带作用。如果从大中城市的高效益、高辐射力、高聚集力来看，小城镇不能与之相比，但是，若从它贴近农村，在居民体系中处于中间环节，具有城乡二元特征，是“城市之尾”“乡村之首”，能推动乡村工业化和城市化，这方面是大城市不能比拟的（图 1-6、图 1-7）。

图 1-6　无人机拍摄石佛镇镇区亦城亦乡的景观面貌

图 1-7　周口店镇亦城亦乡的景观面貌

第2章

畿辅地区安国市石佛镇总体规划

2.1
石佛镇：一个冀中南平原地区小城镇发展原型

石佛镇隶属于河北省保定市域东南的安国市，地处白洋淀上游华北平原核心腹地。石佛镇北、东与博野县相接，南与安平县为邻。镇区北距首都北京市 162km，东距天津市 159km，西北距保定市 45km，西南距省会石家庄市 187km（图 2-1）。

全镇面积 55.1km^2，下辖 21 个行政村；2017 年末全镇总人口 32698 人，人口密度较高。石佛镇农业及工业生产基础条件较好，产业以生产工业水泵为主，是三北地区最大的工业泵生产基地，家畜养殖以及药材、杏仁加工为辅。2016 年底，全镇规模以上工业水泵（年销售收入 2000 万元以上）企业 9 家（图 2-2）。

在 2016 安国总体规划中，石佛镇被定义为安国“四大功能板块”之一，是市域经济功能区的东部支点；发展目标是依托产业基础，发展装备制造集群，打造科技创新区。

一个有故事的区域单元：坚忍不拔的**自发生长**路径；**冀中南地区**发展模式样本。
一片面临不确定未来的土地：**雄安新区**大计；**基建布局**飞跃；**市场浪潮**洗礼。

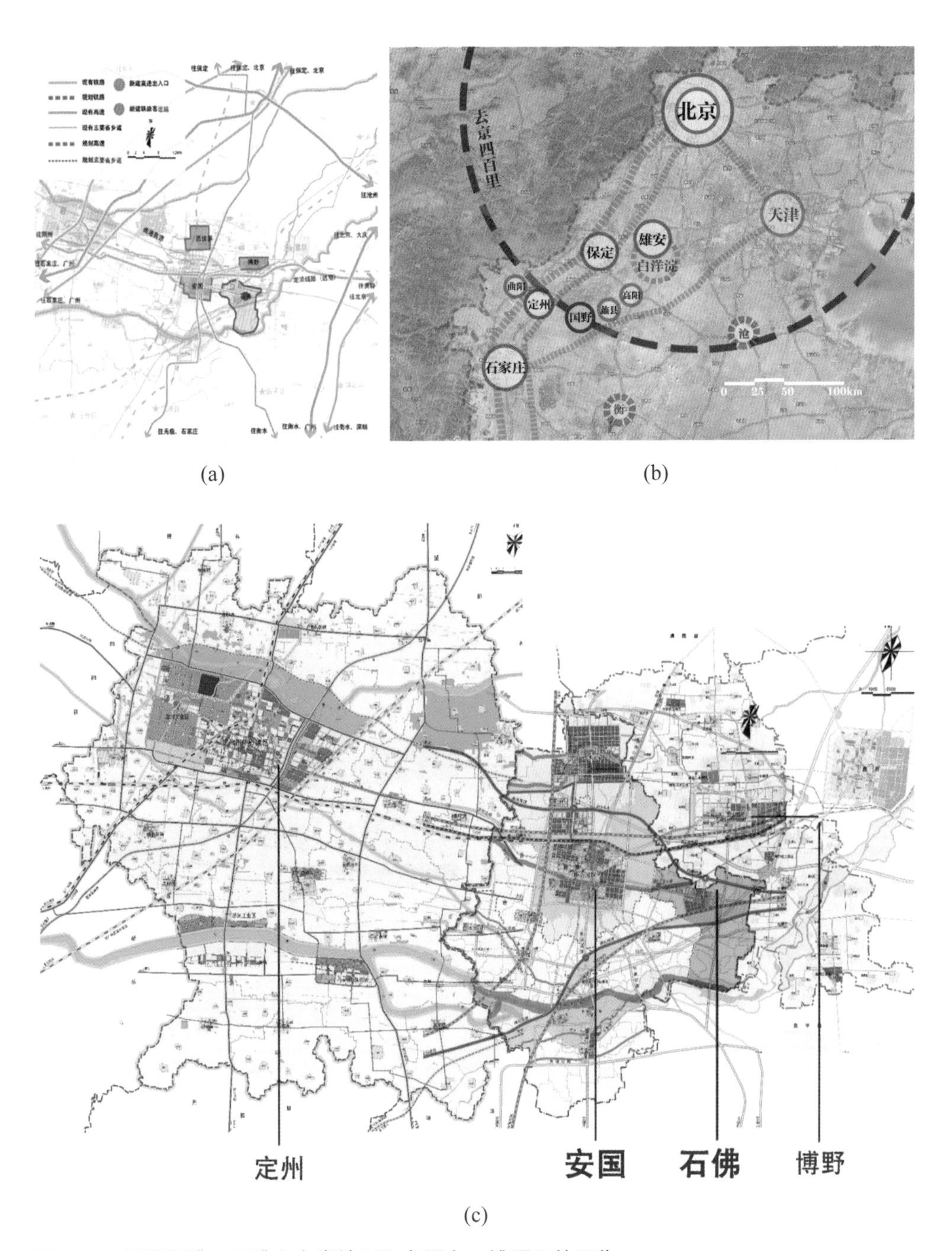

图 2-1　国野石佛：石佛在京畿地区和安国市—博野县的区位

(a)　(b)　(c)　(d)　(e)　(f)

图 2-2　石佛镇泵业产品及生产空间

石佛镇是京津冀地区小城镇发展的一个标本（图 2-3）。存在“半城市化”特征的、自下而上草根动力发展路径，这种路径在当前自上而下的区域协同和雄安新区建设过程中，会遇到新的机遇和挑战。同时，石佛镇传统初级产业集群在当前全球经济危机下深受影响(图 2-4)，是探索这类建制镇转型发展的典型样本。这些都决定了石佛镇在小城镇教学方面的不确定性和多路径方面标本优势。石佛镇未来到底是增长模式还是收缩模式？在“人”的城镇化路径上，是选择就地城镇化还是异地城镇化模式？泵机产业是凤凰涅槃还是就此灰飞烟灭（图 2-5）？

- 计划新增高铁线路：“一横一纵”；纵线在镇西设站；
- 新增高速干线：“一横一纵”；经由出入口与镇内联络；
- 2016 安国总规——石佛被定义为安国“四大功能板块”之一，市域经济功能区的东部支点。

优势：	劣势：	挑战：	机会：
区位：京畿山川；	初级要素驱动；	环保停产潮；	京畿山川巨变；
泵业传统；	粗放经营；	劳力分流难；	上位规则倾斜；
企业家精神。	基建公服配置差。	制造业转型难。	基建配置加强。

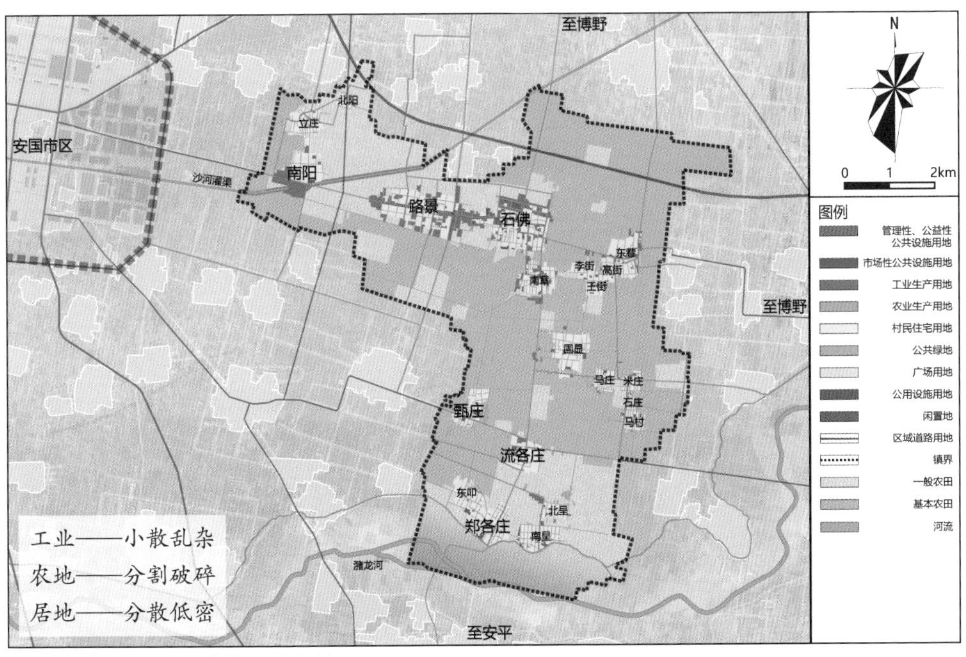

图 2-3 安国市石佛镇用地现状图

（a）　　　　　　　　（b）

图 2-4　石佛镇传统泵机产业面临区域环保压力和市场升级换代的双挑战

中小规模，三北居首；自发生长，历史悠久。分布集中，路佛南阳；前店后厂，边缘作坊。产品低端，清水渣浆；违法占地，三废排放；重型运输，空置厂房。市场万变，转型迫切；环保严冬，何枝可依。

- 市场化瓶颈 + 环保重拳；
- 2017 产业寒冬——断电、巡视，严防死守；积压、停摆，焦头烂额。

图 2-5　石佛镇镇区街景街貌

2.2
模型构建、学理阐释：石佛镇小城镇规划专题研究

2.2.1　专题一：“京畿—山川”模型区域分析

石佛镇地处“北首都，南中原”“西太行，东淀区”的“京畿—山川”区域框架中，与京津冀地区，与山川地理条件关系紧密（图 2-6）。

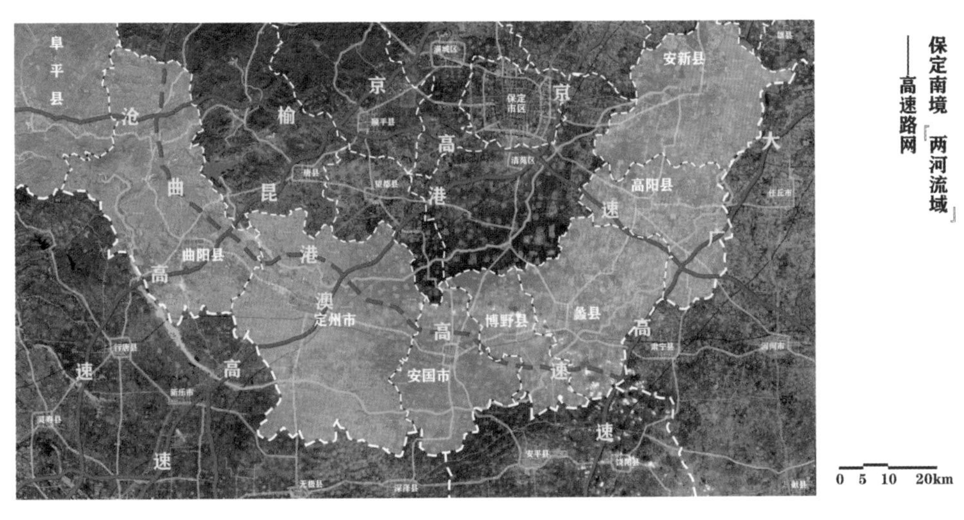

图 2-6　石佛镇在保南“潴龙河—唐河”两河流域的区位关系

1. 京畿逻辑

历史上，保定地区是重要的畿辅地区，相应的作为山前通道和潴龙河畔的一个重要节点，石佛镇的功能、文化等也具有显著的首都特色。过去几十年里，各类优势生产要素高度集聚到首都北京以及天津等中心城市，人口和经济规模急剧增长，创新和掌控能力不断加强。首都北京之于广大的冀

中南平原地区类似于“京—畿”关系或者“国—野”关系。作为畿辅腹地区域，传统上石佛镇等经济发展过去基本上是由廉价的土地、原材料、劳动力等初级要素主导，自发集聚显著，首都北京对其功能影响相对不显著；因此，在长期的发展中，石佛镇土地利用粗放均质蔓延的特征比较突出，由于不具备集聚经济和规模经济效应，公共问题日趋严峻，如面源污染严峻、生态服务功能退化等。

“京—畿”的辩证变化关系到石佛镇未来发展和空间规划的基本依托。2010 年后在京津冀协同背景下，雄安新区的设立，非首都功能的疏解与区域交通基础设施的进一步完善将为石佛镇转型发展带来新的机遇。

2. 山川逻辑

石佛镇紧邻太行山山前走廊地区，镇域内大部分属于唐河和潴龙河冲积平原地貌，地势低平，绝对高程在海拔30~36.4m。镇域有内潴龙河、沙河灌渠通过。其中潴龙河为大清河南支最大行洪河道。南北“两河”纵贯区域，构成了区域社会、经济、文化与自然环境发展演变的主要脉络。

山水平原作用下的文化脉络。“潴龙河—唐河”两河流域是历史比较悠久的地区之一，西眺古北岳大茂山，东接白洋淀，并因其山川地理环境的不同而产生了丰富的变化，靠山的形成了石刻文化、磁窑文化、陵墓文化和山崇拜文化，靠淀的地区形成了“水文化”。石佛镇处于“两河流域”的“分水岭”上，兼有曲阳北岳文化、定州中山文化、安国中草药文化、博野—蠡县农业文化、淀区雁翎文化之地的同时，因其良好的气候和土壤条件出产多种名贵的中草药材，中药产业一直延续至今（图 2-7）。

图 2-7　潴龙河—唐河流域文化与历史格局：巍巍北岳，洋洋洼淀；千年文脉，不绝相牵

3. 镶嵌在京畿和山川逻辑下的经济发展

保定及其周边地区是“畿”的典型地区，因此产业发展广泛地呈现出初级要素驱动的特征，但区域内各县、市的特色产业又因其自然与交通禀赋的区别而有所变化。太行山前地带受自然禀赋驱动产生了石材、乳业等产业集群，即所谓“靠山吃山”，而受区域干线京石高铁、京广高速与107国道等交通基础设施驱动，保定、清苑等地受首都资本、技术辐射及京津冀协同背景下非首都功能外溢的影响，形成了京广走廊制造产业带。而安国、博野、肃宁等东部地区既无太行依托，又无保定辐射，因此凭借自身较为廉价的土地与劳动力资源发展出了以石佛泵业、蠡县毛纺业等为代表的劳动密集型产业集群。然而，周边各县的特色产业并没有形成规模效应，大多停留在低端生产阶段，追求逐底的利润，“制造力”非常脆弱。

安国市人口密度低于京广走廊带，高于冀中南腹地；安国 GDP 略低于定州，人均 GDP 在两河流域内最高；安国城镇人均可支配收入较低，农村人均可支配收入在“潴龙河—唐河”两河流域内最高，发展均衡性较好（图 2–8）。

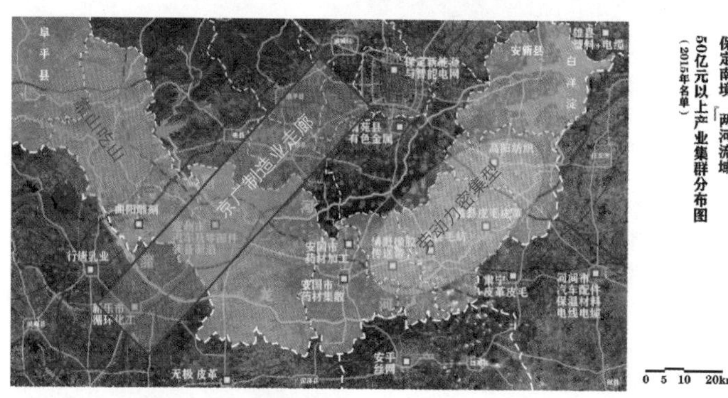

图 2–8　潴龙河—唐河流域产业分布格局：地近京广，南北通衢；有力出力，靠山吃山

4. 流域与城乡聚落分布

研究区域地处华北平原核心腹地，交通便利，高速公路、国道干线密集。有“三纵”，即高速路网京昆高速、京港澳高速、大广高速和“两横”，即沧渝高速、曲港高速过境。同时，106 国道、107 国道两条国道和若干省道从区域内通过（图 2–9、图 2–10）。

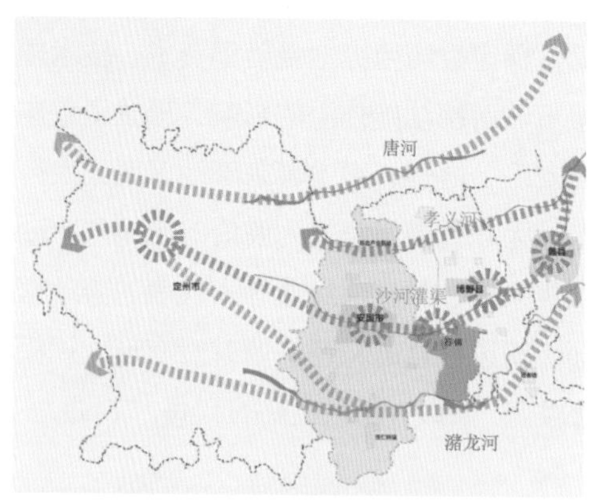

图 2–9　唐河和潴龙河流域的县城链

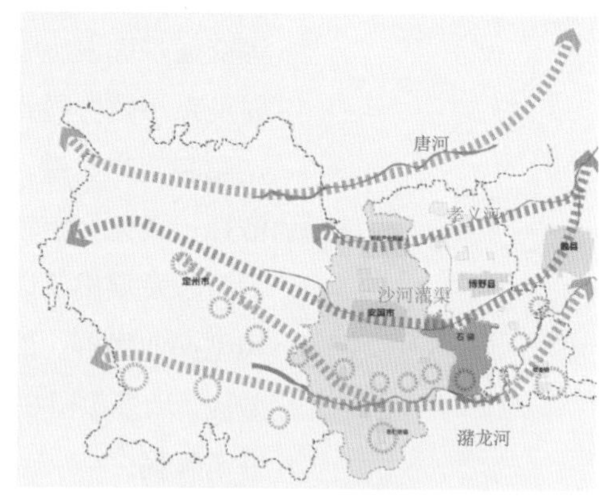

图 2–10　唐河和潴龙河流域的传统村落

2.2.2 专题二：新古典经济学模型视角的泵业产业集群研究

1. 安国市产业发展概况

安国市 2016 年经济总量 120.8 亿元，在保定全市中处于中等水平，GDP 总量逐年增长，但近年来增速变缓，年 GDP 增速为 8.9% 左右。第三产业比重不断上升，二产比重始终保持在 47% 左右（图 2–11）。

安国市域特色产业集群。安国市是我国北方最大的中药材集散和出口基地，药业经济贯通三产，是县域经济的支柱。分行业来看，医药、纺织和通用设备制造为安国县的三大支柱型产业。其中北部、中部为药材加工集群，含石佛镇在内的东部地区为通用设备制造集群，南部地区以伍仁桥镇为核心成长为纺织和工艺品制造集群（图 2–12）。

图 2–11　安国市经济增长变化

图 2–12　安国市主导产业结构

2. 石佛镇镇域三大产业集群

石佛镇毗邻安国药业集群、博野橡胶与传送带集群、安平丝网集群三个 50 亿元以上产值的产业集群，临近交通干道曲港和石津高速（图 2–13、图 2–14）。

图 2-13　石佛镇周边产业空间分布

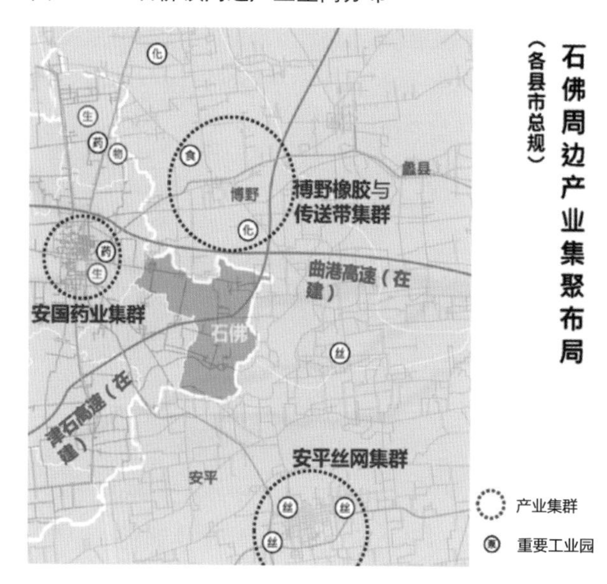

图 2-14　石佛镇周边规模以上县域产业及集群格局

石佛镇的工业历史悠久，可追溯到 20 世纪 70 年代。全镇经济以水泵行业为主，以石佛、路景、南阳三村工业小区为主。2016 年底，石佛镇规模以上工业（年销售收入 2000 万元以上）企业达 9 家，其中石家庄工业水泵有限公司安国分公司——峥嵘公司、英迪克泵业集团、华盛泵业有限公司、永泉泵业等，在安国市经济领域占一席之地，峥嵘公司更是在全国水泵行业享有一定声誉。为适应水泵行业更好地发展，2009 年，南阳村新建了工业小区，小区占地约 300 亩[①]，有 13 家企业入驻。

镇域范围内，水泵集中于北部，杏仁加工集中于中部，养殖业集中于南部。家畜养殖业以立庄、北阳两村为核心，石佛镇家畜养殖业迅猛发展，目前养猪大户 5 家，存栏毛猪 5000 余头；大型养鸡场 4 家，存栏 15000 余只，年产值近千万元。北阳村更是适应市场导向，投资 200 余万元新建野猪养殖场一座，初步预计存栏 500 余头，并积极向肉食品深加工领域迈进。药材及杏仁加工以石庄、马庄、马村、米庄为引导，石佛镇药材、杏仁加工产业近年来发展迅速，杏仁加工户 30 余家，从业人员达千余人，大大提高了村民的收入水平（图 2–15）。近几年为适应环保需求，石佛镇的固显、流各庄、马村新建活性炭制造企业。

图 2–15　石佛镇镇域特色产业集群

---

① 1 亩 =666.6m^2。

3. 石佛镇泵业发展历史及现状

（1）泵业发展历史

石佛镇泵业发源于 20 世纪 80 年代，兴于 90 年代前期，快步发展于“十五”“十一五”时期。全镇现有水泵加工摊点 350 多家，经过工商注册设立公司、具有一定规模与一般纳税人资格的水泵加工企业近 40 家，纳入市统一销售收入 500 万元以上的规模企业 5 家，主要生产煤炭、冶金、环保、化工等行业广泛应用的各种工业泵，产品销往全国各地。水泵是全镇经济的重要支撑和广大农民增收致富的重要来源。近几年来，泵业经济发展迅速，群体规模迅速扩张，其税收由 2000 年的 78 万元跃升到 2010 年的 1920 万元，形成了石家庄工业水泵、英迪克、高新、君威等 30 多家规模骨干企业。水泵工业位于石佛镇境内，主要由南章、石佛、路景、南阳等几个专业村组成，其中路景村有 194 家，石佛村有 72 家，南阳村有 38 家，其次是南章村等。

（2）泵业发展现状

石佛镇镇区拥有 334 家泵业企业，其中 42 家固定资产 300 万元以上泵业企业，350 家经营门店，550 多家个体加工户，近 9000 名从业人员，占全镇从业人口的 3/5；具有泵业传统优势，是“三北”地区最大泵业基地，泵业产品门类齐全。总的来看，石佛泵业中小企业为主，平均产值不高，其压法投入不足，产品技术含量较少，产品档次相对较低，规上企业仅为 6 家，泵类种类较少、产品类型较为单一。总之，石佛泵业“代代相传”作坊式工场导致现代企业制度建立缓慢，“小且散乱”的组织模式导致抵抗能力偏弱，“小而全面”的思想导致同类企业无序竞争，无法形成规模经济，“小富即安”氛围导致模仿为主、技术研发落后（图 2-16、图 2-17）。

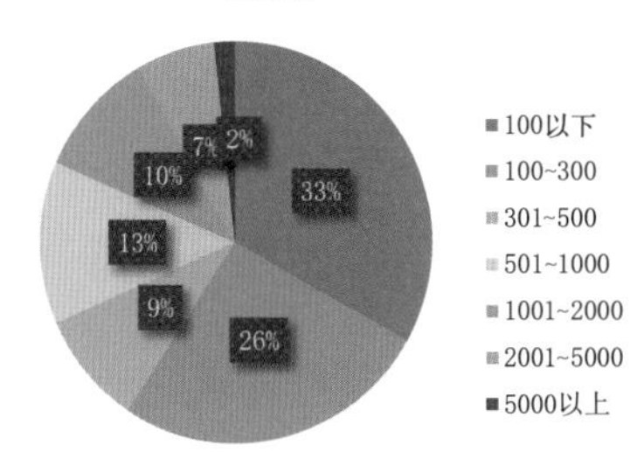

图 2-16　石佛镇泵业不同规模销售额企业分布

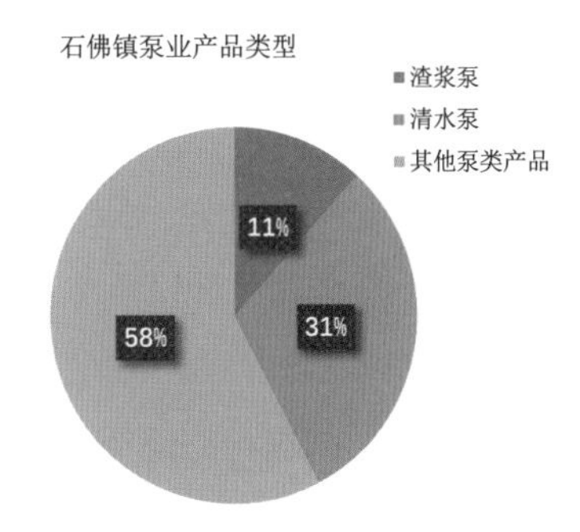

图 2-17　石佛镇泵业产业类型

（3）泵业发展面临的问题

第一，生产要素问题。经过数十年的经营，石佛整体上积累了一定规模的资本，然而，投资缺乏统筹与协商的长期问题使得整个产业集群难以发挥规模效益。同时，地方品牌特色不够明显、沟通机制缺乏等因素也制约了外部资本的进入。劳动力方面，产品附加值的低下使其缺乏对高质量劳动力的吸引力，而较低的薪酬也导致地方劳动力大量外流。土地方面，由于近年以来农村土地管理的收紧使得宅基地与农用地难以低成本地投入生产，而过去低效缺乏统筹的土地利用模式也带来了极大的土地资源浪费。

第二，用地问题。长期以来自下而上缺乏统筹的用地模式导致石佛镇工业用地小散乱杂；农地用地分割且破碎化，其中企业占地面积30亩以上的只有1家，10~30亩的有12家，10 亩以下的高达 178 家，其中 1~2 亩的高达 49 家，不足 1 亩的则有 47 家。居地用地分散密度低，成为了白洋淀上游“面源污染”的集中代表。一方面，这使得村镇风貌下滑，人居环境不断恶化；另一方面，这也制约了地方产业的进一步发展与提升。

第三，基础设施问题。铁路、高速公路等交通基础设施的不足推高了泵业生产成本，降低了企业市场竞争力；同时不够完善的科技、税务、劳动、国土等公共服务也制约了产业层级的进一步提升。

第四，政策问题。京津冀地区严格的环境执法关停了大量的中小型企业，地区生态环境恶化严重，生态保护压力大。2016 年 1—12 月保定市在全国 366 个城市中空气质量排名倒数第五。这在一方面缩小了石佛以中低端产品为主的消费市场；另一方面也提升了企业上下游配套的成本，更使得转型提升所需的资金基础投入难以为继。2017 年，石佛泵业产量开始下降，产值减少。

4. 基于生产函数模型的产业发展分析

（1）泵业产业链及生产函数模型

“原材料—配件—产品—销售—售后”是石佛水泵业的主要生产链条。在这其中，资本、土地、劳动力与技术是推动产业发展的主要生产要素，内生与外生要素共同促进了石佛水泵产业的发展。作为一个典型的由民间自下而上形成的产业集群，内生要素在其发展中占据了主导地位。资本主要来源于“能人经济”下的家庭工业内生积累，进而通过利润再投资的方式“滚雪球式”地逐步积累壮大。其劳动力也主要来自于周边村庄中价格相对低廉、知识技能水平较低、劳保技能意识较差的剩余劳动力。土地也主要来自于早期土地管制较为宽松的情况下，将既有农用地或宅基地转化为集体产业建设用地。而技术则通过产品知识创意，品牌营销和生产设备等表现方式，成为了输入石佛的外部生产要素。这一生产模式曾有效地推动了石佛泵业在早期基础薄弱的情况下的快速发展；但其规模较小，使用分散的资本，技能低下的劳动力与缺乏管制，效率低下的土地利用模式也制约了其产业在规模与技术上的进一步转型提升。为此，需要工商、税收、人力社保与国土规划等部门的积极介入，进而对石佛水泵产业进行有效干预，推动其在未来进一步发展（图 2-18）。

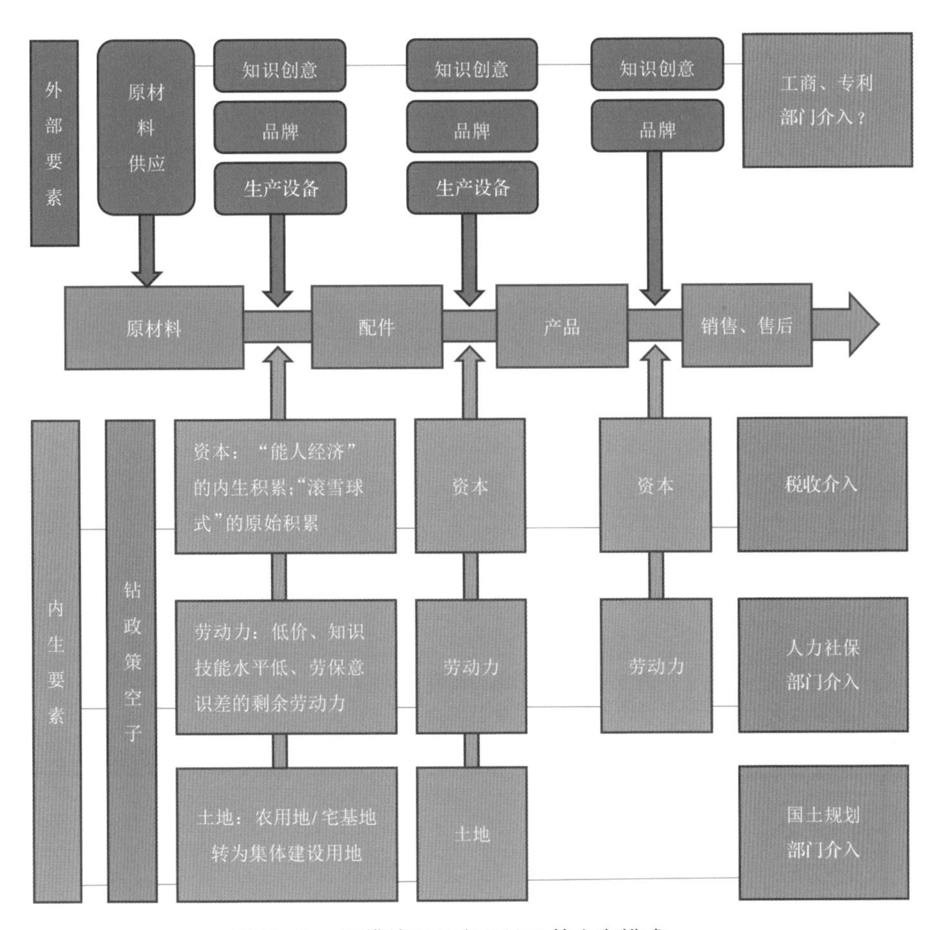

图 2-18　石佛镇泵业产业链及其生产模式

- **资本：** 能人经济，缺乏因借；
- **劳动力：** 简单重复，价格低廉；
- **土地：** 农 / 宅转建，排斥市场。

（2）生产函数模型对泵业发展过程的分析和模拟

基于微观经济学中的生产函数模型，研究构建了制造业产业集群的发展分析模型。

“生产函数”公式如下：

$$\text{Profit}=F+L+C-\lambda K-R-(E/n)-T-G$$

式中，F 为劳动力投入；L 为土地投入；C 为内生资本投入；λK 为规模不经济的测度值（变量）；R 为原材料成本；E 为生产设备成本（n 是使用年限）；T 为税收；G 为政府监管介入带来的成本（不定期）。若不得不购买知识产品（而非模仿），式子变为：

$$\text{Profit}=F+L-\lambda K-R-(E/n)-T-G-D$$

为什么用短期生产函数描述？随时间变化因素包括：①廉价劳动力投入量；②廉价土地使用量；③内生资本的投入量。而不变因素则包括：①面向中低端市场的供给格局；②缺乏独立自主知识产权的生产模式（技术水准与业界先进水平始终有一定差距）（图 2–19）。

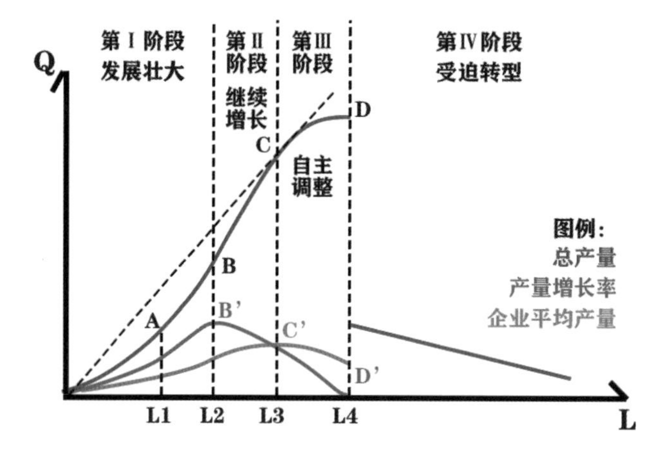

图 2–19　基于生产函数模型的制造业产业集群的典型发展周期示意

- **劳力分流**：万人产业大军何处去？
- 进城？归田？
- **产业转型**：船大调头难？外源激活要素何处来？
- 生产模式的现代化；
- 人力资本投资；
- 地方税源培植。

模型表明，制造业产业集群的发展往往可以分为4个阶段。首先是起步期，这一时期企业的总产量及其增长率以及企业的平均产量均呈现快速增长趋势。随后在快速增长期，企业的总产量及其平均产量继续上升，但产量增长率由于规模边际效应的下滑而逐步开始下降。接下来为成熟期，这一时期，由于外部市场的逐步饱和及规模边际效应的进一步下滑，企业的增长率也将随之逐步下滑，直至趋近于0。同时，企业平均产量也将由于市场竞争的日趋激烈而下滑，直至最后转型期的市场出清，产量大跌，生产秩序重构，仅有少数寡头能够继续存活。后文将结合石佛镇实际对此进行进一步阐释。

第一阶段：20世纪八九十年代。L2之前（图2-20），这一时期是石佛泵业发展的起步期。这一时期内随早期零散几户的高额利润带动，越来越多的农户加入泵业制造中，总产量递增，其产量增长率也随规模效益的发挥而逐步递增，形成了“滚雪球效应”，平均产量亦随之递增。伴随着生产门类的丰富化，石佛逐渐形成了由零散配件到整泵的完整产业链条。

第二阶段：20世纪90年代至2008年。L2—L3，这一时期是石佛泵业的快速发展期。总产量在这一时期持续递增，但规模边际效益开始下降，致使产量增长率逐步下滑：尚不饱和的外部市场与石佛企业间的竞争两方面共同促使既有企业规模持续扩大；平均产量递增，但新企业的不断加入使其增长趋势较第一阶段放缓。

第三阶段：2008—2016年。L3—L4，这一时期是石佛泵业的成熟期。总产量依然继续增长，但由于边际效应的继续下滑，供给侧结构性改革下，宏观外部环境的震荡与劳动力、土地等要素的不断涨价，其产量增长率持续减少，直至归零。在此背景下，新企业基本停止加入，既有企业开始应对需求自我调整、内部优化、提质增效，在外部市场前景不明朗的情况下，牺牲一定产量以保障总收益。但利润率已经趋于有史以来的最低点。

第四阶段：2016年至今。L4之后，这一时期是石佛泵业的震荡调整期。随着环境与土地执法的进一步严格，市场需求的进一步弱化与要素价格的进一步上升，大量石佛中小企业遭到市场淘汰，总产量和企业平均产量"断崖式下降"。硕果仅存的数家实力较强的企业面临着极大的市场不确定性：一方面外部环境依然严峻；另一方面转型升级又需要大量的资金投入，石佛泵业迎来了历史的转折点（图2-20、图2-21）。

此外，研究还结合实际情况构建了石佛的农业生产函数模型。农业区别于工业的主要特征是农业的地均产值无法随着人口资金或技术等生产要素的不断投入而不断上升，而是倾向于随其自然规律收敛于某一固定值，这也就造成了大量的农业剩余劳动力。随着这部分劳动力不断向泵业等制造业转移，工业在迅速扩大的同时其所产生的利税能够反哺农业，以促进其由传统的小农经济向规模化、集约化的现代农业迈进，与之俱来的是农业人口的迅速下降与人均产值的迅速上升。

5. 泵机产业案例借鉴

为进一步把握石佛泵业未来转型发展的方向，研究还将石佛水泵产业的主要发展条件和指标与温岭、上海等泵业发达地区进行了对比。

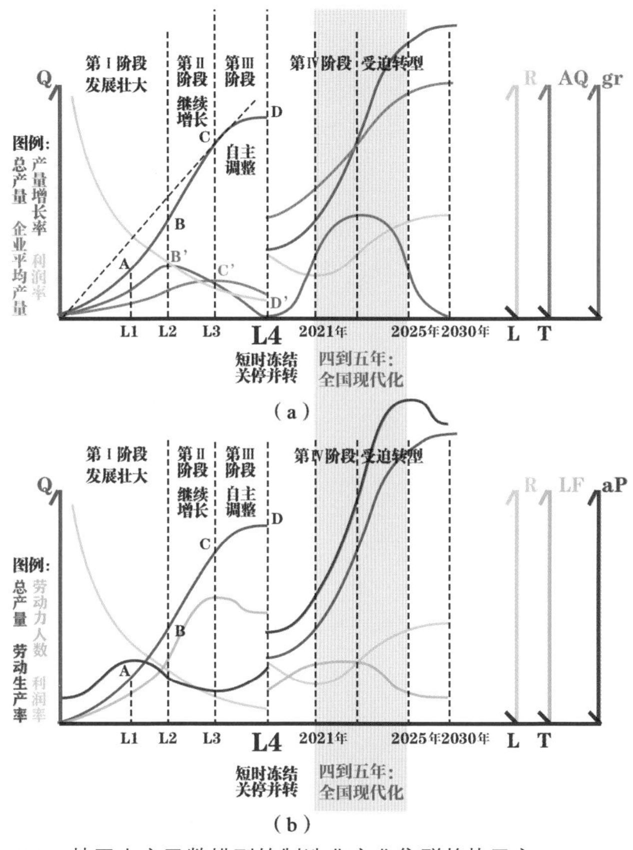

图 2-20　基于生产函数模型的制造业产业集群趋势示意

（a）　　（b）

图 2-21　劳动力密集型的泵机产业现场

(c)

(d)

图 2-21 （续）

研究表明，铁路，高速公路等便利的对外基础设施与发达的上下游产业配套是泵业发达地区所共同具有的外部条件，而石佛镇较为薄弱的对外交通设施及其周边相对初级的产业集群则限制了其泵业的进一步发展。这也直观地体现在了龙头企业的规模上，诸如温岭利欧、上海东方等发达地区的龙头企业均达到了 4000~5000 人的员工规模，同时还拥有数百人的大型研发团队，具有较强的自主研发与技术创新能力。而石佛最大的泵业企业仅有雇员 40 人，其生产技术也主要来源于对于成熟产品的学习与模仿。同时，企业间的经营形式也具有较大的差距，温岭、上海的龙头企业均呈现出科工贸一体的集团化运营模式，而石佛企业则大多处于简单的家庭作坊阶段，仅少数企业具有简单的现代企业架构。石佛泵业的转型与提升还具有很大的潜力可供挖掘（图 2-22、图 2-23）。

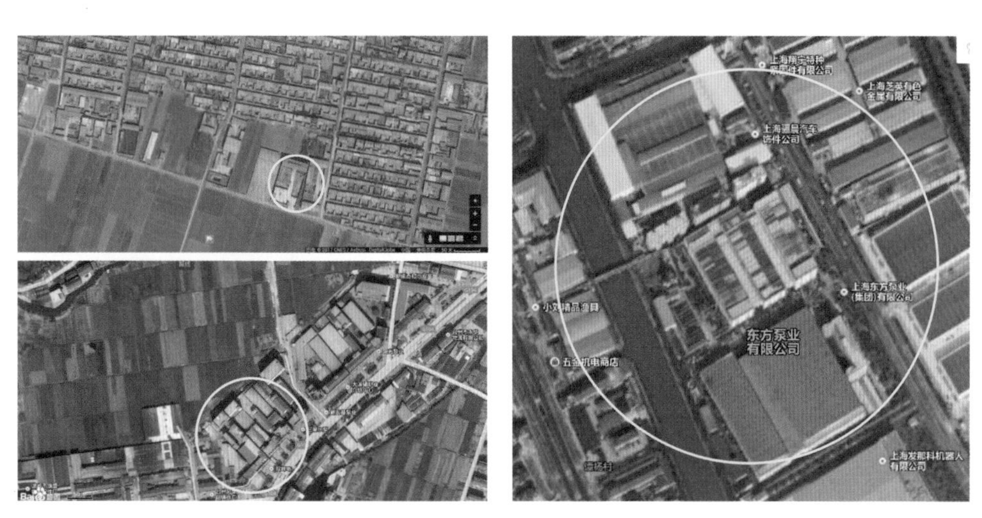

图 2-22　同比例尺下上海、温岭和石佛泵机产业厂区规模和形态比较

图 2-23　石佛镇镇区无人机拍摄聚落形态

此外，研究还从空间布局、用地类型和基础设施的角度对石家庄装备制造基地、无锡硕放工业园区、广州东部汽车产业基地等国内较为成熟的制造业产业园区进行了研究。研究表明，以上成熟园区在区位上往往位于城市边缘，但临近市场和特色产地，同时具有诸如高速公路、铁路、机场、港口等发达的对外交通基础设施配套。就园区内部而言，普遍具有成熟的给排水、电力、热力、燃气、消防等公共基础设施支撑，还拥有成熟的教育、医疗、商业、行政等生活配套服务，在各项功能的配比上也始终注重职住平衡与产城融合。空间布局方面，其公共服务往往依托既有建制镇的居民点进行布设，而物流仓储设施则沿现有的公铁线路分布，同时仓储、物流设施往往合为一处，景观绿化设施则沿主要交通廊道、河流等区域线形带状分布。在区域内产业的协作与联系

与温岭、上海相比，石佛泵业劣势

- 企业规模：加工摊点多，规模企业少。近500加工企业，规模以上企业仅有6家。
- 劳动力：从业人员多，技术人员少，15000从业人员。
- 品牌：生产品牌多，注册品牌少。10大系列，50品种，3000个型号，注册商标仅有41家。贴牌，无牌生产现象严重。
- 纳税：个体工商户多，一般纳税人企业少。个体140家，一般41家。
- 用地："以租代征"非法占用集体用地现象多见。
- 行业内部：行业内部无序竞争、恶性竞争、相互压价、偷工减料、冒牌贴牌现象严重。
- 小、散、乱，但未可厚非，处于行业发展首个阶段，亟待引导。

产业形态

- 石佛：前店后厂、家庭作坊，小型厂房，自然经济形态；生产流程"工场"化。
- 温岭：准专业化企业，规模稍大，向泵业特色小镇集群化发展。
- 上海：大型专业化企业，附职工居住区；现代企业模式，总部（市中心静安）+生产产房（宝山产业园区）+海内外分支机构，形成科、工、贸产业集团，产品高端定位，拓展海内外市场。

上，园区往往设有实验室，中试平台等不同企业间可以共用的基础设施，而园区内的企业也形成了包含配套及组装的完整的产业链条。未来发展方面，园区普遍表现为“退二进三”的外向化发展趋势。

2.2.3 专题三：不确定性应对及收缩和异地城镇化聚焦的弹性情景模型

在政策和市场的综合作用下，小城镇的发展面临着诸多不确定性，但总的趋势是在“增长和收缩”的视角下，有些城镇会进一步的增长，有些城镇会表现为“收缩”的趋势，在“城镇化”的视角下，有些小城镇会继续其就地城镇化的路径，有些小城镇的人口和产业可能转移到其他地区，表现为异地城镇化的过程。一般的，异地城镇化往往伴随着人口的衰减，进而影响到地方发展的劳动力供给、企业发展、税收收入和公共品供给。

1. 城镇人居空间状态模型演绎

进一步，村镇的收缩可以从“人口”“用地”等指标加以表征，并可以用模型模拟其收缩亚类型和收缩的过程（图 2-24），其中，“Landuse”衡量（建设、产业等）建成空间土地规模，“Pop”衡量（在地、产业）人口，Landuse 和 Pop 的比值则用来衡量土地利用的集约程度。

第一阶段，从紧凑实心到蔓延增长，人口和用地均规模增长，用地集约性和效率降低。第二阶段，从快速稀释到饱和稀释：少量异地城镇化人口转移；产业空间快速增长，由快放缓，空间利用趋于粗放。第三阶段，经历行政干预等“休克”（Shock）措施，空间利用由粗放转为集约，进入异地城镇化时期。其中异地城镇化时期，依程度不同分为“急剧收缩模式”

（田园）、“中度收缩模式”（卡特尔）和“渐进收缩模式”（细胞）。人口异地城镇化为先导，先快后慢；产业用地腾退紧随其后，先慢后快；集约化程度由慢及快。第四阶段，稳定期：总体保持稳定，精明收缩态势，三种模式结局相似程度不同（图 2-25）。

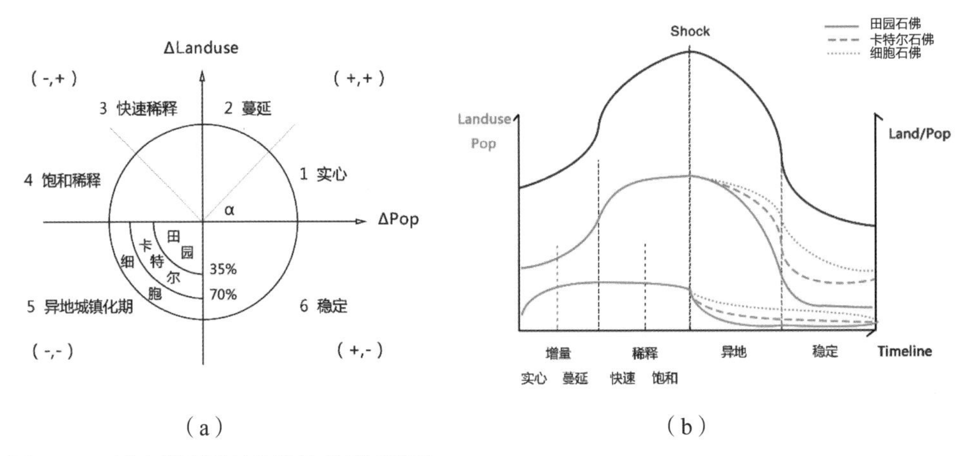

（a）　　　　　　　　　　　　（b）

图 2-24　城市精明增长和收缩的模型表达

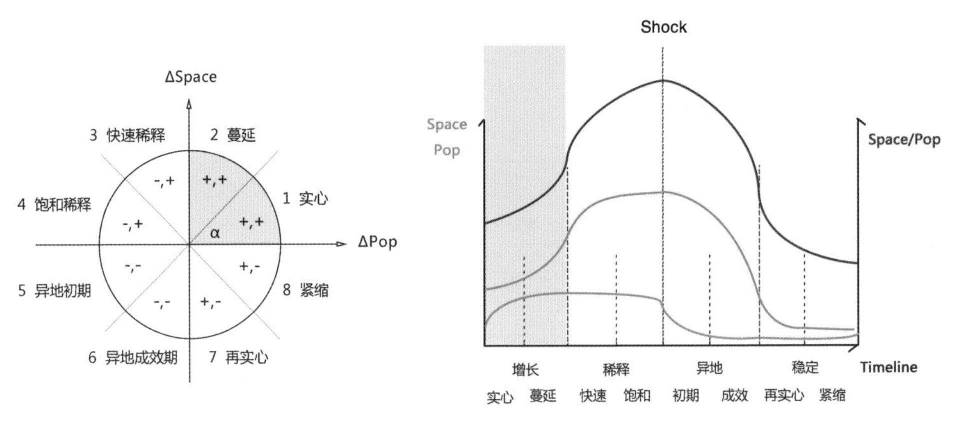

第一阶段：实心→蔓延：双上升，愈加粗放

（a）

图 2-25　城市精明增长和收缩不同阶段的模型表达

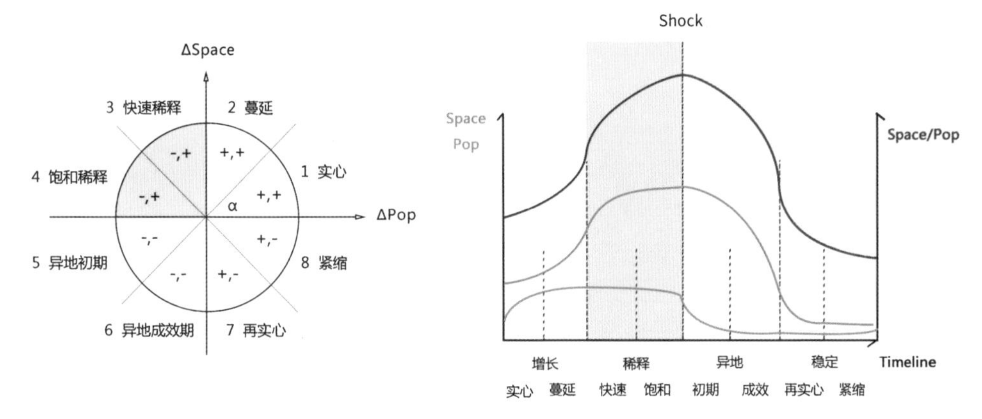

第二阶段：快速稀释→饱和稀释：少量异地城镇化人口转移，产业空间快速增长，空间利用趋于粗放

（b）

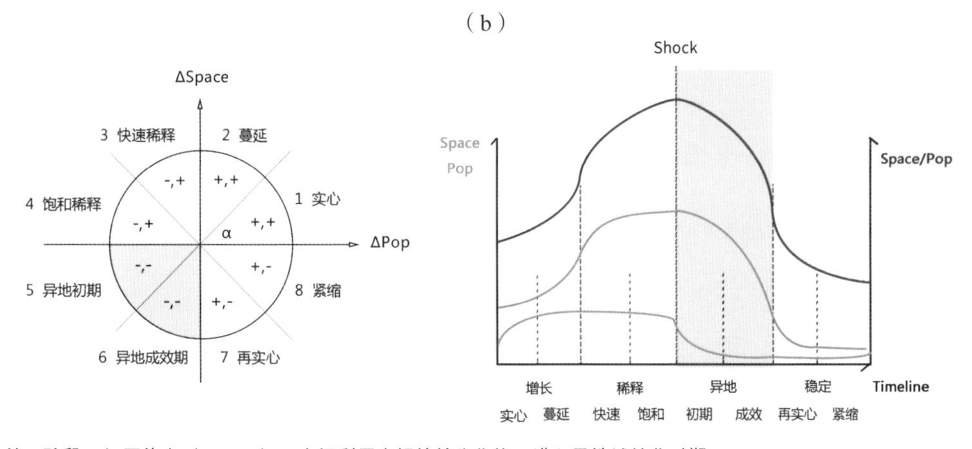

第三阶段：经历休克（Shock），空间利用由粗放转为集约，进入异地城镇化时期

（c）

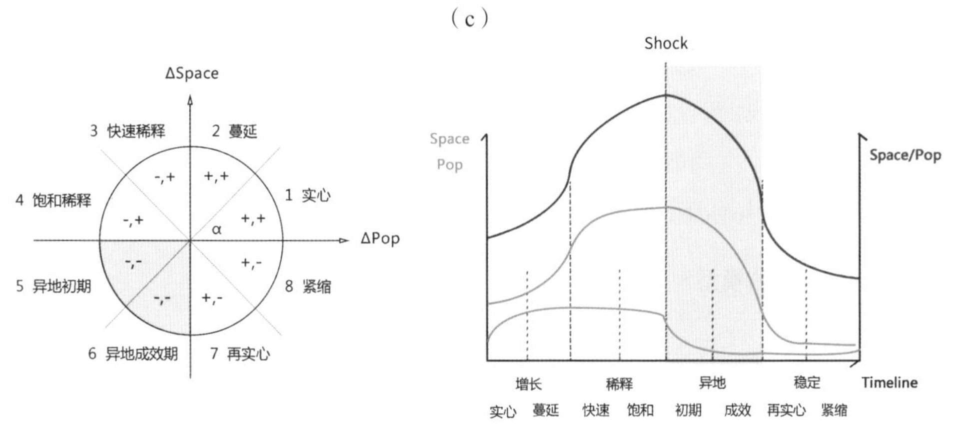

第三阶段：异地初期→异地成效期：人口异地城镇化为先导，时间差，带动产业用地腾退，集约化

（d）

图 2-25 （续）

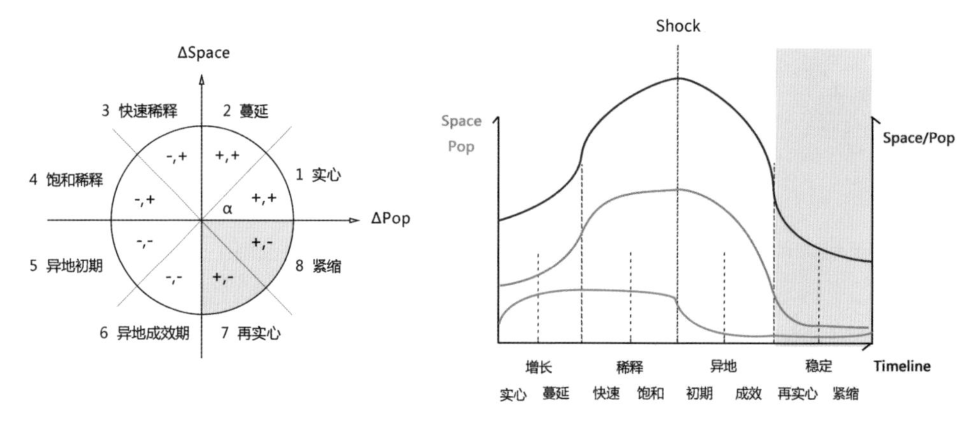

第四阶段：稳定期：总体保持稳定，精明收缩态势，集约化

（e）

图 2-25 （续）

2. 从“前石佛”“现石佛”到“后石佛”：三种收缩模式的规划结构

1）“前石佛”和“现石佛”的模型解释

“前石佛”（20 世纪八九十年代）表现为增长扩张。首先是紧凑实心的过程，产业空间从业人口双双上升，然后蔓延，技术熟练化，人均产值增长，但空间增速快于人口（图 2-26（a））。

“现石佛”（21 世纪初）充分表现为稀释化的过程。首先是“快速稀释”，空间增速快于人口，然后是“饱和稀释”，空间增速减缓，人始流出（图 2-26（b））。

2）后石佛的模型解释

“后石佛”（21 世纪二三十年代）表现为异地城镇化发展。异地初期：休克（Shock）首先导致从业人口大量失业，空间闲置逐步减少；异地成效期：形成均衡，即人口减少放缓，闲置空间腾退成为该阶段主题（图 2-26（c））。

“后后石佛”（21 世纪四五十年代）表现为再实心与紧缩的趋势。人居景观趋于稳定，其前期累计的生态化、景观化乃至绅士化和逆城镇化引发人口少量回流，经济、环境以及人口用地等均维系在一个相对稳定的水平（图 2–26（d））。

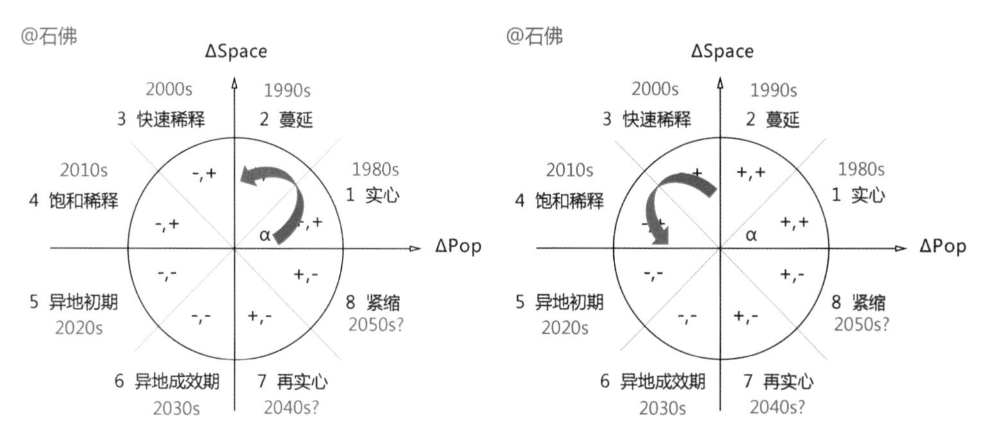

（a）“前石佛”的收缩历史模型模拟

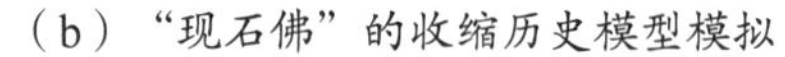

（b）“现石佛”的收缩历史模型模拟

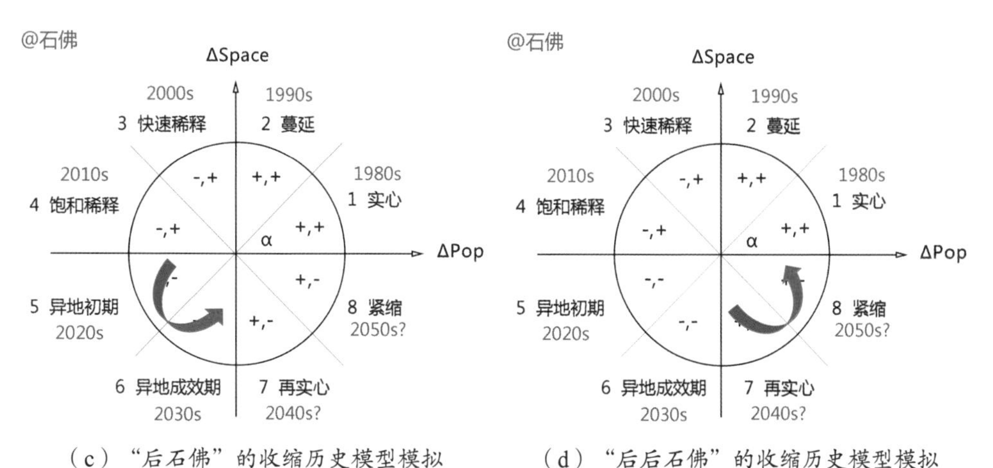

（c）“后石佛”的收缩历史模型模拟

（d）“后后石佛”的收缩历史模型模拟

图 2–26 “石佛”的收缩历史模型模拟

3）基于泵业的三种收缩情景和规则结构

目前看来，京津冀协同下，石佛镇未来的收缩模式和程度取决于其主导产业——泵业，在政府环境等组合拳和市场冲击下的“存活率”情况，根据不同的存活率水平，构筑不同的人居空间收缩模式和未来锦囊对策（表2-1），分别是：①泵业企业“高存活率”（90% ~ 100%）前提下的“细胞石佛”（渐进精明收缩）；略受冲击，现状延续，维持生长。②泵业企业中存活率（30% ~ 70%）前提下的“卡特尔石佛”（结构重组）；兼并重组，工农集约，人口疏散；③泵业企业低存活率（30%以下）前提下的“田园石佛”（急剧收缩）；工业消亡，人口流失，复归田园。

表2-1 基于泵业“存活”的石佛收缩模式

前提和模式	产业特征	情景锦囊：政策组合		
		人口	产业经济	土地规划
泵业企业“高存活率”（90%~100%）——细胞石佛	污染严重等企业退出	外部机械流入动力减小，总体趋降	引导企业由初级要素主导转向升级	向工业园、工业小区的有序搬迁
泵业企业中存活率（30%~70%）——卡特尔石佛	4000~9000人失业，产业链“瘦身”压力巨大	一半就业人口趋向转移，进城/务农，收入降低	产业精化，关停并转	工业和农业合并，回归生态功能并进行生态修复与土地整治
泵业企业低存活率（30%以下）——田园石佛	超12000人失业，超80%工厂闲置，生产主体停滞	“暂时贫化”，实现剩余劳动力转移；壮士断腕	积极吸引外部投资，或听凭衰落；产业链断裂	闲置厂房的拆除复垦、土地整备，回归田园

具体详述如下：

（1）泵机产业的高存活率情景

在这种情况下，只是执行了小修小补的环境保护与产业转型等干预性政策，现有的大多数泵业企业都将得以存活，石佛整体将依然遵循过去自下而上的粗放发展路径，成为“细胞石佛”。具体策略方面，仅对环境或资源矛盾尖锐的局部地区进行整改，整体上对现状妥协，无为而治；人口方面，由于产业变动较小，仅 1000 人需异地城镇化；空间方面，延续过去自下而上，缺乏约束的空间发展路径，整体上呈现细胞体式的多点发育；产业方面，石佛将继续延续过去以模仿成熟产品为主，面向中低端市场的传统发展模式，但这一模式终将受到未来内外部压力的影响而不可持续。

（2）泵机产业的中存活率情景

在这种情况下，较为严格的产业、土地、劳动与环保政策将关停重组石佛多数中小企业，仅保留数家龙头企业作为未来转型发展的种子，进而推动工农业集约化发展，同时因转型而释放的劳动力将向外部迁移，成为“卡特尔石佛”。具体策略方面将采取较为严格的产业转型，土地整治、劳动保护与环境保护政策，以推动市场出清中小型企业并促进水泵产业规模化、集中化转型。人口方面，中小企业的关停将使约 5000 人需要异地城镇化。空间方面，企业腾退和土地整治将会使得 30%~40% 的空间闲置或成为农用地。剩余的规模化泵业企业将主要位于产业发展条件较优的北部区域，而南部将成为现代农业区，形成南北分治的空间格局。

（3）泵机产业的低存活率情景

在这种情况下，最严格的产业、土地、劳动与环保政策将关停石佛所有的泵业企业，打散相关配套产业链条，石佛泵业集群将不复存在。相应地，人口方面，产业腾退释放出的大量劳动力将寻求在外地就业，约 10000 人需要异地城镇化，空间方面，由于大量产业用地的腾退，有 60%~70% 的空间将闲置或转回农用地。石佛将重归于过去的田园小镇。

细胞石佛、卡特尔石佛、田园石佛都是“今日石佛”的收缩情景，收缩的程度和可能的空间响应很大程度上取决于外部的市场洗礼和京津冀协同等不同尺度政府治理的刺激程度。“今日石佛”是指当前各种交通区位条件、各种人口流出流入水平、各种规模大小的村庄。“细胞石佛”表征了除路景村、石佛村以及南阳村等发展水平和规模较好的聚落外，还包括了中南部地区的位于基本农田区的村庄，他们交通条件一般，相对缺乏发展空间和集聚经济，是在“今日石佛”基础上的有机渐进演化版。“卡特尔石佛”则表征了未来有承载和整合能力的规模化工业和农业生产的主要村庄，区位条件较好，生态承载力较高。“田园石佛”则表征的是急剧收缩到乡村愿景的情景，除了南阳、石佛、路景和郑各庄等村庄外，其他村庄都基本衰落或被统筹到上述几个聚落中来，南阳、石佛、路景和郑各庄分别作为石佛的工农业中心，在最“惨烈”的“极端”的收缩下依然能够存活的村庄。

三种情景对应三种“锦囊”（图 2-27、图 2-28），具体详述如下。

（1）细胞石佛的村镇可能模式

在该模式下，中心镇区（石佛村）依然是行政、教育、医疗等公共服务集中的地区，与前两个模式不同，在“细胞石佛”中，郑各庄是镇域的“农业副中心”，在西部则是“南阳工业园区”和“路佛工业园区”，其余保留居民点比较多，

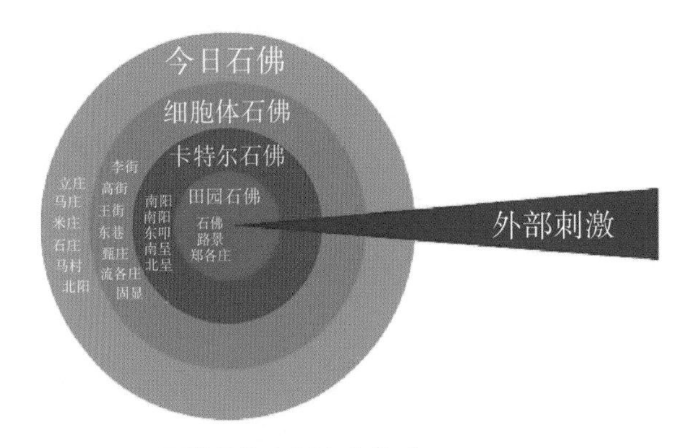

图 2-27　不同情景的空间聚落构成

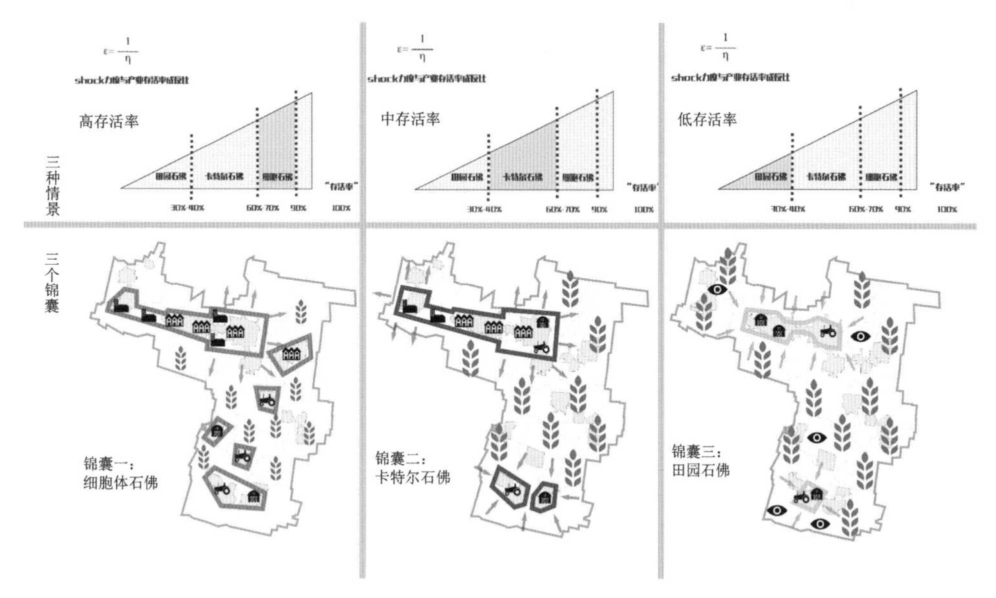

图 2-28　石佛镇三种情景应对的规划“锦囊”对策

分别如立庄、南阳、路景、南章、东巷、固显、甄庄、流各庄、东叩、南呈等。通过渐进式“小修小补”，与自上而下的环保等政策达成妥协，仍有 1000 左右人口需要异地城镇化，土地利用变化方面表现为“变化轻微，似细胞体发育”特征，总体而言产业发展仍然具有路径依赖和惯性趋向，因此终不可持续（图 2-29）。

（2）卡特尔石佛的村镇可能模式

在该模式下，中心镇区（石佛村一带）主要是行政、教育、医疗等公共服务职能。而石佛—安国发展轴上是由路景和南阳村等构成的泵业较为主导的“工业卡特尔”，在石佛和安平轴上则是由郑各庄等组成的“农业卡特尔”，“改革进入深水区”，产业上表现为规模化、集中化及南北分异特征。其余保留居民点，包括立庄、南章、甄庄等（图 2-30）。

（3）田园石佛的村镇可能模式

具有城镇化景观主要集中在中心镇区（即路景村和石佛

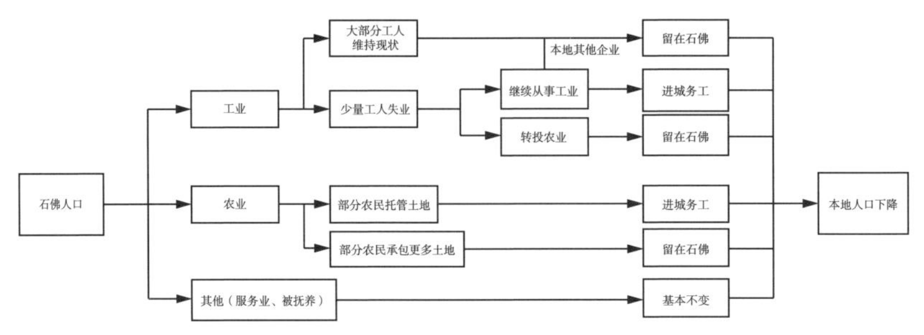

泵机工业失业人口的抉择：

- 本地其他企业——收入可期，未来不定；
- 进城务工——收入较高的同时支出也高，不一定有稳定工作；
- 从事农业——收入不高，稳定，且从事农业的人越少收入越高；
- 农业从业人口的抉择；
- 托管土地——从土地上解放出来，可以自由选择其他就业方式且有稳定收入；
- 承包更多土地——推行机械化获得地均产值提升，增加收入。

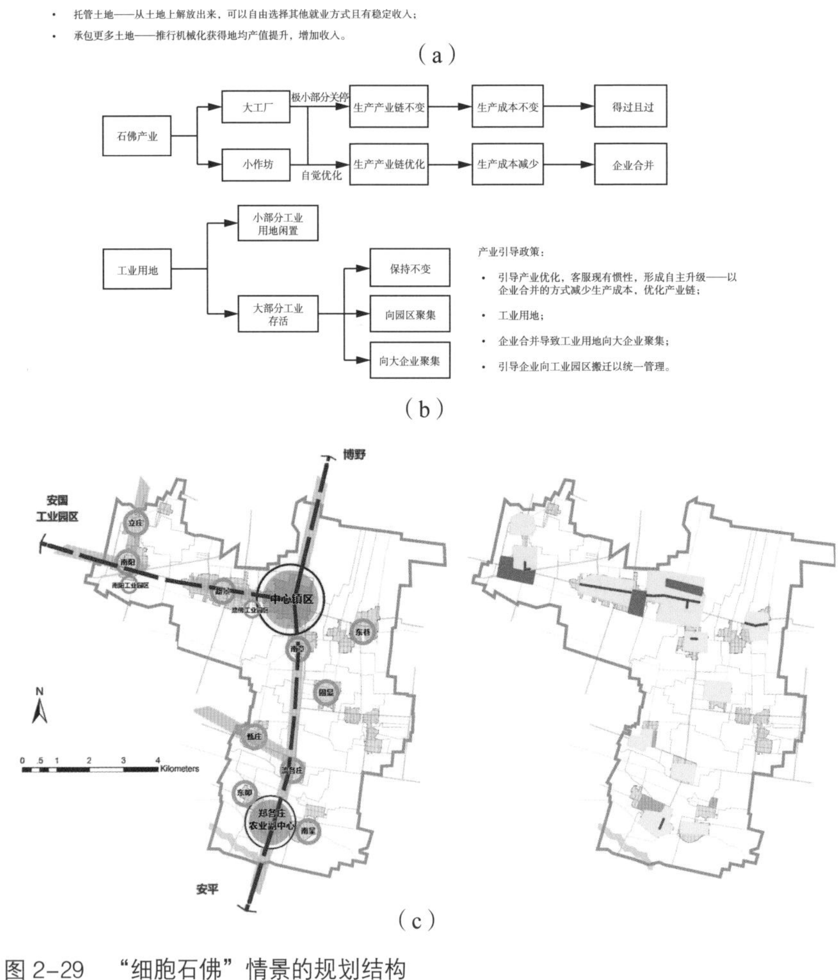

图 2-29　“细胞石佛”情景的规划结构

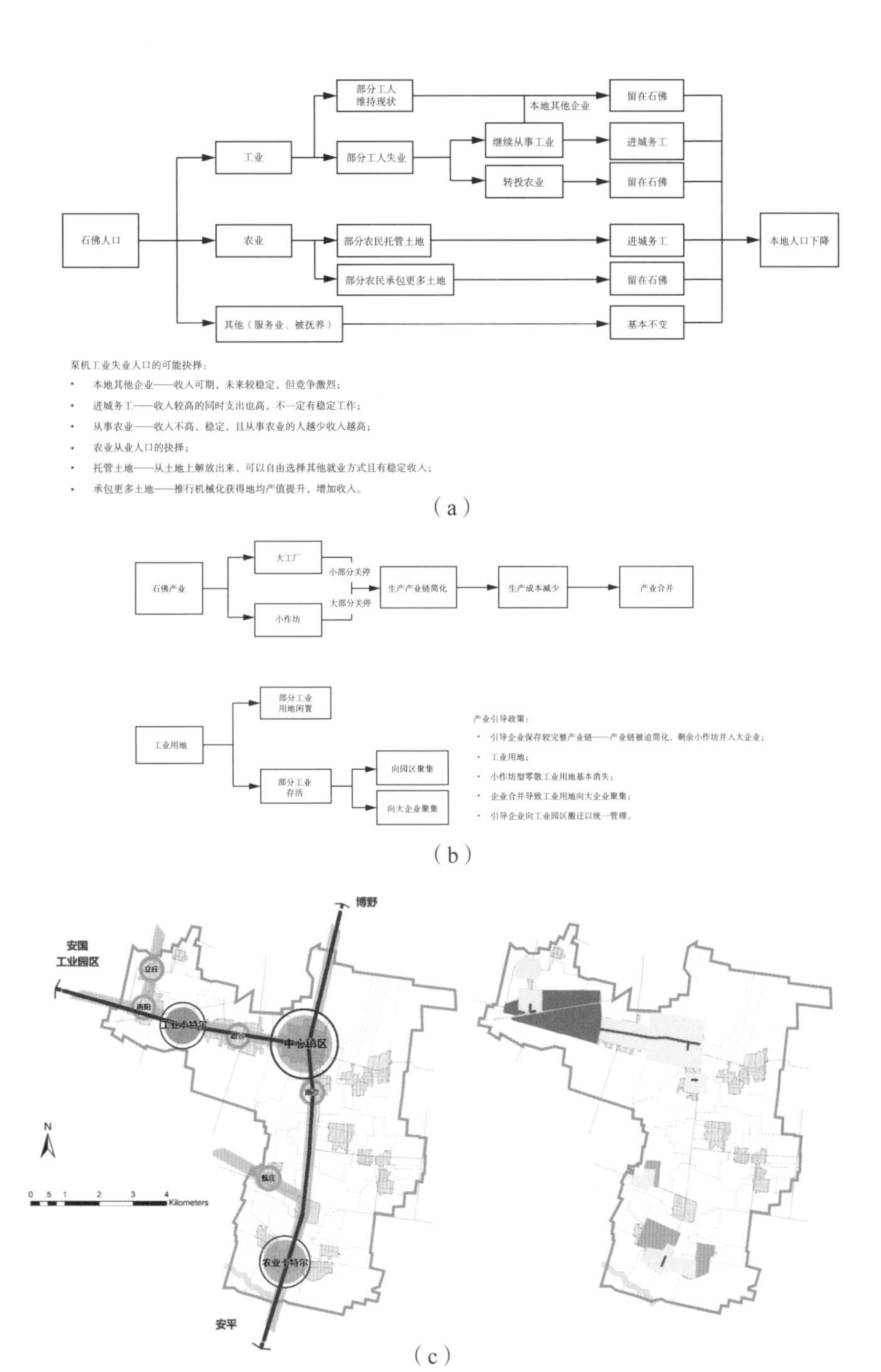

图 2–30 “卡特尔石佛”情景下的规划结构

村一带），其公共服务为其主要城镇职能，路景村保留一定的泵业制造，在这种情景下，未来主要是低效土地腾退和存量更新为主要方向。石佛镇南部地区的郑各庄沃野平摊，兼具潴龙河生态景观潜力，宜发展休闲农业。在这种模式下，“异地城镇化”的空间指向从就近角度主要是安国城区、博野城区乃至安平城区等。农业景观轴、农业功能片区是该模式的重要结构形式（图 2–31）。

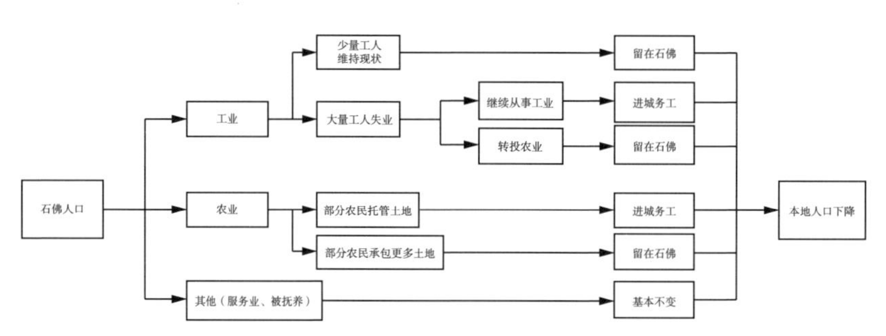

（a）

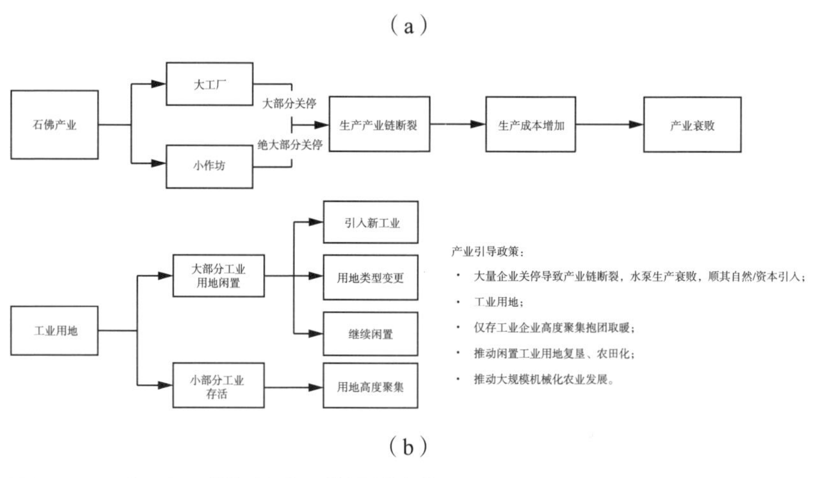

（b）

图 2–31　“田园石佛”情景下的规划结构

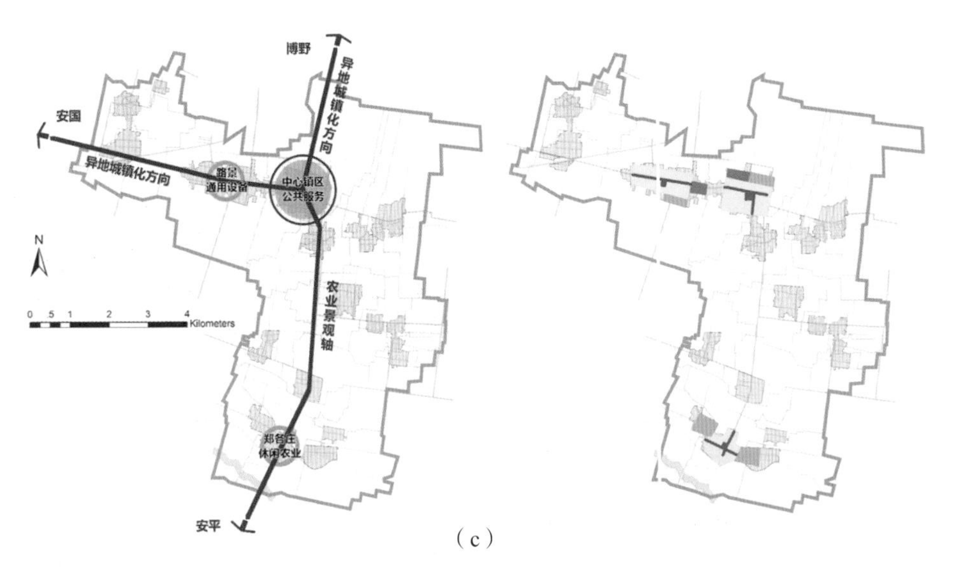

图 2-31 （续）

3. 不同收缩模式“农业—景观”转换

卡特尔石佛的农业—景观空间格局。农作物种类选择基于现状，影响内生，进行以机械化为目的的连片种植。①北阳、立庄、李街、王街、高街、东巷、甄庄、东叩、郑各庄以药材种植为主，进行规模种植、集中管理；②南呈、北呈重点发展林木种植，进行规模化种植；③流各庄以蔬菜种植为主。

田园石佛的农业—景观空间格局。景观格局受交通、河流等外生影响大。①南部片区充分发挥苗木、中草药特色种植及近潴龙河生态景观带的优势，发展农业观光旅游采摘的生态农庄；②东北片区成片非建成区面积大，结合道路沿线景观风貌带，打造中草药花观赏基地；③西北片区为工业区提供景观缓冲（图 2-32）。

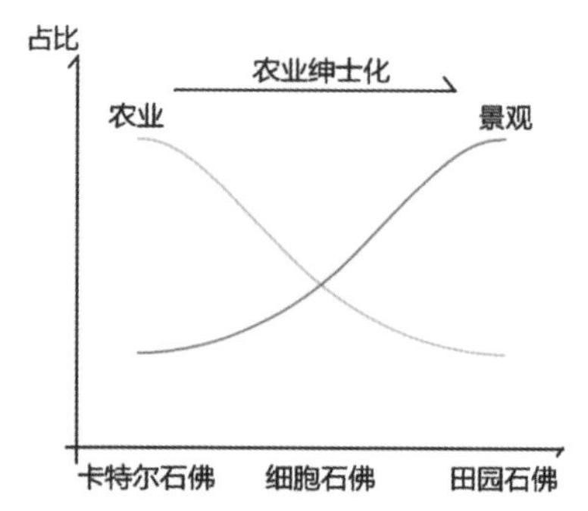

图 2–32 不同收缩模式“农业—景观”转换

4. 石佛镇不同收缩模式的“阿隆索土地地租”模拟

从可达性、舒适性以及区域聚落体系进行“细胞”“卡特尔”“田园”情景的阿隆索土地地租模拟（图 2–33）。

5. 应对弹性策略的人居空间收缩情景模型

为进一步细化土地利用引导政策，规划通过对建设用地等空间指标增速与常住人口等人口指标的处理，量化地定义了细胞石佛、卡特尔石佛与田园石佛等多情景的人居收缩判定标准，并进一步与石佛实际情况相结合，确定了不同情境下可能收缩的村庄范围。

具体而言，在今日石佛的发展条件下，交通区位最差，人口流失较严重，规模较小的村庄将首先遭到撤并。在小修

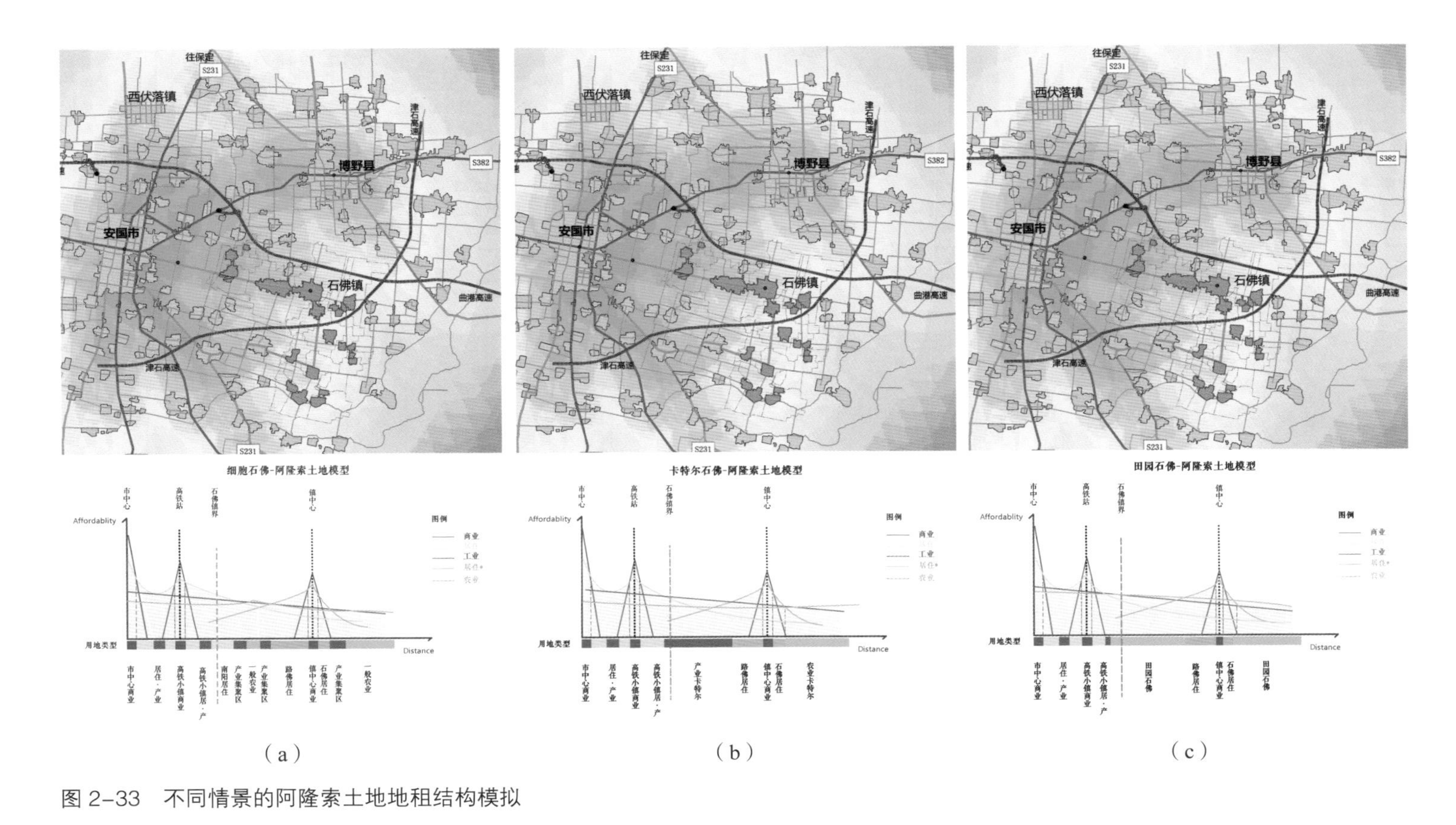

图 2-33　不同情景的阿隆索土地地租结构模拟

小补的“细胞石佛”情景下，中部基本农田区的基础交通条件较差，同时缺乏发展空间和经济禀赋的几处村庄将遭到撤并。在保留了主干企业的“卡特尔石佛”情景下，将保留能够承载未来规模化工业和农业的主要村庄以及其他区位条件较好或生态条件较好的村庄。而在工业彻底疏解的“田园石佛”情境下，仅有现状条件最好的南阳村、石佛村、路景村和郑各庄村能够保留下来作为石佛的工农业中心。其余所有村落都将收缩，石佛将成为一个纯粹的低密度田园小镇。

依据以上分析所得出的不同空间原型，石佛镇产业空间布局模式结合现实情况适当调和，最终得出“北工南农”的整体空间发展格局。“北工”即以水泵制造业为主导的区域产业在石佛镇北部形成产业集群，实行前文所述的“卡特尔石佛”空间模式；“南农”即在石佛镇南部保留并发展现代化、规模化农业，打造田园石佛，进而保护生态环境，节约土地资源，形成疏朗辽阔美丽的空间环境，最终达到“城更像城，乡更像乡”的目的（图 2-34）。

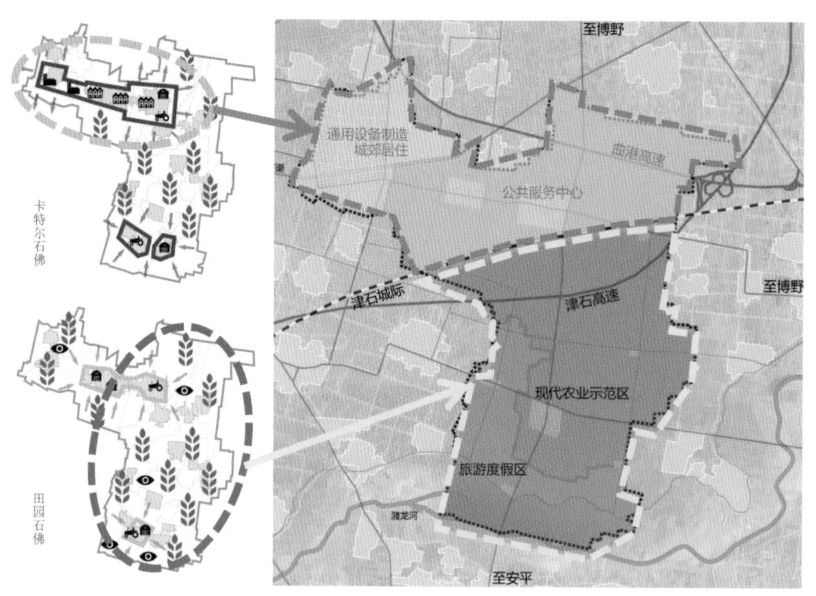

图 2-34　石佛未来的空间模式设想

不同原型、适当调和："北工"卡特尔石佛，规模集聚；"南农"田园石佛，疏朗辽阔；南阳镇区，智造宜居；路石新村，乡村公服；流北大田，景观农业；潴龙河畔，康养度假（图 2-35）。

（a）（b）（c）（d）

图 2-35 冀中南地区的基础设施建设和城乡风貌

2.2.4 专题四：人口及公共品供需专题

1. 石佛镇人口及人口城镇化模式情景

根据石佛镇相关部门数据，石佛镇共有常住人口 32265 人，其中城镇人口为 7968 人，人口密度 500~700 人 /km^2。

现状石佛镇人口老龄化程度严重，且其速度呈增加趋势；人口流出比例较高，为 10.51%。此种人口特征带来的两种可能的发展方向（表 2-2、图 2-36、图 2-37）。

表 2-2　2000—2010 年石佛镇人口变化

统计时间	总人口 / 人			家庭户户数 / 户	家庭户总人口 / 人		分年龄人口 / 人			居住本地户口在本地 / 人
	合计	男	女		男	女	0~14 岁	15~64 岁	65 岁及以上	
2000 年	33093	16804	16289	9197	16746	16255	7074	23384	2635	32700
2010 年	32266	16418	15848	9685	16417	15848	5261	24032	2973	31217

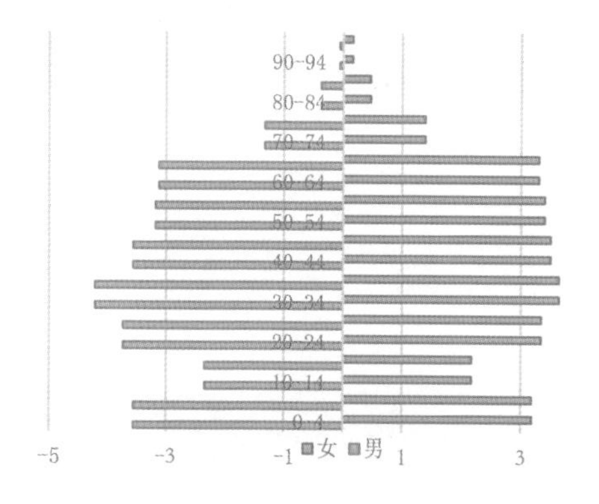

图 2-36　石佛镇人口百岁图

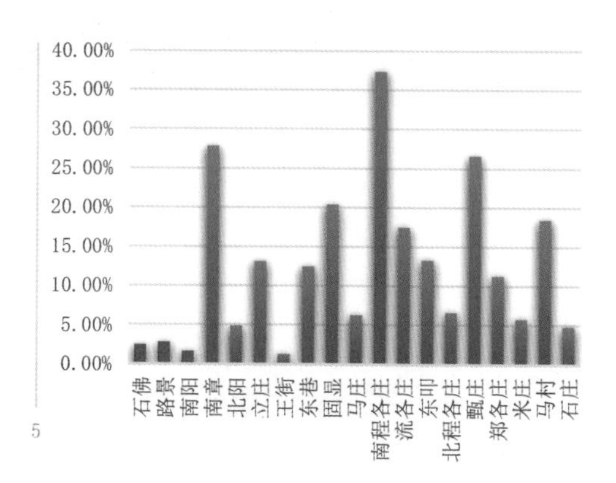

图 2-37　石佛镇各村半年以上在外人口占总人口比重比较

（1）“离土离乡”的异地城镇化模式：由于区域间财政转移支付机制的限制，异地城镇化模式将在各种权利转换和保障衔接方面遇到困难。例如，当前社保资金的跨省划转机制仍有待深入改革，因此农民跨省流动面临统筹账户利益、退保、参保等一系列损失。从住房与土地角度来看，农民工难以负担城市较高的居住成本，但其原有宅基地也难以有效利用，进而造成了资源配置效率的低下（图 2-38（a））；

（2）“离土不离乡”的就地城镇化模式：这种模式有利于消除农村人口城镇化的障碍，有利于解决社会保障、公共服务等制度衔接和城乡资产权利置换等一系列问题，有利于解决村转移人口的住房权益，提升资源的利用效率（图 2-38（b）、图 2-39）。

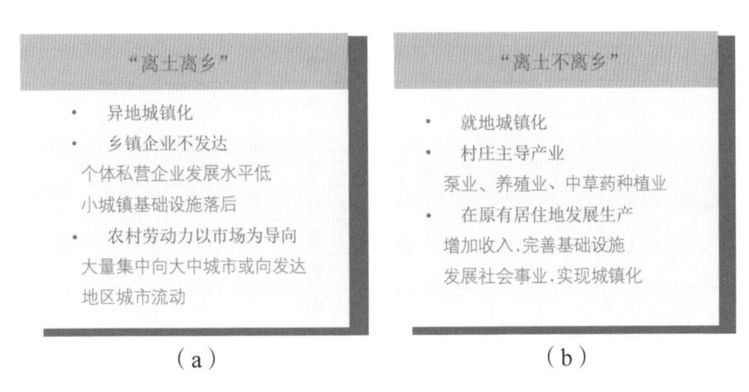

图 2-38　两种农村人口城镇化模式的比较

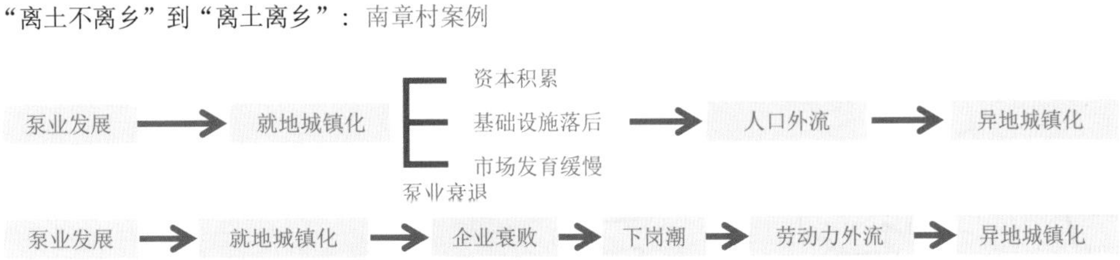

“离土不离乡”到“离土离乡”：南章村案例

泵业发展 → 就地城镇化 → 资本积累 / 基础设施落后 / 市场发育缓慢 → 人口外流 → 异地城镇化

泵业衰退

泵业发展 → 就地城镇化 → 企业衰败 → 下岗潮 → 劳动力外流 → 异地城镇化

图 2-39　石佛镇城镇化的变化：以南章村为例

2. 石佛镇公共品供给情况

1）基本公共服务设施基本满足相关标准

石佛镇从设施数量和空间分布来看，基本覆盖石佛镇的居民及可达性需求，基本满足相关标准（表 2-3、图 2-40、图 2-41）。

表 2-3　石佛各村镇基本公共服务设施供给情况

类别	项目	石佛镇区	中心村	基层村
行政管理	人民政府、派出所	●		
	建设、土地管理局	●		
	农、林、水、电管理机构	●		
	工商、税务	●		
	居委会、村委会	●	●	●
教育机构	完中			
	初级中学		○	
	完小	●	●	
	普小	●		○
	托儿所、幼儿园	●	○	○
文体科技	文化站（室）、青少年之家	●	●	●
	影剧院	●		
	体育场	●		
	科技站	●		
医疗保健	卫生院	●		
	卫生所（室）	●	●	●
	计划生育指导站	●	○	
商业金融	百货站	●	○	○
	食品站	●	○	
	生产资料、建材、日杂站	●	○	
	书店	●		
	药店	●		

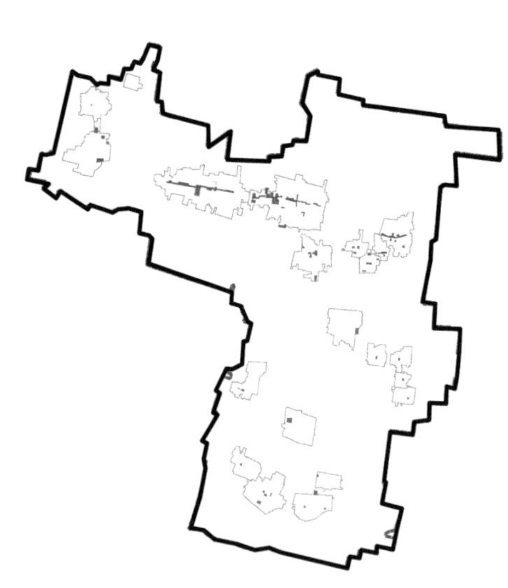

图 2-40　石佛商业和公共服务业空间分布

图 2-41　石佛道路体系现状构成

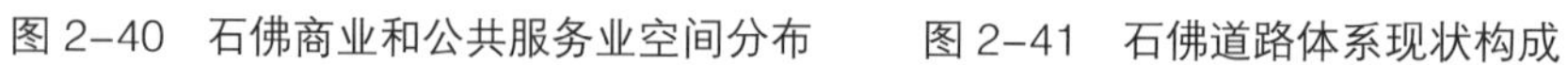

（1）教育服务设施：石佛镇共有小学 9 所，幼儿园 4 所，教育设施 2km 服务半径基本覆盖全部镇域。中心村小学规模较大，硬件设施较完善。基层村小学规模较小，硬件设施相对较为落后（图 2-42~ 图 2-44）。

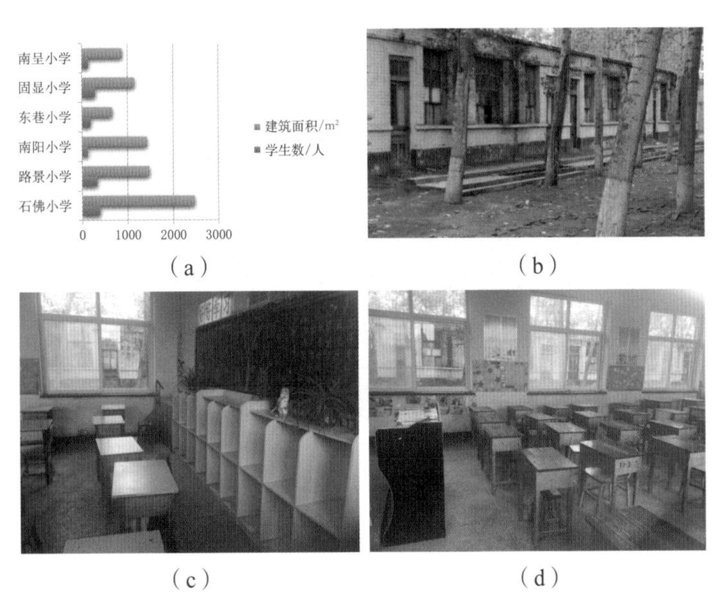

图 2-42　石佛镇主要小学设施情况及南阳小学

图 2-43　石佛镇现状小学分布图

图 2-44　石佛镇现状幼儿园分布图

（2）医疗服务与文体活动设施（图 2-45~ 图 2-48）。石佛镇现有卫生室 21 所，每村均有卫生室。现有文体设施 26 处，平均每村 1.2 处。数量和服务范围上符合标准。空间品质上，卫生室普遍设施简陋，动静洁污分区情况不佳。文体活动设施种类较为单一，村民场地利用率较低，见表 2-4。

图 2-45　南阳村卫生室

图 2-46　甄庄村卫生室

图 2-47　石佛镇现状卫生室分布图

图 2-48　石佛镇现状文体设施分布图

表 2-4　石佛镇农村文化设施情况统计

村名	文化设施	村名	文化设施
固显	健身广场	南阳	篮球场、健身广场
南呈	篮球场、健身广场、村民广场	郑各庄	篮球场、健身广场、村民广场
石佛	篮球场、健身广场、村民广场	马庄	健身广场
北阳	村民广场	路景	篮球场、村民活动中心
王街	村民广场	立庄	健身广场
南章	健身广场	东叩	篮球场
东巷	健身广场	李街	村民广场
甄庄	篮球场、村民广场	马村	健身广场

2）石佛泵业发展与公共品问题

既有泵业发展存在负外部性。产业粗放发展造成人居环境的恶化风险；缺乏治理的中小企业排放加剧区域环境污染；无序建设破坏了区域肌理；泵业衰退的大量空置厂房对村镇风貌产生负面影响。这也反过来制约了地区土地价值的进一步提升，进而阻碍了外部投资的进入，从而限制了地区产业进一步转型与提升发展（表 2-5、图 2-49~ 图 2-51）。

表 2-5　石佛泵业企业发展与村镇公共问题分析

泵业企业对村镇面貌的负外部性		泵业企业公共品提供机制的缺失
• 违法占地 破坏村庄肌理	• 生产污染 产生工业三废	• 基础设施建设（道路硬化 / 村镇景观 /……）
• 重型运输 损坏村庄道路	• 泵业衰退 空置厂房设施	• 公共服务平台（信息沟通 / 资源共享 /……）
		• 公共品提供社会责任意识

(a)　　(b)　　(c)　　(d)

图 2-49　泵业公共品：发达的区域产业与落后的地方风貌

图 2-50　南阳村“广场”状况

图 2-51　石佛生态问题：潴龙河河床

3. 石佛镇公共品面临供给的困境与机遇

（1）公共品困境

泵业衰败，企业复兴需要公共品供给；政府缺乏税收来源，无法满足需求。石佛镇泵业企业技术缺乏核心竞争力；市场条件变化导致需求侧变化远快于供给侧，经营风险加大；下游采矿业衰落拉低上游泵业获利水平；相关产业政策存在不确定性（图 2–52）。

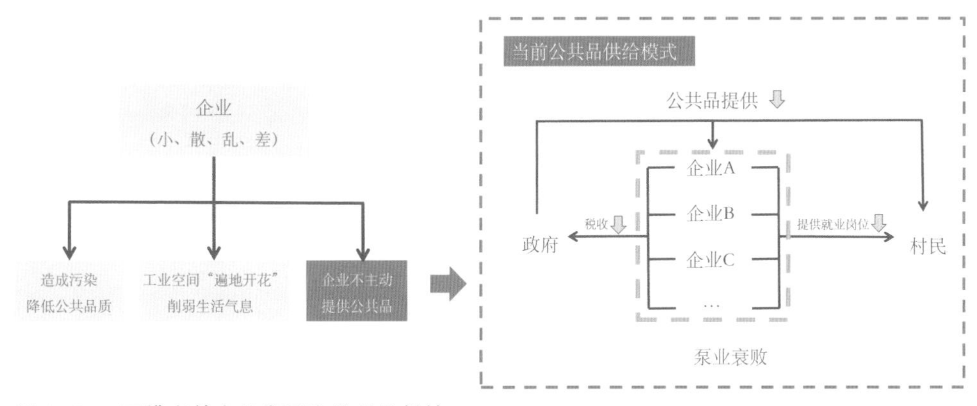

图 2–52　石佛当前企业发展和公共品供给

（2）公共品供给"机遇 + 模式"组合一：新建工业园区

现状企业小且分散，不足以支撑大型公共基础设施，其利税仅能在周边小范围提供少量普通公共品（如硬化道路）。在京津冀协同的大背景下，工业园区建设将带来区域企业规模与集聚效应的提升，政府财政能力随之增强，进而能够为自身及周边大区域内村民集体大量提供能源、教育和医疗公共品，从而改善公共品质并促进地区经济社会发展水平的进一步提升，形成良性循环（图 2–53、图 2–54）。

（3）"机遇 + 模式"组合二：村镇内部更新提升潜能

可以将企业在转型升级浪潮中对于自身形象提升需要与提升农村公共品供给的诉求相结合，在扩大企业影响力的同时打造良好的地区形象。发掘废旧厂房潜在再利用价值，以

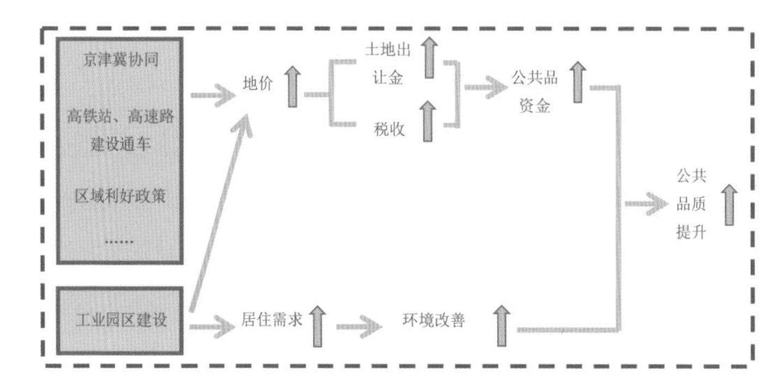

图 2-53　工业园区建设改善公共品供应的机理示意

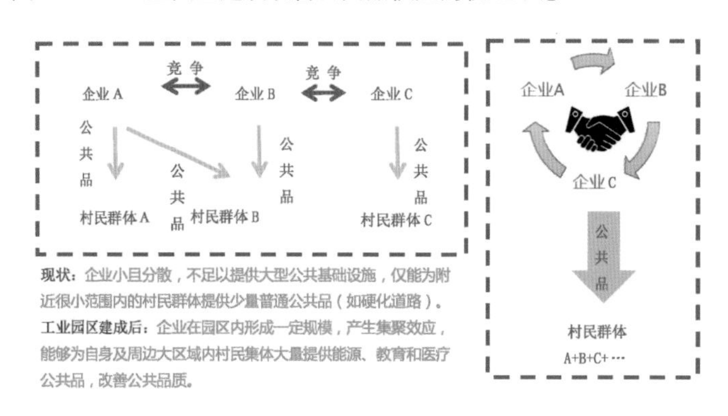

图 2-54　石佛从当前到未来公共品供给模式变化机制

公共品案例借鉴。浙江杭州湾上虞工业园区以精细化工、生物医药、五金机电、轻工纺织等产业为主。园区在公共品供给方面存在可以借鉴的两点经验。首先，园区实现了园区范围内集中供热全覆盖；其次园区对工业垃圾进行统一集中处理，实现了能源供应和污染物处理的双高效，带来了村镇景观环境的品质提升。这种统一的公共品供给模式可为石佛镇泵业园区发展提供一定借鉴作用。

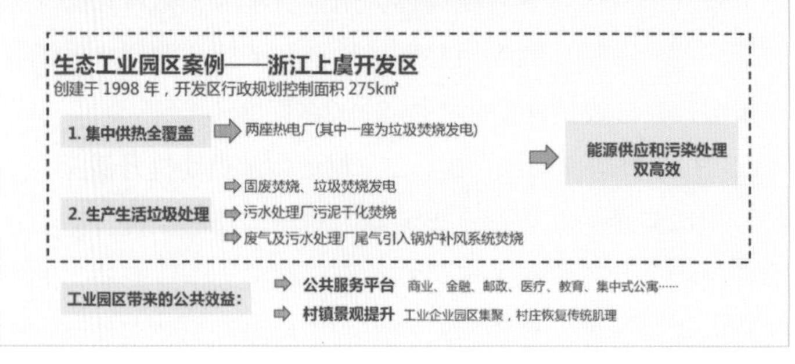

低租免租政策引进外部资本腾笼换鸟，同时灵活调整土地政策，将现有工业用地置换为公共文化设施用地、特殊学校用地、物流仓储用地、宅基地或耕地等，藉此推动区域经济社会发展。

石佛镇旧厂房改造设计和功能与形态策划有如下模式：①社区体育馆等。利用厂房内部连续、宽敞和层高特质，营造与之最为相似的社区体育馆。仅需对内部空间进行清理整改，便可投入使用。根据石佛镇目标人群特性，在以老龄人口为主的旧村等区域设置棋牌馆、桌球馆等；在以产业工人为主导的区域设置篮球、羽毛球、乒乓球、攀岩等活动场馆；在镇中心区域可设置多功能体育馆。②主题展览馆模式。对于留存有地标性工业遗迹的废旧厂房，可营造纪念性空间，利用开场性和光环境，打造特色水泵博物馆。③创意餐厅 / 商店模式。对于体量较小，工业元素保留较为完整的废旧厂房可采取该种模式。餐饮业和创意零售业为低成本创业项目，市场较大，容易吸引人群集聚，并赋予历史场所新活力。④孵化工场和办公空间模式。可改造成为容纳多个公司和创业团队共用的办公空间。可提供私密与开放兼具的环境，倡导团队间的思维交流和资源共享，引发更多的合作和创新，为工业园区技术产业发展注入活力（图 2-55~ 图 2-59）。

（a）

（b）

图 2-55　石佛泵机企业厂房内部构造

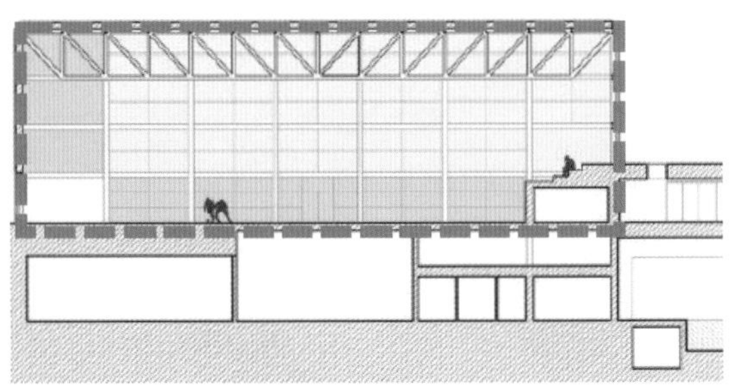

图 2-56　模式一：从厂房到体育馆等空间再利用示意

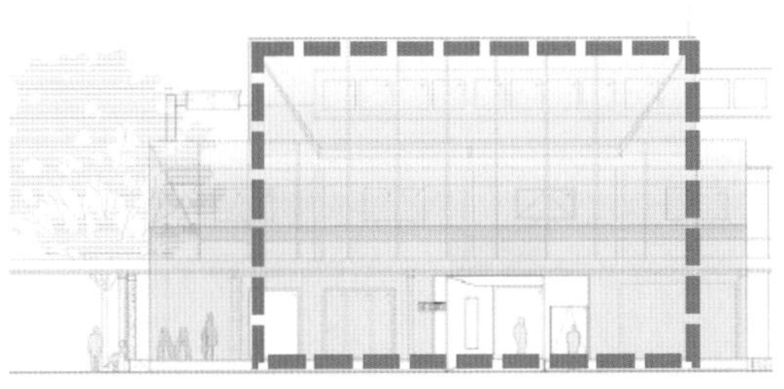

图 2-57　模式二：主题展览馆

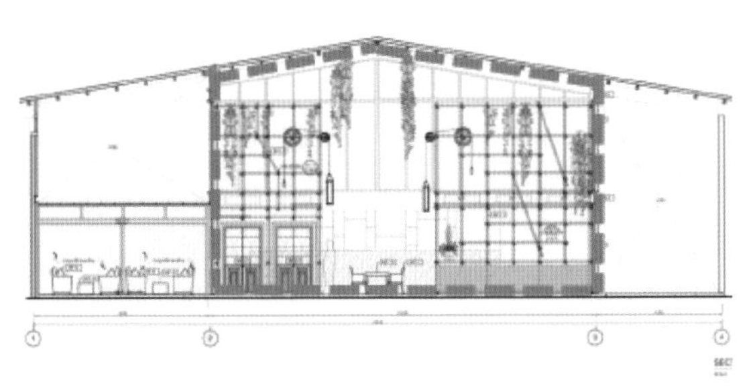

图 2-58　模式三：创意餐厅 / 商店

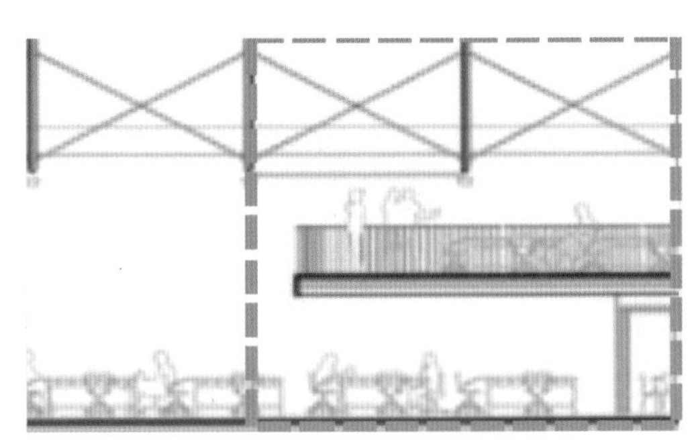

图 2-59　模式四：孵化工场和办公空间

2.2.5 专题五：就近城镇化模型解释

1. 石佛就地城镇化评价量化模型

统计层面，就地城镇化率 = 本地城镇化率 - 迁出率 + 迁入率。

本质上，本地城镇化水平和过程取决于本地城镇型社会和本地乡村型社会的推拉均衡（图 2-60）。迁出率取决于本地城镇和迁出地城镇的推拉力，迁入率取决于本地城镇和迁入地城镇的推拉力均衡，进一步可用如下公式反映：

$$X = \alpha \Delta A_1 \cdot N_1 - \beta \Delta A_2 \cdot N_2 + \gamma \Delta A_3 \cdot N_3$$

式中，ΔA_1指的是经济福利因素，ΔA_2指的是社会和环境因素，ΔA_3指的是人文因素，于是上式可进一步具体为下式：

$$X = \alpha (\Delta E_1 \Delta S_1 \Delta H_1) \cdot \begin{pmatrix} N_{1E} \\ N_{1S} \\ N_{1H} \end{pmatrix} - \beta (\Delta E_2 \Delta S_2 \Delta H_2) + \gamma (\Delta E_3 \Delta S_3 \Delta H_3) \cdot \begin{pmatrix} N_{3E} \\ N_{3S} \\ N_{3H} \end{pmatrix}$$

式中，ΔH 指的是乡土情怀。

$$\Delta E = (\Delta L \Delta F \Delta C \Delta T) \begin{pmatrix} N_L \\ N_F \\ N_C \\ N_T \end{pmatrix}$$

式中，L 指的是土地，F 指的是劳动力，C 指的是资本，T 指的是技术。

$$\Delta S = (\Delta P \Delta S \Delta EN) \begin{pmatrix} N_P \\ N_S \\ N_{EN} \end{pmatrix}$$

式中，P 指的是公共品水平，S 指的是宅基地与农地，EN 指的是环境质量。

根据该模型和现有的资料数据，可以分析的内容包括：①权重排序，明确主要矛盾与次要矛盾；②正负关系，判断各因素所产生的顺逆影响；③时空变化，解释不同时空下的就地城镇化情况。

本专题利用模型进行分析的三个层面：①石佛的演变分

析，石佛时间维度上的发展情况；②案例研究，分析空间维度上就地城镇化的几类情况；③策略研究，利用模型寻找研究石佛的发展策略。

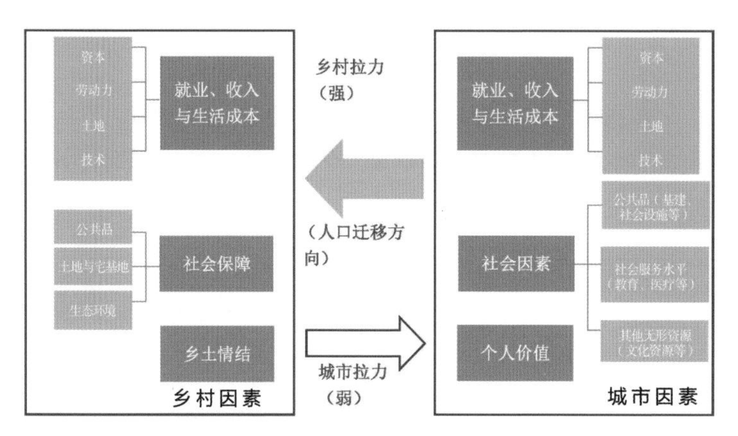

图 2-60　城市化动力的模型描述

2. 石佛就地城镇化路径分析

（1）本地居民城镇化（$\alpha\Delta A_1N_1$）

1984 年前。石佛泵业大致兴起于 1984 年，在此之前，人口流动缓慢，异地城镇化与迁入的周边村民城镇化可忽略不计；推动力：主要为经济因素变化（ΔE）和社会因素变化（ΔS），二者权重相近。经济因素驱动力：主要为农业生产的剩余劳动力、手工业（ΔF）与剩余农产品加工（ΔL）；社会因素驱动力：主要为农村公共品（医疗、教育、农业配套）的需求（ΔP）（图 2-61）。

1984—2000 年。家庭作坊式泵业企业的兴起成为推动就地城镇化的主导因素（ΔE）：提供村民农业之外的就业机会与更高的收入。农村土地制度的改革（ΔS）：使农地的社会保障属性得到确认，社会保障因素也成为推动农村劳动力选择在本地实现非农化的一大因素。泵业开创者自发聚集体现的“企业家精神”（ΔH）也成为推动就地城镇化的精神文

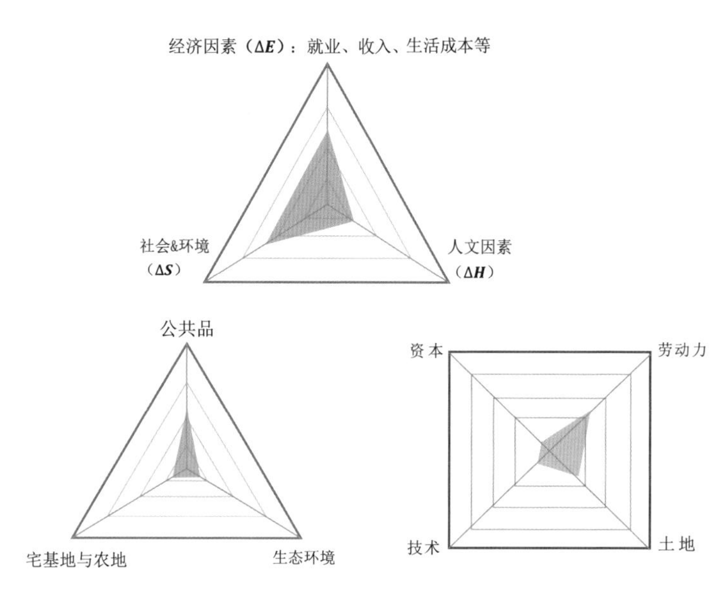

图 2-61　1984 年前石佛镇的城镇化模型解释

化因素。经济因素驱动力：外部市场条件的变化（山西等地采矿业对泵机的需求）导致投入泵业行业的资本（ΔC）活跃，同时石佛三县边缘的区位条件使得其土地监管较为宽松（ΔL），有利于个体作坊生产；同时，水泵行业为劳动密集型行业，对劳动力需求的上升（ΔF）也推动了就地城镇化。社会因素驱动力：主要为农地与宅基地的保障属性（ΔS）（图 2-62）。

2000—2016 年。泵业行业规模化、部分企业化成为这一时期推动就地城镇化的主导因素（ΔE）：提高规模效益进而提高收入（图 2-63）。经济因素驱动力：本地最早的泵业从业者完成原始积累，有较大的资本实力（$\Delta C\uparrow N_C\uparrow$）扩大生产规模与品类，形成规模效益，进一步吸引农村劳动力城镇化；同时，镇政府开始推行园区化，自由灵活的生产与用地模式开始不占优势（$\Delta L\downarrow N_L\downarrow$）；社会因素驱动力：工业化带来的财政收入一定程度上提升了公共品水平使之成为吸引要素

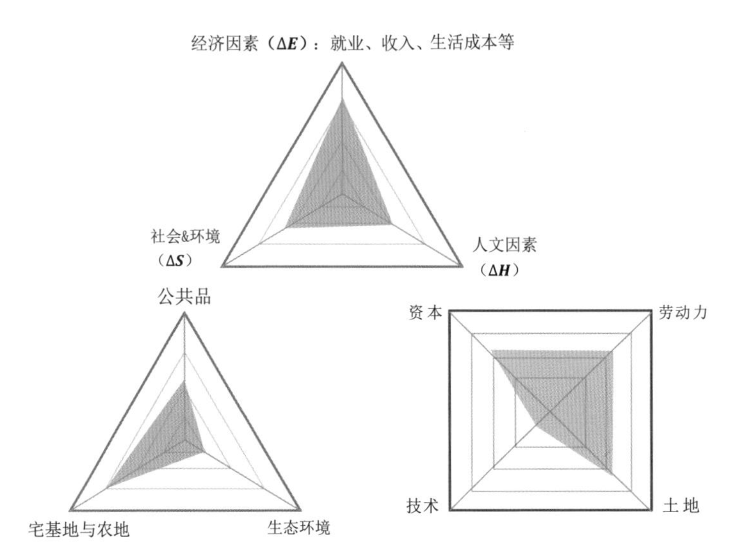

图 2-62　1984—2000 年石佛镇的城镇化模型解释

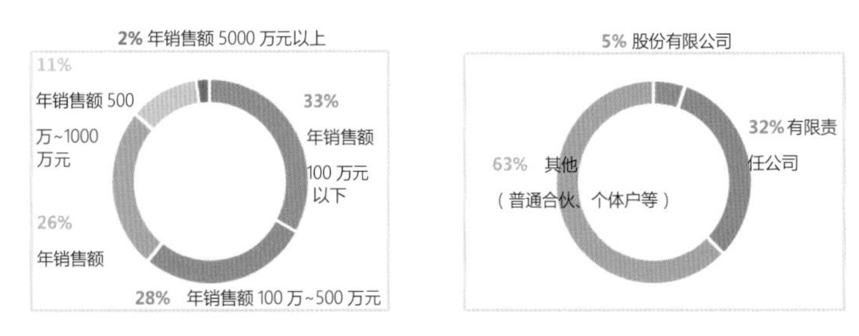

图 2-63　石佛镇的主要工业企业结构

（$\Delta P\uparrow N_P\uparrow$），但城镇建成环境品质低下，难以成为主要吸引要素（$N_{EN}\downarrow$）（图 2-64）。

2016 年以来，泵业行业导致的环境问题在新的区域条件下成为制约其发展的关键条件（$\Delta E\downarrow$），依靠泵业起家的乡村精英也有自身局限：缺乏创新转型、整合资源、合作共赢的能力（$\Delta H\downarrow$）。经济因素驱动力：环保压力使得资本与土地投入减少，二者的作用也降低（$\Delta C\downarrow\Delta L\downarrow N_C\downarrow N_F\downarrow$）。环保技术重要性凸显，但现阶段技术升级不明显（$\Delta T\downarrow\Delta N_T\uparrow$）。社会因素驱动力：对城镇化的农村劳动力而言，宅基地和农地的保障作用和地位日益下降（$\Delta S\downarrow N_S\downarrow$），而镇区公共品的水平没有显著提升（$\Delta P\downarrow$）（图 2-65）。

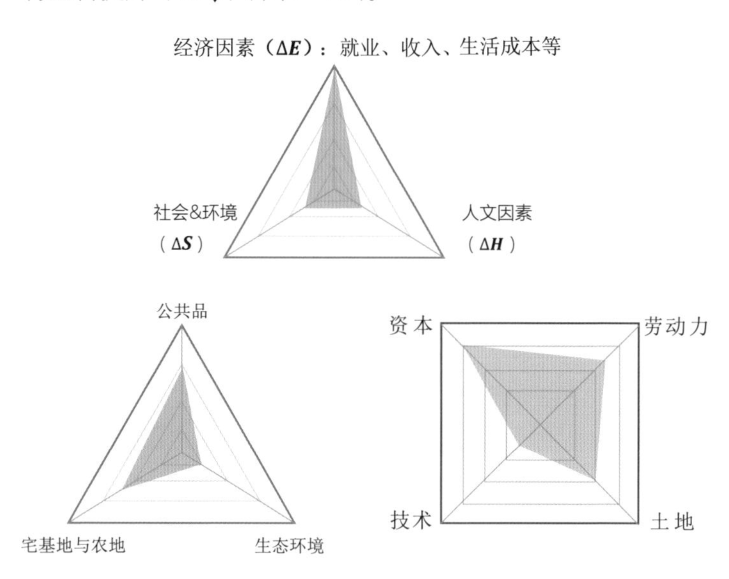

图 2-64　2000—2016 年石佛镇的城镇化模型解释

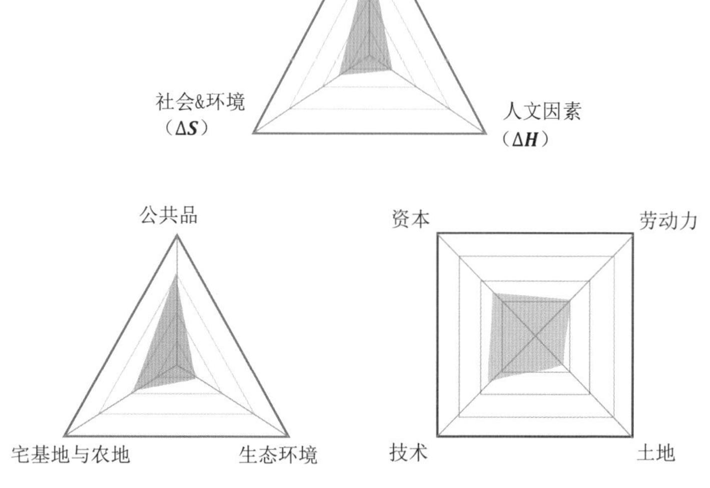

图 2-65　2016 年以来石佛镇的城镇化模型解释

（2）异地城镇化（$\beta\Delta A_2N_2$）

1984—2000 年。改开初期驱动农村劳动力异地城镇化最重要的因素是就业、收入水平等经济因素。其中，资本密集型和劳动力密集型企业是最直接的异地城镇化“拉力”（图 2-66）。

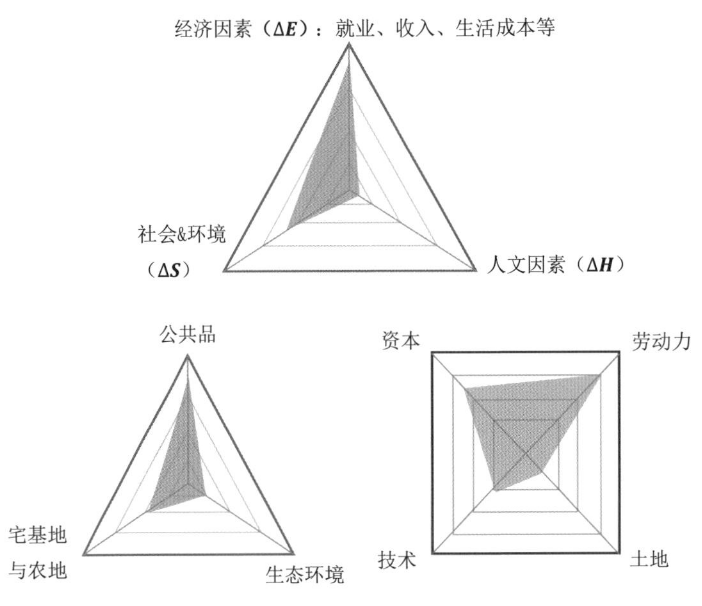

图 2-66　1984—2000 年石佛镇的异地城镇化模型解释

2000—2016 年。随着经济水平的增长，城乡之间社会服务与保障水平出现较大差距，城市的社会服务成为吸引农村劳动力的另一个重要因素，城市公共品（教育、医疗等）成为社会服务中最重要的影响因素，劳动力密集型产业逐步向技术型转变（图 2-67）。

2016 年至今。要素日益聚集的城市成为各种机遇的聚集地，个人价值的实现也成为农村劳动力异地城镇化日益重要的因素；城市产业日益趋向资本与技术密集，加快要素向城市的流动与聚集（图 2-68）。

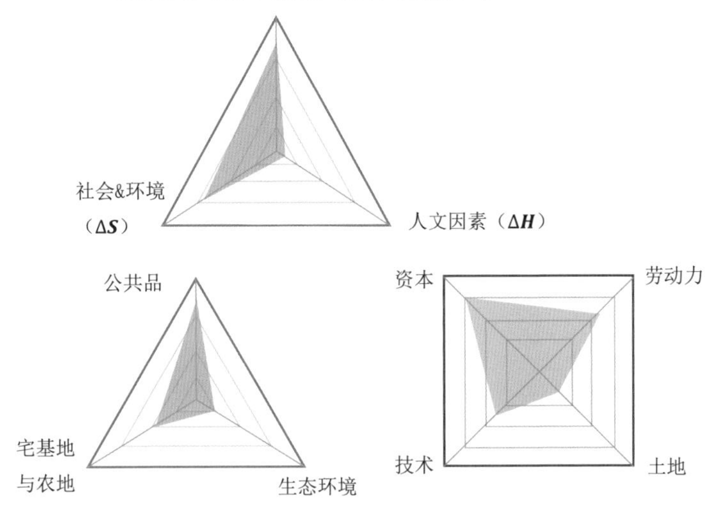

图 2-67　2000—2016 年石佛镇的异地城镇化模型解释

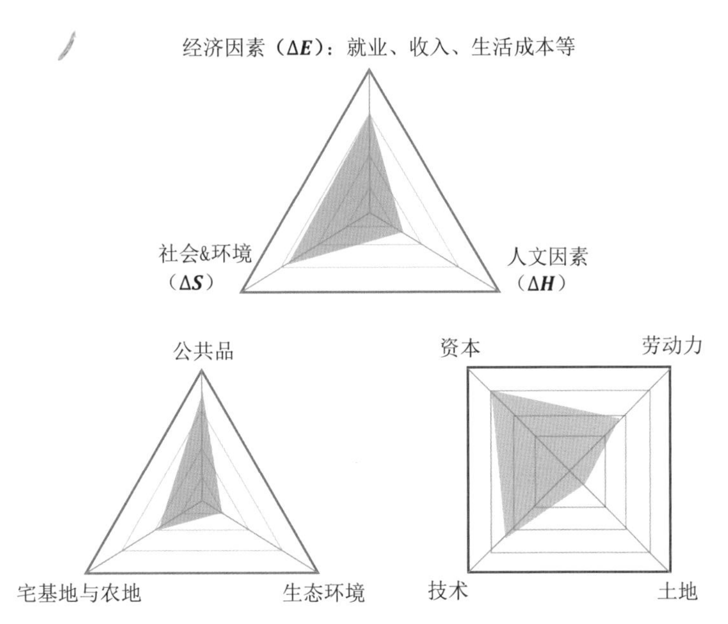

图 2-68　2016 年至今石佛镇的异地城镇化模型解释

（3）迁入居民城镇化（$\gamma\Delta A_3N_3$）

石佛聚集的具备一定规模的工商企业远多于周边村镇。经济因素成为推动周边村民迁入石佛就业，实现城镇化的最大动力。相较于周边，推动石佛拥有更优厚的经济条件的因素最主要为：市场条件带来的泵业等行业资本；宽松的土地供给；聚集的农村劳动力。在工业化的推动下，石佛的公共品质量略高于周边村镇，成为社会因素中最直接的推动力（图 2-69）。

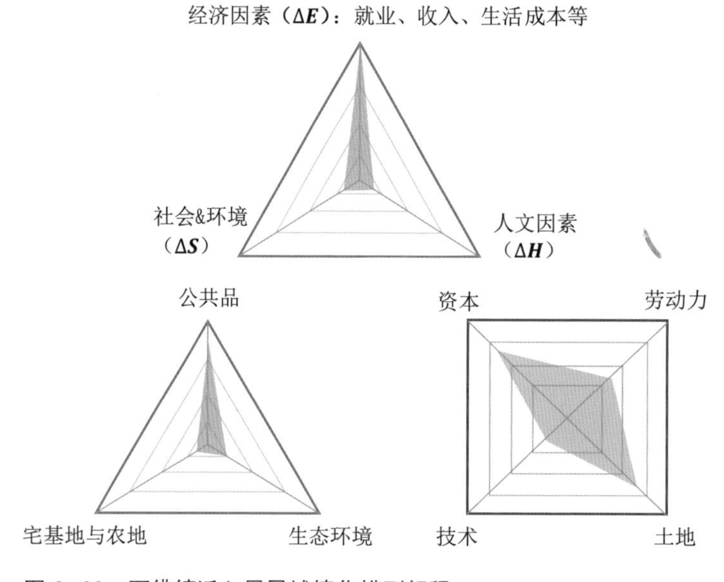

图 2-69　石佛镇迁入居民城镇化模型解释

3. 就地城镇化影响要素与模式案例

1）德州就地城镇化模式——两区同建

德州就地城镇化的“两区同建”核心内容是：以规模经营解放农民，以产业支撑吸纳就近就业，以基础设施完善提升城镇吸引力和吸纳力（图 2-70）。

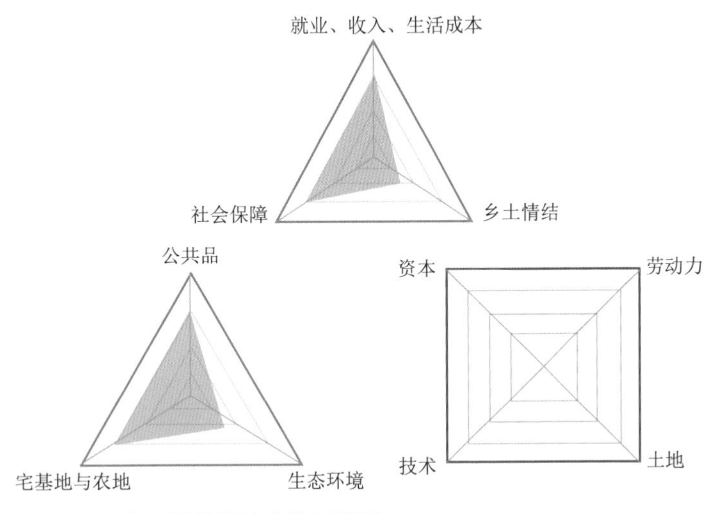

图 2-70　德州就地城镇化模型解释

“两区同建”主要举措：

（1）以规模经营解放农民——政府积极引导土地流转、土地托管

①土地整理：自 2008 年起，德州市大规模并村，建设农村新型社区，节约出 100 多万亩的宅基地。通过在土地增减钩挂项目申报规模、审批程序等方面积极争取国土资源部门支持、有偿统筹县区土地挖潜指标和引进社会资本，筹集城镇化所需大量资金。②土地德州市借助“两区同建”已累计建成和在建农村社区 378 个，入住农户 30 万户。同时，每个行政村平均腾出旧房占地的 1/2~2/3，作为新增的集体用地。③以土地流转形成规模经营，打造现代农业现代化科技示范园区。

（2）以产业支撑吸纳就近就业

①优惠政策鼓励园区建设。在强力推进农村居住社区建设的同时，德州市按照宜农则农、宜工则工、宜商则商的原则，市场引导、龙头带动，将产业园区规划与现有产业基础、

农村社区规划、区域位置有机结合起来，提出了“1+X”的要求，即每个乡镇规划建设1个产值过亿元的示范园区和若干个主导产业园区。并出台了促进产业园区建设的优惠政策，鼓励各类符合条件的企业、合作组织入区经营。建成了876个农村产业园区，30万农民就地、就近就业有了保障。有效盘活了农村闲置、低效利用土地，加速了全市城镇化进程。②引入资本鼓励园区建设。政府补贴资金，通过土地挖潜和增减挂钩、土地级差得到的收益主要补贴在农村新型社区建设上。因而在产业园区建设上，资金来源主要是用好政策性资金，这包括农村危房改造、土地整理、农村环境综合整治、水利建设等涉农项目资金，以县为单位，整合捆绑使用，集中用于农村社区和产业园区建设。同时，德州发展PPP模式，采取商业开发、企业和社区联建等，引导鼓励社会资金投入“两区同建”中。除此之外，德州十分积极地争取信贷资金。2012年争取到了国开行的信贷资金30亿元，2013年被国家农发行列为全国农发行支持新型城镇化试点，每年特别授信50亿元信贷资金支持两区建设。

（3）以基础设施完善提升城镇吸引力和吸纳劳动力

“两区同建”要素分析。“两区同建”以农民生产方式和生活方式转变、就地就近市民化为主要路径，同步推进农村产业园区和新社区建设，追求全域农业产业化、工业现代化、社区城镇化良性互动和协调发展的目标。实践表明，“两区同建”对推进地区经济发展具有明显成效，其着力点在于全域农村社区城镇化和产业现代化的整体推进和同步建设，注重化解“土地产权如何改、人往哪里去、钱从哪里来”的核心问题（图2-71）。

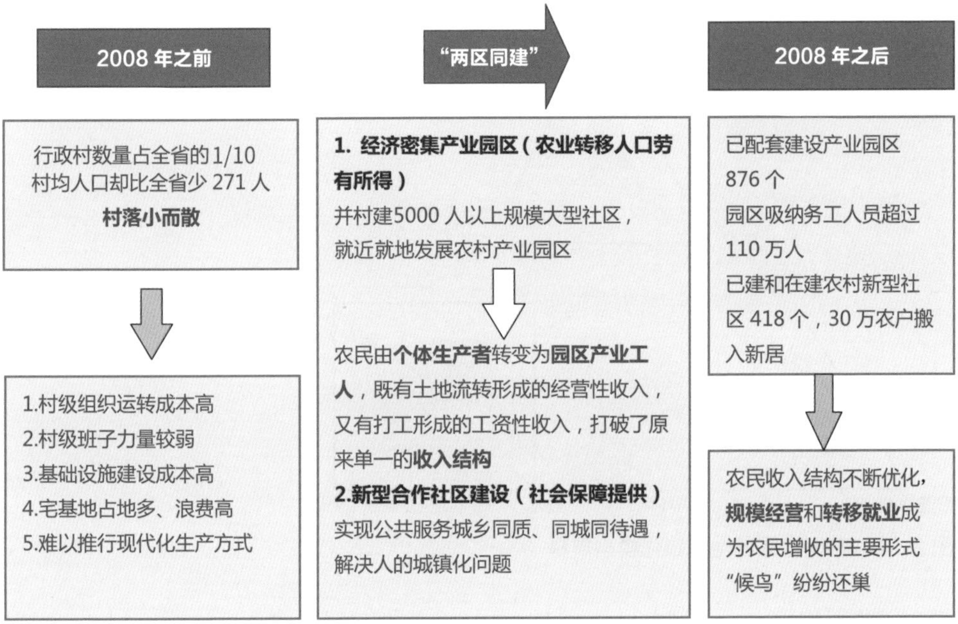

图 2-71　德州就地城镇化变化分析

2）苏南地区的就地城镇化发展模式

20 世纪 70 年代，苏南农村人地矛盾加剧，农民尝试进行农副工综合经营，出现乡镇企业。1980—1987 年，乡镇企业就业人数从 115.21 万人增至 300.03 万人，年均递增 14.65%，从农业转移到非农产业劳动力 227.2 万人；1984—1991 年，苏州市建制镇由 18 个增至 88 个，建制镇人口占地区总城镇人口的比例为 23.76%（图 2-72）。

4. 石佛就地城镇化策略分析

1）"改变经济因素"入手

（1）土地集约利用

现实背景：在农村的发展中，土地是最有挖掘价值的资源和资本，也是就地城镇化实现的最重要保障。土地从农业用途转变为非农业用途意味着巨大的增值收益。但是因为法

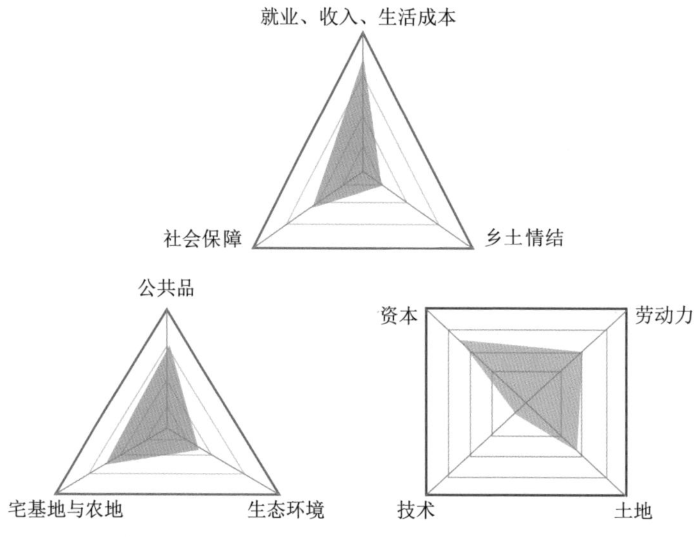

图 2-72　苏南地区就地城镇化模型解释

规政策的严格规定，中国农村土地用途的转变很难实现，成功实现就地城镇化的村庄（如德州、佛山）很多都是在土地利用方面获得了一些优惠政策，扩大了可以经营非农产业的用地面积。

常见做法：村庄通过农民上楼居住，腾出大片宅基地用于非农产业经营。就地城镇化的村庄，大都利用了村庄集体建设用地，作为初始资本和生产要素，发展了非农产业。土地的资本化伴随着村集体经济的迅速发展和村庄的工业化，为就地城镇化转型提供了充足的资源，使农民实现非农就业和生活方式的城市化（图 2-73）。

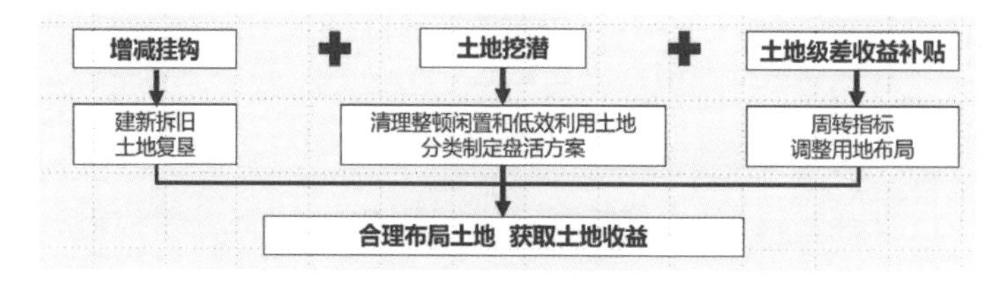

图 2-73　石佛就地城镇化的土地集约利用策略模型解释

土地仍承担主要社会保障角色：由于社会保障制度还不健全，土地在一定程度上承担着石佛社会保障的角色，相当多的农民不愿意放弃土地。在人口外流过程中，有相当一部分人并没有改变户口性质，为的是保留附属于农业户口的责任田，以便在泵业不景气或年老时作为保障之用。

石佛镇宅基地储备大：村民住宅用地总体占73.47%，细分到每一个村，住宅用地都占据最大的比重；农业生产用地占比少，仅占2.82%，主要分布在南部有部分杏仁等农产品加工业的村庄。各类用地分布不均：工业用地大致分布在北部村庄，沿东西向乡道两侧分布，除了南阳村南部、石佛路景交界处有小规模园区之外，其他工业用地和居住用地交错，零散分布农业生产用地。基本农田中部集中，南部潜在生态利用价值未发挥。①优化土地布局。通过土地流转、土地深度挖潜等方式，整合镇域内尤其是中心村周边零碎土地，同时转化清理闲置或是低效土地，土地集约化利用，为形成产业园区土地基础做好准备。②产业集聚。集聚北部现有泵业企业和工厂，腾退清理南部废弃、不达标工厂，镇域内集团式发展、合并式发展，同时南部治理潴龙河流域，大力集聚发展杏仁等农产品加工业，发展生态、农业生产、旅游副中心。

（2）集资和引资

石佛泵业企业中年销售额在100万元以下的小企业居多，随着销售额增加，企业数快速减少。各层级泵业企业总体销售额偏低。全国泵业工业总产值前二十企业中，销售额最低的石家庄泵业工厂有限公司销售额也达55000万元，大于石佛所有中型企业销售总和。石佛泵业企业总产值138000万元，在全国泵业企业中可占第八位，总实力依旧具有很强竞争力（图2-74、图2-75）。

策略是：①石佛现有泵业企业集团化，资本规模化。引入外部资本（沿海地区引入外资），吸引北京、天津资本，形成股份制企业、合作企业，完善、重组现有泵业企业空间布局。②推进石佛整体空间、环境水平，吸引资本的助推器。

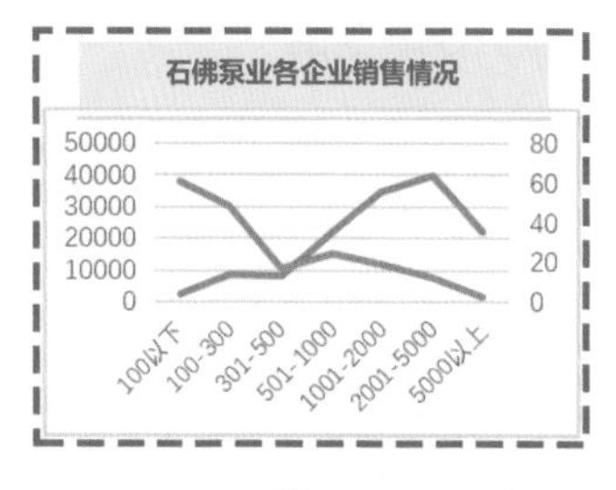

VS

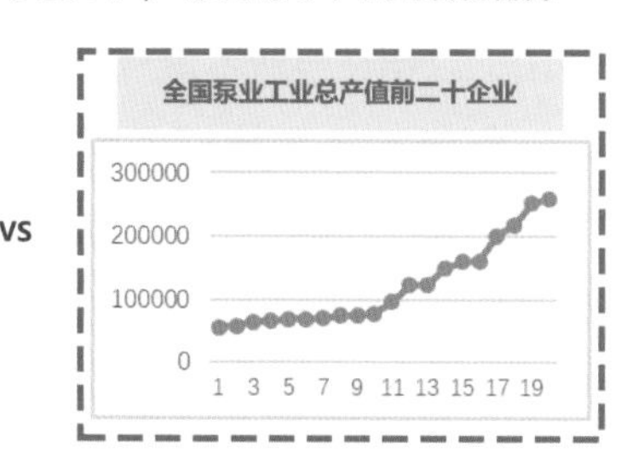

图 2-74　石佛泵业不同规模企业销售情况

图 2-75　全国泵业工业总产值前二十个企业情况

（3）对接区域产业策略

原有泵业极度依赖山西等地的矿业采购，一方面缺乏与周边产业的协同，另一方面市场单一导致投资不足、风险加大。交通格局的扩大为对接更多市场需求提供契机（表 2-6）。

策略一：利用区位条件的改善，积极对接周边产业集群，培育新的装备制造业，进而引导更多资本进入工业，推动本地农业劳动力城镇化（图 2-76）。

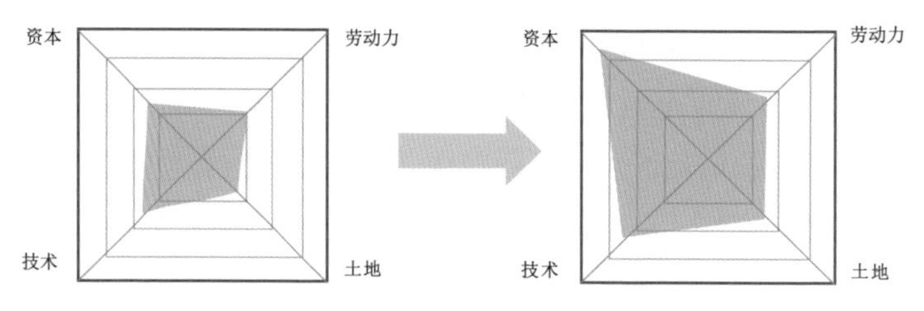

图 2-76　石佛就地城镇化对接区域发展的模型解释

表 2-6　泵业企业与上下游企业物流状况

英迪克公司与上游企业的物流状况（写主要的五家供货商）					
运输方式	来源地、运输距离	运输时间	运输成本	库存能力	是否建立中转库
汽运	石家庄	4h		500t	是
英迪克公司与下游企业的物流状况（写主要的五家订货商）					
运输方式	目的地、运输距离	运输时间	运输成本	库存能力	是否建立中转库
汽运	石家庄，100km	当天	客户承担		无
汽运	内蒙古，900km	2 天	客户承担		
汽运	辽宁，900km	2 天	客户承担		
汽运	承德，600km	1 天	客户承担		
汽运	唐山，500km	1 天	客户承担		
峥嵘公司与上游企业的物流状况（写主要的五家供货商）					
运输方式	来源地、运输距离	运输时间	运输成本	库存能力	是否建立中转库
瓦房店轴承	瓦房店	5 天	供方付		无
吉林龙达铁合金矿	板石	3 天	供方付		
中国钼业公司	石家庄	1 天	供方付		
XX 树脂厂	石家庄	1 天	供方付		
沧州涂料厂	沧州	1 天	供方付		
峥嵘公司与下游企业的物流状况（写主要的五家订货商）					
运输方式	目的地、运输距离	运输时间	运输成本	库存能力	是否建立中转库
太原钢铁	山西岚县，1500km	2 天	配送，400 元 /t		无
攀枝花钢厂	白马、攀枝花，4600km	4 天	配送，700 元 /t		
武汉钢厂	鄂州，2500km	3 天	配送，600 元 /t		
沁源集团	山西李元镇，1200km	2 天	配送，300 元 /t		
唐山 XX 厂	唐山，355km	1 天	配送，200 元 /t		

策略二：对接区域的资本和技术。模式一：承接京津冀中心外溢。一方面，承接雄安等区域中心的产业与技术外溢，有助于资本与生产结构的优化，拉动就业与就地城镇化；另一方面，雄安仍处规模经济的集聚期，短期内外溢专门化的效应不明显，风险较大。模式二：对接安国中心城区。药业是安国市的核心产业，石佛的主动对接可在投资上获得更大支持；利用原有沿线重点村的发展基础，有利于土地的集约利用。社会因素：若石佛的公共品供给没有跟上，可能造成一定程度的"产城分离"。模式三：与周边工业集群互动。经济因素上，多种产业的对接可在投资上获得更大支持；但需要加强南北方向的交通等基础设施的投资。

（4）加大技术投入，引进科研成果

石佛泵业"土、小、散、乱"，石佛产业发展面临产业档次低、市场中低端化、缺乏技术投入与创新、产业集约化自动化程度低、市场与环保压力倒逼产业转型等问题。与之同时，上海、浙江等泵机产业在纷纷加大自主创新能力（图 2-77）。

①引进科技含量高、产品附加值高的科研成果落户石佛进行产业化生产；积极与国内外知名大专院校开展科研合作；引导乡镇企业向创新型、科技型转型，打造地方品牌；推动产业快速升级。②强化中心村和周边镇的交通联系；推进工业园区建设，引进科研成果落户。

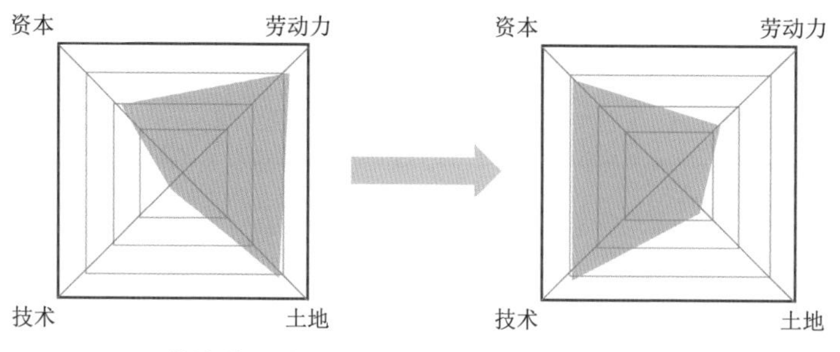

图 2-77　石佛就地城镇化的技术和科学驱动转型模型解释

（5）农村电商平台

搭建水泵—农产品综合电商平台，升级企业销售模式，打造集聚品牌效应（图 2-78）。

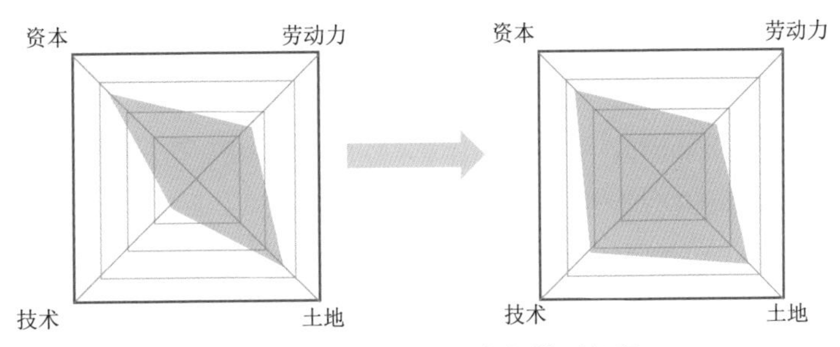

图 2-78　石佛就地城镇化的“电商平台”模型解释

2）从“改变社会与环境因素”入手

（1）公共品供给

石佛现状公共品分散、质量普遍低下，与邻县及中心城区存在明显差距，公共品质量低下是低龄人口流出的重要原因。公共品未能和产业充分结合，互相支撑。产业园区缺乏规范教育，而部分空心村教育资源闲置，公共品利用效率极为低下。规划工业园区周边并没有能相匹配的基础设施，存在潜在的生态威胁及隐患。①强化已有村镇体系。石佛村镇体系结构初步形成，各生活圈内村庄主要产业相似，具有小范围内互相带动、集中发展的潜力。各中心村主要职能虽各有不同，且辐射范围均有交叉，若小中心协同大中心，可推动区域整体多向发展。②多层级结构。以中心村为辐射原点，结合规划工业园区区位，小区域内合并教育、医疗公共品，集中发展，减少资源浪费。③能源基础设施布置。配合生态修复要求，结合水体、土壤污染现状，布置与工业园区配套的污染治理基础设施。

（2）整治宅基地

减少对宅基地的依赖，从而解放更多农村劳动力进入非农生产实现城镇化。增补面积、确权上楼——保障居住权益的同时减少依赖宅基地，腾出用地发展产业，改善公共品供给（图 2–79、图 2–80）。

损益分析。增加产业用地，提高土地利用效率；提供改善公共品供给所需土地；减小城镇化的农村劳动力对宅基地的依赖；可能的成本方面包括，宅基地概念的淡化，宅基地利益受损可能会推动部分劳动力异地城镇化，另外上楼形成的生活与生产方式的改变可能会导致失去乡土情结的载体。

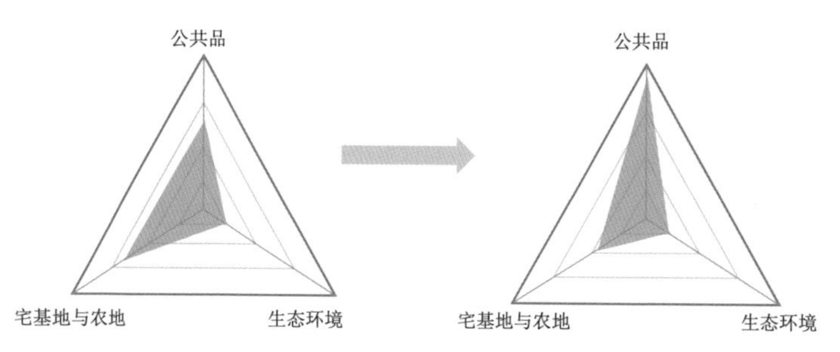

图 2–79　石佛就地城镇化的宅基地政治模型解释

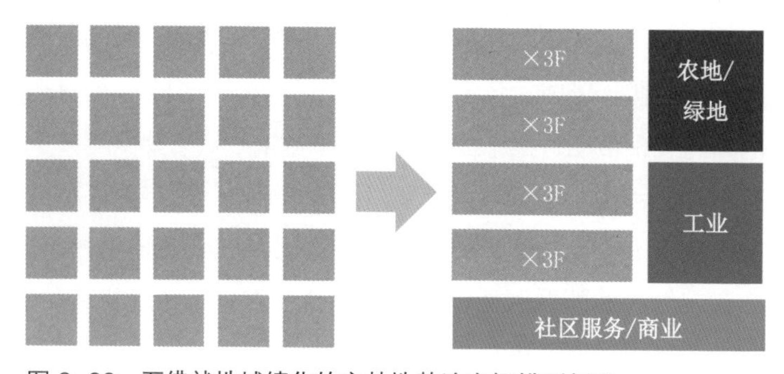

图 2–80　石佛就地城镇化的宅基地整治空间模型解释

（3）控制工业污染

石佛镇的污染一方面源自于石佛泵业企业的污染，另一方面源自于上游区域污染在石佛的富积。石佛泵业近年来面临京津冀环保压力剧增的情况，既需要在未来对工厂提出更高的环保要求，又需要对现有的污染进行治理和消解（图 2-81）。

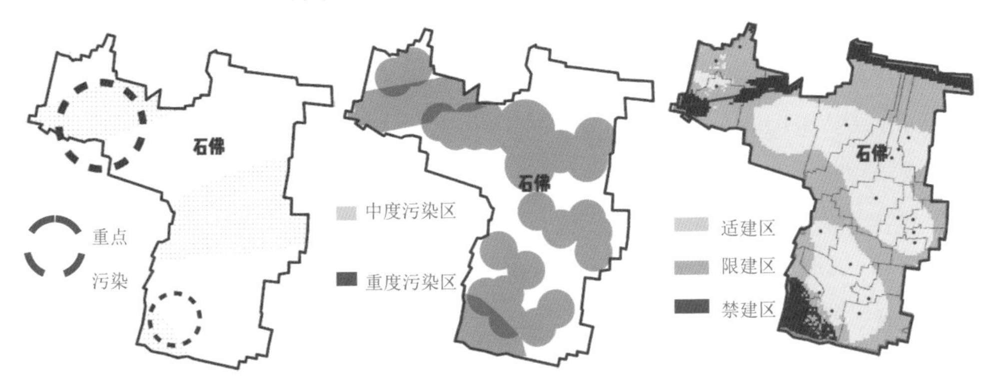

图 2-81　石佛就地城镇化的“控制工业污染”策略

（4）村镇环境整治

46.6% 的村民认为现在村里的环境状况较差，36.6% 的村民认为环境一般。村庄环境设施满意度中，村民普遍对村庄的供电、供水设施较为满意，但对村庄的垃圾收集和照明满意度较低。策略是：完善村镇基础设施建设，提升环境品质，保持乡村自然景观特色（图 2-82）。

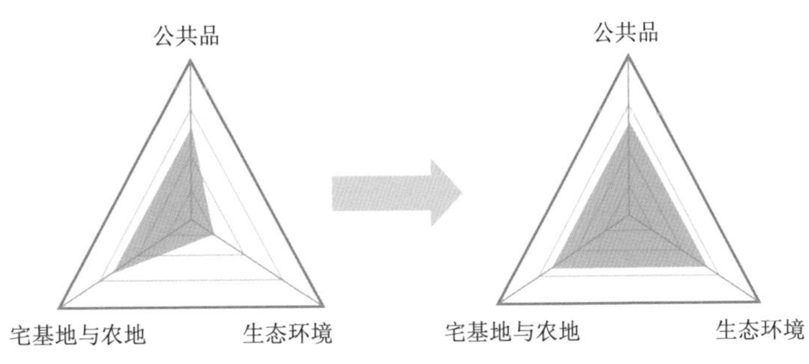

图 2-82　石佛就地城镇化的“村镇环境整治”策略模型

3）从“改变人文因素”入手：乡贤带动

发达的中小企业和落后的公共品形成了石佛镇极大的反差。石佛超过 300 家泵业企业、超过 300 家经营门店和 550 多家个体加工户提供近 9000 个就业岗位；6 家规模以上泵业企业、42 家固定资产 300 万元以上的泵业企业；产业瓶颈带来石佛就业安置问题。同时，政府提供公共品能力有限；乡镇基础设施尚未有效建设；乡镇品质急需提升。通过改变人文因素中的乡贤力量来带动石佛经济与社会环境因素变化，表现在加大资本投入、稳定劳动力水平、改善公共品和生态环境水平方面。

发挥龙头企业产业带动作用，培育产业品牌，提供更多就业机会；乡贤带动下的产业集中与结构优化，解决当前产业分散化、小规模和同质化的问题；参与乡村治理，提供公共品：基础设施、就业培训……吸引在外乡贤反哺。促进空间上分村集中建设工业厂房、农业园区；围绕工业厂房等规划公共配套（图 2-83）。

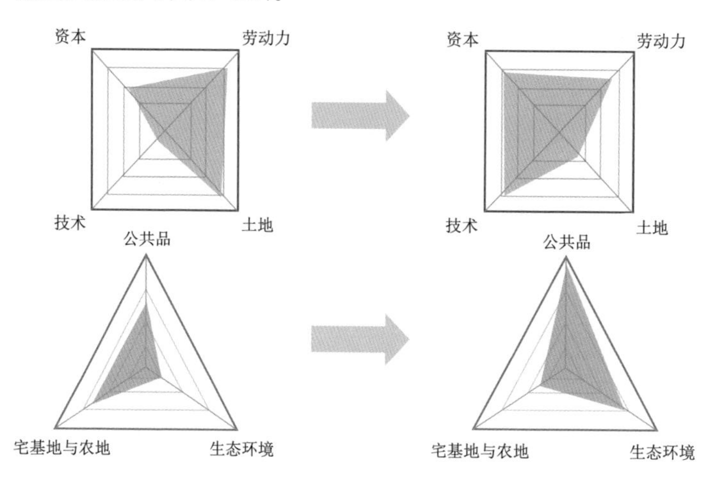

图 2-83 石佛就地城镇化的“乡贤带动”策略模型解释

2.3
方案一：国野之城——异地城镇化、精明收缩

“国野”解读：体国经野。

- **京津冀范畴：**首都之“国”，畿辅之“野”：立足京畿，转型突破；
- **保东南范畴：**安国之“国”，博野之“野”：纵横两县，共赢发展；
- **镇域范畴：**城镇之“国”，乡遂之“野”：各美其美，美美与共。

2.3.1 总体规划战略

1. 异地城镇化

异地城镇化基本逻辑：人民“用脚投票”，从欠发达地区流向较发达地区；后发地区的流出居民 + 留驻居民，收入均上升；流出地人口下降，就业空间扩大，实现资源合理配置（图 2-84）。鼓励泵业与农业剩余劳动力向安国市区、博野县城转移，进行就近城镇化。在这一大的区域结构重构前提下，石佛镇镇区西移至毗邻安国市区和高铁站的“南阳村”一带（图 2-85、图 2-86）。

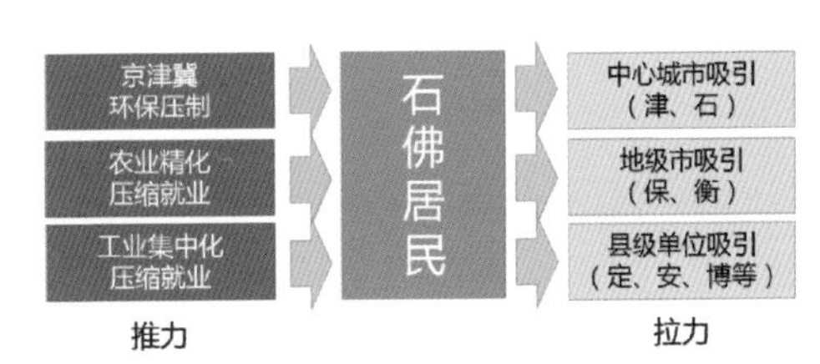

图 2-84　地方—区域推拉机制作用下的石佛异地城镇化机制：“穷则思变；变则兴，守则困”

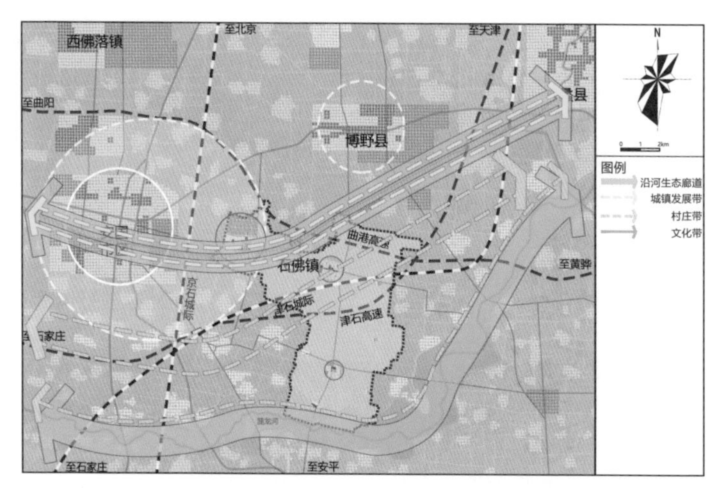

图 2-85　在安国—博野—蠡县市镇群廊道中的石佛镇结构分析：巧于因借、精于体宜、融会贯通、善假于物

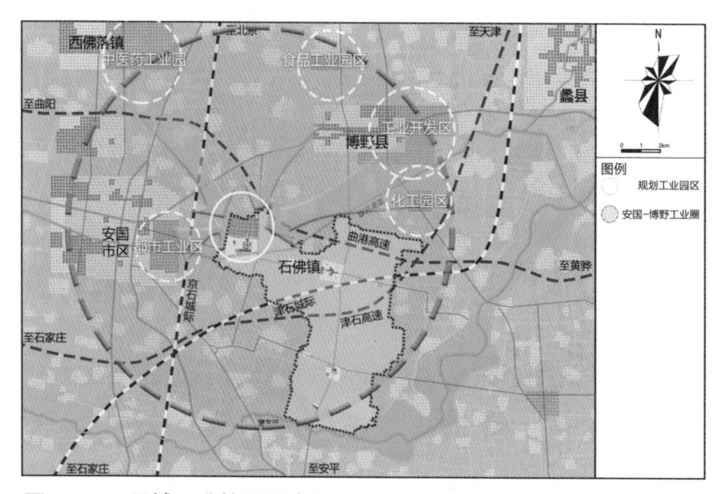

图 2-86　区域工业协同示意图

2. 精明增长：城更像城、村更像村

中心镇区（南阳村）应当努力增强辐射力和带动作用，促进区域经济共同发展；集中人力物力发展优势产业，做强优势产业，推动经济社会可持续发展；有效配置各种基础设施和社会服务设施，为人民提供宜居的城镇环境，建设宜居小镇。同时积极发挥中心作用，带动全镇整体提升和有序发展。

城乡统筹。必须在城镇化与工业化的同时，关注三农问题，关注城乡协调问题，在发展的过程中统筹城乡，尽可能地避免城乡矛盾，推进城镇化的同时，实现城乡一体化。

兼顾效益的公平城镇化。基础设施适度向农村延伸，实现区域共享。

2.3.2 总体规划定位

（1）畿辅地区小城镇发展转型与人居示范区，承接要素溢出的特色产业名镇；

（2）潴龙河流域生态文明先导区，国野区域内重要的产业融合发展示范区；

（3）安国市域东部“副中心”：以装备制造、集约农业为主导的现代化小镇。

2.3.3 总体规划目标

（1）近期目标（规划至2021年）

生态优美：潴、沙二水治理初见成效，“大密大疏”的生态控制格局初步形成；居境清新：新镇区建设、散村迁并同步推进，镇民居境稳步提升；产业兴旺：制造业转型取得重要进展，外源要素引入初见成效；精明高效：单位产值能耗明显下降，建设用地地均GDP明显上升。

（2）远期目标（展望至2035年）

生态优美：建成淀区上游的生态“资产库”，基本根治面源污染；居境清新：完成村庄迁并，镇村居住环境根本改善；产业兴旺：建成雄安外围的智造业高地，冀中南农业集约发展示范区；精明高效：全行业劳动生产率接近全国先进水平。

2.3.4 产业路径情景

1. 制造业自我革新战略

生产函数后续推演（图 2-87）。自变量是随时间变化的全生产要素投入；因变量包括总产量、企业平均产量、产量增长率、利润率、劳动生产率、用工人数；逻辑是基于企业家精神的地方自救机制；作用结果预计推动人口迁出实现异地城镇化进程。

泵业产业发展演化分期：①震荡期：2017 年→ 2018 年；②解冻期：2018 年→ 2021 年；③蜕变期：2021 年→ 2025 年，全面现代化；④成熟期：2025 年→ 2035 年、2050 年。

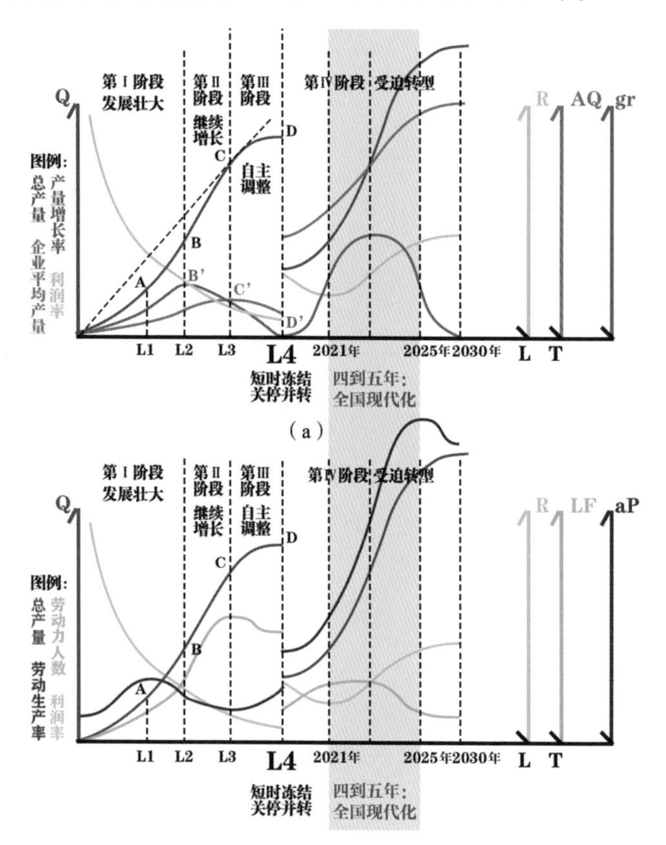

图 2-87 石佛镇生产函数后续推演

市场博弈和竞争的结果："赢家通吃"。其人口意义是，规划中远期（2030 年或 2035 年），用工需要量相较 L4 时点大幅下降；由于"资本天然排斥劳动力"，如果泵机企业基本休克消失，那么导致石佛镇的收缩会更突显，人口只会更少。

2. 农业生产函数

假如"土地流转""要素自由流动"等改革政策实现去分割，那么相应的人口冲击可能是：规划期末回落到规划期初的 1/3~1/2，其机制依然是"资本继续排斥劳动力"（图 2-88）。

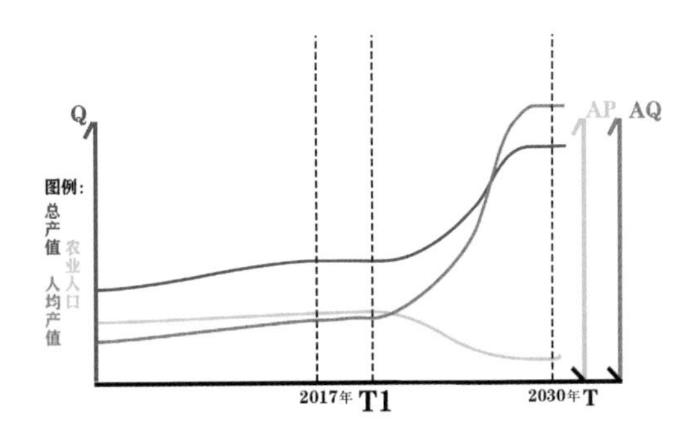

图 2-88　基于生产函数模型的农业产业集群的典型发展周期示意

2.3.5　总体规划规模预测

1. 人口规模预测：区域以城定人、地方以产定人

1）区域视角"以城定人"

将"国野地区"视作相对封闭系统；确定城镇化预期水平；规划期末人口在区域内分配。①安国、博野（石佛夹于其间）区域总人口数。按照当前的人口增长率计算，安国市 2020 年、2030 年市域人口分别是 39 万人、41 万人，博野县则为 26 万人、28 万人。2030 年区域规划总人口数为 69 万人。

②异地城镇化趋势下人口城镇化率。类似地区，定州总规确定2015年定州市域城镇化水平达到45%，2030年达到70%，浙江温岭2020年达到65%，2030年规划达到78%。假设2030年国野区域人口城镇化率为60%~65%，那么2030年安国、博野两县城镇化人口为43万人（69×（60%~65%）≈ 43万（人））。③中心镇镇区人口估算。国野地区的中心镇选取祁州镇、药市街道、博野镇、祁北新城、伍仁桥镇；中心镇镇区人口增长目前约0.5%，按照1%，2030年中心镇镇区人口为24.8万人，2030年收缩镇域城镇化人口18.2万人（43万 −24.8万 =18.2万（人））。④石佛镇2030年城镇化人口为1.43万人（18.2万 ×[3.2/(37+24−3−5.6−5.7−6)]=1.43万（人）），石佛镇城镇化率区间55%~60%，石佛镇2030年规划人口2.5万人（2.38万~2.6万≈ 2.5万（人））（表2−7）。

表2−7　以城定人的基本思路

○镇："中心建制镇"与"收缩乡镇"两分法；
○"异地城镇化"假设下，人口集中于中心城区/建制镇，"收缩乡镇"人口流出；
○"收缩乡镇"总人口之和＝异地城镇化区域预期总人口 × 预期城镇化率－中心镇镇区人口；
○某收缩镇规划人口＝收缩乡（镇）域总人口 × 该镇人口占比/收缩镇人口城镇化率

2）产业视角"以产定人"

确定工农业产值增长目标；对标全国制造业工均产值和集约化农业地均产值；确定就业总人口与供养总人口，合计得出规划人口（表2−8、图2−89）。依据镇域人口现状、镇域人口变化情况及安国市总规对县域人口变化的预期，预计到2035年，镇域内人口2.8万人。

表 2-8 “以产定人”的路线

“一产定人”
○**前提假设条件：**农业去分割，机械化，生产主体减少；用地：建设用地集中化，村庄复垦，“许拆不许建”； ○**估算方法：**参照生产条件相似、土地分割程度低、机械化程度高的生产地区——唐山市南堡农场； ○**数据关联：**关联耕地面积 / 一产地均产值，根据人均耕地面积 / 目标人均一产产值确定规划农业人口
“二产定人”
○**条件：**规模化生产，外部投资适度引入，本地技术追赶先进水平； ○**估算方法：**用预期产值和全国制造业人均产值推出工人人数，以周边就业和人口抚养比确定二产能够供养的总人口； ○**假设：**到规划期末，现状外出务工人员能够将相当部分人口带入城市（半城市化和市民化）

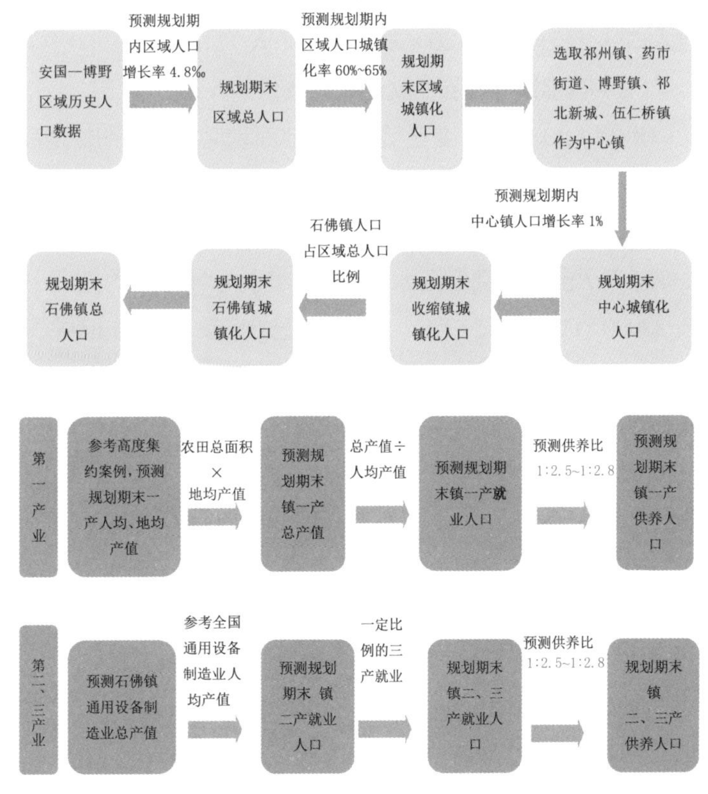

图 2-89　以城定人的路线

（1）石佛镇近期农业就业人口及供养人口

石佛现有耕地面积 5.6 万亩，以旱田为主，土壤质量较好。以曹妃甸区农场为例，一定机械化基础下，地均产值在 1500~3200 元 / 亩；人均产值在 15500~33000 元 / 人。考虑到近期要达到机械化，需要先进行土地流转、土地平整等，地均产值先定为 1500 元 / 亩，人均产值先定为 15500 元 / 人。大型农业机械用具可通过村民互助以减小成本。在现有耕地面积下，耕地总产值为 8400 万元（耕地面积 × 地均产值 =5.6×1500=8400 万（元））。能满足的就业人口为 5420 人（耕地总产值 / 人均产值 =8400 万 /15500=0.542 万（人），即 5420 人）。当前抚养比为 2，故农业总人口为 10840 人（就业人口 × 抚养比 =5420×2=10840（人））。

（2）石佛镇远期农业就业人口及供养人口

远期（2030 年）变化情况：耕地面积增加，远期耕地面积为 63500 亩（现耕地面积 + 复垦面积 =（56000+7500）= 63500（亩））。耕地利用状况优化，地均产值达到 $3200\times(1+X_1)$ 元 / 亩；人民生活水平提高，对人均产值的要求达到 $33000\times(1+X_2)$ 元 / 亩。根据曹妃甸第一农场相关规划，$X_1=0.4$，$X_2=0.7$，远期耕地总产值为 28448 万元（远期耕地面积 × 远期地均产值 $=63500\times3200\times(1+X_1)=28448$ 万（元））。远期人均产值为 10466.9 元 / 亩。远期就业人口为 5070 人（远期耕地总产值 / 远期人均产值 $=20320\times(1+X_1)/33000\times(1+X_2)=5070$（人））。考虑未来 4−2−1 家庭结构，预计石佛供养比为 1∶2.5~1∶2.8，故远期农业总人口为 12500~14000 人（远期就业人口 × 供养比 =12500~14000（人））。

（3）近期石佛工业就业人口及其供养人口

现状泵业总产值 137895 万元，从业人数约 9000 人，人均产值 15.32 万元。以峥嵘泵业为标准：总产值 7100 万元，工人 240 人，人均产值 29.58 万元（2013 年全国通用设备行业人均产值约为 150 万元）。近期石佛泵业由于环保等压力，最多能维持现产值，则预计近期关停并转规模化之后按峥嵘泵业生产率计算可容纳就业人口约为 4600 人，考虑其他二产和少量三产的就业人口（二产就业的 8%），预估近期本地二、三产就业人口为 5000~5500 人，预估近期本地依靠二、三产的人口为 10000~11000 人。

（4）近期石佛外出就业人口供养人口

现状在外总人口约 4200 人，就业人口约 2900 人，按 1∶2 供养比计算，考虑外出的 1300 人为非就业人口，在外就业人口能在石佛供养 1600 人。据此总结，近期（五年内）石佛依靠二、三产业人口为 11600~12600 人。

泵业总产值为 G，人均产值为 V，二、三产就业人数为 1.08× 泵业就业人数，抚养比 D 为 2，在外总人口为 Op，在外就业人口 Oe，二、三产总人口 P。

$$\begin{aligned} P &= D\times 1.08G/V+(D\times Oe-Op) \\ &= 2\times 1.08\times(137895/29.58)+(2\times 2900-4200) \\ &= 2\times 5034.7+1600 \\ &= 11669\text{（人）} \end{aligned}$$

（5）远期石佛工业就业人口及供养人口

按 2011—2016 年全国通用设备制造业企业主营业务收入年均增长率，石佛镇通用设备总产值增长率根据其等级、区位等酌减为 6%，考虑可能停滞甚至负增长的 5 年，到 2030 年石佛通用设备总产值预测为 219784 万元。2008—2013 年全国通用设备行业劳动生产率年均增长率为 5.3%，石佛镇酌减为 5%，则 2030 年石佛通用设备劳动生产率为 55.8 万元 / 人，则 2030 年石佛通用设备产业容纳劳动力约 4000 人。考虑其他二、三产就业人口，预计本地二、三产就业人口为 5000~5500 人。考虑未来流出人口逐渐异地城镇化，不再供养石佛本地人，因此忽略流出人口的影响，考虑未来

4-2-1 家庭结构，预计石佛供养比 1：2.5~1：2.8，则 2030 年石佛依靠二、三产人口为 13750~15400 人。2017 年通用设备总产值 G，2017 年人均产值 V，三产就业人口 T，抚养比 D，二、三产总人口 P。

$$P = D \cdot [(G \cdot (1+6\%)^{8}) / (V \cdot (1+5\%)^{13}) + T]$$
$$= 2.5 \times [(137895 \times 1.59)/(29.58 \times 1.89)+1500]$$
$$= 2.5 \times 5439$$
$$= 13597（人）$$

2. 用地规模预测：人地双减，集约高效

在异地城镇化的背景下，需要改变粗放用地的发展状态。人均建设用地由现状 255m^2 减少至 150m^2，总建设用地由 816hm^2 减少至 500hm^2（表 2-9）。

表 2-9　石佛镇用地规模预测

	人口	人均建设用地（不含工业用地）	总建设用地
现状	3.2 万	255m^2	816hm^2
“双减”	↓	↓	↓↓
规划	2.8 万	150m^2	500hm^2

2.3.6　镇域空间规划

1. 融入“国野地区”的以南阳为中心的新石佛：阿隆索地租模型模拟

利用阿隆索地租模型模拟石佛镇镇区西移至南阳的发展区位变化情况（图 2-90）。阿隆索地租模型解释了为什么土地利用方式会随着区位及基础设施条件的变化而变化这一问题。不同类型的产业能够具有不同的承租能力，同时因其产业需求而对区位具有不同的偏好特征。商业具有最高的承租

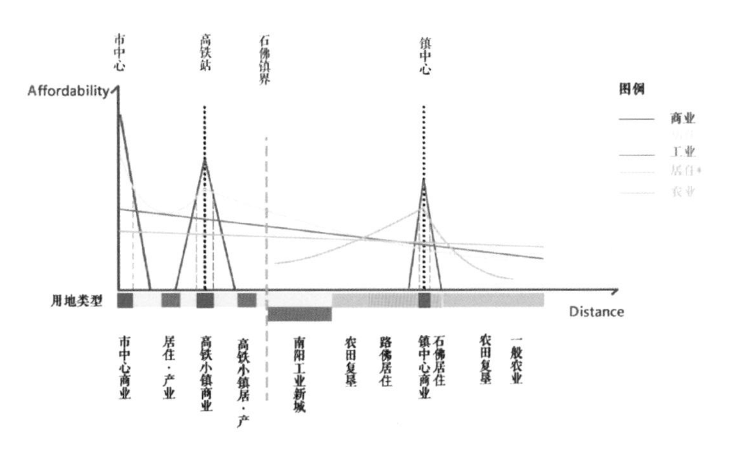

图 2-90　安国—石佛区域的阿隆索地租曲线示意

- 表征租金关系，从市中心向外，商业→居住→工业→农业；
- 以安国、博野县城为辐射中心，建构国野地区统一的经济区块；
- 目的：区内统一配置资源，显现规模集聚经济。

能力与最强的区位偏好，因此往往位于交通最便利的城市中心；居住位于商业的外缘；工业因其较低的承租能力与较弱的区位偏好往往位于城郊；而农业因其最低的承租能力与最弱的区位偏好性而构成了城市外部广泛的原野。在此基础上，诸如高速铁路、高速公路等区域性交通基础设施能够改变其辐射范围内土地的交通状况，因此会引起土地利用模式的重构，进而形成诸如边缘城市或高铁小镇等新型土地利用类型。在基本的阿隆索地租模型理论的基础上，结合 GIS 空间分析技术，研究建构了安国、博野与石佛区域统一的地租评价体系（图 2-91、图 2-92）。对现有的不同土地利用类型与交通线路进行了分别赋值，最终得出了该区域的土地地租分布图（图 2-93~ 图 2-96）。分析表明，石佛镇西部，即南阳村受安国市区的辐射较强，因此应当积极推进其与安国市的土地利用一体化，而镇域的东南部则相对独立。

以西部南阳为抓手，加强区域基础设施建设，促进石佛镇域、安国市区和博野县城一体化发展，形成区域合力。由城及河划分四大功能板块。南阳镇区，打造通用设备制造与城郊居住板块；路石打造乡村科教文卫公共服务板块；流北大田，打造景观与现代农业板块；潴龙河畔，打造康养度假休闲板块。

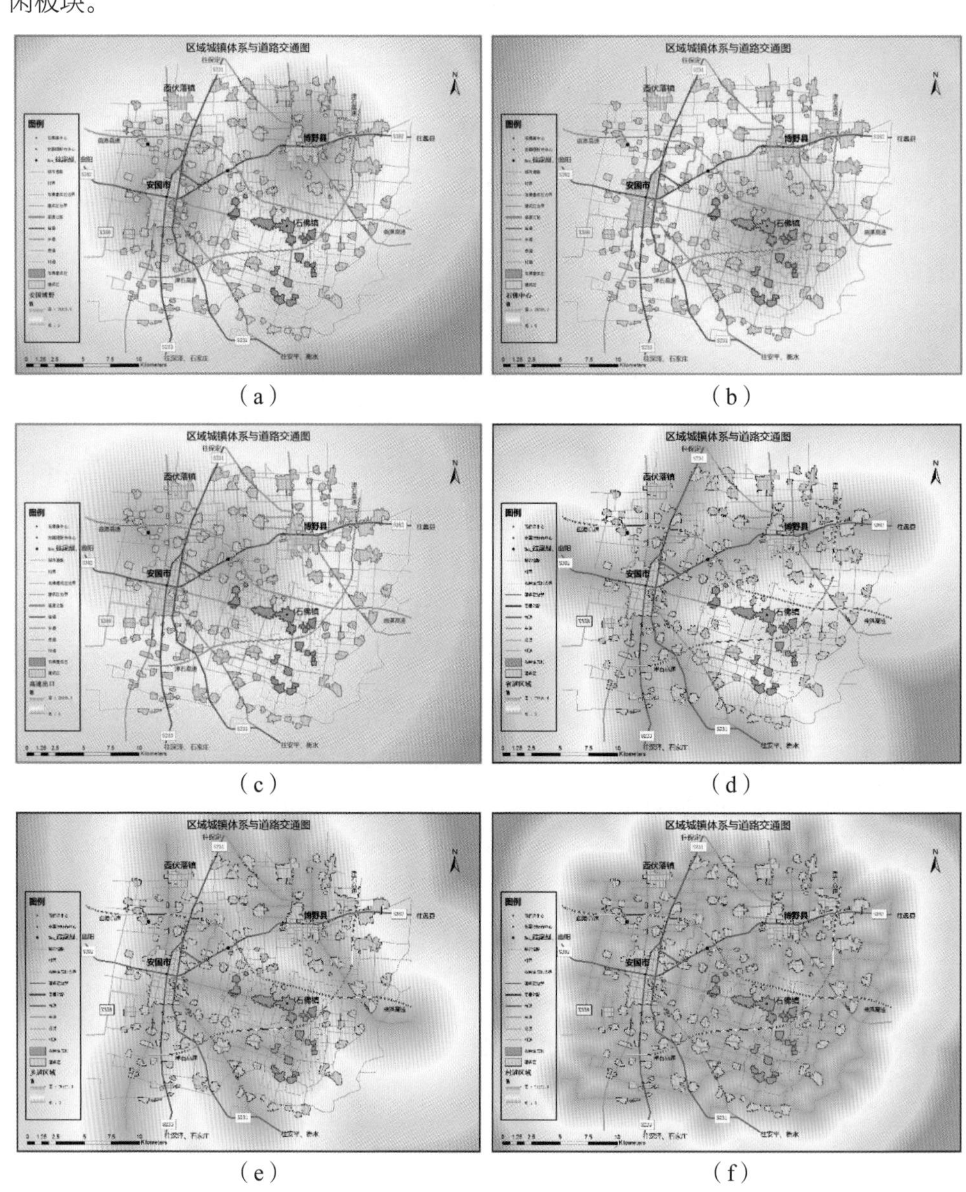

（a）（b）

（c）（d）

（e）（f）

图 2-91　不同可达性下的阿隆索土地地租模拟

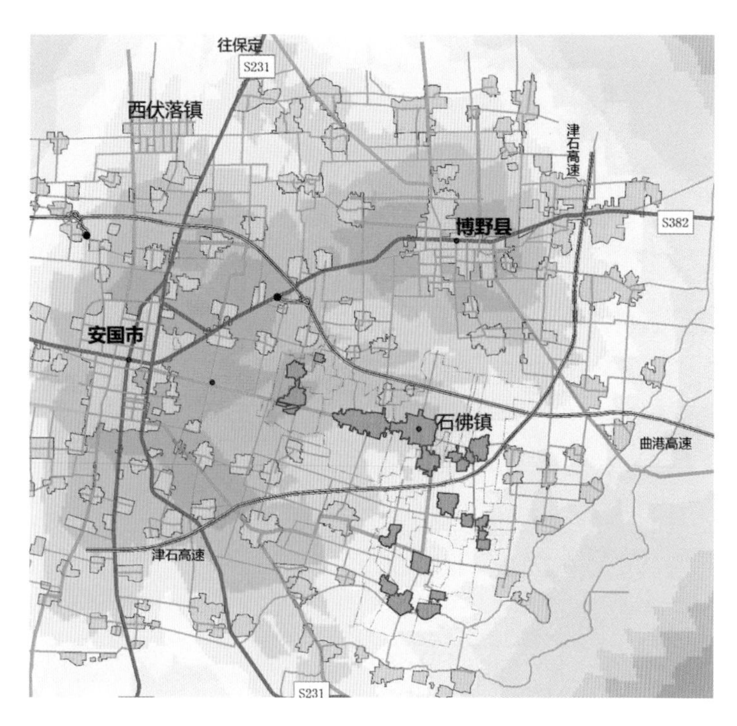

图 2-92　安国—石佛区域的地租分布测算模拟

- 建构区域统一评价体系，不同要素分别赋值；
- 赋权：考虑交通干线影响；安国经济体量较大，地区性影响较强；
- 分析结论：①石佛镇西部（以南阳村为中心的区域）纳入安国市区辐射范围；②镇域东、南部相对独立。

2. 镇域村镇体系

明确“两线三区”制约，促进建设用地集中、集约发展，将四处分散、独立发展趋势引导为向重点地区集中，在空间上形成沿镇域内十字交通干道分布，“一镇西峙，三庄东存”的镇村群体空间和具有宽阔开敞形态的区域。规划构建“中心镇区—镇域中心村——般村—精简村”四级的镇域村镇体系格局。区域上，形成安国—博野—石佛（南阳）“三足鼎立”格局；镇域上，形成路景—石佛村—流各庄“双核一星”格局；

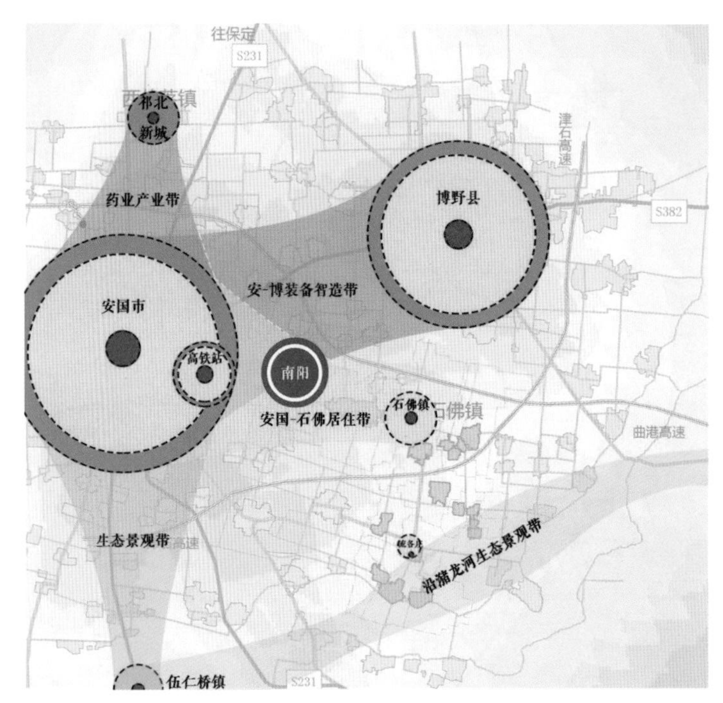

图 2–93　“国野地区”结构模拟及其石佛的位置

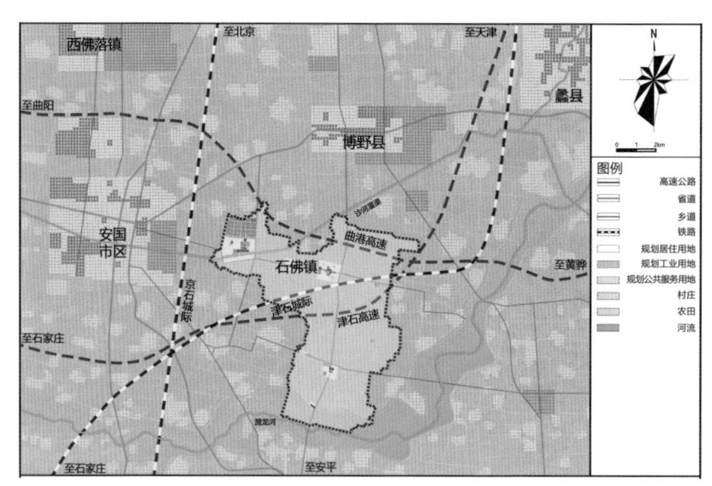

图 2–94　石佛在区域中的结构性布局

①石佛镇西部（以南阳村为中心的区域）纳入安国市区辐射范围；
②镇域东、南部相对独立；
③石佛镇中心西移至“国野之会”——南阳村一带。

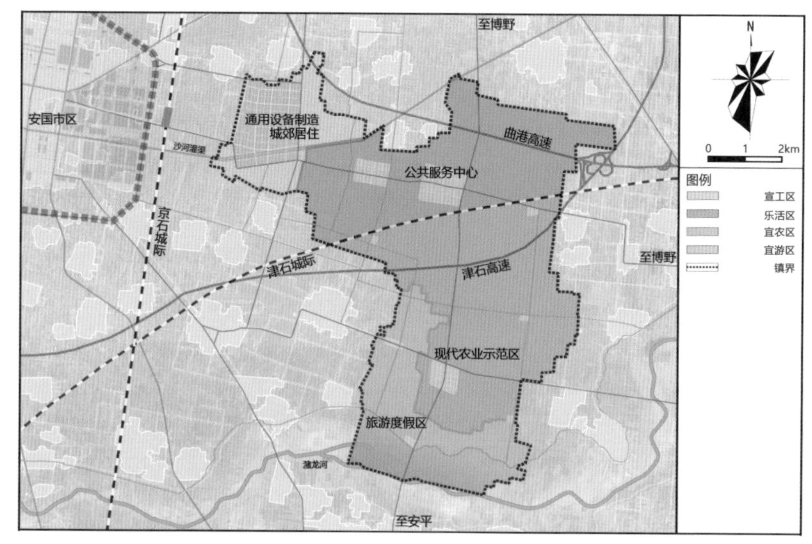

图 2-95　石佛镇域功能分区

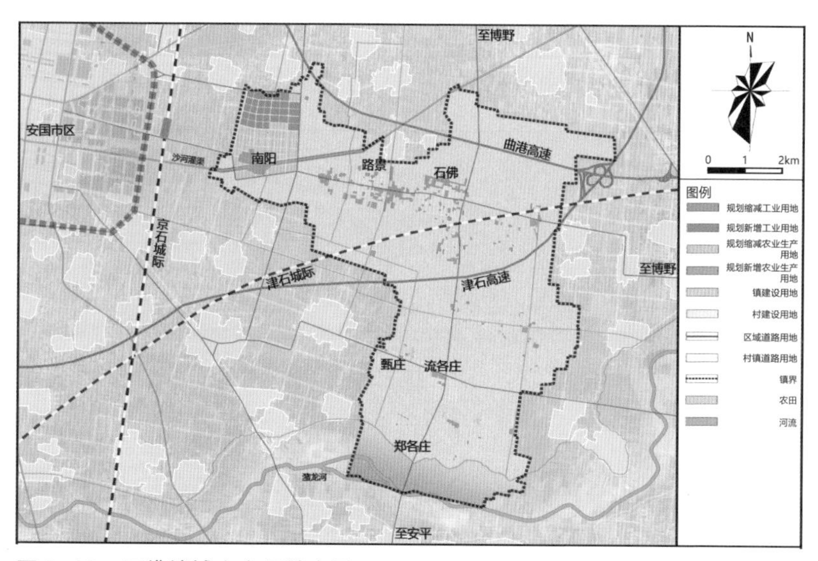

图 2-96　石佛镇域生产用地布局

组团上，形成“一体两翼”：甄庄—流各庄—郑各庄；村庄上，严守界限，遏制拓张。村庄迁并方面存干去枝，去粗取精，实现规模经济，加强南阳的中心地位；同时划分腾退划分阶段，实现人口有序迁移（图 2-97~ 图 2-104）。

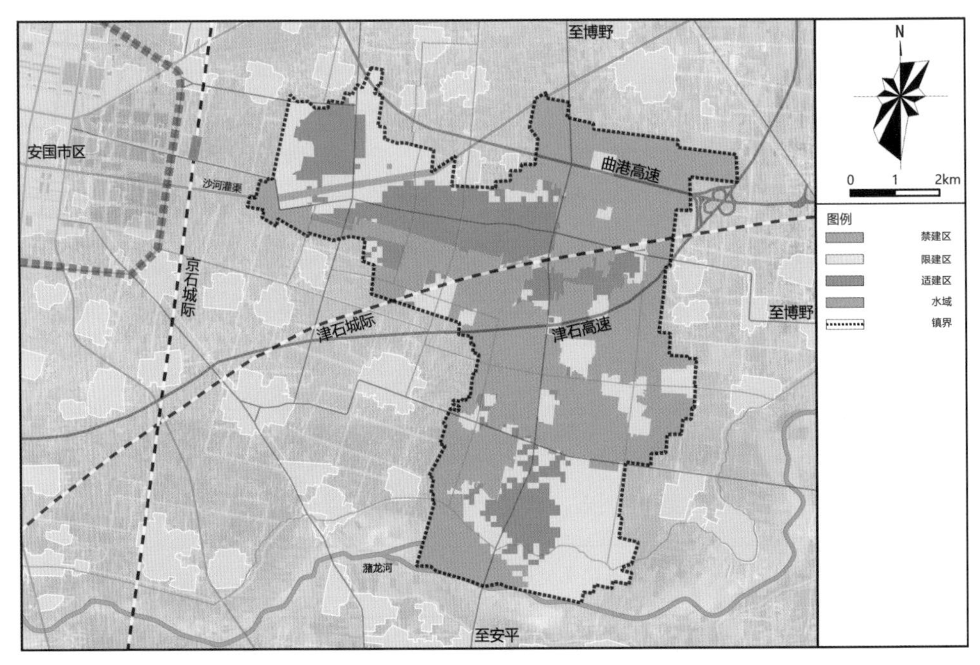

图 2-97　石佛用地适宜性评价

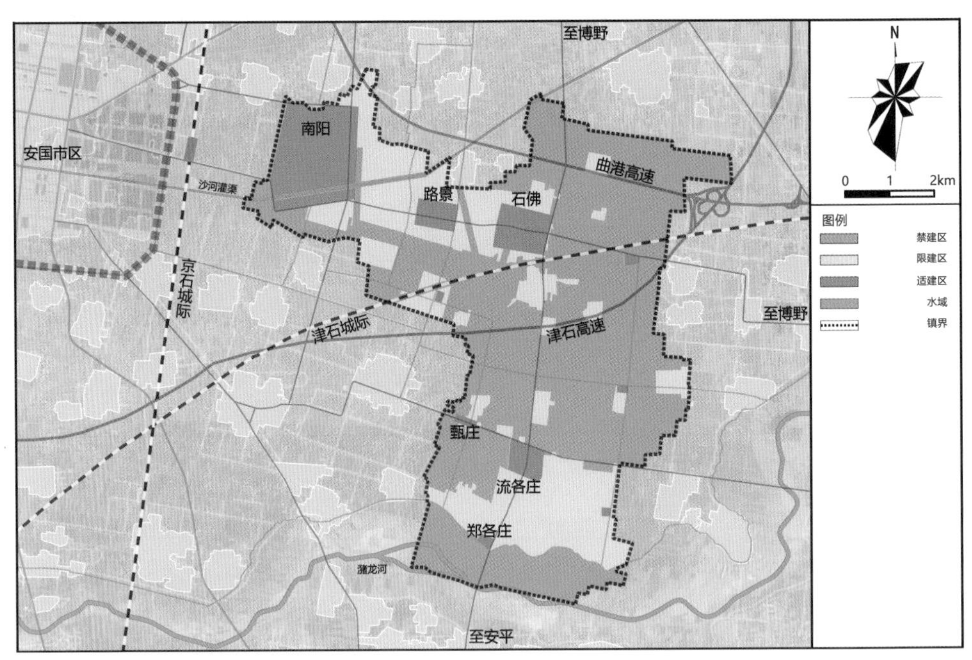

图 2-98　镇域空间管制规划图

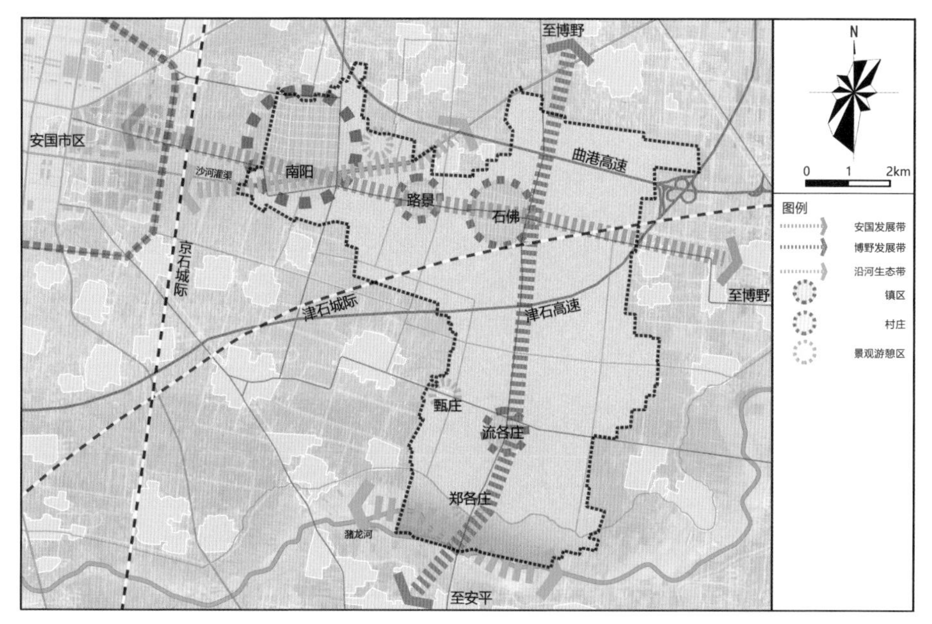

图 2-99　镇域空间结构：十字贯通，二水过镇（沙河灌渠、潴龙河）；一镇西峙，三庄东存（路景、石佛、流各庄）

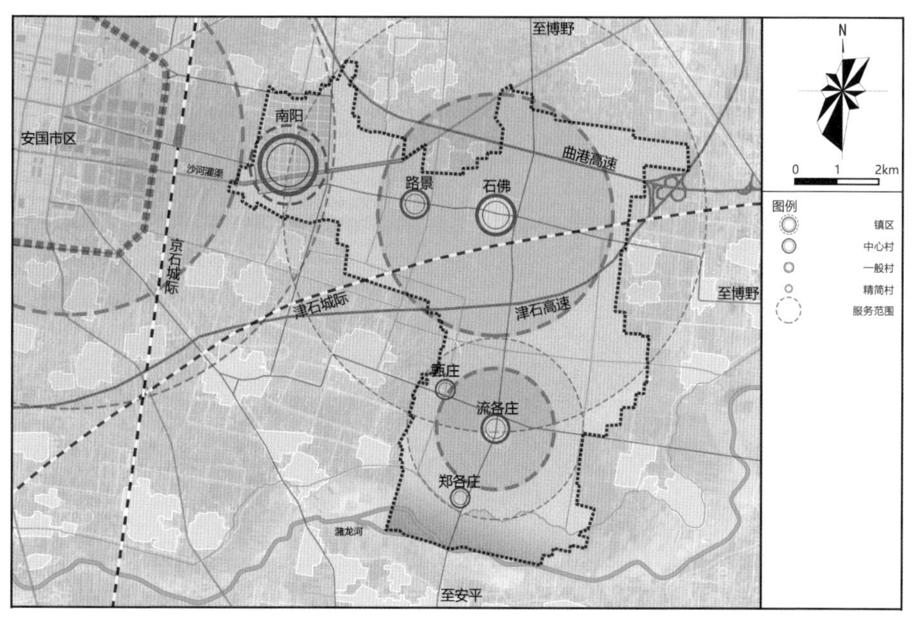

图 2-100　镇域村镇体系："双核一星"：安国—博野—石佛（南阳）；"一体两翼"（大）：路景—石佛村—流各庄；"一体两翼"（小）：甄庄—流各庄—郑各庄

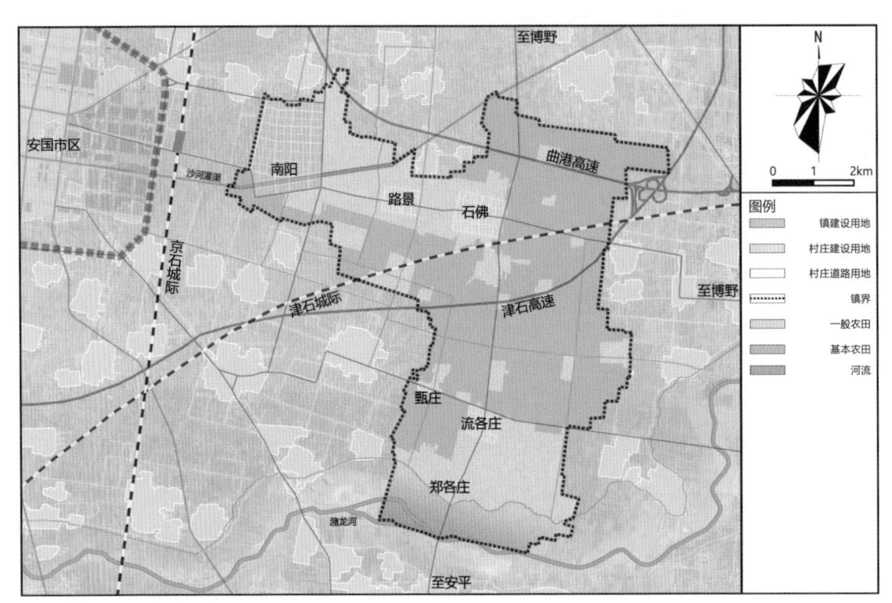

图 2–101　村镇建设用地规划图：国野之会设镇区；大密大疏好城乡——“把自然留给自然”

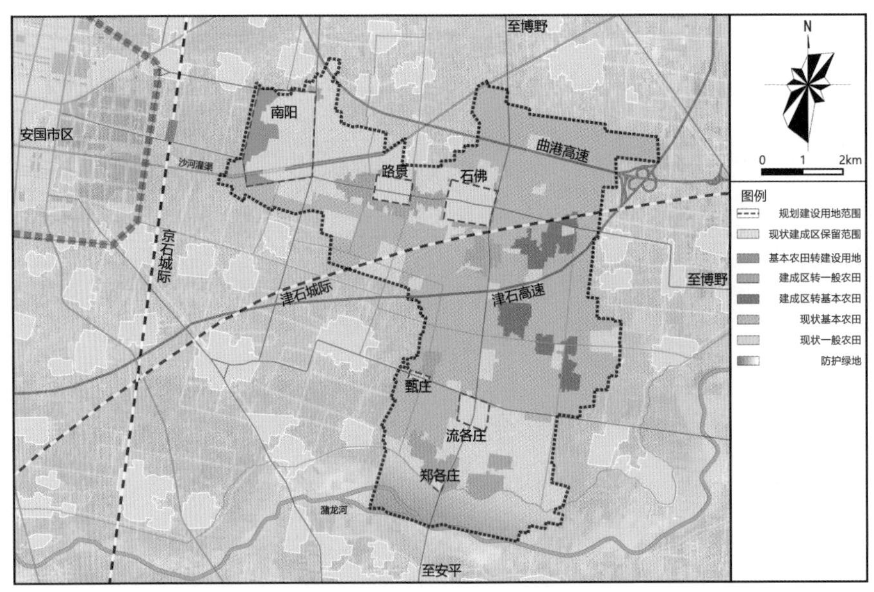

图 2–102　镇域两规协调：撤村归田，耕地连片；拓镇占地，占补平衡；农地盈余，指标出让；村庄限界，遏制拓张

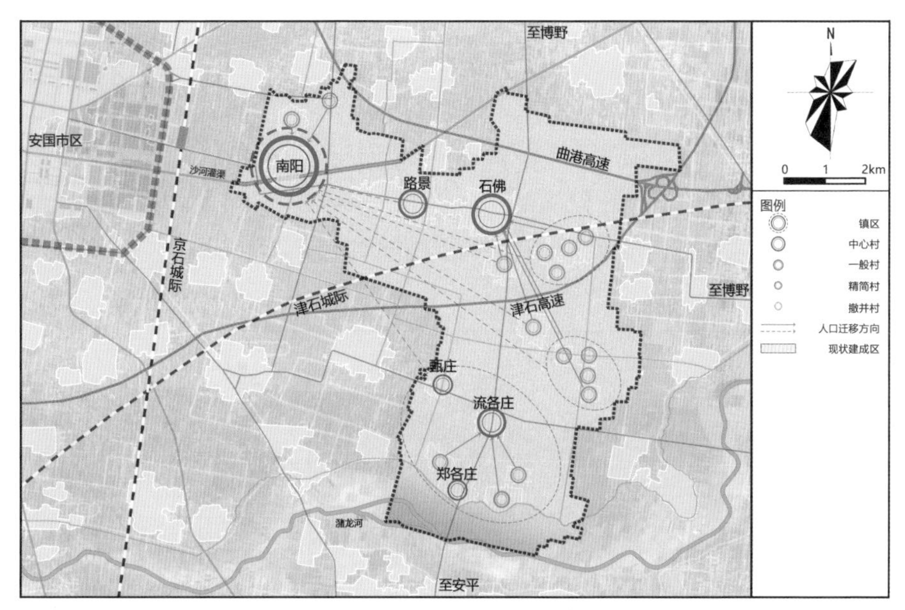

图 2-103　村庄迁并规划：存干去枝，去粗取精；规模经济，南阳骤起

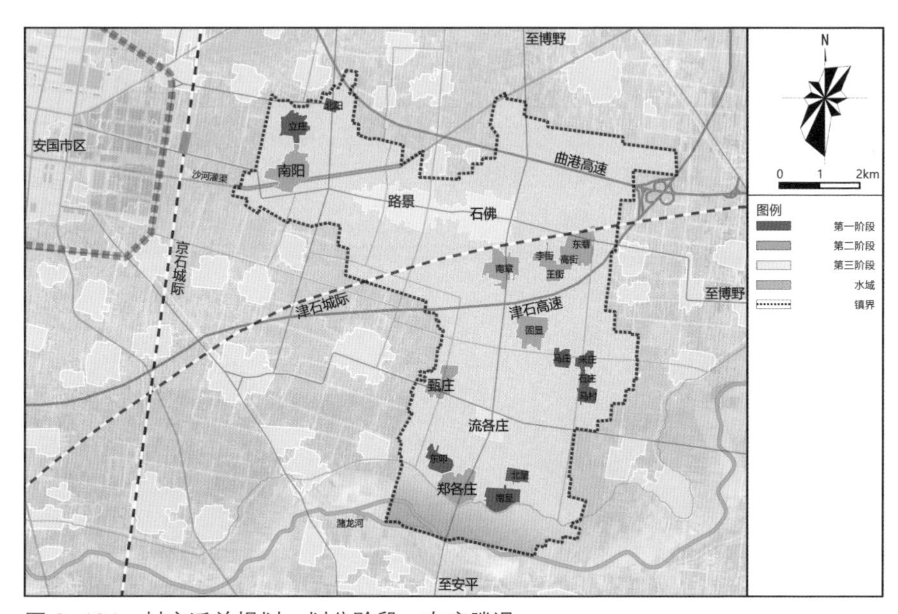

图 2-104　村庄迁并规划：划分阶段，有序腾退

3. 镇域用地规划

建设用地沿两条交通干道进行集中布置，实现镇心西移至南阳的规划目标，镇区布局模式呈现南侧居住、北侧工业用地的特征。同时进行迁村并点，形成南阳—路景—石佛—流各庄四个居民点，加强土地利用的规模效用（图 2-105~图 2-107、表 2-10）。

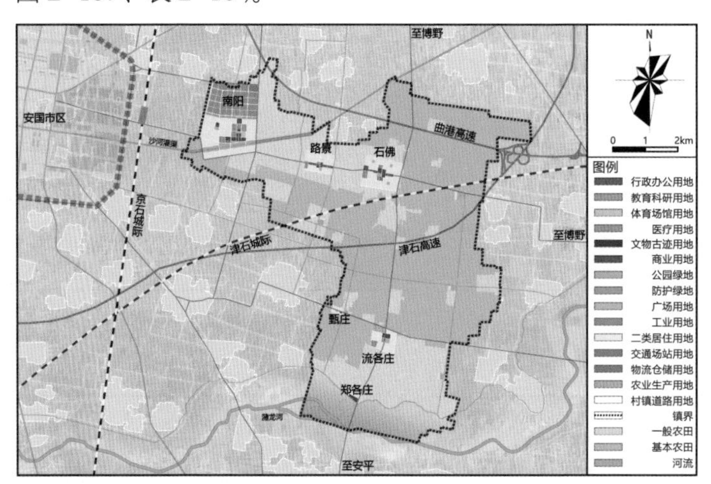

图 2-105 镇域城乡用地规划：镇心西移，南居北工；择选枢要，迁村并点；潴龙来水，美景田园

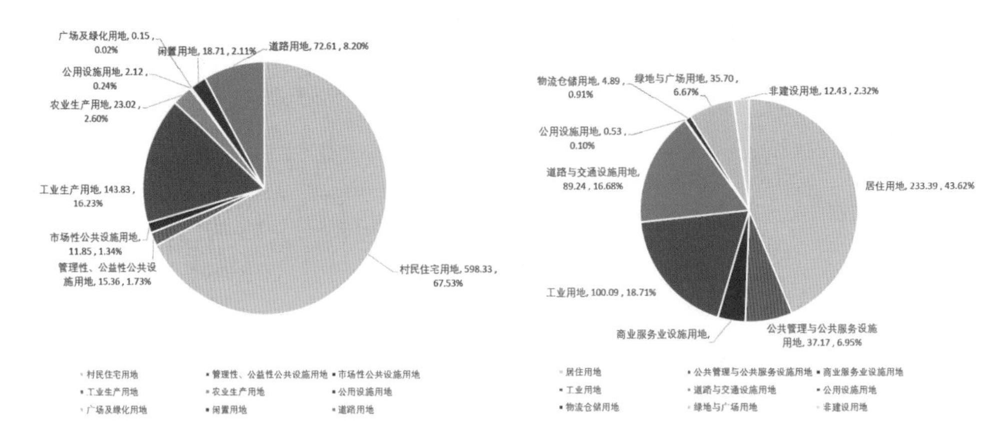

图 2-106 石佛镇域现状用地比例

图 2-107 石佛镇域规划用地比例

4. 镇域交通规划

（1）干线公路：规划期内，全镇形成"两横两纵"干线公路布局网络，与东南部村道体系结合，形成"城乡双井"道路体系结构。"两横"是安石线、流甄线，"两纵"是博安（平）路、安南线。依托公路主骨架，规划乡级公路，覆盖镇域范围内所有的产业园区、物流集散中心和重要的交通节点，构筑满足城镇出行需求的集散公路网络。

（2）通村公路：加强农村公路升级改造，实现村村通柏油路的目标。在此基础上建设跨村域路网，以各村域互通作为发展全域旅游、增强应对灾害能力的基础。

（3）沿河公路：建设沿潴龙河公路，串联潴龙河沿线地区，为全域旅游和防灾减灾提供全面的交通服务（图 2–108）。

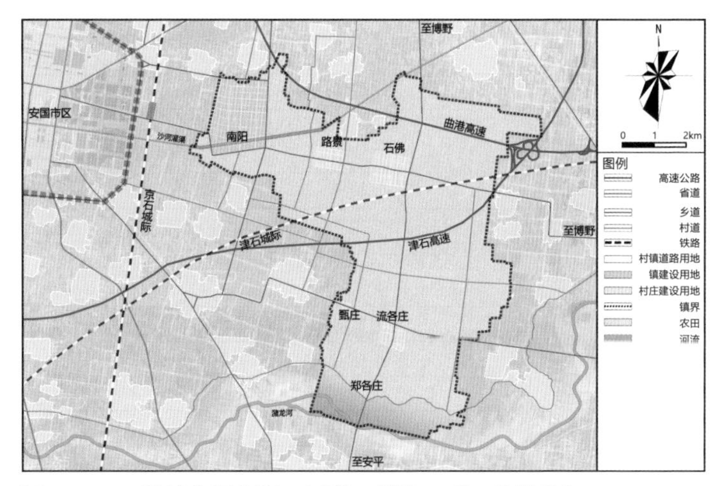

图 2–108　镇域交通规划：县道、耕路，"双井结构"

5. 镇域基础设施、公共服务等规划

镇域基础设施及公共服务规划布局方面，北部以集中式为主；南部以分布式为主。

（1）石佛镇区（南阳），是镇域以及周边区域的公共服务中心，应当配有镇卫生院、卫生室、镇养老院、体育活动

表 2-10　石佛镇用地平衡表

序号	用地代码			用地名称	总计		南阳	
	大类	中类	小类		用地面积 / hm^2	占总用地比例 /%	用地面积 / hm^2	占总用地比例 /%
1	R			居住用地	233.39	43.62	100.36	30.68
		R1		一类居住用地	7.87	1.47	7.87	2.41
		R2		二类居住用地	225.52	42.15	92.49	28.27
2	A			公共管理与公共服务设施用地	37.17	6.95	23.62	7.22
		A1		行政办公用地	4.59	0.86	2.09	0.64
		A2		文化设施用地	9.55	1.78	6.89	2.11
			A21	图书展览用地	2.13	0.40	2.13	0.65
			A22	文化活动用地	7.42	1.39	4.76	1.45
		A3		教育科研用地	16.31	3.05	9.04	2.76
			A32	中等专业院校用地	2.87	0.54	2.87	0.88
			A33	中小学用地	10.14	1.90	2.87	0.88
			A35	科研用地	3.30	0.62	3.30	1.01
		A4		体育用地	2.13	0.40	2.13	0.65
		A5		医疗卫生用地	4.09	0.76	2.97	0.91
			A51	医院用地	4.09	0.76	2.97	0.91
		A7		文物古迹用地	0.50	0.09	0.50	0.15
3	B			商业服务业设施用地	21.59	4.04	8.21	2.51
		B1		商业用地	21.59	4.04	8.21	2.51
4	M			工业用地	100.09	18.71	100.09	30.59
5	S			道路与交通设施用地	89.24	16.68	53.95	16.49
		S1		城市道路用地	88.18	16.48	52.89	16.17
		S4		交通场站用地	1.06	0.20	1.06	0.32
6	U			公用设施用地	0.53	0.10	0.53	0.16
		U1		供应设施用地	0.53	0.10	0.53	0.16
7	W			物流仓储用地	4.89	0.91	4.89	1.49
8	G			绿地与广场用地	35.70	6.67	29.27	8.95
		G1		公园绿地	26.60	4.97	20.98	6.41
		G2		防护绿地	8.07	1.51	7.45	2.28
		G3		广场用地	1.03	0.19	0.84	0.26
9	H11			城市建设用地	522.60	97.68	320.92	98.09
10	E			非建设用地	12.43	2.32	6.23	1.90
		E1		水域	6.23	1.16	6.23	1.90
			E11	自然水域	6.23	1.16	6.23	1.90
		E6		农业生产用地	6.20	1.16	0.00	0.00
11	总计				535.03	100.00	327.15	100.00

路景		石佛		流各庄		甄庄		郑各庄	
用地面积 / hm^2	占总用地比例 /%	用地面积 / hm^2	占总用地比例 /%	用地面积 / hm^2	占总用地比例 /%	用地面积 / hm^2	占总用地比例 /%	用地面积 / hm^2	占总用地比例 /%
33.07	68.35	67.55	68.82	25.60	54.17	4.10	51.31	2.71	44.43
0.00	0.00	0.00	0.00	0.00	0.00	0.00	0.00	0.00	0.00
33.07	68.35	67.55	68.82	25.60	54.17	4.10	51.31	2.71	44.43
2.01	4.15	7.01	7.14	4.53	9.59	0.00	0.00	0.00	0.00
0.00	0.00	1.65	1.68	0.85	1.80	0.00	0.00	0.00	0.00
0.61	1.26	1.21	1.23	0.84	1.78	0.00	0.00	0.00	0.00
0.00	0.00	0.00	0.00	0.00	0.00	0.00	0.00	0.00	0.00
0.61	1.26	1.21	1.23	0.84	1.78	0.00	0.00	0.00	0.00
1.40	2.89	3.03	3.09	2.84	6.01	0.00	0.00	0.00	0.00
0.00	0.00	0.00	0.00	0.00	0.00	0.00	0.00	0.00	0.00
1.40	2.89	3.03	3.09	2.84	6.01	0.00	0.00	0.00	0.00
0.00	0.00	0.00	0.00	0.00	0.00	0.00	0.00	0.00	0.00
0.00	0.00	0.00	0.00	0.00	0.00	0.00	0.00	0.00	0.00
0.00	0.00	1.12	1.14	0.00	0.00	0.00	0.00	0.00	0.00
0.00	0.00	1.12	1.14	0.00	0.00	0.00	0.00	0.00	0.00
0.00	0.00	0.00	0.00	0.00	0.00	0.00	0.00	0.00	0.00
3.41	7.05	5.37	5.47	1.73	3.66	0.22	2.75	2.65	43.44
3.41	7.05	5.37	5.47	1.73	3.66	0.22	2.75	2.65	43.44
0.00	0.00	0.00	0.00	0.00	0.00	0.00	0.00	0.00	0.00
8.81	18.21	15.36	15.65	8.27	17.50	2.11	26.41	0.74	12.13
8.81	18.21	15.36	15.65	8.27	17.50	2.11	26.41	0.74	12.13
0.00	0.00	0.00	0.00	0.00	0.00	0.00	0.00	0.00	0.00
0.00	0.00	0.00	0.00	0.00	0.00	0.00	0.00	0.00	0.00
0.00	0.00	0.00	0.00	0.00	0.00	0.00	0.00	0.00	0.00
0.00	0.00	0.00	0.00	0.00	0.00	0.00	0.00	0.00	0.00
1.08	2.23	2.86	2.91	2.30	4.87	0.19	2.38	0.00	0.00
1.08	2.23	2.86	2.91	1.68	3.55	0.00	0.00	0.00	0.00
0.00	0.00	0.00	0.00	0.62	1.31	0.00	0.00	0.00	0.00
0.00	0.00	0.00	0.00	0.00	0.00	0.19	2.38	0.00	0.00
48.38	100.00	98.15	100.00	42.43	89.78	6.62	82.85	6.10	100.00
0.00	0.00	0.00	0.00	4.83	10.22	1.37	17.15	0.00	0.00
0.00	0.00	0.00	0.00	0.00	0.00	0.00	0.00	0.00	0.00
0.00	0.00	0.00	0.00	0.00	0.00	0.00	0.00	0.00	0.00
0.00	0.00	0.00	0.00	4.83	10.22	1.37	17.15	0.00	0.00
48.38	100.00	98.15	100.00	47.26	100.00	7.99	100.00	6.10	100.00

场所、图书馆、文化活动中心、中学、中心小学等设施，并对周边村落有一定服务功能；

（2）镇域副中心配置中心小学、卫生所、卫生室、图书室及文化活动室等设施；

（3）石佛等中心村为周边村落提供基本公共服务，配置两年制小学、幼儿园、卫生室、商业设施等，辐射周边村落，并提供对外旅游服务设施；

（4）一般村提供本村居民生活所必要的公共服务设施，如卫生室；

（5）精简村提供本村居民生活所必要的公共服务设施（图 2-109~ 图 2-116）。

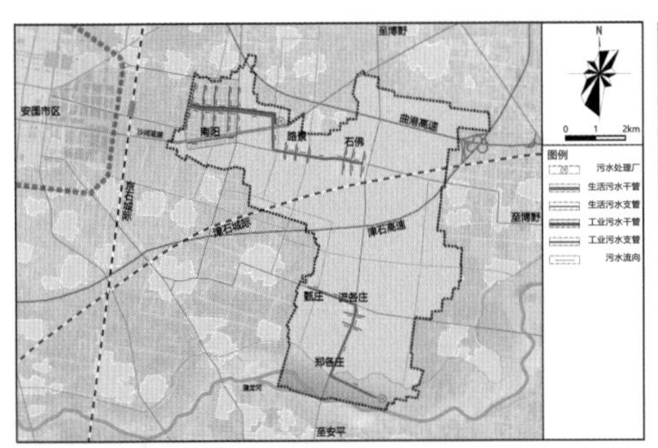

图 2-109 镇域污水设施规划图

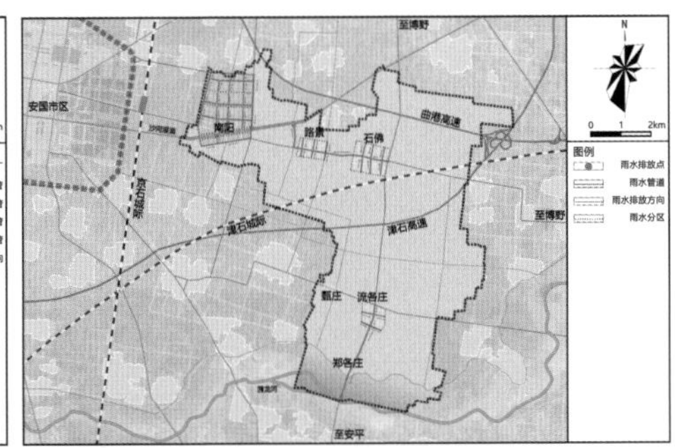

图 2-110 镇域雨水设施规划

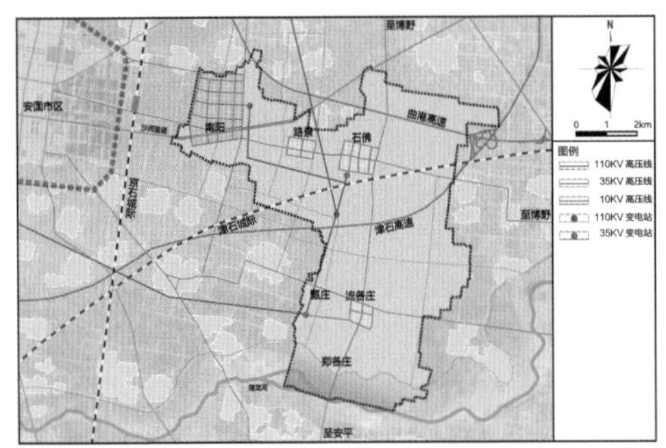

图 2-111 镇域电力设施规划图

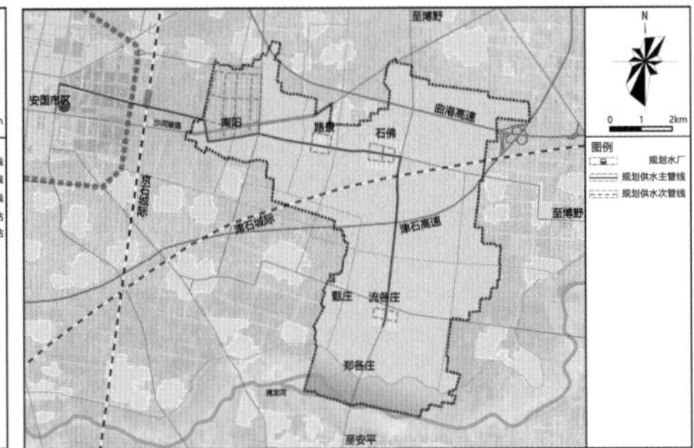

图 2-112 镇域给水设施规划图

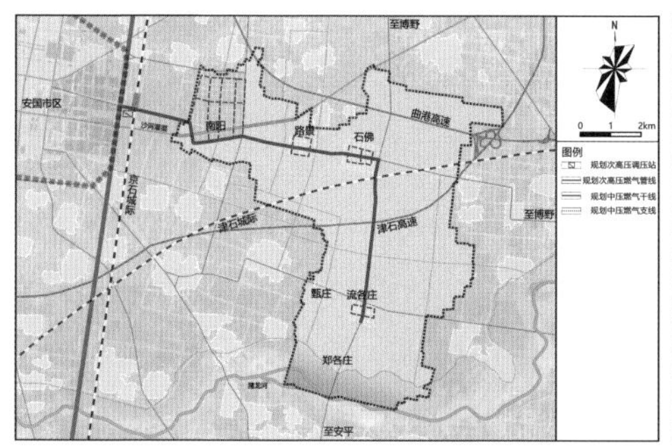

图 2–113　镇域燃气供应系统规划

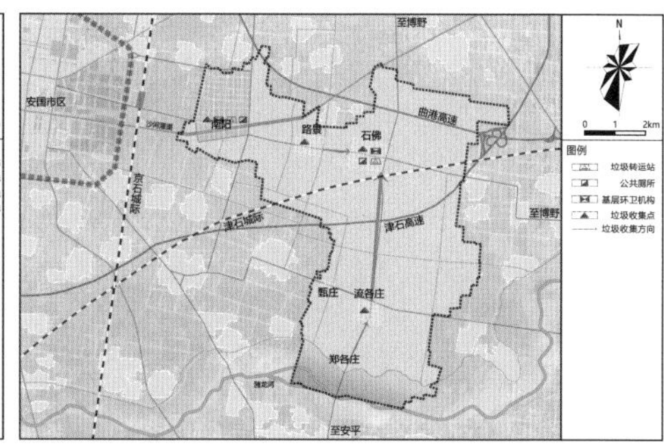

图 2–114　镇域环卫设施规划图：北部集中式为主；南部分布式为主

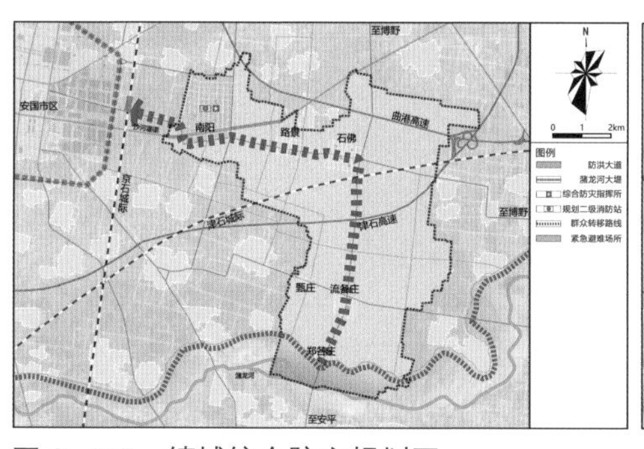

图 2–115　镇域综合防灾规划图

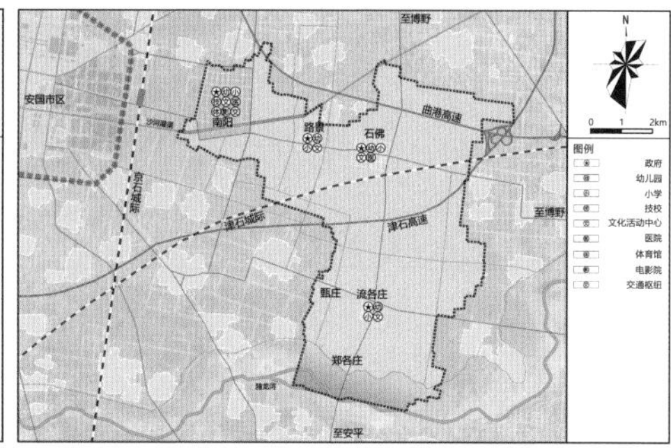

图 2–116　镇域公共服务设施规划图

2.3.7　镇区空间规划

1. 镇区空间结构规划

镇区空间结构规划形成“一核、一轴、两带、多点”的空间布局结构。“一核”是指石佛镇区中心的文化、商业、行政、产业创新综合服务核。“一轴”是指起自潴龙河岸边，经熙宁步行街、圣母行宫、文化中心、镇政府，到达工业区智造广场的“文化—产业步行轴”。“两带”是指潴龙河蓝绿带和中央路绿带，横贯镇区。“多点”是指分布在各组团，与交通、景观、公共设施和商业紧密联系的二级空间节点（图 2–117、图 2–118）。

（a）

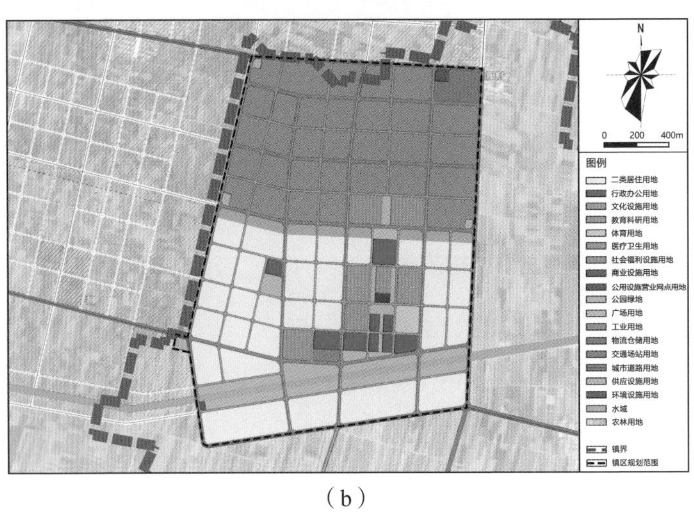

（b）

图 2-117 镇区土地利用规划图

图 2-118　南阳镇区规划愿景：蓝绿其美，智造以强；集约之城，广袤之乡

2. 镇区土地利用规划

镇区土地利用规划形成“南居北工，绿带穿城”的土地利用格局。

北部工业园区：中央路北侧集中建设 1.36km^2 现代智造产业园区。在“文化—产业”步行轴北端设置国野智造展览中心和研发设计中心。东南部起步区设置镇域传统泵业升级重组片区，西南片区设置高新智造企业孵化区，北部集中设置成熟装备制造业集聚区。东北端地块设置物流仓储设施和加油站等服务用地，方便入园企业和来往车辆。

南部生活组团：中央路南侧，包含“一主一副”两个生活核心。主核心位于“生活—产业”步行轴南段，包含商业步行街区；以圣母行宫为中心的文化街区，政务核心区，智造创新职业学校，以及小学、体育设施等，形成镇区文化、公共服务与商业的核心带。“一副”是指位于生活区西部的“伊辰坊”商业区和配套公园广场。居住用地安排注重产品的差异化供给。灌渠南岸集中设置回迁住区，生活区东、北侧设置工人住区，二者密度较高；西部设置中高档住区，沙河灌渠绿带西北侧设置高档住区“晗熙墅”(图 2-119、图 2-120)。

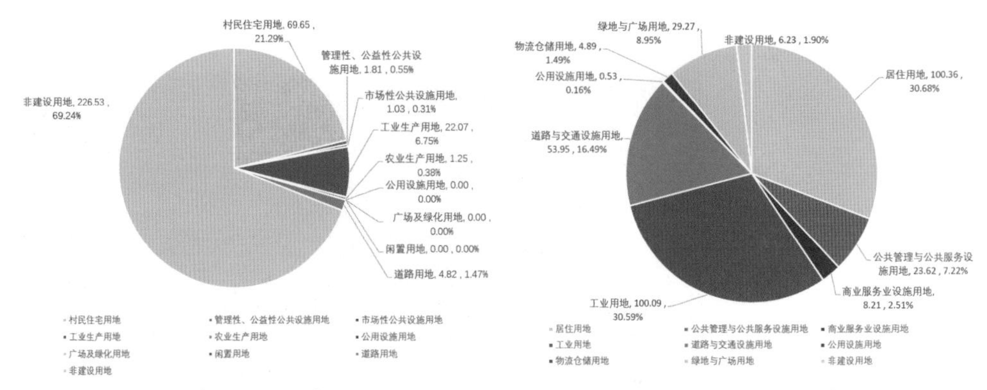

图 2–119　南阳镇区现状用地比例

图 2–120　南阳镇区规划用地比例

3. 镇区综合交通及公共交通

规划形成“一带一环，三横三纵”的交通格局，形成主、干、支三级规划道路。考虑到镇区建设前景，路网系统预留西进、北拓的可能性。路网规划采用 200m 间距，小密路网；具备西进北拓的潜力。道路横断面尺度近人，集约利用（图 2–121~ 图 2–123）。

规划镇区内部环线一条，串接生活、工业区的重要节点，实现基本覆盖；上下班高峰期，可单方向加开班次。镇区流线环状串接；局部时段单向运营，具备西进北拓潜力。

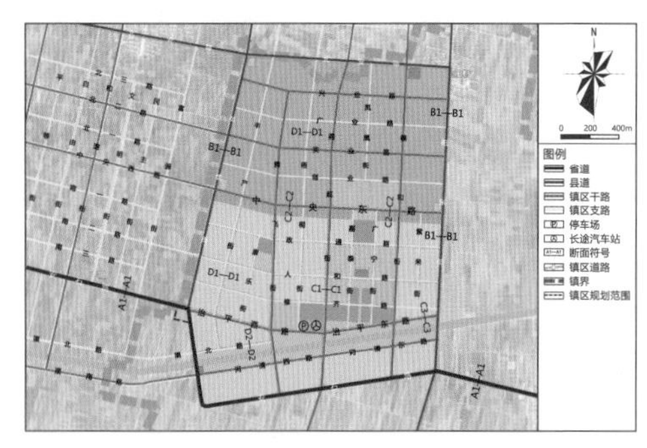

图 2–121　镇区综合交通规划

图 2–122　镇区公共交通规划（镇区流线环状串接；局部时段单向运营）

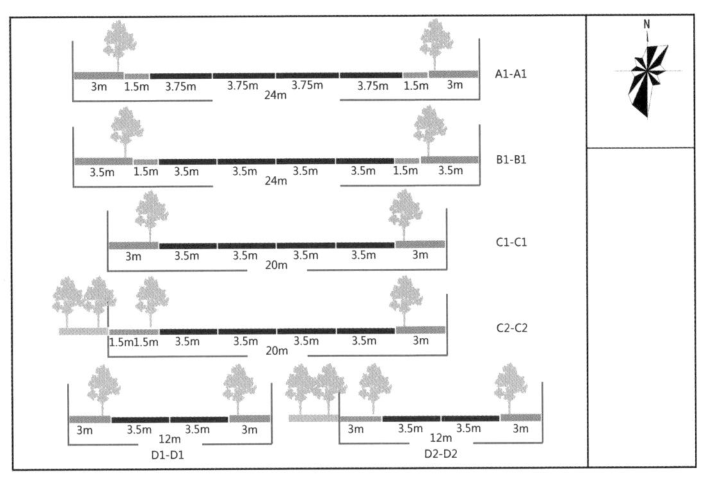

图 2–123　道路断面规划图

4. 镇区景观风貌及休憩系统

结合石佛镇区自然景观要素、功能分区等，形成以绿地、农田、水系等自然风光为主，特色乡村产业为辅的村镇景观系统。结合石佛镇自然景观要素与功能分布，形成以绿地、河道、水系等自然风貌，历史文化老街并重的镇区景观系统。规划未来在石佛镇建立以"一'土'中亘"为枝干的景观风貌系统（图 2–124）。以文化—产业带"一竖"和沙河灌渠亲水带、中央路绿隔带"两横"为景观骨架，穿起景观节点。景观节点布局突出景观要素，丰富微观层次，包括文化节点、自然景观节点、独立自然节点等。同时在营造进程中注意景观轴线上的节奏控制。慢行交通空间以镇区景观与绿化系统步行道路和镇区道路两侧慢行空间为主。基于不同功能与布局，慢行系统性质与目的不同。规划将慢行交通空间分为沙河灌渠滨水步行道、文化—产业中央步行道和步行友好街道，共计三个层次（图 2–125）。

镇区绿地水系系统规划。规划构建"两带、一轴、多点"的绿地系统结构，营造舒适宜人的绿地休闲空间。沙河灌渠

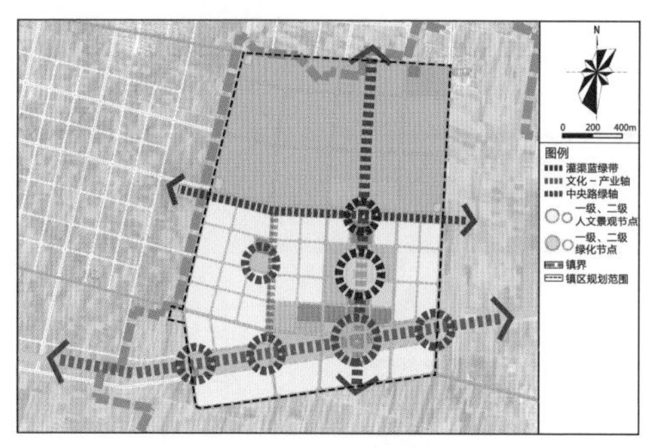

图 2-124　镇区空间结构规划图：一“土”中亘：①文化—产业带；②沙河灌渠亲水带；③中央路绿隔带

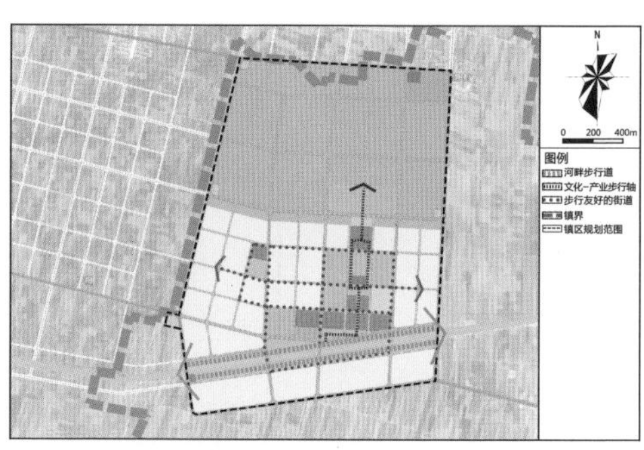

图 2-125　镇区步行系统规划：①文化—产业步行轴；②步行友好街道；③河畔步行道

蓝绿带：丰富相关配套设施，扩展价值与服务层面。河道周边形成较为丰富的景观层次，营造镇区休闲地带。中央路绿带：强化生活、工业区之间的防护职能，考虑与城镇生活进一步融合的可能性。文化—产业中央景观轴：建立尺度宜人、氛围友好的连续步行轴，串接南北两绿带。多点：即在丰富景观绿轴的基础上，适当选择节点进行放大建设，有选择性地集中建设绿地；同时参考现实与历史因素，为公共服务空间拓展和新建集中绿地，努力营造适宜休闲康养的安逸环境（图 2-126）。

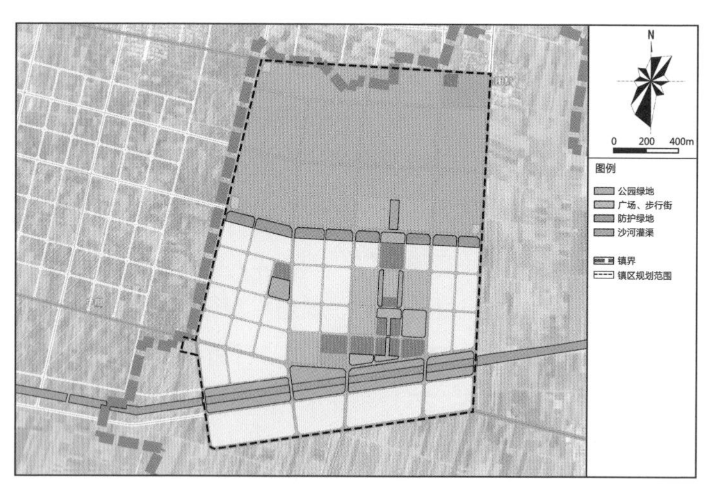

图 2-126　镇区绿地水系开敞空间规划图

5. 镇区商业与公共服务设施规划

镇区公共设施的配置应以村镇职能、规模、等级为依据，并充分体现其在一定区域内的作用和地位。中心村应做到一般生活需求不出村；基层村应做到主要生活需求不出村（图 2–127）。

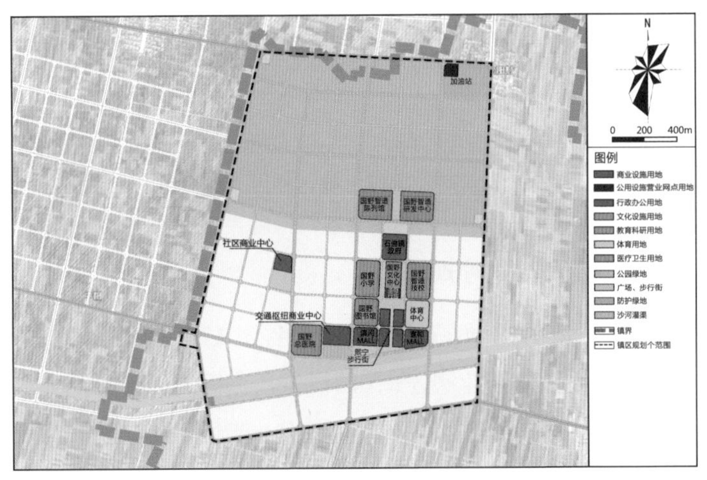

图 2–127　镇区商业和公共设施规划：一主一副两核心

6. 镇区规划建设强度

土地使用强度分区的划定主要考虑空间结构、用地性质因素，同时考虑景观效果因素。对于以公共设施为主的镇区中心区可采用比较高的开发强度，同时形成镇区天际线的较高点；对于工业区要保证一定的开发强度，避免工业密度偏低，用地浪费；对于承担生态休闲功能为主的片区，中央生态休闲景观带等，则要严格控制土地使用强度，避免建设用地无序蔓延，侵蚀绿地。石佛镇区建设强度采取容积率控制思路，分为“两类八区”。类别一，容积率上限类：①非建设区（公园绿地水系）；② 0.6~0.8 区；③ 0.8~1.0 区；④ 1.0~1.2 区。类别二，容积率下限类：①不低于 0.8 区；②不低于 0.6 区；③不低于 0.4 区（图 2–128）。

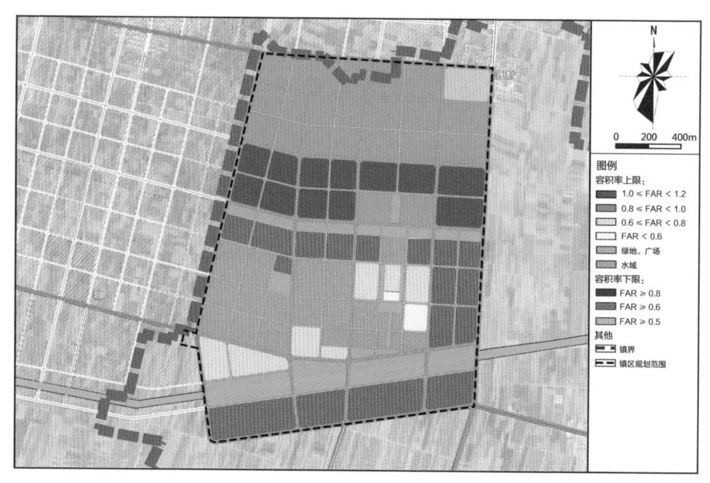

图 2–128　建设强度：商住区设上限，回迁片区建设强度较高；工业区设下限，严格企业准入门槛

7. 镇区开发时序规划

规划预计分三阶段进行开发（图 2–129）。一阶段进行融资性开发和制造业搬迁；二阶段进行南阳村改造和工业区扩张；三阶段进行向西发展以促进进一步区域协同，并带动镇域其他组团发展。在此基础上，进一步从区域统筹等视角进行愿景"弹性"用地展望安排（图 2–130）。

此外，镇区的市政设施布局进行了统筹安排（图 2–131~图 2–133）。

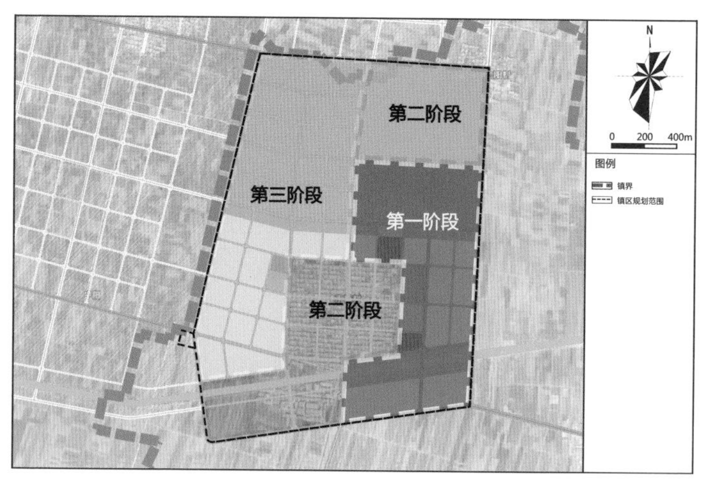

图 2–129　镇区三阶段开发时序

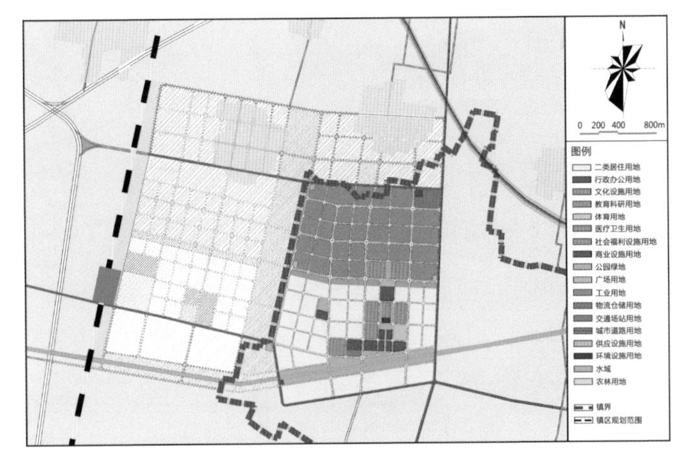

图 2-130　镇区远景建设规划图："西进，北拓"（接应高铁，广开来路；携手安博，共谋发展）

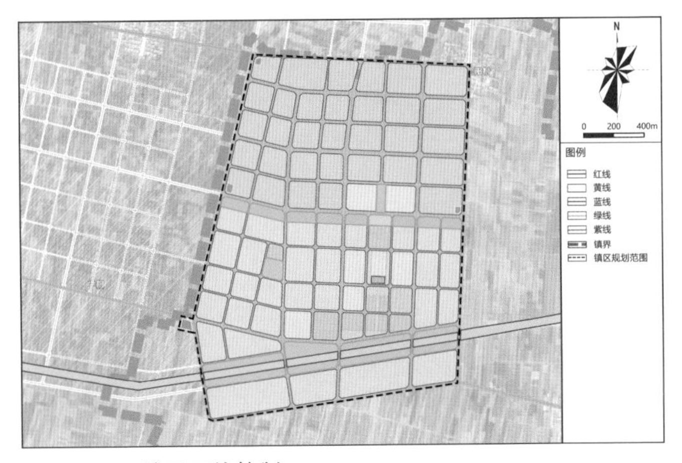

图 2-131　镇区五线控制

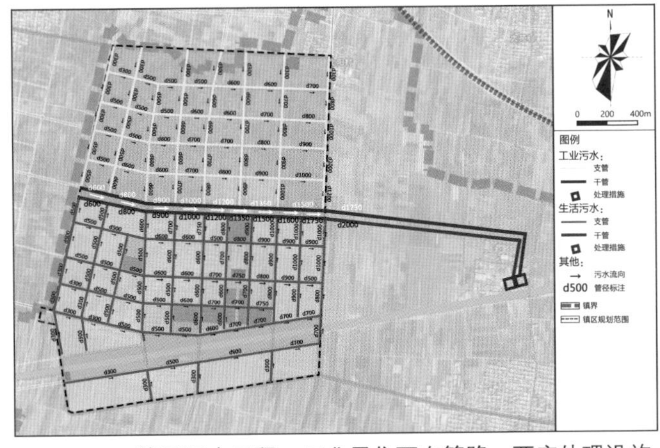

图 2-132　镇区污水工程：工业居住两套管路；两座处理设施

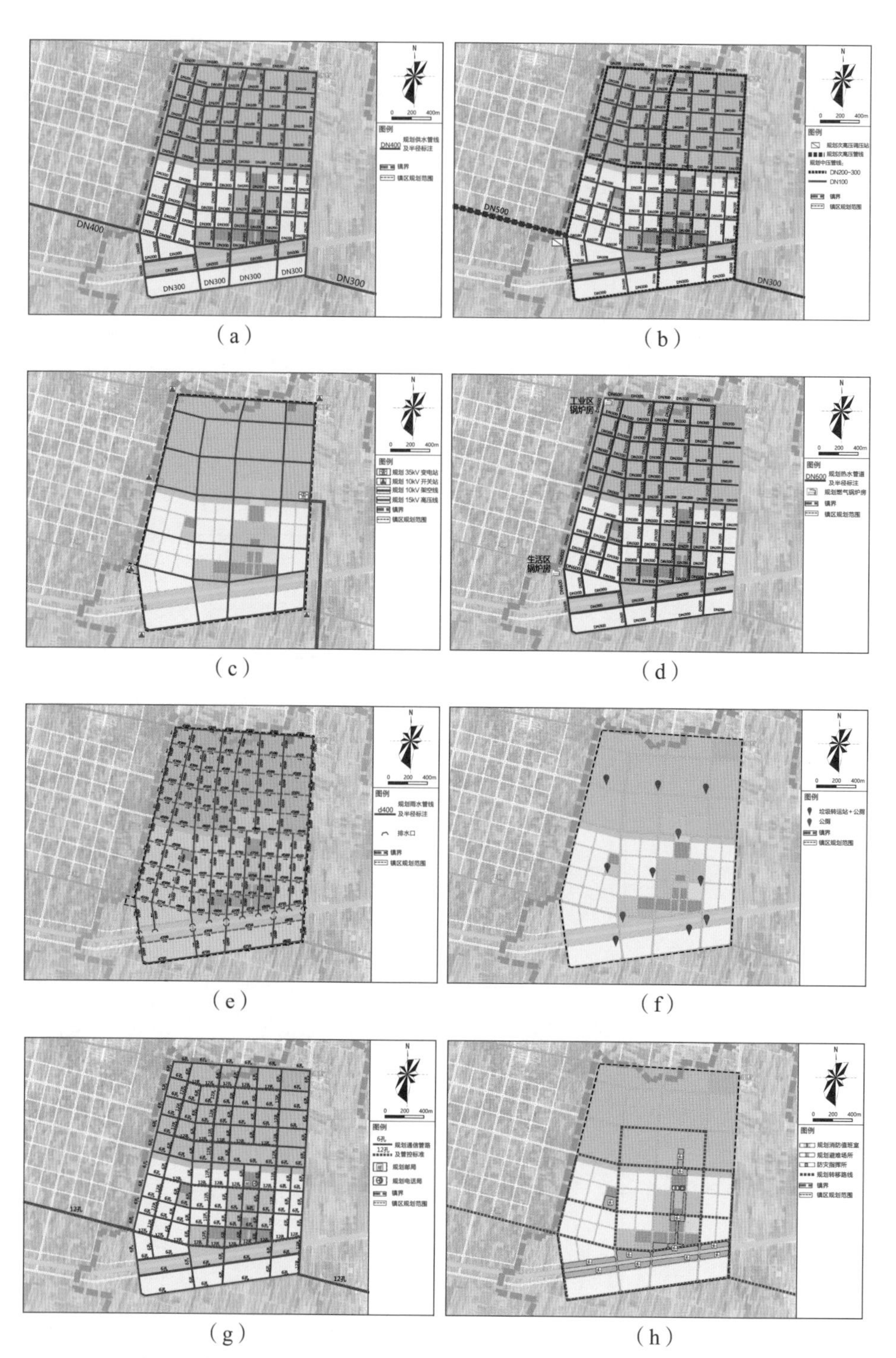

图 2-133　镇区市政设施等用地示意

2.3.8 “城更像城，乡更像乡”的愿景设计

1.“城更像城，乡更像乡”的总体愿景

“城更像城”即注重：土地集约高效利用，产业集聚规模效应，公共服务提质提量，生态景观和谐宜居。“乡更像乡”则是注重：现代农业规模生产，用地缩减退村还耕，公服保障生活便捷，田园风光邻里相望。

从三生空间（生态、生产、生活）融合的视角，作为新型小城镇，石佛首先是设计营造一个宜人的居住环境，即：诗意栖居、安居石佛。其中在南阳片区营造现代化的宜居小镇，在“老镇区”（石佛村）形成地方文脉传承和包容宜居据点，在南部地区收缩的基调下，返璞归真至乡村居住风貌（图 2–134、图 2–135）。

作为地方化经济的一个重要聚落类型，小城镇不可避免仍要承担一定的“产业”功能。在整个冀中南地区，虽然受到市场和环保政策等的双重洗礼，其制造业仍有相当的发展空间。对于石佛而言，更是如此。虽然，泵机产业受到严重的挫败，然而，几十年孕育的“市场意识”和“企业家精神”，一旦春风化雨，必然再次燎原。在京津冀协同和雄安新区发展以及区域基础设施根本改观的际遇下，镇区产业发展导向的设计主要是突出创新驱动以及物流功能的塑造，而石佛村

图 2–134　滨河别墅设计示意

图 2–135　街区院落设计示意

一带可以突出其中草药生产等产业。因此，在兴业石佛的目标下，通过场所营造，工匠薪火延续，实现梧桐引凤创新转型（图 2-136、图 2-137）。

京津冀协同的一个重要的目标是实现蓝天碧水生态的愿景。石佛镇是华北平原自然景观的典型，地处雄安新区上游的潴龙河河畔。借鉴雄安新区“蓝绿交织”的设计理念，“城像城，乡像乡”应突出“蓝绿石佛”的策略，构筑“良田苍苍，潴水茫茫”的城乡一体化区域设计愿景。在北部南阳—石佛村轴带上，结合沙河灌区打造郊野公园等开敞空间，在中部地区，重塑大地景观，突出华北平原的“苍苍”景象；在南部地区，突出潴龙河的生态和景观价值（图 2-138、图 2-139）。

图 2-136　泵业研发、创新活力设计示意

图 2-137　物流中心设计示意

图 2-138　田野风光设计示意

图 2-139　潴龙河畔设计示意

2. 新区南阳功能分区：城更像城

南阳村作为石佛镇镇区西移的中心，面向未来和石佛转型发展（图 2–140~ 图 2–142）。其愿景是希望能够成为雄安新区上游，唐河和潴龙河之间，和安国一博野形成三足鼎立的“白洋溯游，雄安引凤，两河畿辅”的国野之城。

图 2–140　南阳总平面图

图 2-141　安居石佛：有镇巍然，安国东方

图 2-142　南阳城市设计效果：蓝绿其美，智造以强；集约之城，广袤之乡

新镇区功能分区在蓝绿交织、包容发展的基础上，有一定的工业区、公共服务业和居住区等分区（图 2-143）。其中工业区按照其产业类型划分为“泵业—装备制造—高新产业”等谱系片区；公共服务区则进一步细分为“商业休闲—政务文教—R&D”谱系片区（图 2-144）；住宅区分为“回迁住区—工人住区”以及“高端住区—别墅区”等片区，相应的空间模式如图 2-145 所示。

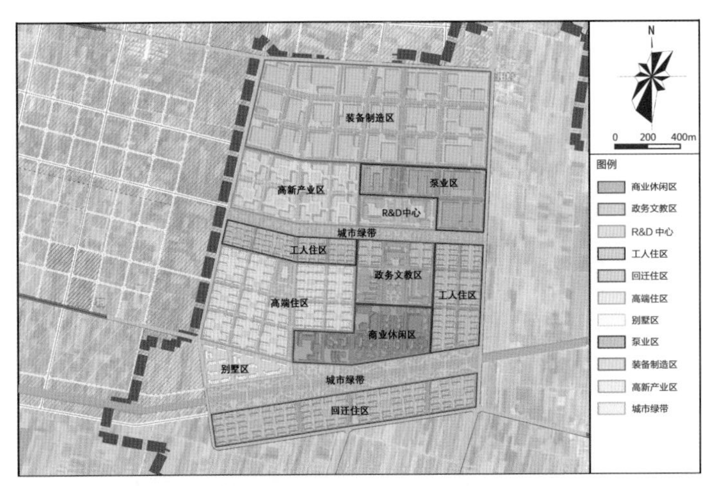

图 2-143 镇区功能分区规划图

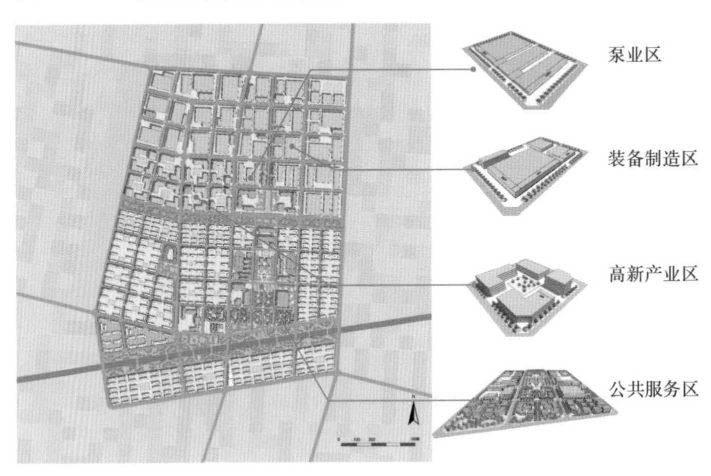

图 2-144 不同产业类型的空间分布：功能分区的完整产业混合体

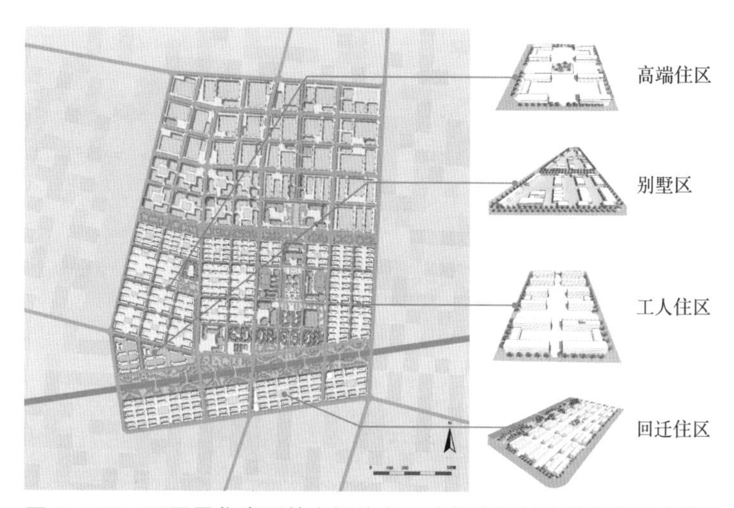

图 2-145　不同居住类型的空间分布：功能分区的完整居住混合体

具体来说，南阳新镇区在“北工南居”的总体格局基础上（图 2-146），工业发展既有“传统泵业”的升级空间，又有雄安新区产业外溢的创新导向版块；除此以外，还是满足住民生活需求和产业研发需求的商业、研发和宜居环境设施版块，反映了产城融合、高效集约的“智造南阳”和乃商乃工的“卧龙南阳”（服务提质，培育创新）（图 2-147~图 2-149），亦秀亦雄的“乐活南阳”（生态宜居，绿脉贯城）（图 2-150、图 2-151），千年文脉的“文韵南阳”（传承过去，展望未来）（图 2-152、图 2-153）。

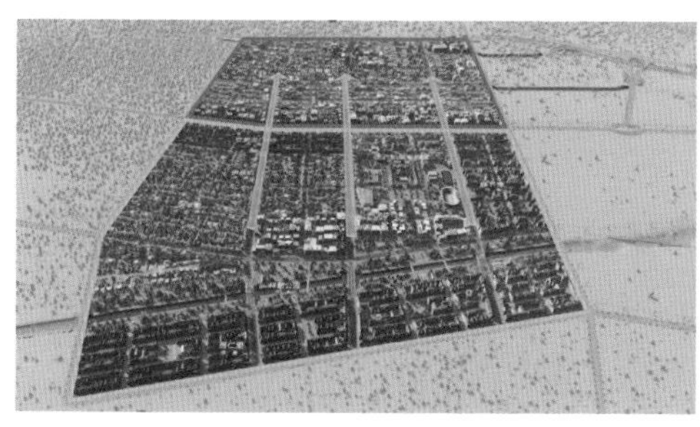
图 2-146　“北工南居”的总体格局

图 2-147　城市街景

图 2-148　公服中轴

图 2-149　研发中心

图 2-150　南阳片区小街坊街区

图 2-151　依托沙河灌区的南阳滨河公园

图 2-152　圣母行宫设计营造示意

图 2-153　公共活动中心

3. 老镇区路景—石佛——返璞归真，减负增质

老镇区“路景村和石佛村组团”，曾经在极其有限的公共品供给基础上，承担了过多的产业。泵机产业户户冒烟，人居和生态负面效应长期累积。伴随着人口外流、企业倒闭，老镇区将经历持久“收缩”的过程，当然这也是一个减负转型和返璞归真的过程。其设计基调必然由增长导向的生产性

职能向收缩减负导向的“邻里服务”职能转向，为老年人、儿童等提供安逸居住，提供基本教育和医疗等基本公共服务职能（图 2-154~ 图 2-157）。

图 2-154　路景村空间结构

图 2-155　路景村公共活动中心

图 2-156　社区一隅示意

图 2-157　公共服务示意

4. 南部的田园中心示范村打造

南部设计的目标一方面是华北平原农田景观的重塑，促进农田流转集聚和规模经营（图 2-158、图 2-159）；另一方面，是“乡更像乡”的建成环境的缔造，近期可以以郑各庄等为据点进行田园村庄悠然宜居的示范打造（图 2-160、图 2-161）。其他一些村庄，如甄庄和毗邻潴龙河的流各庄，也应该发挥其村庄比较优势，甫田有庄，潴水一方（图 2-162、图 2-163），满足乐赏优游需求，打造健康区域和健康城乡（图 2-164、图 2-165）。

图 2-158　郑各庄示意

图 2-159　农业生产与加工

图 2-160　住宅渐进更新

图 2-161　社区商场

图 2-162　甄庄鸟瞰

图 2-163　流各庄度假农庄

图 2-164　潴龙河畔

图 2-165　乡间乐土

2.4 方案二：石佛 3.0——就地城镇化、精明演进的路径

2.4.1 为何就地城镇化

1. 优劣比较

在“异地城镇化”模式下，由于农民工的低工资和低收入以及区域间财税体制和转移支付的限制，人口流动中的各种权利转换和保障衔接难度大大增加；在“异地城镇化”模式下，从地方政府的角度来看，地方政府户籍改革的动力非常不足。农民工跨省流动需要重新退保、参保，面临统筹账户的利益损失，导致参保率非常低。在“异地城镇化”模式下，从住房的角度来看由于住房价格和户籍政策的原因，农民工在城里居住条件非常差的同时，留在农村的宅基地和住房根本难以得到有效利用。而“就近就地城镇化”模式有利于消除农村人口城镇化的障碍；有利于解决社会保障、公共服务等制度衔接和城乡资产权利置换等一系列问题；有利于解决农村转移人口的住房权益。

2. 石佛“就地城镇化”现状和积累

（1）自下而上的产业集群和企业家精神

良好的泵业基础与提供就业的能力，典型的冀中平原专业化分工，以及小企业主导的工业发展是就地城镇化的城市标本。

① 企业家精神：乡村精英聚集生产要素组织生产的能力；

② 石佛泵机产业全产业链覆盖：铸造、配件加工、组装、加工、销售；

③产品覆盖面广：管道泵、渣浆泵、清水泵、污水泵、叶轮等泵零件；

④企业组织形式以个体户为主，包括 10 家股份有限公司，19 家有限责任公司；

⑤而在路径依赖的聚集的形成机制方面，全产业链、大规模生产有利于降低系统成本，促使更多泵业企业落地。

（2）无序低效：产业低效与外部性

石佛位于三县交界，自上而下的监管作用较弱。泵业发展之初，环保监管缺失，生态成本没有内部化，导致产量“虚高”，构成其工业基础的一部分。环境资源消耗不可持续，在雄安—白洋淀地区的环保要求提升的大背景下，外部性内部化，工业遭遇瓶颈，隐患爆发。

除了“环保监管收紧”之外，既有企业“小散乱”生产模式阻碍生产规模扩大，产品采用低价竞争，档次低，缺乏新资本和新技术的流入，缺乏竞争力；低端泵业产能过剩，去库存政策。泵业“倒闭潮”导致劳动力外流，工业生产模式亟待调整（表 2-11、表 2-12）。

表 2-11　石佛泵业企业规模、产值与占地面积统计表

产值范围 / 万元	企业数	总产值 / 万元	平均产值 / 万元	产值占比 /%	占地总面积 / hm^2	平均占地面积 / hm^2	比例 /%	地均产值 / (万元 /hm^2)
＜ 100	61	2670	43.77	1.96	5.8	0.10	10.79	460.34
[100,500)	51	9555	187.35	7.01	13.11	0.26	24.39	728.83
[500,1000)	18	10500	583.33	7.70	4.65	0.26	8.65	2258.06
≥ 1000	53	113670	2228.82	83.34	30.2	0.59	56.18	3767.91

表 2-12　全国泵业二十强企业（部分）产值与占地面积统计表

	年产值 / 万元	占地面积 / hm^2	每公顷地均产值 / 万元
石家庄泵业	55600	4.35	12781.61
大连大耐泵业	57900	12.63	4584.32
广东佛山肯富来泵业	64800	6.73	9628.53
湖北襄阳五二五泵业	69500	8.49	8186.10
大连深蓝泵业	69226	5.41	12795.93
安徽马鞍山三联泵业	70286	6.62	10617.22
广东阳春凌霄泵业	74795	3.68	20324.73
广东广州白云泵业	74819	4.83	15490.48
山东长志泵业	77535	8.05	9631.68

（3）无序低效：资源利用低效与公共品配置低质

人均建设用地严重超标，资源低效利用：现状人均建设用地大于等于 $214m^2$/ 人（标准上限 $140m^2$/ 人），存在一定比例的闲置用地，倒闭企业留下的旧厂房、空置住宅；工业、居住分散，难以集中有效提供公共服务设施与基础设施。

公共问题突出。公共空间、绿地匮乏，厂区周边环境品质差；工业居住混杂，相互干扰，宜产不宜居；公共服务设施、公共空间少而散。总的来讲，石佛镇代表了冀中南地区城镇发展的典型模式：缺乏管控，有城镇化的产业而没有城镇化的品质与面貌；需要调整的城镇化路径（图 2-166、图 2-167）。

图 2-166　典型的企业外部环境

图 2-167　潴龙河河床现状

3. 京津冀新格局下的就地城镇化机遇

石佛—安国——从辐射盲区发展为新集聚发展区。

（1）雄安新区等促使冀中南地区“第三京津冀”的转型

第三意大利（Third Italy）是 20 世纪 70 年代经济快速崛起的意大利东北和中部(NBc)。区别于经济较为落后的南部地区(第二意大利)和较为繁荣但面临重重危机的西北地区(第一意大利)，第三意大利的小微型企业占绝对优势。该地区以劳动密集型工业为主体，专业化程度高，是高度集中的产业区（图 2-168）。

冀中南地区历来是“产业集群”比较占主导的地区，如果说以国有企业和资本为主导的北京和天津、唐山等作为“第一京津冀”（大工业、大金融等主导），诸多“环首都贫困县”作为“第二京津冀”，冀中平原区的这种基于地方企业家主义和草根动力的发展模式可谓“第三京津冀”。2010 年以来京津冀协同、雄安新区等战略会对这一地区带来许多新动力（虽然有不确定性）。一方面，传统的负外部性比较高的产业和企业不可避免地受到市场和行政力量的双重压力；另一方面，创新密集和资本密集的产业植入，相应的基础设施建设会促进该地区不断升级和演化，其结果很可能促使 1.0 版本的“第三京津冀”向 2.0 版本不断演化和发展。

冀中平原：大量自发中小特色工业企业聚集形成产业集群，同时饱受虹吸效应和落后交通区位的困扰。在新的发展模式之下，冀中平原或许将会成为中国的“第三京津冀”（图 2-169、表 2-13）。

（2）京津冀新格局下的机遇——高速路网

高速路交通网方面，顺应从北京—渤海湾中心放射到外围市县互联互通的机遇，促使了小城镇发展，从低密度到高密度变化。

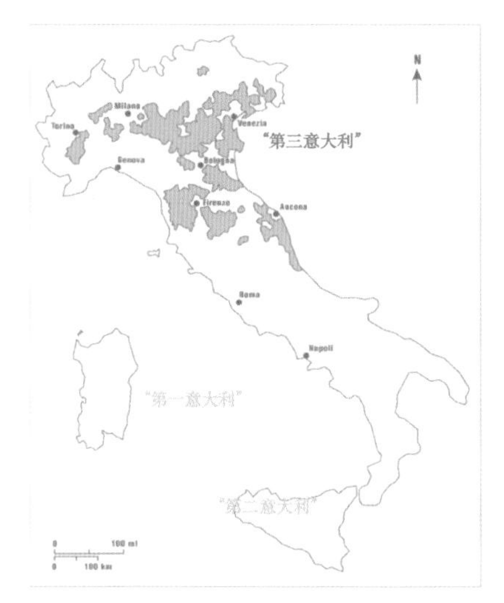

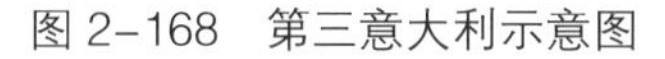
图 2-168　第三意大利示意图

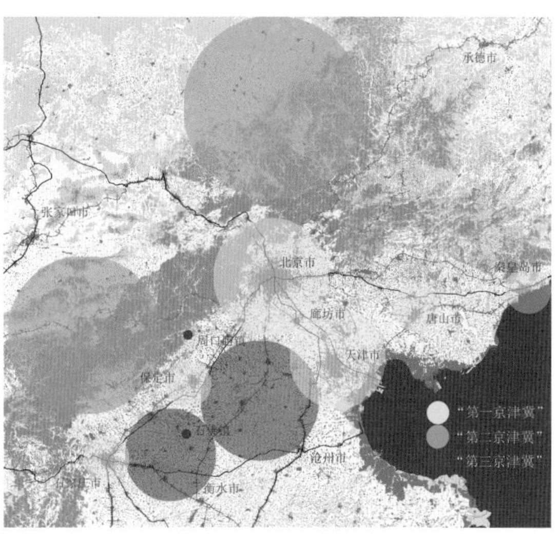

图 2-169　冀中南"第三京津冀"空间示意

表 2-13　第三意大利与浙中南和"第三京津冀"的比较

第三意大利	温台模式（浙中南）	"第三京津冀"
比耶拉：毛纺织 普拉托：毛纺织 萨斯索罗：瓷砖 蒙特别鲁那：滑雪靴 都灵：自动化设备 卡拉拉：石制品 卡尔皮：木工机械、针织品 阿雷佐：珠宝 博洛尼亚：包装机械	绍兴：轻纺、化纤 慈溪：长毛绒、鱼钩 义乌：小商品 温州市区：服装、眼镜 永嘉：纽扣、泵阀 海宁：皮革、服装 奉化：服饰 金乡：标牌、包装	安国：药材、泵业 蠡县：纺织 安平：丝网 高邑：建筑陶瓷 满城：电力器材 定兴：汽车及零部件 涿州：机械加工 雄县：塑料包装 容城：箱包、服饰

聚集点方面，从京津石唐到"多点开花"趋势加快，石佛—安国在对外交通条件从"零高速"到"双高速"的作用下，其区位地位大大提升，吸引力增强。

（3）潴龙河—唐河流域新格局下的机遇

现状流域沿线交通联系弱，以京广走廊交汇点——定州为中心，呈 T 型结构。未来增加曲港高速，加强流域联系；增加京雄石、津石、新省道加强流域东部的南北向联系，呈以定州安国（东）为中心的 H 型结构（图 2-170、图 2-171）。

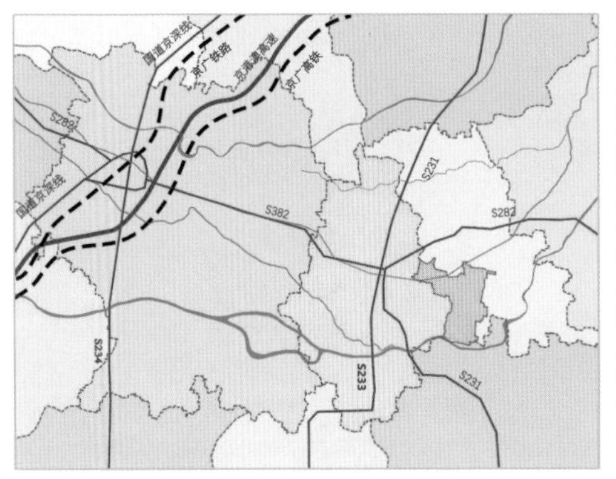

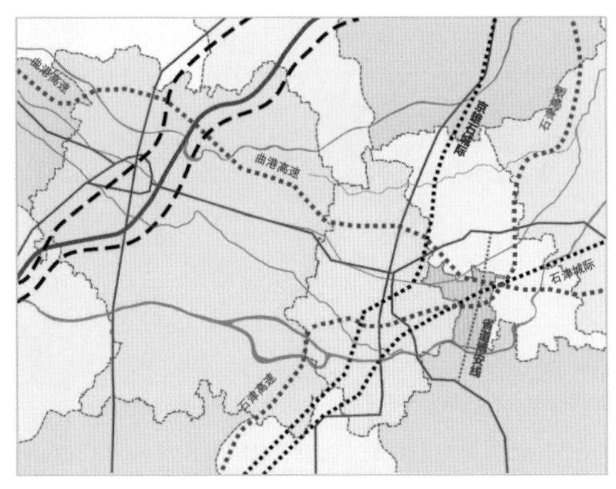

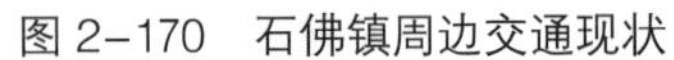
图 2-170　石佛镇周边交通现状

图 2-171　石佛镇周边正在建设或规划的主要交通干道

安国—博野：两县城以及周边均质化村镇斑块将引入新省道和高速形成安国—博野—石佛“地理三角”。石佛是除安国与博野县城外唯一具备 50 亿产值产业的乡镇，其经济实力与就业机会高于周围乡镇。石佛与博野、安国县城有“三足鼎立”格局的趋势（图 2-172、图 2-173）。

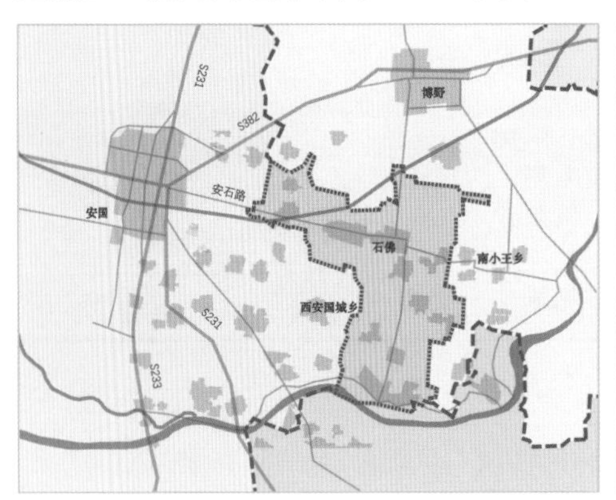

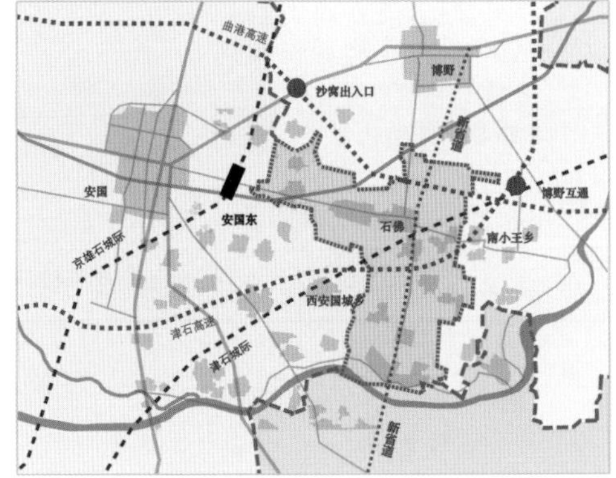

图 2-172　石佛与周边聚落中心的交通联系现状　图 2-173　石佛与周边中心的交通地位变化

（4）新格局下区位条件变化：新的资源、行业进入

①引进通用设备产业，对接周边高产值专门化工业；

②引进医疗器械、机械设备、电力设备等产业，对接安国主导药业、京广工业带；

③转型升级，实现技术梯度转移。

4. 挑战

（1）单一工业持续带动加剧环境的不宜居

①中药污染：“规范化种植”可能带来的土壤重金属污染；

②泵业粉尘污染：加重冀中平原原本严重的空气污染。

（2）工业面临的不确定外部环境

技术缺乏，缺少核心竞争力。市场条件变化，需求侧变化远快于供给侧，经营风险加大。矿业衰落已经降低泵业获利水平。政策的不确定性。但总体而言，机遇大于挑战，产业有发展基础，问题明晰。因此，工业发展应扬长避短，走就地城镇化路径（图 2-174）。

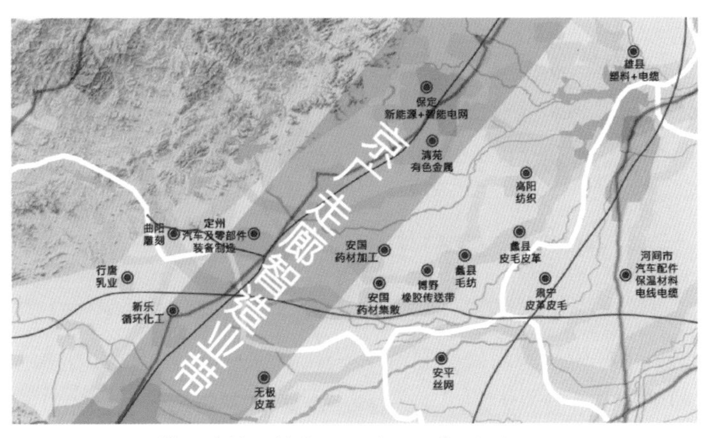

图 2-174　石佛周边地区的产业环境和区位关系

2.4.2　石佛 3.0 之路

1. 当下石佛：低质低效的就地城镇化——当前被异化的“城”、被异化的“村”

异城：虽有工业基础，但低质低效。已有泵业过度依赖初级要素，产出效率低下；公共品供给水平低且机制不成熟；居住水平低。异村：工业无序发展使村庄原始风貌遭到破坏，景观生态脆弱。泵业企业违法占地，破坏村庄肌理；重型运输损坏村庄道路等；生产污染，产生工业三废，造成环境威胁。

2. 石佛 1.0：亦城、亦村

亦城：推动产业转型升级，大力发展技术密集型产业，推动石佛经济现代化。

亦村：加强环境风貌整治，建设优美村镇，保育良好生态，维护优美自然景观。

3. 石佛 2.0：宜城、宜村

宜城：以多元产业促进农民收入结构优化，引入多元资本，建设高质量普惠化的公共品供给体系；宜村：建设城乡统筹的新型农村社区，提升人居环境品质。

4. 石佛 3.0：益城、益村

益城：以区域协作缓解城市人口、环境与生态压力，带动城市环境风貌与公共服务水平提升；益村：通过产业注入与服务提升，优化村镇人口结构，老龄化现象缓解，建设社会和谐、环境美丽的现代化乡村（表 2–14）。

表 2–14　石佛镇就地城镇化分析

	就地城镇化水平	就业水平	公共品	居住	生态景观
现状	1.0：低质、低效	土地导向型农业 劳动力导向型工业	供给不足 机制缺乏	品质低下	生态脆弱 景观破碎
近期愿景	2.0：集约、渐进、转型	土地规模化经营 农民劳动力得到解放 产业结构得到调整	多元资本介入公共品提供	居住区域集中	生态集中
长期愿景	3.0：高质、高效	高附加值产业 园区化经营	公共品提供机制完善	配套齐全的现代居住区	农田景观恢复 滨河景观营造

5. 愿景定位

冀中平原重镇：冀中平原的产业特色小镇、安国县域副中心、安国与周围县市产业对接的门户；产业人居小镇：特色产业园区 + 新型农村社区 + 休闲养老小区。

6. 总体规划目标与定位

规划总目标：实现就地城镇化，将石佛镇建设成宜居型美丽城镇。

规划阶段目标：到 2020 年国民经济保持平稳较快发展，增长速度达到安国市平均水平，城镇居民生活水平明显提高，经济发展质量和效益明显提高。到 2030 年将石佛镇建设成为具流域生态价值、产业特色的安国县域副中心，安国与周围县市产业对接的门户小镇。

规划定位：以农民生产方式和生活方式转变、就地城镇化为规划路径，打造具有流域生态价值、产业特色的安国县域副中心，安国与周围县市产业对接的门户小镇。

2.4.3 总体战略：四集中 + 新要素吸引

1. 四集中：产业集中、居住集中、公共品集中、农业景观集中

在长期的农业和个体产业发展的驱动下，石佛镇空间形态表现为极典型的分散破碎特征，产业不集中，居住不集中，公共品不集中，农业景观不集中，这极大地影响了集聚和规模经济的效应发挥，不仅造成了低水平重复建设，而且导致面源等非点源污染。为此，规划提出了“四集中”的总体战略，相应的也就是居住集中、产业集中、公共品集中以及农业景观集中（图 2-175）。

居住集中：整理确权宅基地，引导居住向社区集中，居

民转移、聚集、上楼；两区同建，产城平衡，以职住平衡吸引劳动力完成城镇化（图 2–176）。

产业集中：集聚目前分散的水泵行业，实现园区化、规模化、品牌化发展；发挥当地的企业家精神，利用集聚化发展剩余产能、要素与水泵制造基础，发展适应安国药业、博野传送带等行业的通用设备制造实现对接（图 2–177）。

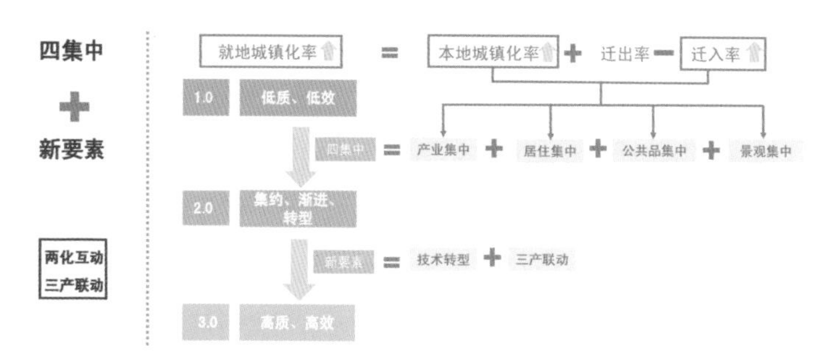

图 2–175　石佛总体战略思路

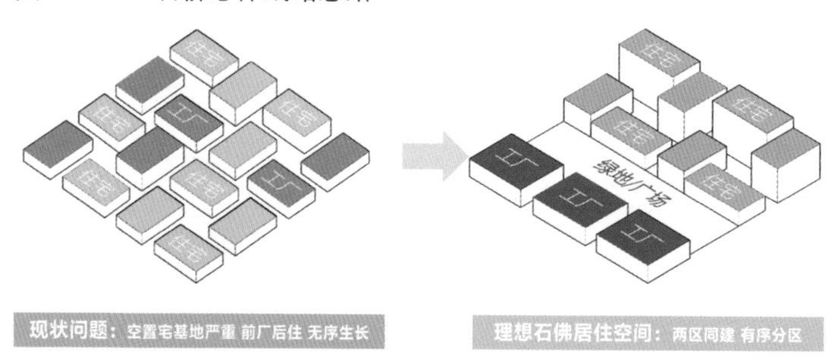

图 2–176　居住集中的空间重组示意

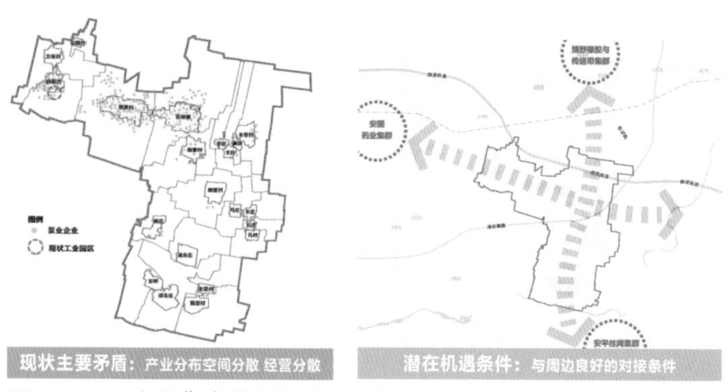

图 2–177　产业集中的空间重组示意

公共品集中：外部性内部化，以政策约束鼓励工业园区与企业提供污水处理、除尘设备、道路硬化与照明等基础设施。村企共建，村企互哺，以政策利好鼓励民营企业集中提供公共品（图 2–178）。

农业景观集中（图 2–179）：其策略包括，底线约束，政策扶持保障、带动土地整合，农村合作组织促土地规模化经营（图 2–180）。

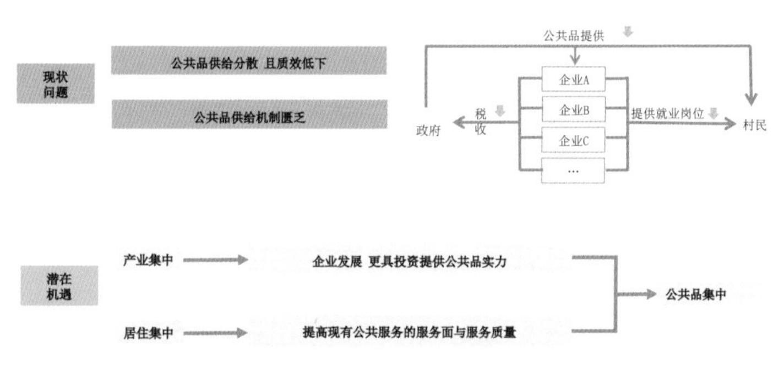

图 2–178　公共品集中的空间重组示意

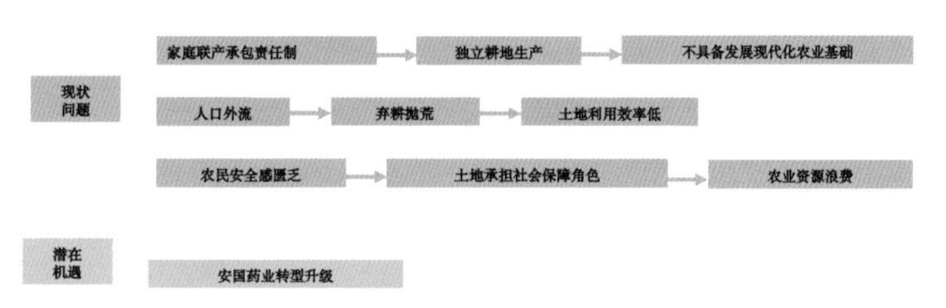

图 2–179　农业景观集中的空间重组示意

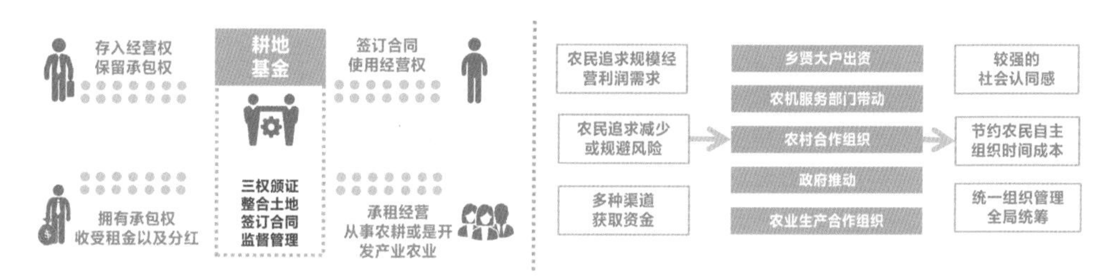

图 2–180　农村合作组织与土地规模化经营

2. 新要素：技术转型，三产联动

技术转型：错位发展，形成相较于雄安等区域中心的低门槛优势；产业转型，逐渐成为技术梯度转移平台（图 2-181）。

三产联动：农产创新，多元融合；民宿休闲，以房养老：依托闲置用房，整合周边资源，发展民宿，使产业联动激活中药保健旅居养老主题（图 2-182、图 2-183）。

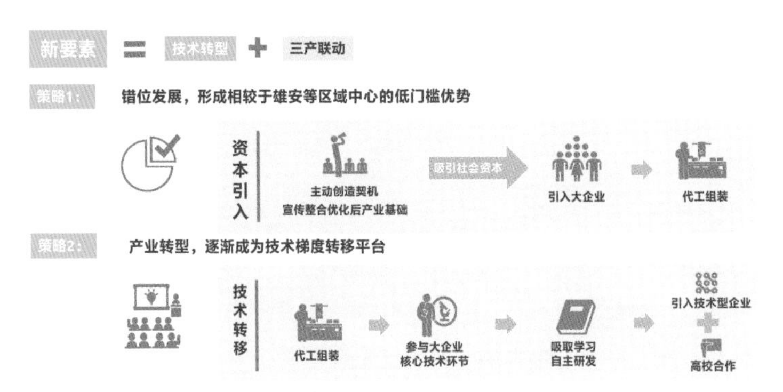

图 2-181　技术转型的策略分析

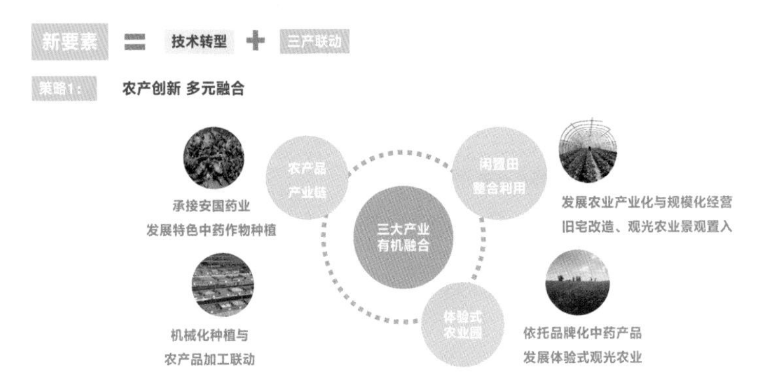

图 2-182　“农产创新，多元融合”的三产联动策略

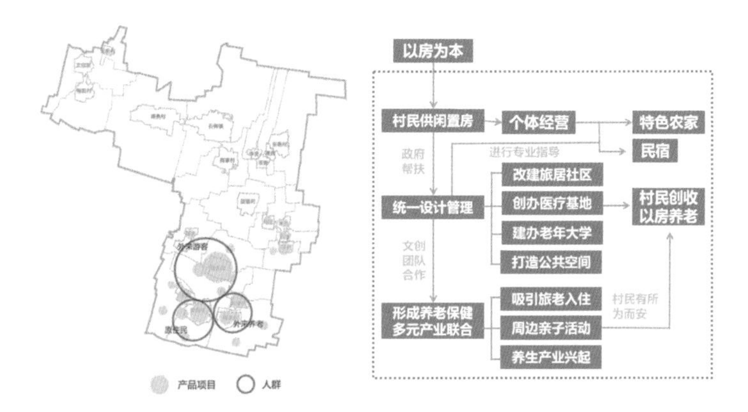

图 2-183　“民宿休闲，以房养老”的三产联动策略

3. 人口与建设用地规模

（1）人口规模预测。石佛镇近十年的人口统计资料表明，人口的自然增长较小几乎可忽略不计。未来随特色小镇的发展，人口的增长将主要来源于机械增长。本轮规划镇域总人口为 3.4 万人。

（2）建设用地规模预测。现状各村庄人均建设用地面积分布在 214.4~360.4m^2 之间，远高于国家镇规划标准的人均建设用地指标 120~150m^2/ 人，空心村现象突出，用地分散效率低；按照人均 150m^2 标准上限确定城乡建设用地规模；总城镇建设用地规模预测结果为 510 万 m^2（3.4 万人 × 150m^2/ 人 = 510 万 m^2）（图 2-184）。

（3）工业园区规模预测。泵业园区：500 万 ~1000 万产值企业总产值为 27357 万元（(10500+5670+9555×50%)×$(1+2\%)^{13}$=27357 万(元)）；中型企业园区面积为 11hm^2（27357/750×0.3=11（hm^2））；预留 3hm^2 以上中型企业园区；1000 万以上企业，至少保证有一家 1 亿元以上产值大企业，占地约 2hm^2；大型企业占地约 29hm^2（2+103670×$(1+2\%)^{13}$/5000×1=29（hm^2））；总泵业工业园区面积为 40hm^2

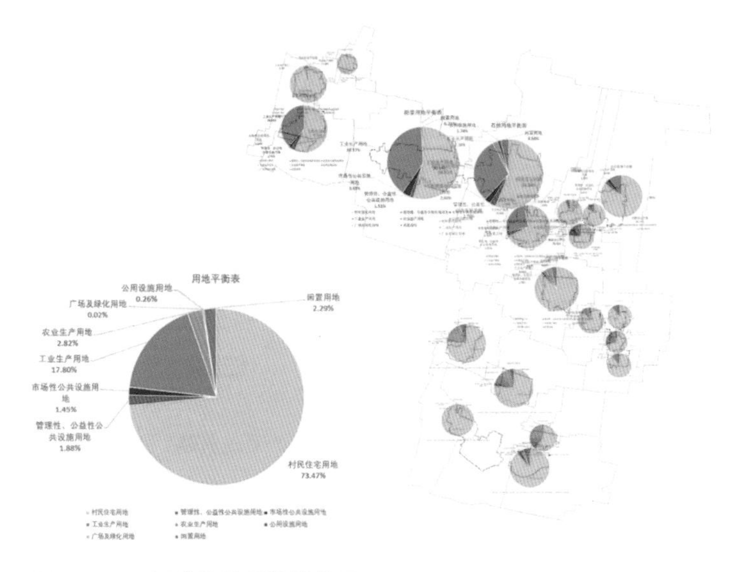

图 2–184　石佛镇域用地结构图

（预留 2hm^2 弹性用地）。

工业园区规模预测：按照工业用地集约利用的原则，按二产地区生产总值年增长 5%，地均产值提升至 3000 万元 /hm^2 计算，整合工业用地为两大工业园（总面积包括工业用地、科研用地、配套设施用地）。

2.4.4　镇域规划

1. 镇域空间结构规划

规划将形成“一轴三带，一核两中心”的城市结构体系。一轴：城市景观轴；三带：城市发展带、现代乡村带、生态景观带；沿城镇发展带建设北部现代工业区，沿现代乡村带建设中部现代农业区，沿生态发展带建设南部医养旅游区。以津石高速为界，北部呈现更城市化的现代景观，南部呈现更乡村宜居的生态景观。一核两中心：石佛镇区为一核，北部南阳村为现代工业中心，南部流各庄村为现代农业中心。

规划将四处分散、独立发展趋势引导为以镇区为核心，在空间上形成网络状的镇村群体空间结构。致力于营建一个强大的中心镇区，加快中心镇区的发展，突出其辐射带动作用，进而提升全镇的发展速度。同时以各个中心村自身的特色和优势项目为根基，多点共同发展，带动周边的一般村一起发展，形成统筹协作、异质同构的村镇网络空间。通过各个中心村的发展，加强整个石佛镇的核心竞争力（图 2–185）。

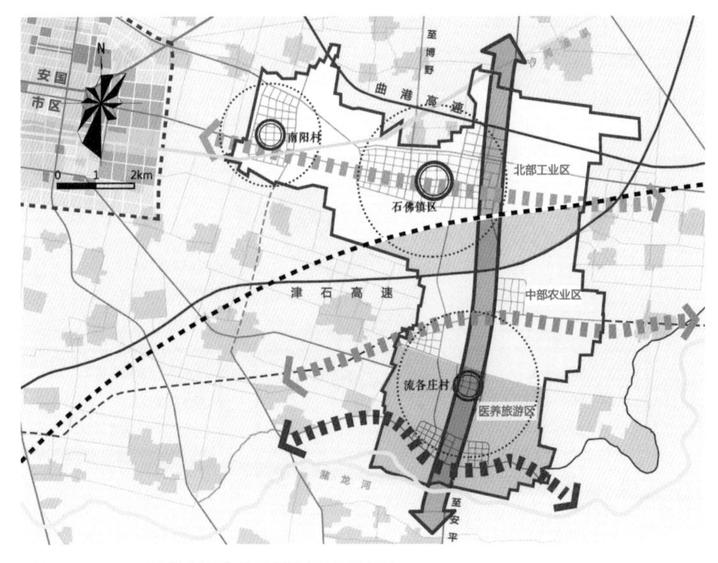

图 2–185　石佛镇域空间结构规划图

2. 镇域建设用地规划

依据区位优势，将镇建设用地依托南阳和石佛布局于镇西北部以承接安国产业辐射，而在镇南部布局少量村庄建设用地以服务乡村居民，统筹面状发展（图 2–186~图 2–188）。

图 2-186　石佛村镇建设用地规划图

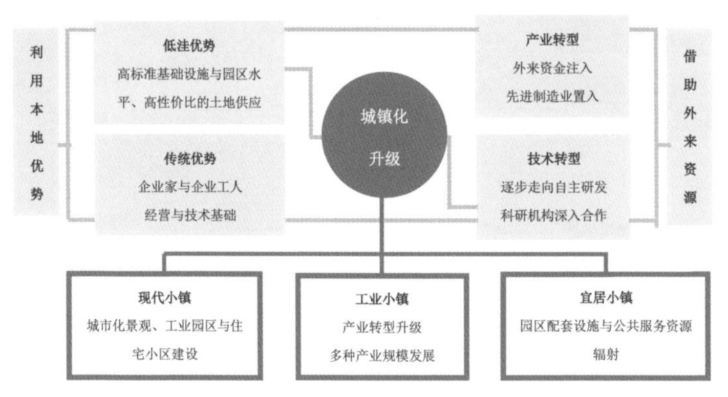

图 2-187　北部分区策略

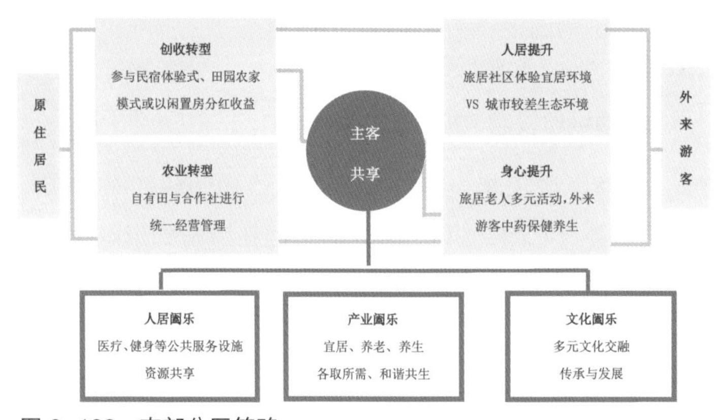

图 2-188　南部分区策略

3. 镇域土地利用规划

在西北部南阳、石佛村设集中工业用地以统筹生产；在石佛村设镇商业与公共服务中心服务全镇居民。东南部以村庄为单位设少量商业与服务用地，实现商住平衡（图 2-189）。

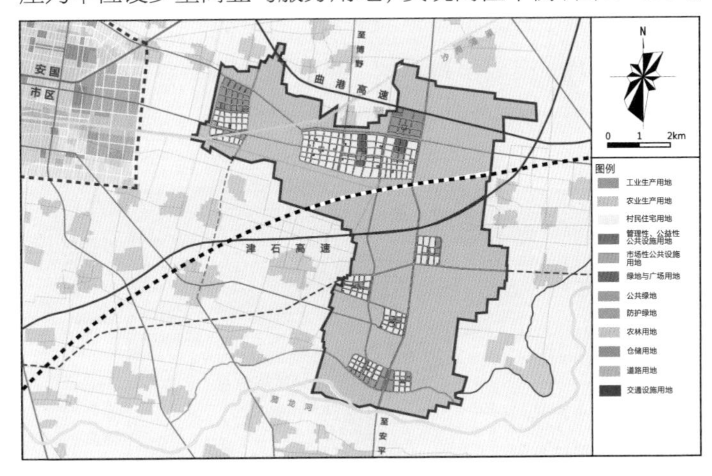

图 2-189　镇域城乡用地规划图

4. 镇域空间管制

根据区域自然条件与发展禀赋，将主要的适建区设在镇西北区域，以发挥规模效益，促进区域统筹。镇东南部设点状适建区以保证疏密有致的村落景观，实现集约化的土地利用。规划迁村点情况：依据用地适应性评价与未来产业升级、环境整治的发展诉求，规划建议将现有村镇居民点向西北南阳、石佛等方向迁移，以发挥规模与协同效益，同时改善人居环境（图 2-190、图 2-191）。

5. 镇域村镇体系规划

规划构建“中心镇区—中心村——般村”三级的镇域村镇体系格局。镇区依托自身资源，建设经济、文化、服务、旅游等中心基地。中心村强化特色，加强与临近区域联系，增强对周边一般村的集聚和辐射能力。一般村强化辅助职能，发挥物资集散功能，服务和辅助中心村发展（图 2–192、图 2–193）。

6. 镇域交通系统和公共交通规划

镇域范围内的干线公路（县道以上等级公路）、铁路、轨道、桥梁、交通场站点设施等均需符合《保定市城市总体

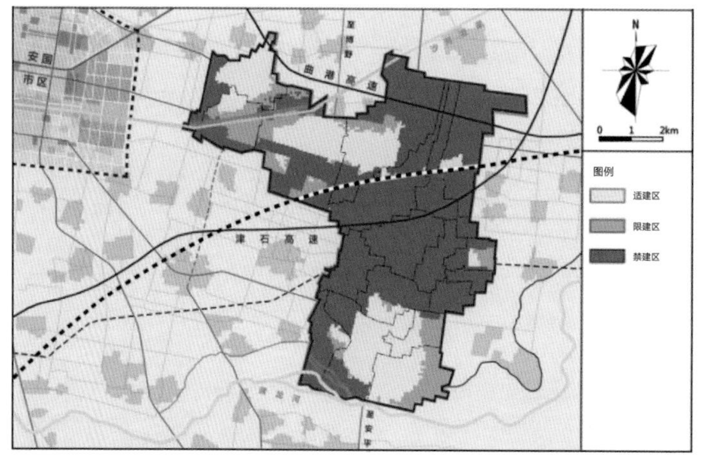

图 2–190　镇域用地适应性评价

图 2–191　镇域空间管制规划图

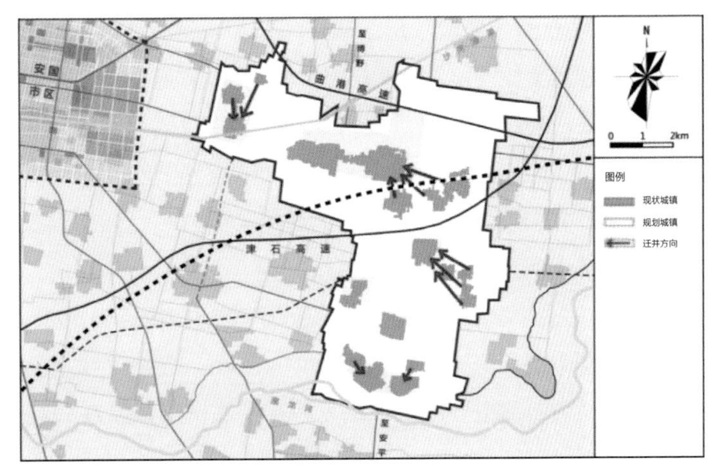

图 2-192　镇域迁村并点示意图

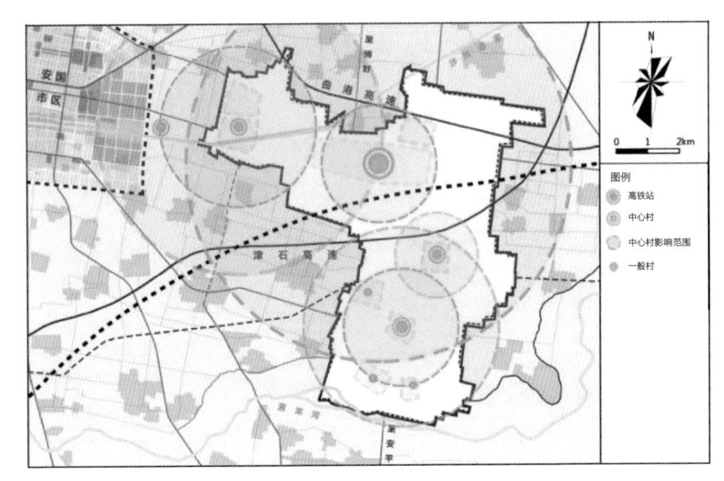

图 2-193　镇域村镇结构规划图

规划（2011—2020）》、安国市总体规划及市域范围内各专项规划，并与相关规划成果一致。镇区至少与 1 条二级及二级以上干线公路或快速路连通。中心村至少与 1 条三级及三级以上公路或快速路连通。镇区内应规划完善的交通基础设施，以满足镇区居民的生活、生产和出行的需要。规划逐步发展城镇公交系统，切实为居民提供高效、便捷的出行服务系统。

干线公路方面，规划期内，全镇应形成“四横一纵”干线公路布局网络。“四横”是县道园区路、县道石佛路、省道甄固路、县道潴龙河路；“一纵”是博野安平省道。集散公路方面，应依托公路主骨架，规划乡级公路，覆盖镇域范围内所有的产业园区、物流集散中心和重要的交通节点，构筑满足城镇出行需求的集散公路网络。通村公路方面，应加强农村公路升级改造，实现村村通油路。

中心镇区规划形成“三横四纵”的交通格局，形成干、支两级规划道路。干路红线宽度为 10~20m，支路宽度 9m。公园绿地周边道路主要以景观路为主，红线宽度控制在 25m 以内。外围村庄结合现状，完善镇域内各村落公交站点，为镇域各村提供公共交通联络。

大力推进公共交通发展建设，至规划期末，中心镇区建设一处长途客车站、一处公交始末站，各中心村设公交站，形成“一折”（镇域公交线路）、“一环”（镇区公交环线）。完善镇域内公共交通设施，合理规划组织镇域—镇区交通网络，发展镇域对外交通，形成覆盖城乡、快速便捷的区域公共交通（图 2-194）。

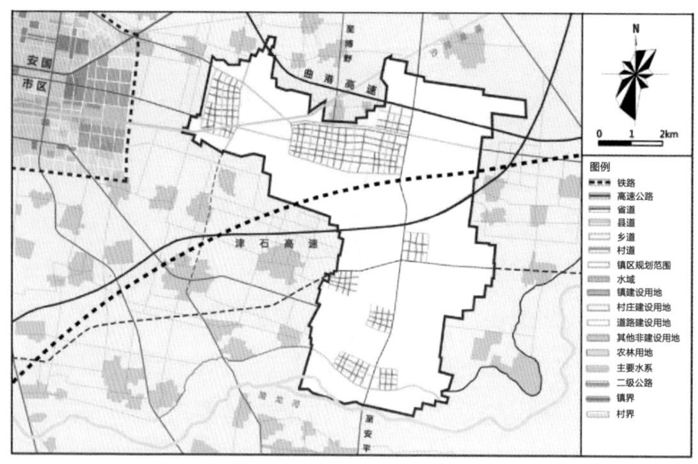

图 2-194　镇域道路交通规划

7. 镇域产业布局规划

规划形成“一核、三带、两园”的产业布局结构。一核：镇区综合服务核。镇区综合服务核发展以教育、文化、公共卫生为重点的镇区公共服务事业，并提供综合性的旅游服务与工业技术服务。三带：北部装备制造带、中部现代农业带、南部生态养老带。北部装备制造带依托北部的泵业基础，积极对接周边产业，引进京、雄技术转移成果，形成规模化、技术化的通用设备制造园区带。中部现代农业带依托现有杏仁加工等特色农产品业与安国大力发展的中药种植与加工，发展“特色农产品大规模种植—深加工—种植与养生体验”三产联动的农产品产业链。南部生态养老带结合药业基础与潴龙河的生态景观价值，发展医养结合的休闲养老产业，满足京津冀区域内的养老需要。两园：南阳工业园区和石佛工业园区（图 2–195）。

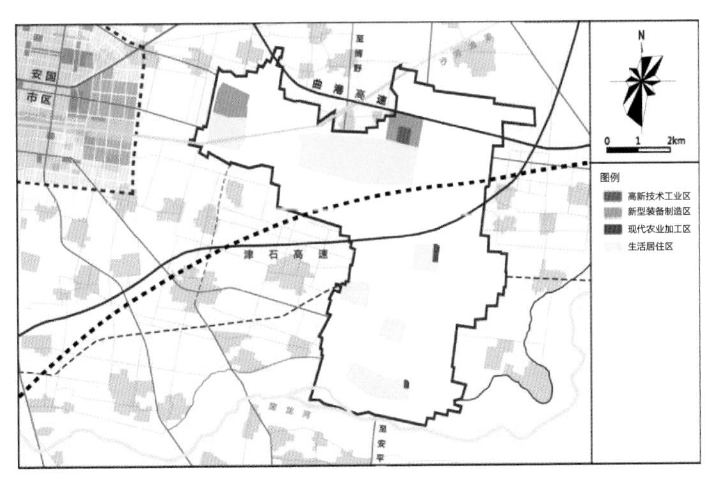

图 2–195　镇域产业布局规划

8. 镇域公共服务设施规划

规划形成“中心镇区—中心村—一般村”三级镇域公共服务设施配置体系。石佛镇区是镇域及周边区域的公共服务中心，应配置中心医院、卫生室、敬老院、文化站、博物馆、体育活动场所、初级中学、小学、幼儿园等设施，并对周边村具有一定的服务功能。中心村配置卫生室、文体活动室、体育活动场所、小学、幼儿园等，服务本村及周边村庄居民，并提供对外旅游服务设施。一般村配置服务本村居民日常生活需要的基础设施。教育设施方面，将初中集中在镇区建设，将小学集中在镇区和中心村建设，提高办学质量和规模。积极发展完善农村组团和居住社区配套的教育设施，改善中小学教学条件，对中小学校及幼儿园进行改扩建、新建工程。医疗设施方面，提高中心镇区的医疗水平，完善医疗服务、预防保健、卫生监督体系。建立镇村二级医疗卫生保健网。文化娱乐设施方面，加强图书阅览室、老年活动中心等各类文化娱乐设施规划建设，完善中心镇区文化服务功能。体育设施方面，在镇中心设置集中的乡镇体育活动场所，建有篮球场、乒乓球场、门球场、儿童游戏场等设施和场地；在现有的小操场和健身器材的基础上增加乒乓球、羽毛球、篮球场地与器材。在各村建设体育活动室，保障农村体育的积极开展（图 2-196）。

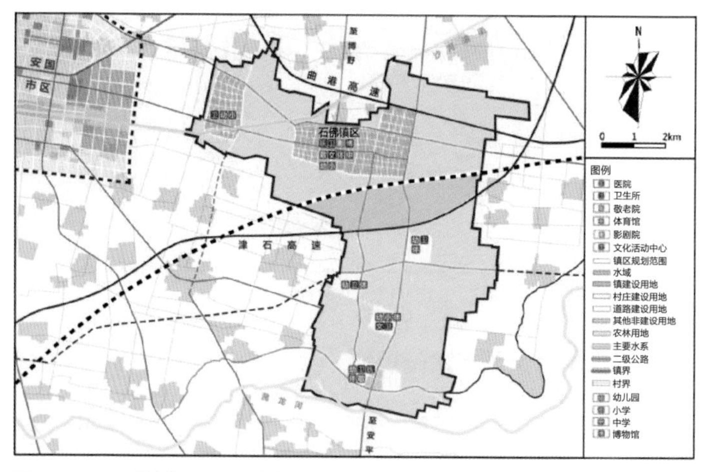

图 2-196　镇域公共设施规划

9. 镇域景观结构规划

镇域景观体系结构为“两轴、两带、多点”布局。以南北向博野—安平省道和南北向乡道建设中央景观轴带，轴带西侧发展观赏农地，东侧发展生产农地。依托潴龙河和沙河灌渠建设滨河景观带，发展沿线景观林地，加强沿线的景观建设。结合自然环境、农业和旅游资源，在具有重要景观价值的区域形成景观节点，主要包括滨河公园、郊野公园、城市公园和乡村广场等（图 2–197）。

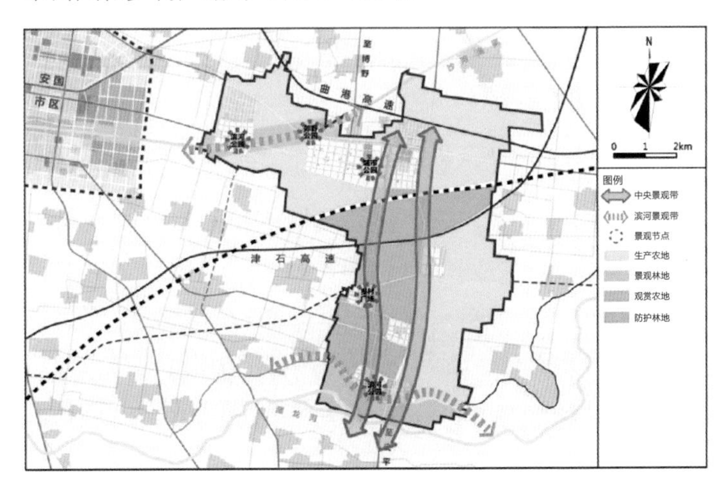

图 2–197　镇域景观结构规划图

10. 镇域旅游结构及配套服务设施规划

根据石佛镇旅游资源分布，确定未来旅游发展的方向，重点发展两个观光旅游的核心点和集聚地。镇区文化旅游带：结合镇区的旧厂房改造等建设一条文化创意旅游体验路线。南部医养旅游带：结合南部潴龙河流域景观，郑各庄村、南呈村设置医养旅游带，配套中药养生与旅居养老服务设施，流各庄村配合设置集散中转服务设施。农业观光旅游：除了传统农业种植区，同时设置一些观光农业发展模式，集中在南部西侧（图 2–198）。

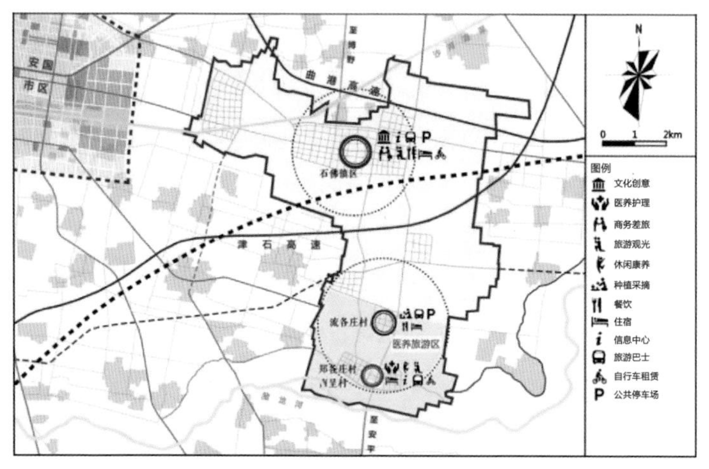

图 2-198　镇域旅游服务设施布局

11. 镇域综合防灾等专项规划

在当前形势下，综合防灾是城市和国土空间安全的一个重要方面。为此也对石佛镇进行了相应的空间安排（图 2-199~ 图 2-203），包括生产安全，防洪安全，乃至生态安全等。建设时序方面，在长远战略的指引下，做大概建设先后、建设板块的思考。总的思路是，重视近五年的建设

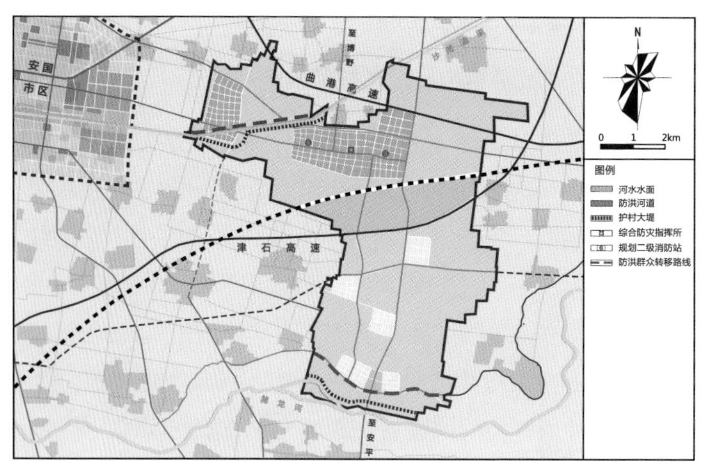

图 2-199　镇域专项规划：综合防灾规划

重点，留足中长期的战略空间；另一方面，重视基于“外部机遇”（如高铁、高速公路）的近期建设时序安排和基于“区域倒逼机制”（如环境倒逼政策、负面清单退出、生态红线和永久基本农田整理等）的近期建设时序；其他方面，相对弹性安排（图 2-204）。

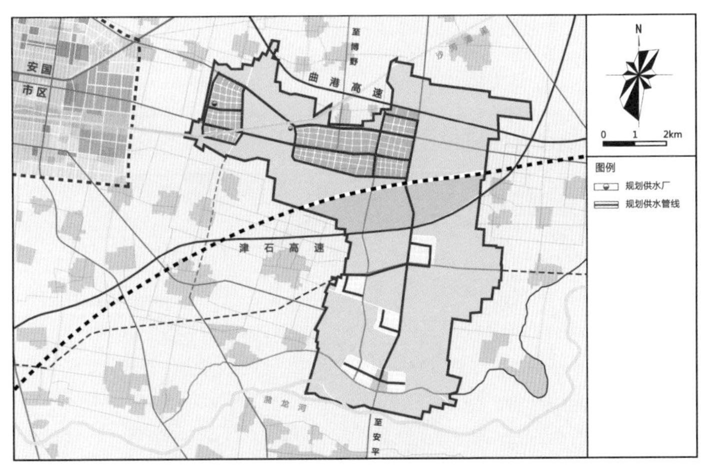

图 2-200　镇域专项规划：给水设施规划

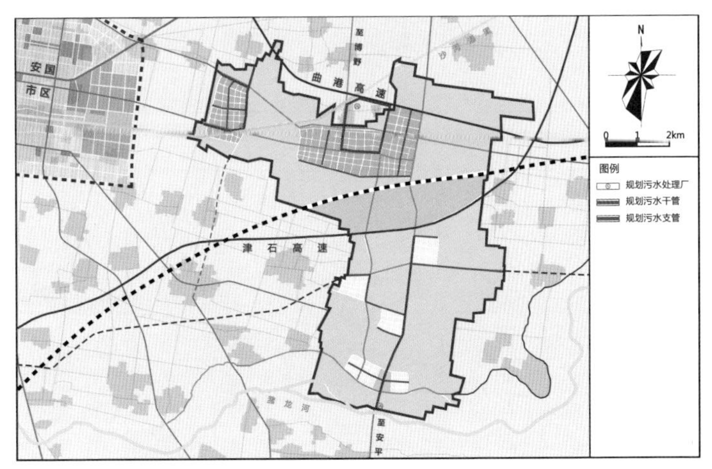

图 2-201　镇域专项规划：污水设施规划

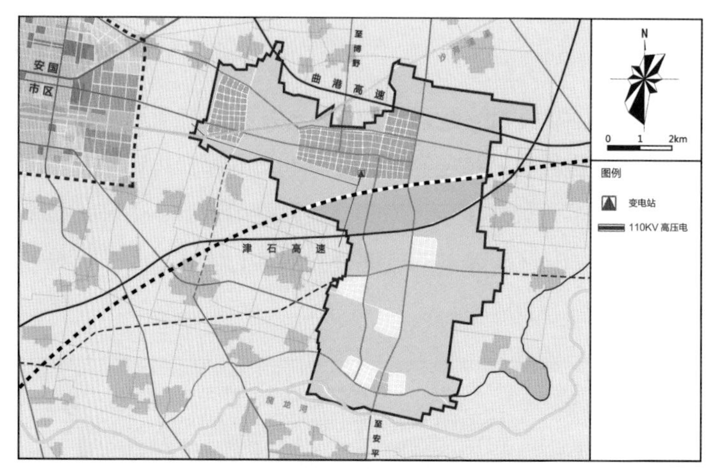

图 2-202　镇域专项规划：电力设施规划

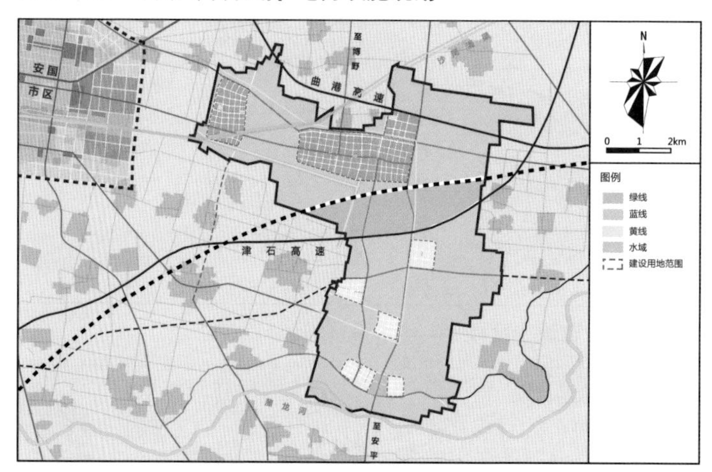

图 2-203　镇域专项规划：五线管制规划

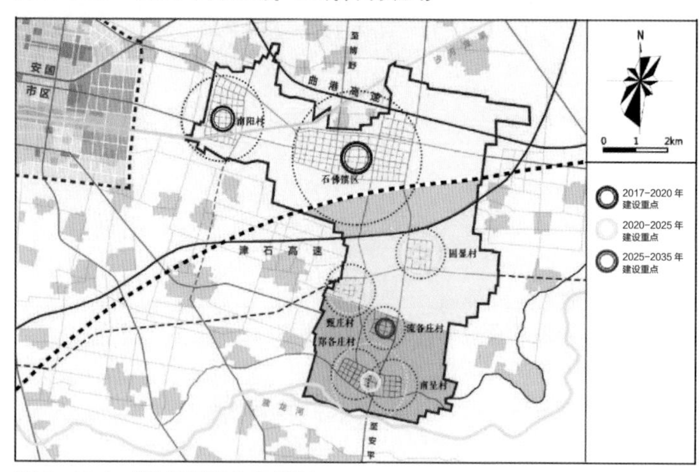

图 2-204　镇域建设时序规划

2.4.5 镇区规划

1. 总体定位

规划将镇区定位为石佛镇政治、经济、产业、文化中心，以生活服务、新型产业为主导的宜居小镇。同时是京津冀新型产业小镇，安国市生活服务副中心，沙河流域生态宜居城镇。

现阶段以发展北部工业园区为重点，以工业利税带动中心商业轴以及公共服务轴发展，进而逐步提升镇区人居环境与公共服务水平（图 2-205）。

图 2-205 镇区土地利用规划图

2. 空间结构规划

规划形成“一带、双轴、三中心”的空间布局结构。一带指以连接安国及石佛东西向穿越石佛镇区的省道为中心的城市发展带。双轴指西侧公共生活服务轴与东侧工业产业服务轴。三中心指分布三大组团，是与交通、景观、公共设施和商业联系紧密的二级空间中心（图 2-206）。

未来应以新型产业发展以及公共服务设施提升带动镇区整体发展，城市发展带与空间主轴线是空间发展的中心地区。

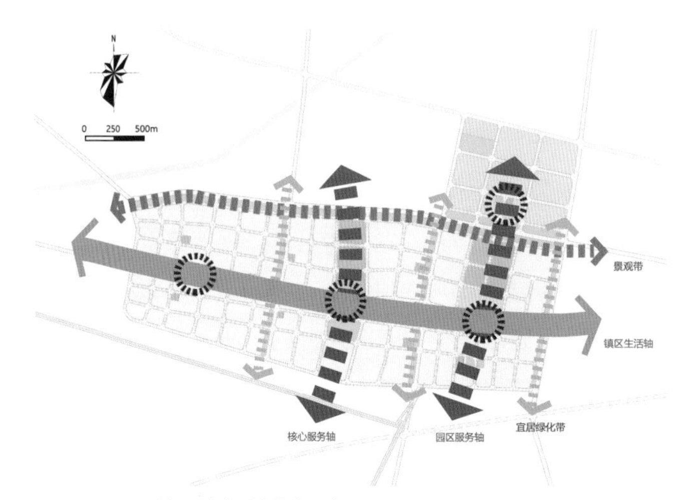

图 2–206　镇区空间结构规划图

规划建设围绕两条主要轴线布置公共服务、办公行政以及商业设施，同时集中布置社会福利设施、医疗卫生用地和体育用地，提升居民生活品质。同时沿交通走廊布置连续绿带，在三大组团之间同样设置带状绿化，形成鱼骨状绿化体系。

3. 镇区综合交通规划

对外交通方面，保留现状道路网络：两条县道和多条支线公路。规划在石佛北侧修建高速路，岔口位于石佛镇区东北侧。在镇区东侧新设安国至石佛的省道，为工业片区提供支持。

道路交通方面，规划形成“一横两纵路”的交通干线格局，形成干、支两级规划道路。干路红线宽度为 24~26m，支路宽度为 15~20m。公园绿地周边道路主要以景观路为主，红线宽度控制在 24m 以内，过境省道红线为 30m，两侧 10m 布置防护绿带。

公共交通方面，完善镇区景观与休闲体系，推动慢行交通系统建设，扩大步行与自行车交通系统可达范围，为居民提供便捷、健康与舒适的交通流线。合理开发与布置镇区公交系统，着力完善对外公共交通设施。合理组织镇区交通网络，明确道路层级与交接关系，方便居民出行。重点建设过境交通与对外公共交通网络，增加对外交通运量，方便居民日常出行。

慢行交通方面，慢行交通空间以镇区景观与绿化系统中的步行道路和镇区道路两侧慢行空间为主。规划将慢行交通空间分为景观性通道、休闲型通道和通勤性通道（图 2-207、图 2-208）。

图 2-207　综合交通规划

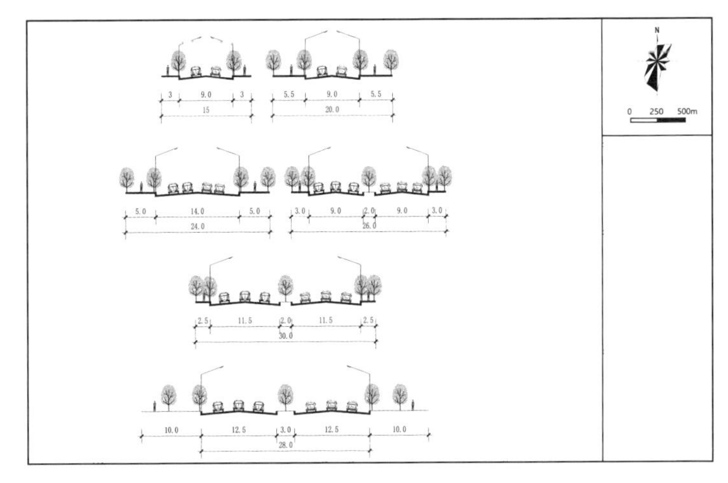

图 2-208　镇区道路断面规划

4. 镇区景观结构规划

规划构建鱼骨状的绿地系统结构，营造舒适宜人的绿地休闲空间。景观系统骨架应完善省道绿轴，丰富相关配套设施，扩展绿带价值与服务层面，周边形成较为丰富的景观层次，营造镇区休闲地带。景观系统支系应沿镇区三大组团间道路扩展或新建绿化，沟通绿化体系，并在适当位置建设绿地开放空间，丰富景观层次与韵律。慢行路线应在丰富景观绿轴的基础上，增设一条慢行路线，串联起横纵两支、连接更新厂房，并适当选择节点进行放大建设，有选择性地集中建设绿地；同时参考现实与历史因素，对石佛工业进行更新建设（图 2-209）。

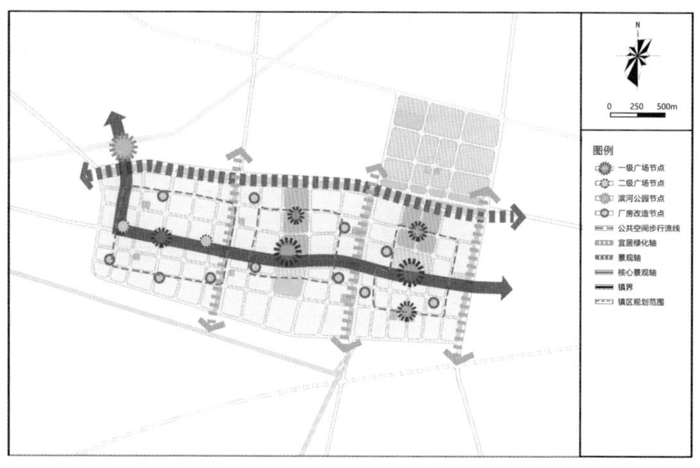

图 2-209　镇区景观结构规划

5. 镇区高度控制等规划

镇区高度控制分为以下 5 类（图 2-210）：

（1）非建设区。范围包括镇区内农田及部分公园、绿地。控制要求：严格管制非建设区，禁止在非建设区内进行开发建设，保证镇域内农田、绿地面积和生态环境的稳定。

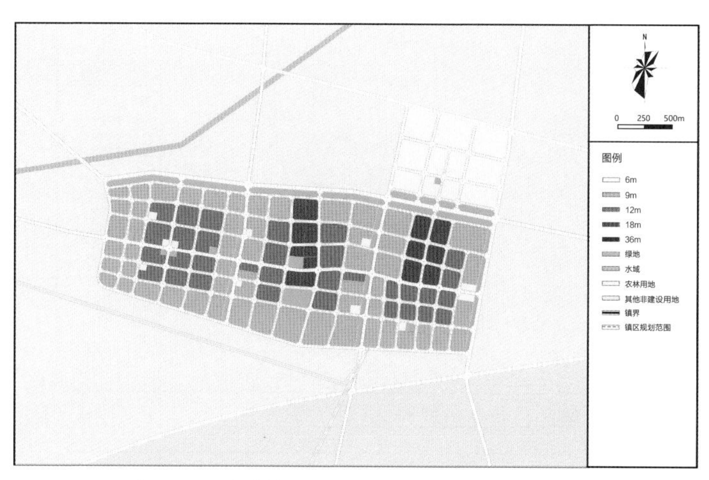

图 2-210　镇区高度控制规划

（2）6m 区。范围包括北部工业园区以及居住区内部分社会服务设施。控制要求：严格控制 6m 区开发，严格控制建筑高度，注意保持建筑群体原有肌理与环境。

（3）9m 区。范围包括镇区内主要居住片区。控制要求：适当建设低层建筑，严格控制建筑高度，保持建筑合理风貌，控制新建建筑对周围的影响。

（4）12m 区。范围包括三大组团空间结构节点。控制要求：住宅区严格控制为低强度开发，一般地块容积率控制在 1.5 以下，建筑高度控制在 12m 以下，以中低层为主；以居住、商业、行政性质为主，恰当选择建筑密度与绿化率。

（5）18m 区。范围包括镇区两条主要轴线范围。控制要求：建议中低强度开发，部分地区允许中高强度开发，建筑密度适当提高，并选择合适的绿化率。

其他的规划包括给排水等专项规划以及近期建设规划等（图 2-211~ 图 2-224）。

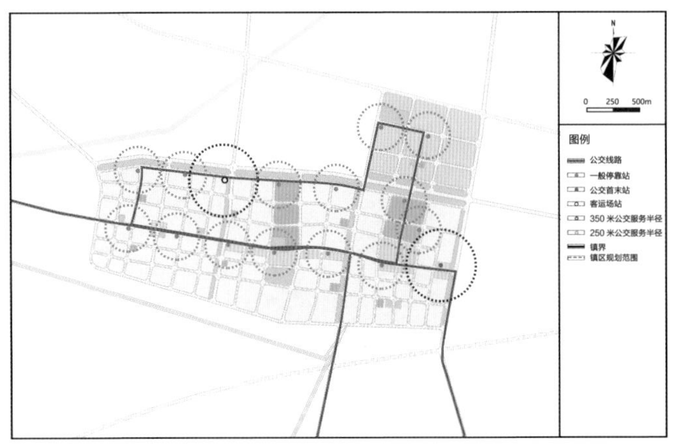

图 2-211　镇区公共交通规划

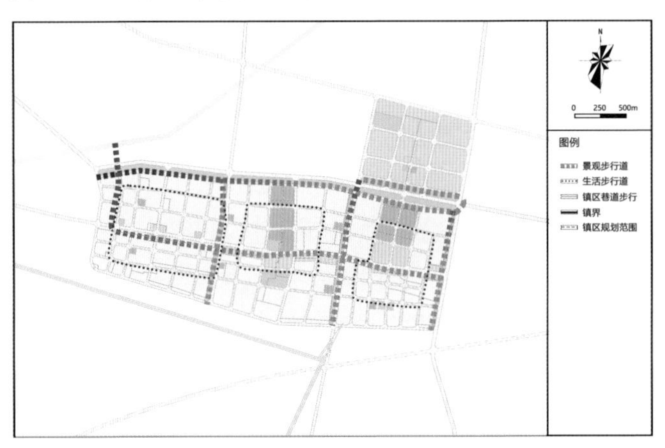

图 2-212　镇区步行系统规划

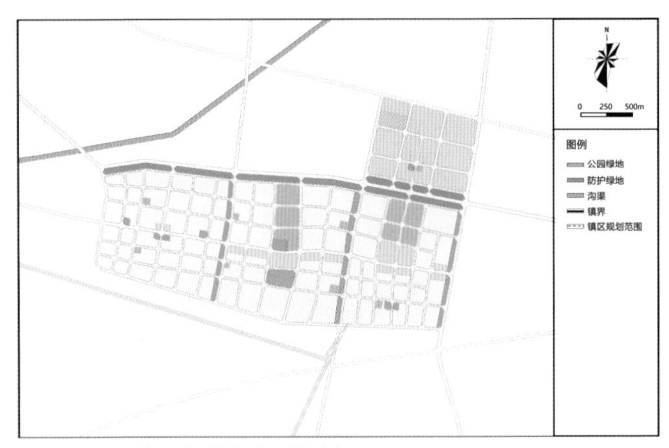

图 2-213　镇区绿地与水系规划

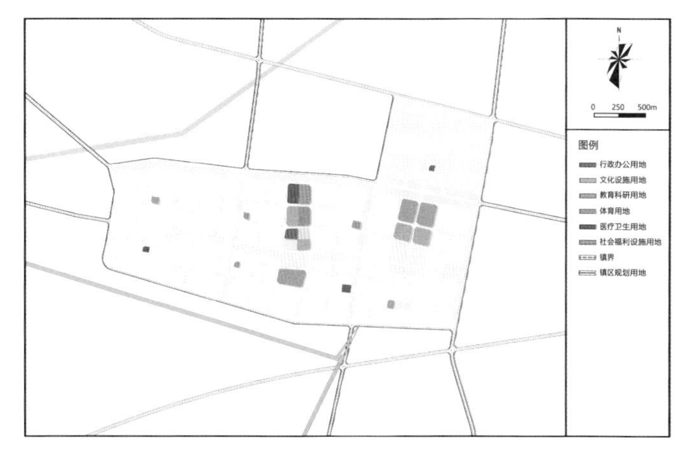

图 2-214　镇区公共设施规划

图 2-215　镇区商业设施规划

图 2-216　镇区市政设施布点规划

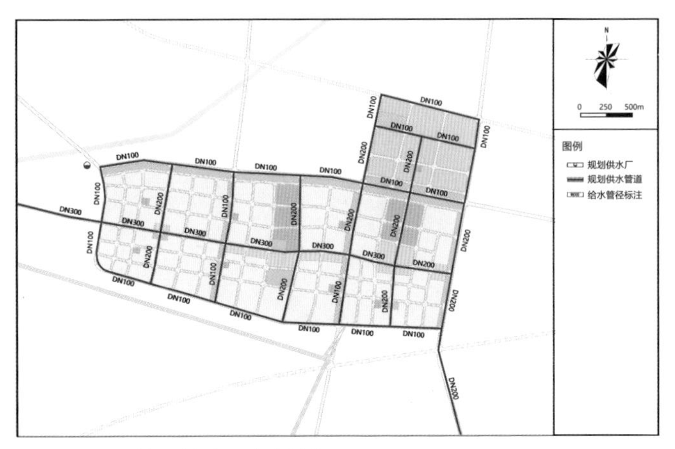

图 2-217　镇区给水工程规划

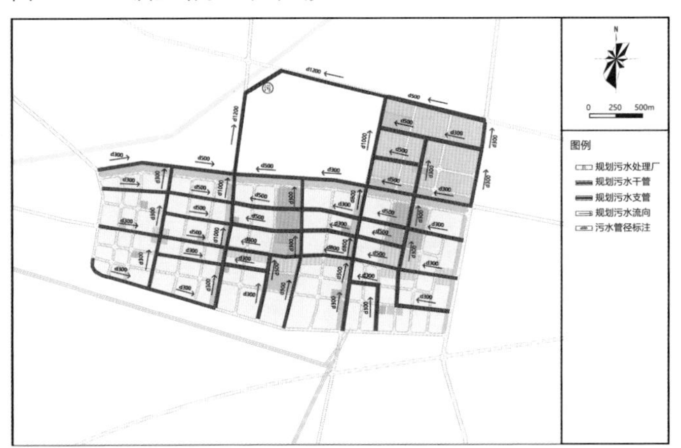

图 2-218　镇区污水工程规划

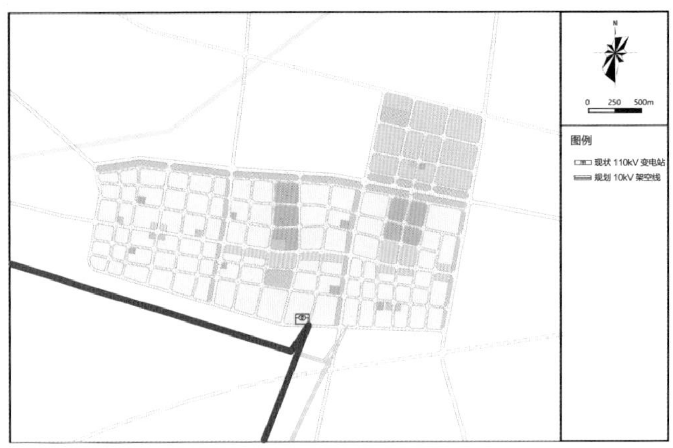

图 2-219　镇区电力工程规划

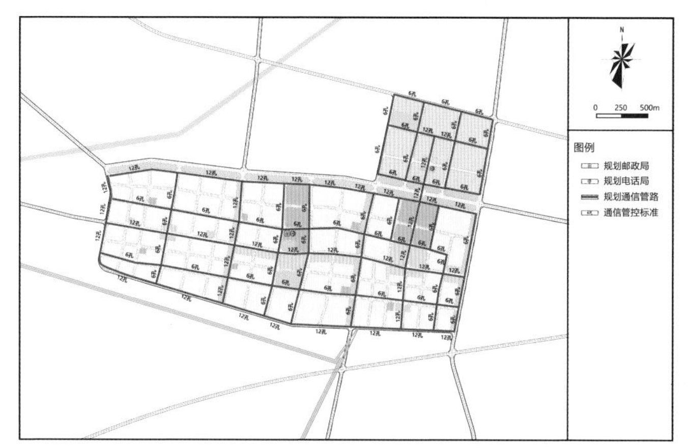

图 2-220　镇区通信工程规划

图 2-221　镇区供热工程规划

图 2-222　镇区环卫工程规划

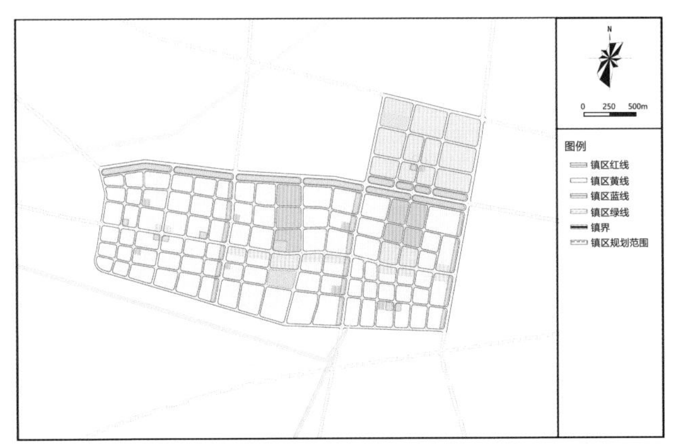

图 2-223　镇区“四线”规划控制

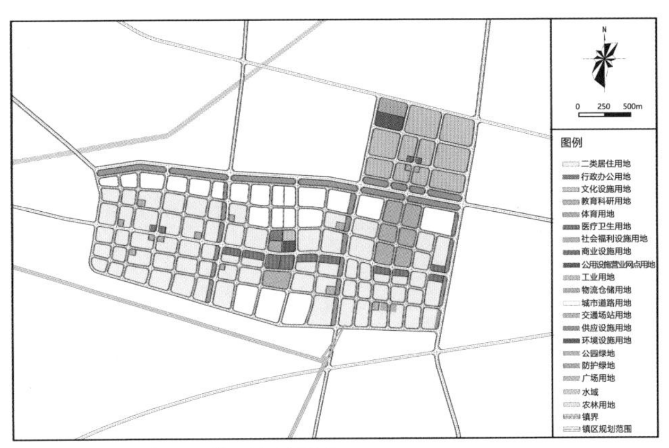

图 2-224　镇区近期建设规划

2.4.6　重点片区城市设计：石佛镇区

1. 总平面图

该方案的镇区（石佛村和路景村片区）是在原来镇区基础上进一步优化提质发展。设计从“四集中”的原则出发，突出居住、服务、休憩的宜居环境打造以及就业空间的集中布局，对当前工厂和居住混杂分布的情况，进行了存量设计，尤其是厂房的不同模式的改造利用等，对当前公共空间和公共品供给缺乏的困境进行设计解决（图 2-225、图 2-226）。

图 2-225　镇区总体设计平面图

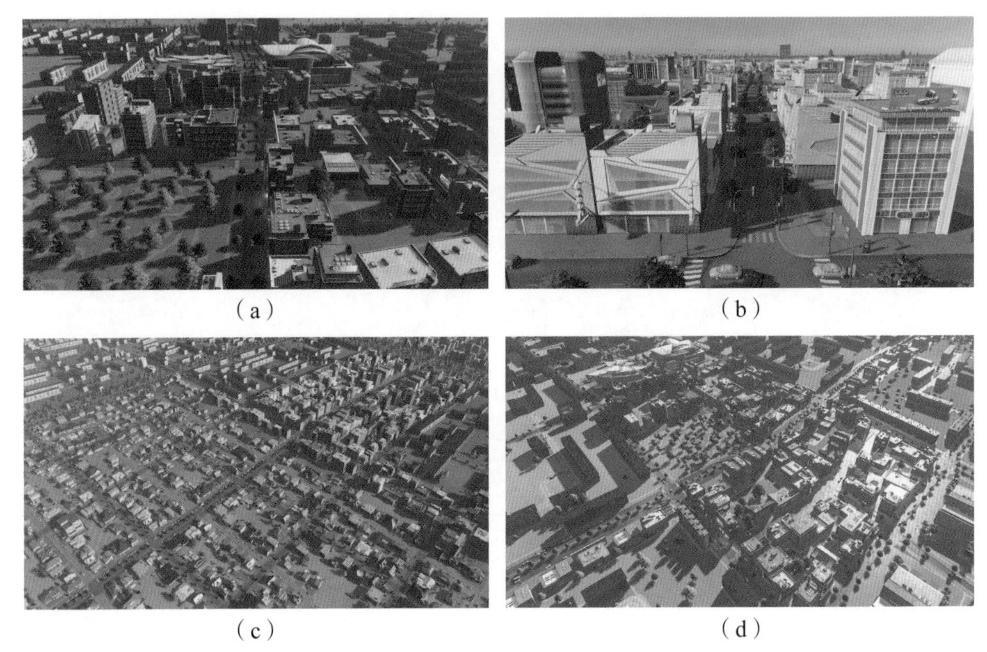

（a） （b） （c） （d）

图 2-226　局部地段城市设计意向

2. 设计分析

公共服务空间：以东西向主干道为轴，通过步行公交优先，建筑底商改造等手段，打造镇区商业服务轴带。在镇区中部，利用中轴线广场序列、公共服务设施群与城市公园打造公共服务中轴。在镇区东部，通过将产业园区服务中心与商业、科研等设施相结合，打造产业与商业中轴，促进职住平衡、职商平衡（图 2-227）。

旧厂房活化系统：积极利用贯穿镇区东西，散落全镇各处的旧厂房体系。通过改善外部环境，加强公共服务等手段，引入外部资金，提升区域形象与土地价值（图 2-228）。

三类空间系统叠加：旧厂房活化带通过遗址公园等引入郊野、边缘绿化景观，旧厂房活化带和两条新中轴线交接，新旧交织织补不同时期肌理，旧厂房活化带节点收束两条中轴线（图 2-229、图 2-230）。

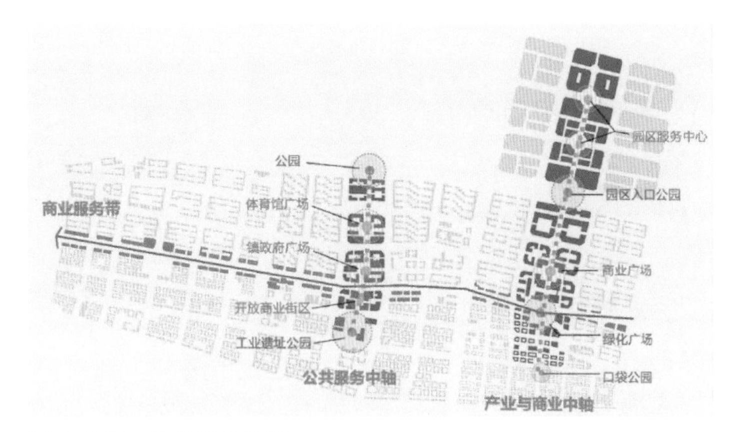

图 2-227　公共服务空间

图 2-228　旧厂房活化系统分析

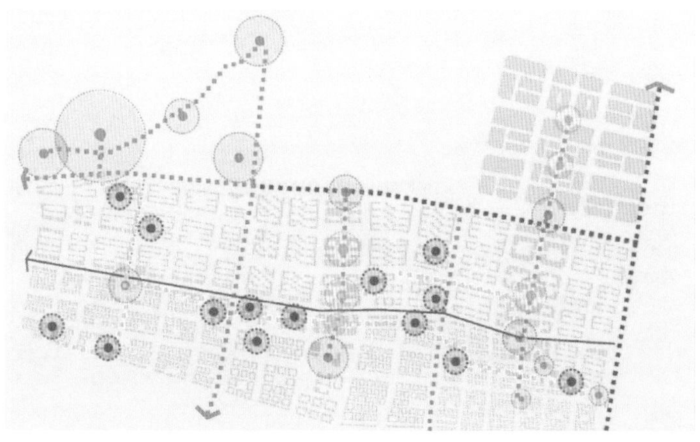

图 2-229　三类空间系统叠加

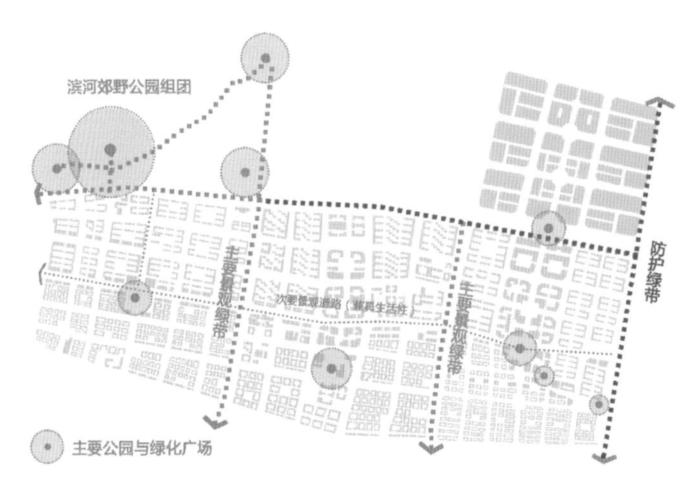

图 2-230　石佛镇镇区绿化体系设计

3. 旧厂房改造策划

中部厂房大多为后期形成，尺度较大，可改造为面向全镇区乃至全镇域的公共活动中心；南部厂房大多为合院内生工坊，尺度较小，可改造为周边传统社区的老年活动中心；东北部厂房紧挨新商圈、园区和配套住区，可改造为适合青年人的文体活动空间（图 2-231）。

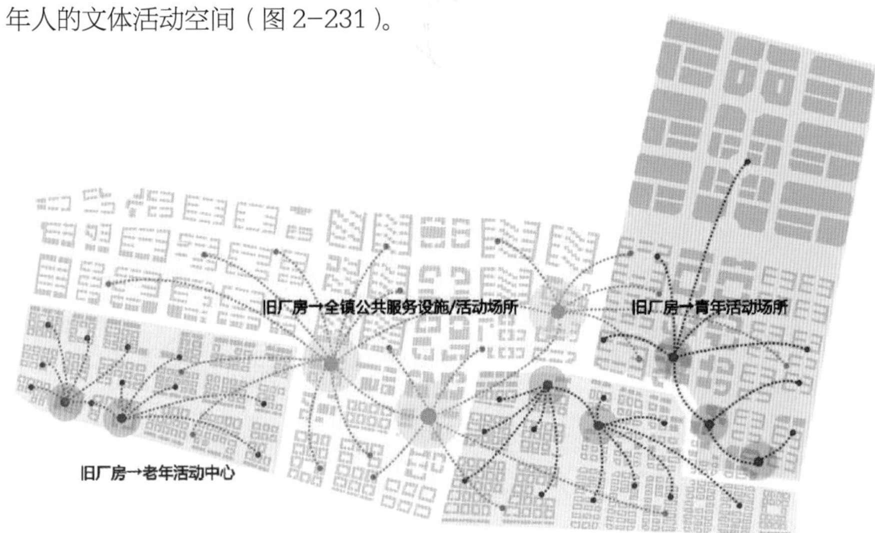

图 2-231　石佛镇镇区旧厂房改造策划

2.5
学生课程感言摘录

2.5.1 陈婧佳：《最初也是最本心的表达》

城里长大的孩子对村镇是一无所知的。她的印象停留在糟糕的童年记忆里，逐渐从泥泞变成水泥硬化的一条条村道、始终稀缺的公共品和服务、重男轻女的爷爷奶奶、快速搭建却又表里不一的宅基地……长大了对村镇的了解依旧浅于表皮：新闻里的新农村建设、城乡一体、美丽乡村……即使参加了不少乡村实践，也少有从宏观和规划的视角对村镇有所思考和了解。所以在学期之初，面对这堂设计课的我其实很迷惘。

去了石佛之后第一印象觉得很新奇（见识太少……）。华北平原上的城镇少了南方小镇的烟火气，没有山水交织下的灵气，但它俨然是城市的模样，有着一个城市最初始的样子，星火般遍布的小型企业和实干又精明的企业家撑起了它，虽然这一切零散无章又面临重重危机。环保重压、大城市的吸引力、先进制造业和服务经济的崛起、交通日益便利似乎更利于特大城市的虹吸而非辐射……当时想着，给这里做规划，好像是在给他们编织一个梦想，日后必然看着他们的梦破碎啊。但还好，这里比想象的要更有韧性。

这学期的课（至少在我看来）也更理性和慎重。在老师的引导下，从城镇化发展的理论和京津冀的区域格局一步步把握石佛的发展路径和可能性，再在精明增长和集约的前提下去探索小城镇最关键的几个问题：就业、公共品和环境……理论和模型的学习探索固然艰涩，我们看似有模有样的尝试也必然稚嫩浅白，可是因为有了稳扎稳打的理论定下整个规划的基础，这个设计显得终于有了“真的在解决问题、在做城乡建设”的实感。而且我们着重探讨异地城镇化与就地城镇化，让我深入了解了当下城镇发展的路径选择。以经济学视角其实能很理所当然地接受异地城镇化，可是结合国家的发展思路，也越来越能理解和支持就地城镇化。从现有的几个规划来看，能看出国家层面大体的思路来：严格控制京沪的空间发展和人口规模，以大城市为节点构建起国家城市网络，而到了小城镇尺度，就是发展本地化优势的特色小镇。石佛的就地城镇化，就是马歇尔效应下的本地专业化集聚经济发展模式。人口流动大潮下大部分人还是不可避免地要回到村镇，城镇建设众多资源如何用在“刀刃”上……帮助石佛在新的政策环境和空间格局变动之下再次找到就地发展的方向，就是我们在具体思考的重点。

当然，就像评图现场老师所说的那样，我们的方案没有考虑过实际落地的问题，方案背后的成本核算和落实的步骤是真正的大头。我们进行了建设时序的构想，但如果按特色小镇的标准，至少能有硬性的指标让方案的近期建设变得明朗起来，让远期愿景变得可触碰。暑假实习的时候看着前辈做一个规划动辄十年，这其中的规划设计、真正实施和不断的适时调整都是接连的挑战，可是想来就觉得美妙。我们现在做了第一次一学期的尝试，以后应该会越来越有实际性的吧。

还有一个无解的思考，是对石佛这一类城镇的空间形式和品质特点的疑惑。我们对特色小镇的挖掘更多偏重在产业和经济社会发展模式上，而少有对最直接的环境品质和居住特点的探索。正如开头所说的，华北平原上的这些小镇，不能依山傍水就势生长，也没有南方更加突出和明显的城市、建筑风貌特色，我们在做设计的时候不可避免地带着对城市设计的固有思路和表现形式去进行构想，期末用 Cities Skylines 做的建模设计一方面受到软件本身欧美风格的影响，另一方面也正是我们潜移默化的“城里的孩子”思维定式的表现。但是实际上的北方小城镇，应该是什么样子，大抵是会一直思考的问题。

还有一个方面，就是大组合作的深刻感受。从现状专题到方案设计，给了笨拙的我又一个好好学习的机会。从区域格局视野、经济理论模型构建到案例解析、城市设计甚至是建模游戏的运用，从高屋建瓴到实际动手，这次设计课让我能够从全方面去感受身边同学的思路和方法，有些高度肯定无法到达，但已经颇为受益。

最后附上这学期之初我对理想乡村的初向往，现在看来依然零散并且笨拙，处处都是问题，但是这是最初也是最本心的表达。

希望它不是城里人建造的城里人的“乡村”，而是本土的返乡青年一手打造和保护的“原乡”，哪怕他们不再外出务工、反而其安乐于此的物质基础是城市居民的消费需求制造出来的利润空间。

希望它不是地方长官一味拉动区域经济的牺牲品，不是城市规划师以城市生长和发展逻辑设计出来的城市复制品，而是村民自发议事、协调和决策下的社区单元，村民有着保护、修缮和更新这个乡村社区的权利和义务，而上级政府的更多责任体现在系统性的公共投入上。

希望它不是村民卖田换来的贴满白瓷砖的丑陋洋房，也不是专家东奔西跑终于挽留下来却又难以保存和居住的土砖、木材、小青瓦，而是有着现代建造技术、掺着耐久多样新材料、也留存着传统建筑风貌元素的村落。

希望它不是区域经济的落后死角，不是产业崩溃和老化的遗弃地带，而是有着清晰产品导向（绿色农业、乡村风情、乡村景观）的小经济体，同时保留了自身的教育（乡小）、社区医疗（卫生所）、商业（便利店）和物流等公共设施的“五脏俱全”的个体。

希望它不是一味的大拆大建，不是强调原真性的对原状全部保留，不是被“乡村旅游”一次性解决的，而是首先有着完备的排污、送水、通电、通信等基础设施的，依然保留着绿水青山，保留着村里人的历史和记忆。

希望它不是传统文化中错误价值观的温床，不是消息闭塞带来的蒙昧无知，而是父母可以在下一代的婴幼儿时期陪伴他们成长，是乡村的小孩能够得到基本而又至关重要的学前教育，是无论男孩女孩都得到成长和关爱的机会。

希望它的“自然”在于能容得下自然景观和丰富的物种，是儿童和科学家能尽情探索的天地；希望它的“小”在于没有高密度房地产开发和不合时宜的政绩工程面子工程；希望它的“情怀”在于村民自主营造和重要乡村文化元素的传承。

希望它不再是希望，而是确确实实的建设和改变。

2.5.2 邓立蔚：《游戏设计》

本学期的小城镇规划课程是我做过的最完整，涉及的知识和技能面最广的一次规划设计课程，选的题目也与往届学长学姐们的小城镇规划有很大的不同，不再是有山有水，旅游资源丰富的小镇旅游规划，而是面临着严峻的经济困境，工业产业急需转型的工业小城镇。经过这一个学期的学习，我对中国小城镇的困境有了更深刻的了解，认识和技能也有了提高。

本次规划课程首先使我了解了总体规划的一整套流程，从前期的调研、现状分析，到根据对现状的认识进行学理阐释、理论框架的构建，到最后在理论基础上进行规划布局和设计表达。尤其是在我最薄弱的学理阐释和理论框架的构建上，我从老师和伊辰、祥懿那里学到了很多，今后再做类似工作时也会学着从更高角度的经济、政治、区域等视角对小城镇的现状进行全面的把握，在此基础上进行规划设计也会更有依据，而不是像以往仅仅从规划设计的中微观角度来分析现状。此外通过这次规划，我初步掌握了通过 GIS 对现状进行一些简单的分析，今后还需继续学习这项技术，更加科学准确地分析现状，得出规划和理论的依据。在方案设计阶段，我和朱仕达也终于实现了之前就一直讨论的通过城市天际线游戏进行规划设计的可能性，最后虽然建筑风格的选择问题没能很好地解决，整体的建设水平相对于小城镇来说标准太高，过于美好，难以实现，但总体的设计意图和空间意象我认为还是实现得比较好，基本体现了城更像城，乡更像乡，集约发展的规划目标，总体还是做得很开心。虽然这个游戏对城市的模拟还很粗糙，但它也许预示着规划技术发展的一种方向，即通过多代理系统对城市的运行进行模拟，以验证用地布局、交通组织、公共设施布局的科学性；以及通过编辑标准化的建筑类型和道路断面类型，进行参数化、模块化的城市设计。

中国未来的现代化之路除了要继续提高大城市的全球竞争力之外，更重要的是小城镇和农村的现代化。今日的石佛，仍然处于还未完全现代化的阶段，虽然水泵业等第二产业是镇上的经济支柱，但从生产方式和组织模式等方面均没有完全摆脱传统手工业的方式，城镇化率低，工业农业处于小散乱状态，造成了用地浪费、污染严重，公共品不足等问题。

小城镇的城市化、现代化任重道远。

除了城镇和产业之外，镇民村民精神面貌和知识技能的现代化也同样重要。半手工作坊式的工业生产和小农化的农业生产注定造就不了现代化的人。从村民的调查问卷中我们也了解到还有许多村民固守着传统的小农思想，对农村和小城镇可能的变革和发展认识不足，甚至抱有排斥心理。

小城镇作为农村向城市过渡的重要节点，承担着未来中国城镇化的重任。小城镇规划就是在空间上为小城镇的城镇化、现代化作出安排，为小城镇在空间上的发展方向做出分析预测。也许规划不能解决小城镇的所有问题，有很多问题实际上还得靠政府治理、企业运营、村民自治等来解决，但小城镇规划为这些问题的解决在空间上打下了基础，也应当与小城镇的发展规划等相适应。但是仍然要警惕，避免小城镇规划成为企业和地方领导攫取利益或政绩的工具，在适应地方需求和维持规划的科学性之间找到平衡。

由于前期调研地方的数据有很多错漏，以及我们对现状分析的技术和方法掌握不足，我们的分析结果虽然运用了GIS 等比较科学的工具，但实际上结论仍然带有很多主观的因素，科学性存疑。希望以后的课程能加强对现状分析的思路、方法和技能的训练，以及尽可能得到比较可信的数据。

此外，最后规划成果中基础的技术图纸部分有很多是同学们自学往届作业和上位、以往规划而得出的，有些不够规范和科学。希望今后的课程能简单讲解总体规划基础动作的做法。

最后，这次规划没有回答“小城镇规划应当如何实现”的问题，仅仅回答了“小城镇应该、可能会发展成什么样”的问题，做的规划仅仅是画出了一个美好的相对科学的蓝图。希望学弟学妹们的规划能够考虑迁村并点、工厂搬迁和厂房再利用、地产开发、公共品提供等规划的经济社会的成本和收益，以及可能的实施路径等。

2.5.3 侯哲：《山重水复、渐入佳境》

这学期的小城镇规划课程，对我来说是一个渐入佳境的课程。直到课程的后半，我才开始慢慢理解自己在做的事情，但是在完成课程的规定动作的同时，我始终在反思自己提交的这份答卷。

在课程的开始，老师就提出了关于脑海里理想乡村蓝图的问题。还不了解这学期将要面对的是一个怎样的小城镇时，我写下的对于乡村的理解更多的是关于农业、土地和自然。我认为务农的本质，是人类为了生存下去不停地学习与自然相处之道。城市里的我们享受着所有的产品，蔬菜、水果、粮食，对我们来说只是超市里琳琅满目的陈列，而乡村里的人们却是亲眼见证、亲手参与了他们从土地里生长出来的全过程。生活与自然的交融给乡村的日常增添了最简朴的仪式感，因此生活在乡村的人们对土地有着敬畏，人与自然的关系在乡村里也亲切、直白、简单。所以在最初到石佛调研的时候，我并不太能将石佛和我认为的乡村重叠起来。

这似乎并不是一个普通的乡镇。前年夏天我曾经到山西运城的牛庄村做一个窑洞改造的实践，住在老乡家的平房里，白天和老乡的农具一起挤在三轮车的车斗里颠簸在田间的机耕路上，晚上大队里没有人家开灯，是真正的伸手不见五指，但坐在院子就能看到完整清晰的银河。这似乎才是符合城市人“乡愁”的乡村，也是一个很“好做”的乡村。既有完好的自然生态和黄土山地景观，又有八九十年代留存下来的黄土窑洞，有着可预见的“窑洞文化旅游 + 休闲民宿农家乐一条龙”的前景。我们能做的，也就只是用微信、微博等新媒体和时髦的语言给这里打打广告，并结合专业知识设计一些改善窑洞居住质量、提升窑洞公共功能的方案。但石佛与这里不同，实地调研之后我的感受是这里好像有很多资源，泵业产业、京畿福利、中药文化等；但这里又好像什么都没有，泵业企业似乎难以为继，环保压力和政策环境是压在发展前路上的两座大山，安国市本身的“药都”文化名片就没有太大范围的影响，更别提辐射本来就不以药材种植为主导产业的石佛。石佛的问题是如此的复杂，所以在前 8 周，我几乎完全是摸着石头过河但又陷在河中央的状态。得益于产业经济、生态和土地交通三组同学每节课工作的启发，和队友李静涵和我角度不同的观点，以及老师每节课不断刺激我们的新思路和最后展示之前的梳理，在前 8 周结束后我终于拨开了石佛现状问题的迷雾。但是在后 8 周，随着规划策略的不断深入和工作的不断推进，我慢慢地觉得似乎又陷入了另一个误区。直到最终城市设计成果中，我都在有意识地纠正和对抗，虽然效果可能还是不如人意。

这个误区就是对“镇”尺度的把握，以及由此产生的视角选择和价值判断。有一节课我和另一个同学负责石佛南部各村的产业策略，我们很容易就想到了对接安国药都和药博园发展中药旅游产业，在查阅了相关的医疗小镇案例之后，觉得可以完善中药保健养生养老的产业链，结合药用景观农业，打造三产联动。一开始我们的确很兴奋，但冷静下来之后又觉得，我们不过就是又玩了一场把案例和套路嫁接到石佛上的过家家而已。在石佛南部村建设具有一定规模的养生养老、中药旅游度假村，如果是实际项目，很有可能会因为成本和可预见收益的巨大差距而搁浅。在镇区城市设计中，由于我们过于强调旧厂房公共空间的利用、公共服务轴线的突出，而夸张了公共建筑和公共绿地的尺度，虽然在图面上较为明显，但如果设身处地地想，在这样一个小镇上出现这样大体量的公建群，的确存在着利用率低下、和周围环境不协调的问题，也的确违背了宜城宜乡的初衷，很难想象原住民们怎样适应这样的镇区环境。无论是总体规划还是城市设计，着眼全局的战略方针固然是核心，但最终应该有落实到细节、以人为本的思考。而真正的人文关怀，不应该是高高在上的俯视。现阶段我所掌握的知识太少，态度也不够真诚，因此在这个设计中留下了不少遗憾之处。

最后谈一下对总体规划课程的感想。这 16 周无论是两人小组、五人小组的合作，还是全组的讨论分享，都真的让我获益匪浅。至少在我们小组，每个同学都能各尽所长，充分参与到总体规划每个环节的讨论学习之中。希望这种有效合作的小分组制度可以继续保持。但同时我的感受是 16 周的时间真的有些太短，本专业本学期其他课程的课业压力也很大，大家每节设计课展示成果之后都有一种意犹未尽之感。想要更加完善地思考、讨论、调查、研究，但难免有些力不从心。如果可以的话，可否将前期研究和调研的阶段移至暑假进行，这样可以让同学们更充分地利用在校时间，进行更有深度的学习思考。

感谢于老师这学期对我们的指导和付出。对我个人而言，您拓宽了我对规划学科的认识，启发了我更多角度的思考，也让我看到了规划的更多可能性。希望我的课程感想能帮助老师完善我们专业的小城镇总体规划课程设计，让学弟学妹们更多受益。

2.5.4 马晗熙:《对规划课程体系的建议》

这次小城镇规划课，总的体会是前松后紧，16 周过去，我们也交出了自己的成果。现在回过头来总结，深感自己的不足。

一是自己理论上的不足。像我们组拿出来生产函数、人居收缩模型这些，但我自己没能提出自己想要的东西。一方面是因为前 8 周就没做这方面的工作，像伊辰他们是前 8 周就已经有了类似的理论基础，另一方面是自己在文献阅读上有些走偏了。说实话，我在前 8 周的时候完全不理解景观生态学的一套，比如基底、斑块、廊道，在我们小城镇规划中到底有什么作用，因此于老师叫我做这方面的探索的时候我完全摸不着头脑，后来就越来越偏向于学习如何利用遥感影像进行物类识别以及如何计算景观生态学的一些指数，但是景观破碎度这些东西如何应用到前 8 周的课程实际，如何对相关指数进行解读，单靠一些文献还是不能了解到。直到后来林老师的生态课讲到了，我才对景观生态学与城市规划的应用有了比较系统的了解。如果能提前学习到这部分，我想我前 8 周的工作能完成的更完整一些，但到了后面也没来得及再回过头去弥补了。还有就是我做了不少没有意义的工作，中间对现代农场、景观农业的一些点的研究没有深入，例如一些国营农场的机械化大生产下农田如何划分，本来想应用到石佛南部进行推广，但又不知道如何在图纸上对农业做出规划，后期就不了了之了，最后用立蔚软件自带的效果进行了展示。

二是自己实际绘图的不足。最后我们组的技术图纸有过半数交给了我，但是在很多图纸的表现上我的理解还不够。以用地适宜性评价和空间管制两张图为例，高班作业各有各的画法，择其一画出来又与老师的要求不一致，最后画出来又与林老师上课教授的规范图纸差异不小，老师们常说“ABC”是最基本的要求，但我确实对一套图纸究竟有哪些，每张技术图纸有什么具体的规范、要求不甚了解，周围的同学似乎也不是很清楚，所以一切都是仿照着高班作业来画，没有建立系统性的认识。同时，对于图面的表现，在美观上我们组确实是不如东宇他们组，快四年了我在配色这些方面上还是不足。

对于小城镇规划以及课程，我也有一些体会。一是理论虽然定调，但是却为实际规划让步。我们组一开始就定下异地城镇化的基调，也提出人口的计算方法和模型，但是到了实际规划中，却越做越大，人口也一调再调，我们在建馆工作的时候都说“谈笑间疏解掉几千人”，可能并不能体现规划的科学性(或许真的没有)。二是我们离实际可能还是比较远，我们已经尽量把工业园区往大了做，但是在评图当天还是被领导嫌小了，要从无到有做 10 个 km^2 的大工业园区，到底是我们对现状的认识不够做出了错误的判断，还是行政力量才是规划的主要影响因素，有一些让人无所适从。

2.5.5 孟祥懿:《“术”与“路”》

术——方法学习与技术尝试。①巩固的“术”: 城市设计方法; 控规后的第二次相对完整的规划训练; 汇报能力等等。②新尝试的“术”: 新工具，City : Skylines 模拟城乡发展演变; 新能力，视频剪辑、配音; 新视角，基于学理模型的规划研究。③合作之“术”: 和伊辰、立蔚、晗熙三人的合作很舒服，也极开心，四人承担了几近相等的工作量，又各有侧重与分工，课程全过程没有太多熬夜，保证较高效率完成，是一次体验近于完美的合作。

路——一次全生命周期的规划训练。在这次小城镇总体规划课程中体会了一次全生命周期的规划训练: 从文献阅读、专题讲座的理论学习，到实地调研及专题探究，到分两组展开不同城镇化视角下的研究判断，到规划方案设计，再到最终的成果表达、现场汇报，接受的训练既系统、完整，又有侧重、倾向。之前的课程设计中侧重了城市学习，我在课余时间利用社会实践了解了乡村，但介于“城”与“乡”之间的中小城镇是第一次接触。中小城镇在属性上像城又像村，但不大适用城市的一套思维习惯与方法论，也不能套用“无为式”乡村治理与乡村规划的方式。在石佛的方案里，我们尝试了“城要像城、乡要像乡”，但这是取决于石佛南北分异的特质，是否适用于所有的中小城镇，由于接触这方面的内容远远不够，我目前还说不好。其普适原则是基于城乡分异（城要像城，乡要像乡）着手还是基于城乡统一（介于城乡之间的某种“固液混合态”），还是另辟蹊径的“第三条道路”，希望这个问题接触再多一点会有更为清晰的认识。

课程建议有三：一是关于实地调研，二是关于课程安排，三是关于课外资料补充。实地调研方面，个人感觉在石佛镇进行的三天调研并不充分。真正在镇子里走一走的时间不多，对镇子的印象感性多于理性；分析总是“文献综述”，根据拿到的数据得出“理性判断”；发放的问卷、收集的资料后期没有很好地与规划过程衔接，规划成果中也没有得到很好的体现。可能是与“真题假做”的课程性质有关，希望之后的课程设计能够在调研方面多得到锻炼。课程安排方面，感觉课程“前松后紧”，前 8 周是理论学习和调研汇总，9~12 周是异地、就地城镇化的分析，最后用来做规划的时间仅有 3~4 周。和第三点建议结合起来，希望前 8 周课程时间利用更加集约，能够在老师的引导下成体系地阅读小城镇规划设计、乡村规划设计方面的文献（目前仅有前 4 周英格兰乡村的保护等文献及后 4 周小城镇规划设计一书）。个人感觉我们本科四年最缺乏、也最应该得到的锻炼是：①各领域（城市史、规划思想流变、规划政治经济分析、规划方法论、规划技术支持等）最经典文献的阅读与综述；②最经典内容的架构梳理，本科四年读的文献比较零散，了解缺乏系统性、结构性，只知冰山一角，不识冰山全貌，因而无法对自己的学习进度“定位”，亦无法基于最广泛的认识结合兴趣予以自身最精准的“定向”；③大部头著作的系统阅读训练，也就是阅读技巧。以上姑妄言之，不过本科四年过去，深感这一领域自己还很缺乏认识，今后的学术训练还需在老师引导下自我加强。

2.5.6 张东宇:《带着脚镣跳舞》

关于方法论：思维与技术路线。个人认为小城镇规划设计和以往的studio有很大不同——设计的成分相对减少了，对于经济社会发展规律分析、把握，对于从经济社会要求到空间形态生成的逻辑一贯性的要求增加了。尽管设计很多时候是一个混沌思维的结果，并且掺杂了很多设计者的偏好和价值观，但是为了把握更大尺度、更加宏观层面的空间问题和社会问题，减少设计思维中的混沌成分、增加其中工程理性、经济理性的部分，并且学会“抓大放小”、由宏观到微观等，都是很有必要的。这次的规划也让我在这些方面有了一定尝试。除了思维层面的方法论，我也得到了一些技术层面的方法论，例如如何运用景观生态学的方法借助GIS平台对较大尺度范围的限制建设的自然条件进行分析，如何分析现有经济社会数据，如何在更大尺度范围内进行城市设计并起到引导管控的作用等。

关于规划内容：小城镇与乡村。这次的规划有些像“命题作文”——就地城镇化路径下小城镇与乡村的发展方向。尽管目标是“城镇化”，但是对于一个农村地区来说，基础设施的建设标准、发展模式和产业基础与一般城市、城镇大不相同，加上其面对的极度不确定的京津冀大环境，要找出一条比较“靠谱”的演化路子很不容易。实际上我们也发现

“就地城镇化”和“异地城镇化”思维路径下我们得出的很多分析结论是重叠的，甚至是自身矛盾的（例如产业规模、集中方向与方式等）。而且更大尺度地讲，中国的小城镇与农村在同质化的空间形态下，是截然不同的发展条件与发展模式。因此我们在寻找案例的时候就遇到了困境——很难找到一个对石佛有比较好的发展模式参照意义的小城镇，更遑论找到一个能从发展模式到空间布局都能对石佛有借鉴意义的地方（一开始选了昆山，但是昆山的区位条件与发展基础比石佛优越得多，并且昆山的振兴年代是 30 年前，整个发展背景完全不同）。幸运的是石佛自身也曾有一定的发展基础，但是石佛的发展似乎又是完全自生而又极其偶然的——三市交接、缺乏监管、工矿初兴、市场孕育。但是，在国家整体发展政策不断深入、管控越来越深入严格、交通基础设施不断扩张渗透的背景下，这种自下而上、低质低效的发展模式是否可持续？有没有自身调整改善的机会与能力抑或是在新的聚集要素下全军覆没？对于一个没有独立财政权、没有稳固发展模式的石佛小镇来说，这些都是难以回答的。但既然是要实现“就地城镇化”，我们只能尽可能地提供一种原有路径渐进演化、自身调整并渐进引进外来要素的可能，并且在设施、空间布局上引导如何合理化布局、如何聚集，并提供一定容纳其他发展可能性的弹性（如建设时序的安排、“白地”和南阳村的规模预留）。因此，我认为在小城镇发展中，空间规划与设计还是有很大的局限性。一方面，小城镇与农村的发展路子差异大且不稳固，单从一个发展愿景去确立空间布局似乎难以适用；另一方面小城镇内生发展力量对空间的适应与改造能力很强（石佛泵业的家家点火户户冒烟是一个例子），传统的空间设计与管控思维很难“奏效”。而我们在这次设计中尚没有很好地应对弹性规划、农村的建设标准这些问题，这些都是我们之后要多加思考的。

关于课程建议。①基础动作的训练可以加强。尽管我们这次规划在思维、社会经济发展规律受到较多训练，但感觉在一般的规划技术方法、基础资料分析、基础设施工程技术这些方面触及的不是很深入，往后的规划课程可以再多教授一些。②加强案例学习部分。尽管中国小城镇情况复杂，很多时候并不能完全借鉴，但是案例学习能帮助我们建立对农村和小城镇空间形态与经济现状的直观印象，避免在规划中直接套用城市标准与范式。

2.5.7 郑伊辰：《朝花夕拾·言近旨远》

1. 分享我的“农村心结”

一想到农村问题，我心中就会升起挥之不去的惆怅，可以用《弯弯的月亮》里这句歌词概括：“只为那今天的村庄，还唱着过去的歌谣。”我坚信现代化的实质是“人的现代化”，因此不能容忍现代工业社会里落单的“前现代的人”。

每一惆怅，就回想起去年冬天在邯郸赵王城宫殿基址访古的时候，碰到的一伙“民间宗教活动”。从衣着上看，参与者是周边的贫民，有几个干脆在古台上安营扎寨了；这群老乡嘴里念着外人听不懂的字句，对着垒起来的砖垛（“神坛”）茫然地磕头，神魂颠倒、旁若无人之态吓人，使其沦落至斯之原因深可反省。我一直在想，在我们这样一个GDP全球第一的工业化国家，还有这么一批生活没着落、两眼无神的可怜人，被甩在现代化的门外；什么时候，城乡消灭了“生活无着”，洗净了老乡眼里的茫然，什么时候我的惆怅才能彻底消去。

精神的痼疾不能只在精神上治，生产力和生产关系最能改善人的面貌。铁犁牛耕的小农经济，塑造的是“鸡犬之声相闻、老死不相往来”的超稳社会，养育出生活节奏茶茶答答、不犯错误但也绝无人格发展的封建顺民；规模庞大、隆隆作响的机械化农业，支撑着集约、高效、积极、“有奔头”的农庄社会，培育出“工人与集体农庄女社员”雕塑中大步前进的“新农人”形象。

而我们这次调研过程中看到的景象，处在上述二者之间——“家家生火户户冒烟”的“五小”经济，造出像石佛这样内生动力澎湃、主体意识深厚的冀中强镇，养育着“乍一看其貌不扬”却无比精明、知天知地的乡村企业家，让我们连连感叹“高手在民间”。当然，父老乡亲自发探索的盲目性，也造成公共产品整体落后、对外形象散乱芜杂、面源污染让人头疼等痼疾，可以说是“皇权不下县，小农没去根”吧。

2. 设计“不忘初心”，实施环节尚需考虑

让我欣慰的是，这学期设计课最后呈现出的方案，和课程一开始我“心目中的美丽乡村”有比较大的重合度，也就是在小城镇的问题上，初步实现了“螺旋上升”的认识进程——“城更像城、乡更像乡”。城镇的部分，集约建设、规模效益充分显现，生境因集聚而优美；乡村的部分，集约经营、农地去分割、旷野空间疏朗、“面源污染”初步治理。以至于最后能够看着效果图说出来：“如果全国农村都能做成这样就好了！”

当然，如果不考虑实际条件的各种限制，尤其是财政账目和行政程序，规划就会变成“何不食肉糜”的自说自话。平心而论，这次设计一直没有正式考虑迁村并点的造价问题。是依靠公私资本合作的方式平衡预算，还是像很多地方一样把宝押在地方债上？而在行政程序上，有没有“村未迁、城

已建”的可能性，从而重蹈地方增量开发的供给覆辙？迁村并点的进程由于体制和各方利益的羁绊进展缓慢（拆不动、拆不起），而我们规划的“集中建设区”已经被当作地方核心工程搞了起来，造成建设用地名义减少而实际增加？

财政预算、行政程序两个问题是对方案落地过程最深的疑虑，也是今后做项目的时候一开始就要盯紧的关键要素。

3. 言近旨远，小城镇规划课永远在路上

这学期课程“言近旨远”的调子定得非常好。初学者嘛，成果本身肯定是稚拙得拿不上台面的，但是理论格局要有，布局谋篇的气度要有。毕竟技术是可以在实践中慢慢学的，但要是没了指导思想的魂，就只能是个“取法其中得乎其下”的画图民工了。

正写着感想，中央政策有变化了。2018 年 1 月 16 号，从国土资源部传出消息，一是“政府将不是住宅用地唯一提供者”，城市周边的村集体进入视野；二是，住宅开发主体多元化的风向：除了房地产企业以外的市场主体，也可能依法取得住宅用地使用权了；三是，农村宅基地“三权分置”：所有权、资格权和使用权，其中使用权可以“适度放活”。

我觉得，在改革频繁的政策框架下，我们的小城镇经营被赋予了更深刻的使命——宏观经济压力大，“三驾马车”加鞭困难，增长“引擎”从城市向村镇转移。这种“换挡”带来了小城镇开发机遇与挑战并存的复杂局面，尤其要注意的是，小城镇虽然在项目生长阶段难免要靠外源要素实现“筑巢引凤”“腾笼换鸟”，但也要有自己的坚持，不能被资本游戏稀里糊涂裹挟，成为失败城市的“背锅侠”。作为“城乡格局稳定器”角色的小城镇，面对资本大潮有底气说出：我们不要开发泡沫向村镇的简单外溢，要的是城乡统筹的精明集

约增长。

这么说着，又给明年的小城镇规划课“提期望”了。期待着学弟妹们能有更好的成果，包括广度与深度并重的分析成果，比如对政策更定量化的研究，结合宅基地市场化进程作出的简单“经济账”等。

2.5.8 朱仕达:《理性地走下去》

这次设计课汇报结束后第二天早上我就直接前往九寨沟参加一个震后重建景区规划的实践活动，在这短短一周的时间我对前面 16 周所学所想倒是有了一个更为深刻的感想。在实践过程中，有两件事令我产生了很多思考，一是对九寨沟县副县长的一次采访，二是最终汇报时我们班三位同学完成的汇报与其他学校同学的差异，深感清华大学规划的培养与其他学校的不同，而这两点我可以说都是在这一学期 16 周课程中逐渐培养逐渐发展起来的。

第一件事是与九寨沟副县长的采访。现任的副县长是清华大学前往西部支援挂职的骨干人才，在去年的地震中因救援处理突出被破格提拔为副县长。在对他的采访中，我能够体会到清华人所具有的帅才之气。虽然石佛与九寨沟两者问题截然不同，但是其中共通的是，将现有资源更为多维度的利用和升级，石佛的企业家精神和现有的泵业基础是其现有资源，九寨沟有的是无与伦比的自然风光和极为扎实的科研体系。他们现在的共同问题都是盘旋于 1.0 阶段或仅仅是 1.0 到 1.5 的差别，更大的跳跃和格局的提升迟迟没有出现。在与副县长的采访中，我能深刻体会到他心中的九寨绝非现在这般模样，而同样课程中老师所引导我们思考的石佛也是一个更为长远、更为进阶的石佛。

第二件事是最终的汇报，面对九寨沟景区入口的设计，我惊讶于其他学校的几位同学在极短时间内完成的工作量之巨大，但也体会到其缺乏广度的思维，一头栽进厕所、检票等细枝末节的事情之中。对于沟口的规划设计，我觉得是最能体现总规思想的一块景区设计。我们也在自己的方案里更多地加入了经济学的思想和总体旅游模式改变的办法来搭建起方案的骨架，时间仓促，内容必有很多疏漏，但是我觉得对于刚刚完成 16 周的学习而言，可以算是问心无愧了。

过去的 16 周可以算是真正开始接触规划的第一个规划设计课程，很喜欢这种理性的思考模式，也希望以后能在这条路上一直走下去。

第3章

京郊周口店镇国土空间规划

3.1
小镇周口店：太行山浅山区的文化高地

3.1.1 区位特征——近京近畿、半山半城、亦城亦乡

周口店是个要素复杂，发展多元的地区。从区位上，周口店镇位于北京房山区，中心镇区距离北京市中心 46km，驾车约 70min，发展上既受到北京城区经济等方面的辐射，又呈现出城市边缘地区的特征。从地形上，周口店位于浅山区，西部镇区地势平缓，具有平原区的特征，东部地区地形复杂，具有典型的山区特征。 燕房组团、良乡组团、窦店组团构成了房山区高精尖发展板块，周口店紧邻其中一角。周口店镇、大石窝镇、琉璃河镇构成了房山区文旅发展板块，周口店为其中一角。概括来说，近京近畿，半山半城，亦城亦乡是周口店的区位特征（图 3-1）。

3.1.2 上位规划新要求——浅山区：生态修复、文化旅游、空间管控

随着北京市总规和房山区总规的颁布，新一轮的上位规划中，对周口店地区提出了许多时代新要求，重点包括减量疏解、生态保育和文化传承。

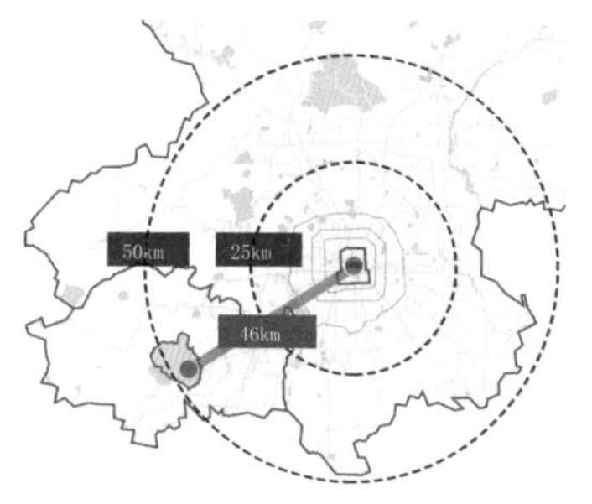

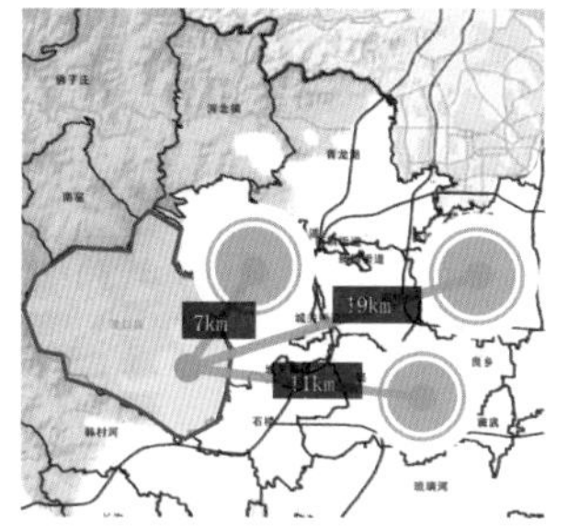

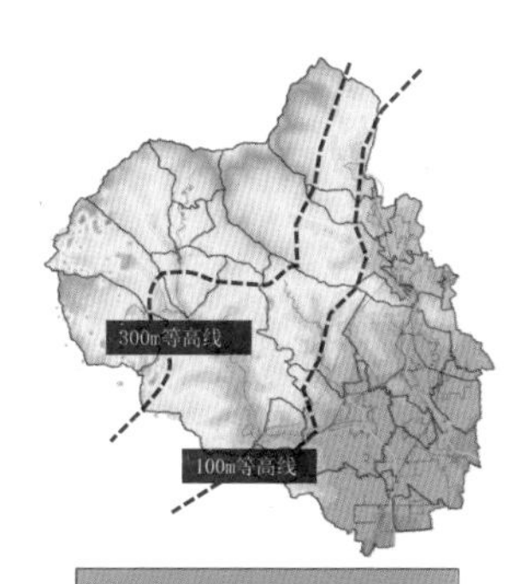

近京近畿

周口店位于北京市房山区，中心镇区距离北京市中心46km，驾车约70min。同时具有首都和外围地区的特征

亦城亦乡

周口店紧邻房山未来重点发展地区——燕房组团，与良乡和窦店组团距离较近，高精尖板块的发展会辐射周口店。目前周口店镇人口主要居住在农村

半山半城

周口店位于浅山区，西部镇区地势平缓，具有平原区的特征，东部地形复杂，具有典型的山区特征

图 3-1　周口店整体区位和禀赋认知

新要求一：减量疏解。注重存量更新，减少建设用地指标。

新要求二：生态保育。周口店应当做好山区生态保护与修复工作，控制潜山区开发强度。

新要求三：文化传承。周口店应当发挥文化精华组团、传统历史古道的带动作用，弘扬北京源文化，打造首都西南精品旅游路线，建成区级旅游服务中心。房山区分区规划2017—2035 年对周口店镇提出明确的要求，要充分发挥周口店的文化价值，将其建设成为世界文化小镇。

3.1.3　选题意义

周口店是京津冀地区小城镇发展的一个标本。其样本价值在于以下方面：一是探索从采掘业到服务业、创新、居住的转型发展路径；二是探索文化生态导向的小城镇特色路径；三是探索区位上位于北京外部组织的小城镇的发展路径。具体到规划设计任务上，周口店小城镇规划的重要命题包括：①建设用地的提质改造；②非建设用地（山水林田湖草等）的资源管理和逻辑等。

3.1.4 课程进度介绍

课程教学过程共 16 周，前 8 周教师带领学生们进行现状摸底及细致的专题研究，以得到对周口店的清晰认知。后 8 周，全体成员从城市演化的三种逻辑出发，探讨了周口店未来发展的三条可能路径。在此基础上，提出了总体性的空间规划战略要求。在战略要求框架下，接着展开了两个维度的规划设计，一是镇域国土空间规划，在镇域层面上对国土空间进行全要素统筹规划，涉及五个空间规划专题和五个专项规划专题。二是区域空间规划，落脚于三个主要的片区，开展更精细的分区空间设计，在中心镇区完成了总规—控规—城市设计三个层次的规划设计（图 3-2、图 3-3）。

（a）

（b）

图 3-2 周口店镇的金陵遗址调研

（a）

（b）

图 3-3 课程最终成果汇报

3.2
聚焦“公共品和公共问题”视野的专题研究

3.2.1 专题一：从结构格局到三次资本循环的产业路径

1. 区域角度——从平原到山区，从都市到乡村

从区域角度来看，周口店处于从平原到山区、从城市到乡村的过渡地段，所以需要从浅山区和京津冀地区两个象限对其分析。

首先从浅山区带来看，利用人口经济指标进行分析，2016 年浅山区平均人口密度为 591 人 /km^2，房山区人口密度为 550 人 /km^2，房山区人口密度略低于平均水平。2016 年浅山区带地均 GDP 平均为 3533 万元 /km^2，房山区为 3049 万元 /km^2，浅山区带人均 GDP 为 59839 元，房山区人均为 55348 元，所以房山区人均和地均 GDP 也都低于浅山区带平均值。

整体来看，房山区在浅山区经济发展较为落后，产业一大特点是依赖资源，靠山吃山，未来要进行产业转型，探寻崛起的道路。其次，从整个京津冀地区来看，2016 年京津冀人口密度平均为 507 人 /km^2，房山区为 550 人 /km^2，京津冀人均 GDP 平均为 61997 元，房山区为 55348 元，京津冀地均 GDP 平均为 3143 万元 /km^2，房山区为 3049 万元 /km^2。可以看出房山区人口密度高于平均水平，但人均和地均 GDP 都低于京津冀平均值，所以房山区经济发展也略落后于地区平均水平。

未来房山区发展机遇主要包括，处于京津冀协同发展各种资源要素流动和集聚的“大动脉”、北京中心城区适宜功能和人口疏散的重点地区、雄安新区先进生产要素和创新资源的承接地，可以依靠京广走廊交通沿线先进制造业发展带的资源，由此把握机遇，实现赶超。

2. 周口店镇域产业分析

1）产业概况

除第二产业石油加工、炼焦和核燃料加工业外，周口店镇其他产业规模经济性、结构稳定性与发展可持续性均低于北京市平均水平，产业发展规律较难捕捉，即十年来的发展呈现一定的跳跃性，这同特定阶段的经济转型和产业升级有较大关系，也同经济结构单一、产业层级较低以及与经济波动周期相关度较高有较大关系。总体分析，周口店镇三次产业结构是以第二产业为支撑，且增速与第三产业基本持平，即周口店镇保持二、三产业同步发展的节奏。

第二产业中，随着燕山石化产业布局调整效应的显现，2015 年周口店镇石油加工、炼焦和核燃料加工业的规模缩减。由于产业政策的延续性和时滞性，2016 年周口店镇该行业的规模仍在递减，直到 2017 年才得到一定的提升。目前在第二产业中制造业占主导地位，主要以水泥制造、非金属矿物制品制造为主，特点是规模大、产值高，25 家企业的产值占工业全年营业收入的 92.63%。

第三产业中，可以直观看出产业层级差异。一是规模差异，周口店 10 年内批发和零售服务业营业收入远低于周口店镇生产总值在全区所占比重。说明周口店镇商业贸易欠发达。二是效益差异。周口店镇批发和零售服务业利润率最高的 2010 年约为 1.8%，而房山区约为 2.5%，约是周口店镇的

1.4 倍。结合规模和效益两个指标反映的情况可以看出，周口店镇的商业层级较全区平均水平还存在较大差距。目前在第三产业中批发和零售业、租赁和商务服务业占主导地位，主要以矿产品、建材及化工产品批发销售为主，呈现出规模小、数量多的特点，产值小的新兴企业数量逐年增多。

2）产业时间演进及空间分布

利用 2008 年和 2013 年两次经济普查的数据，在 ArcGIS 中进行数据处理，结合周口店地区具体空间和地形，进行相关产业的分析。

（1）采矿业

在 2006 年，由于环保政策，关闭矿产的禁令发布，采矿业开始减少。2008 年采矿业由南向北围绕三个组团集聚分布，主要业务为石灰石和煤炭开采，吸纳劳动力多但营业收入较少；2013 年浅山区采矿业已基本全部关闭；2016 年以后采矿业全部关闭，千年采矿史就此中断（图 3-4）。

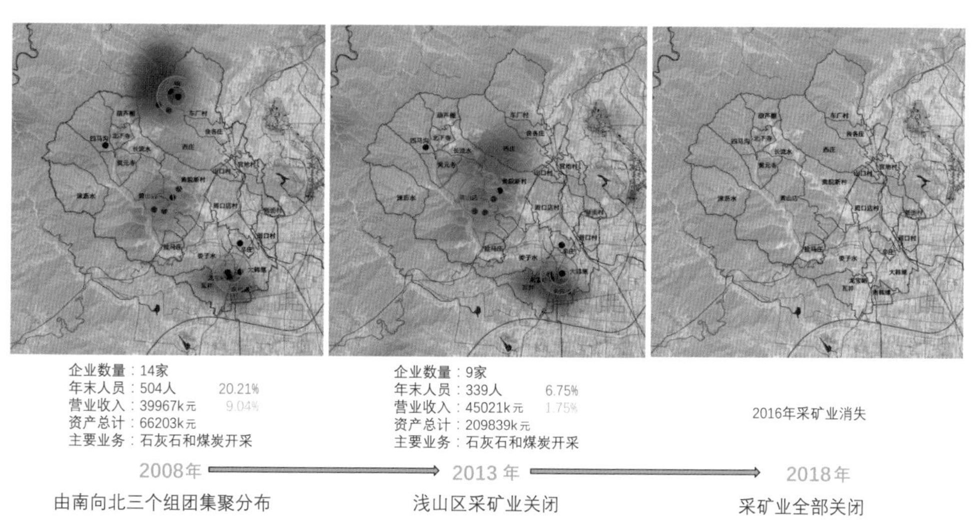

图 3-4　周口店产业发展：采矿业

（2）制造业

2008 年制造业以石料加工、水泥生产等非金属矿物制品制造为主，空间分布与矿产分布有一定关联；2013 年出现了很多塑料制造企业，平原区金属制品、食品制造企业数量明显增加，山区制造业更加多元化；2018 年石料加工和水泥生产企业基本全部关闭，高端制造业初步发展，平原区制造业转型初见成效（图 3-5）。

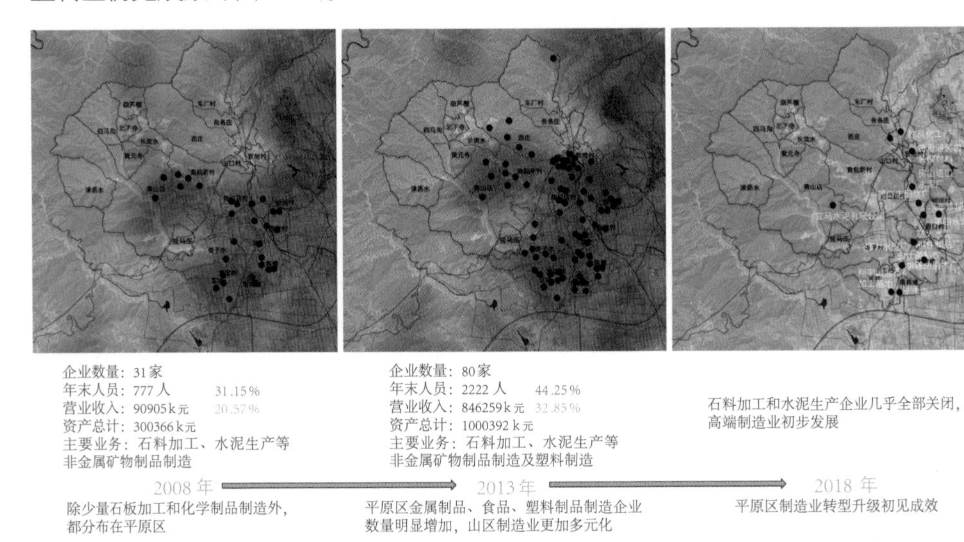

图 3-5　周口店产业发展：制造业

（3）批发和零售业

2008 年批发和零售业几乎都分布在平原区，主要业务为矿产品、建材及化工产品批发；2013 年平原区机械设备、五金交电及电子产品批发企业大幅增加，山区矿产品批发企业少量增加；2018 年平原区批发零售业继续发展，产品更加多元化，山区发展缓慢（图 3-6）。

（4）商务服务业

2008 年商务服务业在平原区和山区均匀分布，主要以企业管理服务为主；2013 年平原区商务服务业大量增加，山区增加较少;2018 年平原区继续发展，山区发展缓慢（图 3-7）。

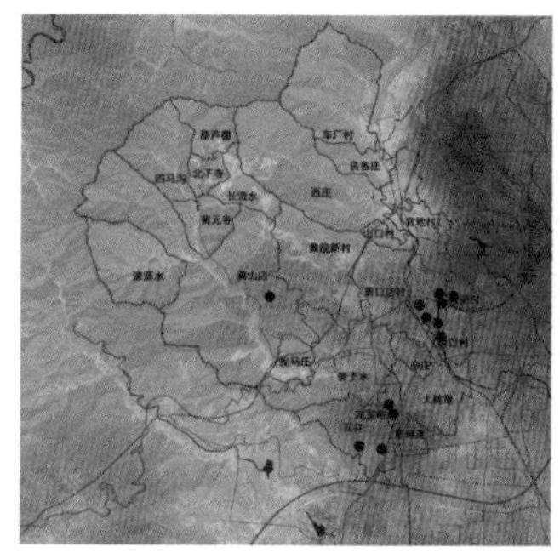

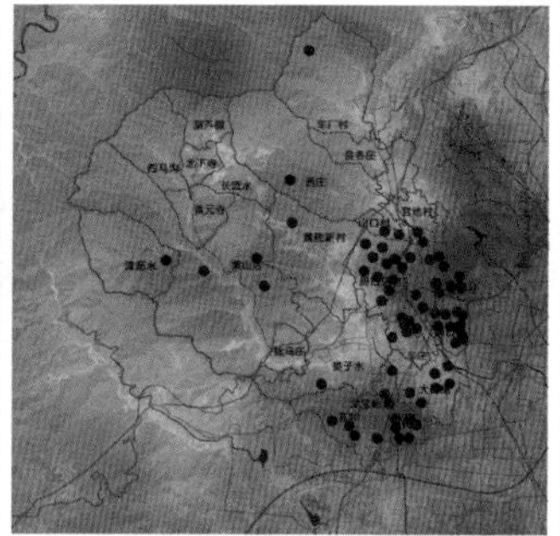

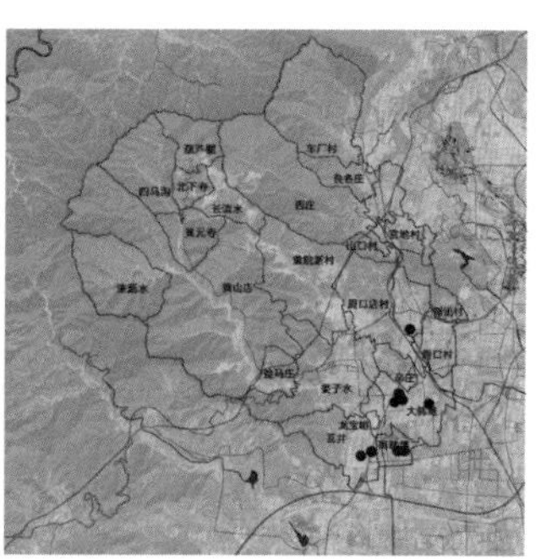

企业数量：11家
年末人员：64人　2.57%
营业收入：306188k元　69.27%
资产总计：107181k元　16.33%
主要业务：矿产品、建材及化工产品批发

企业数量：66家
年末人员：403人　8.92%
营业收入：1623234k元　63.02%
资产总计：350585k元　16.45%
主要业务：矿产品、建材及化工产品批发；机械设备及电子产品批发

2008年 → 2013年 → 2018年

几乎都分布在平原区

平原区机械设备、五金交电及电子产品批发企业大量增加，山区矿产品批发企业少量增加

平原区批发零售业继续发展，山区发展缓慢

图 3-6　周口店产业发展：批发和零售业

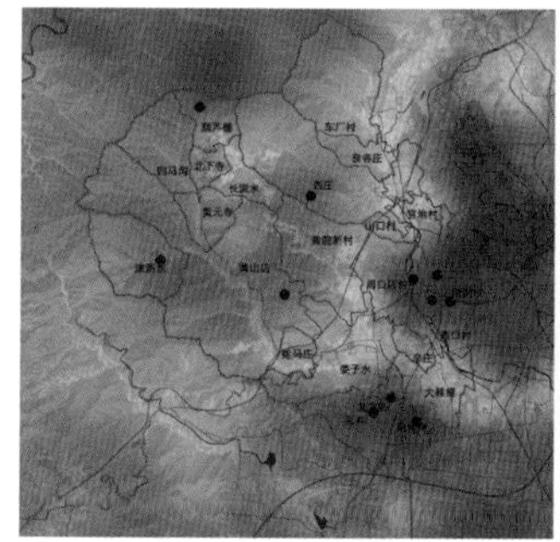

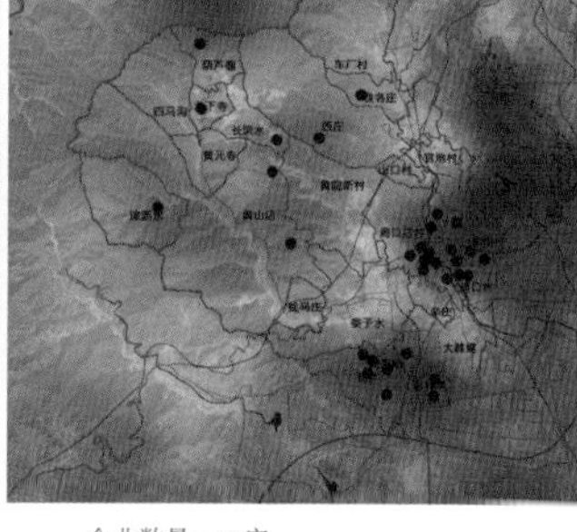

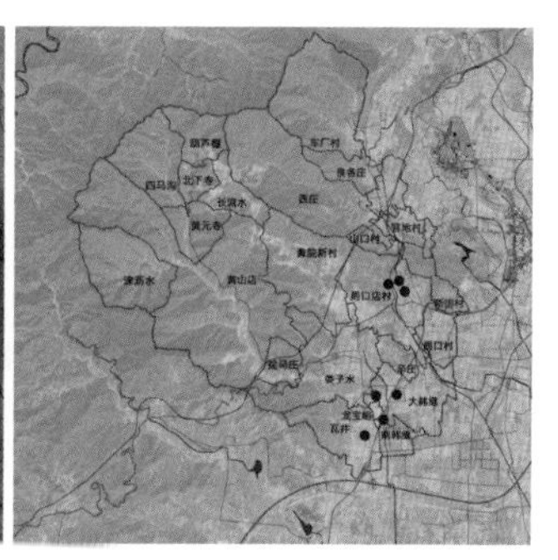

企业数量：11家
年末人员：190人
营业收入：10289k元
资产总计：154320k元
主要业务：企业管理服务

企业数量：32家
年末人员：417人
营业收入：28695k元
资产总计：237137k元
主要业务：企业管理服务

2008年 → 2013年 → 2018年

平原区和山区均匀分布

平原区商务服务业企业大量增加，山区增加较少

平原区租赁和商务服务业继续发展，山区发展缓慢

图 3-7　周口店产业发展：商务服务业

（5）房地产

2008 年调查到的房地产企业只有两家；2013 年房地产企业发展到六家，全部分布在平原区；2018 年房地产快速发展，大量资本进入周口店，代表性的房地产项目有天恒摩墅、万科七橡墅等，周口店镇形成了小产权房、商品房和农家乐三种居住形态（图 3-8）。

（6）科学研究、技术服务

整体来看周口店镇科学研究和技术服务业处于初级发展阶段，2008 年还未出现相关企业；2013 年出现了两家旅游资源开发的企业；2018 年有初步发展，新兴的企业主要业务为地质勘探、旅游资源开发、新材料研究，大部分分布在平原区，发展较为缓慢（图 3-9）。

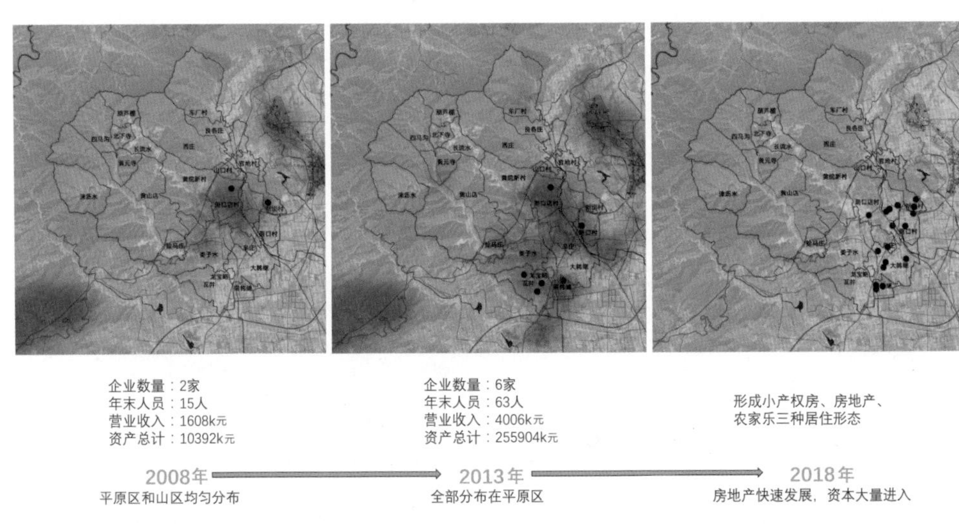

图 3-8　周口店产业发展：房地产业

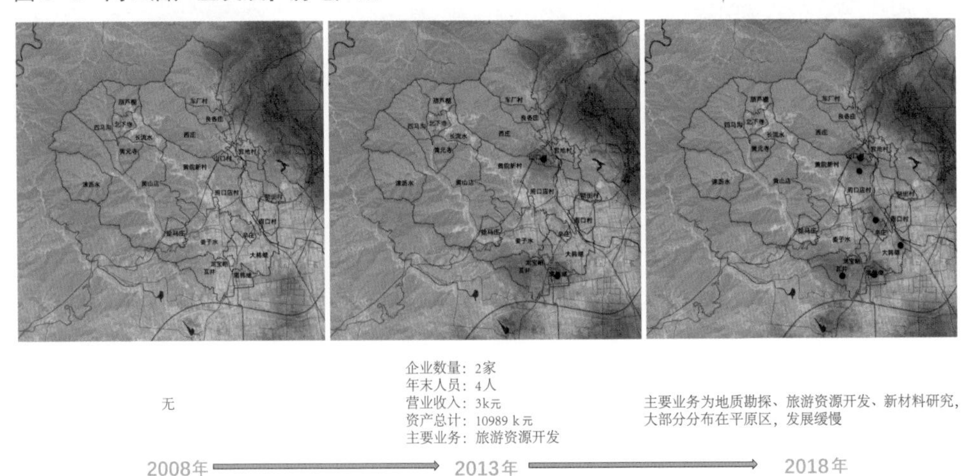

图 3-9　周口店产业发展：科学研究、技术服务

（7）文化旅游

2018 年，周口店镇文化旅游产业围绕金陵—十字寺、坡峰岭景区、周口店北京人遗址博物馆三大中心集聚分布，三个中心呈现出不同的业态：金陵—十字寺周围以度假酒店和农家乐为主；坡峰岭周围发展景区和农家乐、民宿；北京人遗址片区以博物馆和文化园为主（图 3-10）。

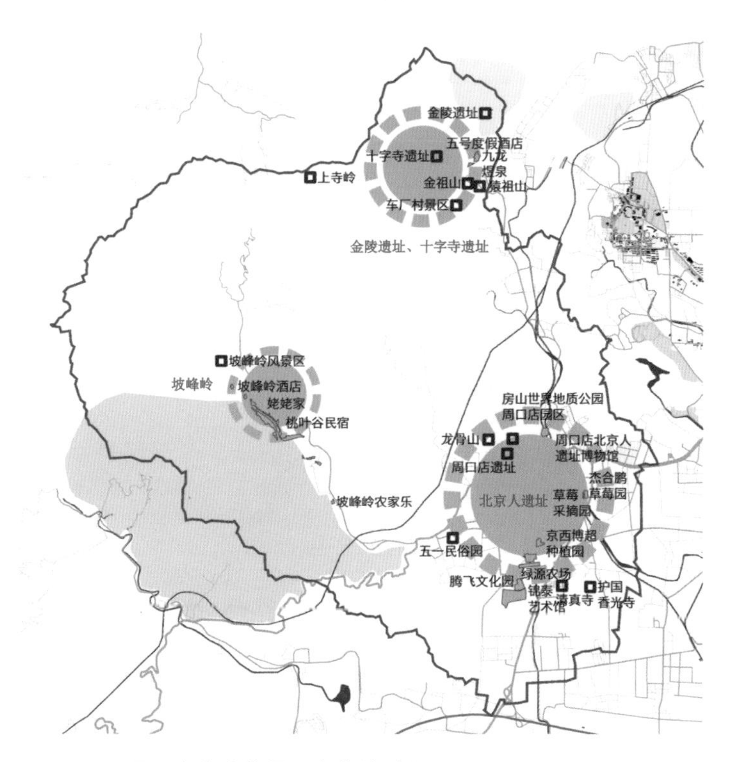

图 3-10　周口店产业发展：文化旅游业

整体来看，周口店镇产业以资源为依托，形成了矿产开采、矿产品制造、运输、批发零售的一条矿产资源产业链。但是 2006 年以来，随着环保政策的推行，矿业开始关停，周口店未来产业必将向更加环保和可持续的方向发展，产业转型面临很大挑战（图 3-11、图 3-12）。

图 3-11　周口店产业类型

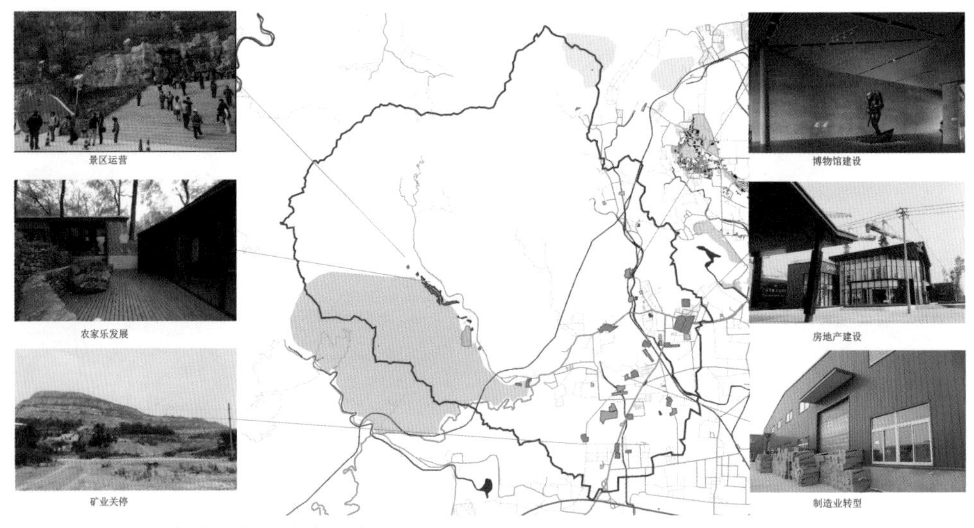

图 3-12　周口店典型产业分布示意

目前矿业关停之后，周口店已经出现了农家乐经营、景区运营、博物馆和房地产建设等新的经济增长方式，但都还处于起步阶段，产业转型尚未到位。代表性转型企业为位于南韩继村创新产业园的臻味坊（图 3-13、图 3-14）。

臻味坊公司位于南韩继村创新产业园，2011 年建设，2014 年竣工，2015 年 9 月开始生产。占地 100 亩，用地为原立马水泥厂集体建设用地，包括 5 个厂房 1 个生活楼，全

图 3-13　代表性转型企业臻味坊概况

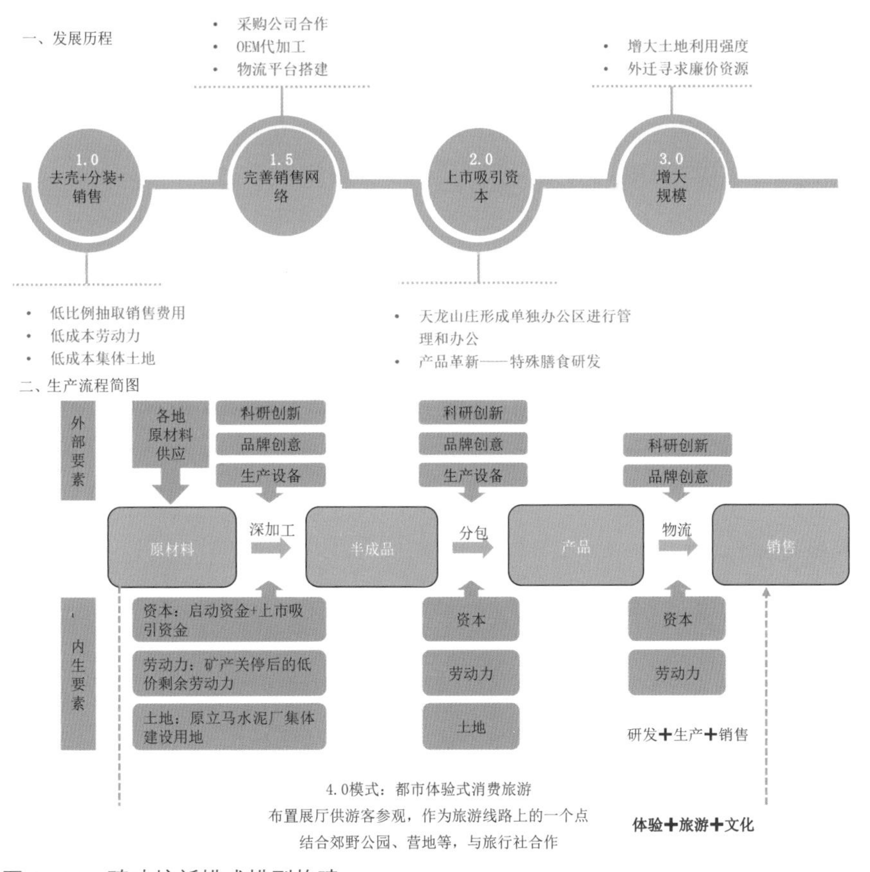

图 3-14　臻味坊新模式模型构建

厂 187 人，工人中有 80% 为本地人，员工平均工资 5000 元，员工流动率低；其经营类型是食品分装，主营坚果炒货项目；经营模式为电商 + 品牌运营，线上销售 60%，线下销售 40%，和京东、天猫、一号店等电商平台合作；2016—2018 年坚果项目营业额 5 亿元，2018 年 10 月底企业准备上市。坚果 90% 通过国内经销商从美国、俄罗斯、智利进口，各地出名农产品分装礼盒在京津冀销售，同时兼顾坚果代工业务（给顺丰、恒大等做代工）。

未来臻味坊发展的 4.0 模式可能是都市体验式消费旅游，与旅行社合作，结合郊野公园、营地等，布置展厅供游客参观，作为旅游线路上的一个点。面向高需求、高附加值的特殊膳食（果仁曲奇、果仁麦片、能量棒、白领商人午餐 、老人特殊膳食等）也是其未来重要发展方向。因此从坚果发展来看，其发展模式拟遵循 1.0 版本的英国、美国坚果产业发展模式、2.0 版本的“去壳包装果仁”模式，然后到升级到 3.0 版本的特殊膳食产品。同时，从空间上来看，其未来的研发、管理、物流、生产、仓储等环节可能结合各地的资源和区位优势分布在全国的各个地点：与北京营养源研究所合作进行研发，在九龙山庄进行专业管理，在周口店进行产品的生产和仓储，利用京昆高速出入口和中通物流中心处理产品的物流，未来可能将生产基地转移到劳动力和土地成本更低的涞水等地（图 3-15）。

另一个典型的案例是位于周口店镇区附近的山口村特普丽公司，占地面积 100 多亩，当前有年均上千万税收，有 400~500 人就业，职工很大一部分为本地人；经营模式为批发、零售，有产品专利，品牌效应较好，产品销往国内和国外，以墙纸生产为主。然而，该企业应该属于限制清单，其旧址是水泥建材类的改制企业——金隅集团，其租赁到期之后，企业发展面临选择。在调研中，企业家谈及未来可能的发展方向包括：就地转化、就地升级，发展高精尖、新材料产业，进驻房山区的窦店高科技产业园（图 3–16）。

从房山区整体来看，存在着三大产业板块，高精尖板块以良乡组团、燕房组团、窦店组团为主，打造中关村南部科技创新城文旅会展板块。“旅游—会展—文创”现代服务业集群发展文创、旅游、会展等消费型服务业，带动上游“2+2+1”产业进行扩张与升级，并为其建设良好的生产环境，是高精尖板块的催化与润滑剂。而周口店处于文旅发展板块，应发展文化创意产业。

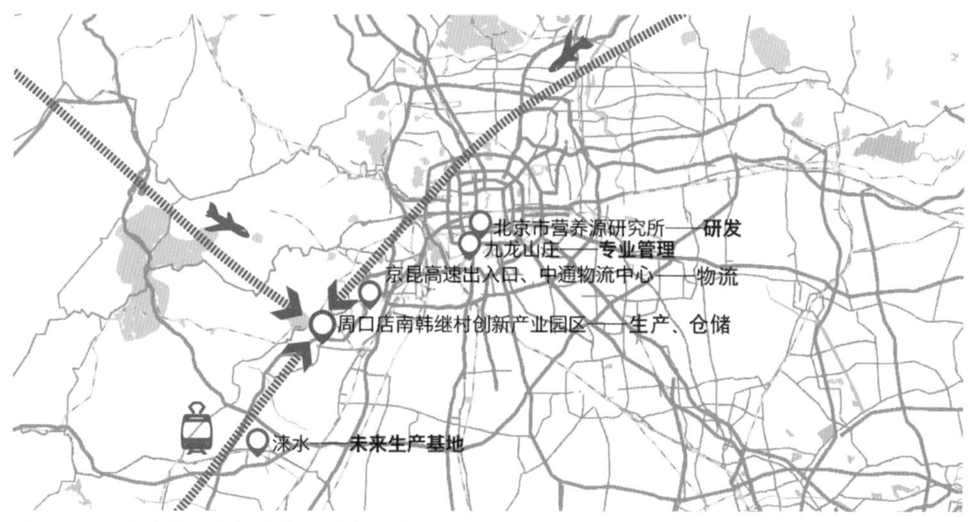

图 3–15　臻味坊产业链条拓展空间设想

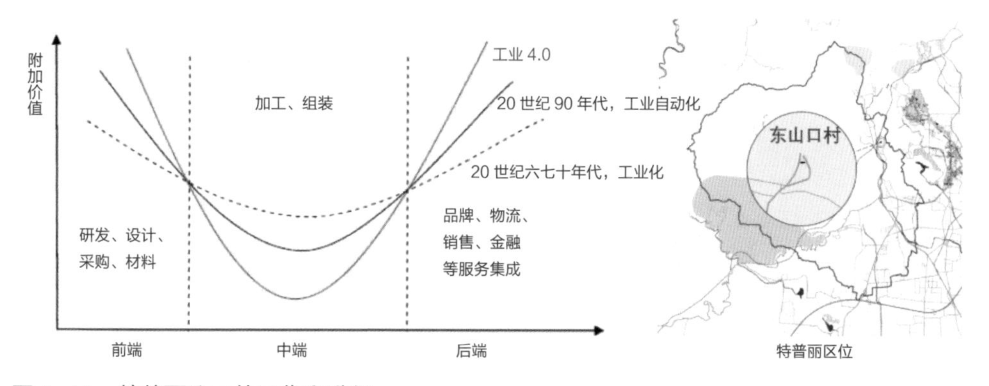

图 3–16　特普丽公司的区位和升级

3. 资本三次循环视角下的周口店

1）资本三次循环理论

资本三级循环理论是通过延迟资本进入流通领域的时间而解决资本过度积累的方法。哈维将马克思对资本生产过程的分析称为资本的初级循环，即资本向一般生产资料和消费资料的生产性投入。生产过程后期由于利润率下降、过度生产、剩余价值缺乏投资途径等产生“过度积累”的危机，使初级循环面临中断。哈维指出，“马克思关于资本主义生产方式下的积累理论的空间向度长期被忽视了。”资本通过投向次级循环而缓解第一级循环中出现的危机，即向城乡空间（建成环境）的投入。各种物质基础设施的扩建和改造，使人口和生产资料在空间中的配置和布局不断更新，不仅提高了劳动生产率，缩短了生产周期，而且也缩短了交换和消费的过程，从而达到了更多更快的资本积累。随着越来越多的过剩资本流向次级循环，过度积累这一基本矛盾在建成环境中重新出现。为解决次级循环中固定资本的贬值危机，资本又不得不开始寻找新的投资领域，故而第三级循环开启。哈维认为资本的第三级循环主要是指科学技术研究及与劳动力再生产相关的社会支出过程，如教育、卫生、福利等方面的投资，目的是进行“带有福利性质的社会平衡调节”。

资本三级循环理论为资本的转移与流动提供了深层次的解释，而乡村转型在某种程度上可以视为资本、劳动力等生产要素转移与流动的结果。大都市近郊区的乡村因其区位上靠近城市，更易受到城市经济辐射影响，在资本介入上有着比其他远郊乡村地区更为明显的优势。因而，从理论上讲，资本三级循环理论可为改革开放以来大都市近郊乡村转型机制提供更好的理解。

2）周口店乡村发展对应的资本三次循环

新中国成立初期，周口店是北京重要的矿产品供应基地。改革开放以来，周口店地区大体经历了三个跨越式发展阶段：① 1978 年以来，在燕山石化的影响下采矿业异军突起，为乡村工业化阶段；② 2006 年以来，因为环保政策矿产关停；③ 2010 年以来，周口店美丽乡村建设整体推进，为美丽乡村建设主导的乡村旅游化阶段。从 2014 年至今，现阶段乡村建设中出现了新的趋势，周口店北京人遗址博物馆等公共品开始出现，基础设施工作也逐渐开展。

结合哈维的资本三级循环理论，周口店乡村发展的第一个阶段正是资本的原始积累阶段，对应于资本初级循环。第二个和第三个阶段对应着资本的次级循环，即资本空间化的过程。而现阶段资本向社会领域的投入即向农民自身的投入是第三级循环的表征。在资本运动的过程中，总是试图创造出与自己的生产方式和生产关系相适应的空间，因此，周口店的乡村空间伴随资本的运动也呈现出不同的特征（表 3-1、表 3-2），但长期的前工业化时期，农业积累为后期的资本累计奠定了基础，并形成了周口店—都城的原始供需互动机制。

表 3-1　资本三循环理论：结合生产和空间

资本投入集中在农业	资本投入在产业部类间从农业领域向工业转移	资本投入从产业向空间的转移	资本投入从空间向社会性领域的转移
农业积累	资本初级循环	资本次级循环	资本三级循环
农业为主要产业	工业取代农业成为吸纳资本和劳动力的主体	以乡镇**工业园区**建设为主导的工业空间生产	以**公共品**为主导的**社会型**事业投资

表 3-2　北京—周口店资本三级循环之前：农业积累

周口店—北京　资本三级循环 农业积累	
政策影响	金代——金陵 元代——解决元大都煤炭燃烧问题，扩大煤炭开发和运输 清代——协助和鼓励民间开采京西煤矿

20 世纪 70 年代前	20 世纪 70 年代—2006 年	2006 年至今	
			2014 年至今
资本投入集中在农业	资本投入在产业部类间从农业领域向工业转移	以乡镇工业园区建设为主导的工业空间生产	以公共品为主导的社会型事业投资
第一阶段：农业为吸纳资本和劳动力的主体 作为古代都城的能源和材料供应基地，采掘业、运输业的和商业均有所发展			
农业积累	资本初级循环	资本次级循环	资本三级循环

（1）资本初级循环：资本投入在产业部类间从农业领域向乡镇工业转移

①乡镇工业取代农业成为吸纳资本和劳动力的主体（表 3-3）

1978 年我国农村普遍实行的家庭联产承包责任制提高了农业生产的效率，产生更多“资本盈余”，同时从农田中解放出一部分农村劳动力。根据马克思的工业生产理论，资本要实现剩余价值和利润，就必须不断地运动，也就是资本必须不断地循环和周转。因此资本和劳动力必然会寻求消化“盈余”的方式，但由于城乡二元高度分割及当时严苛的户籍制度，城乡之间几乎没有要素流动，“盈余”的资本和劳动力很难突破乡村行政权力边界向其他地方流动，在本地转化成为最可能的方式。相较于农业，资本向工业的投入可以吸纳更多的劳动力，创造出更高的增值收益。20 世纪 70 年代末，中央

表 3-3　周口店资本初循环第一阶段：乡镇工业

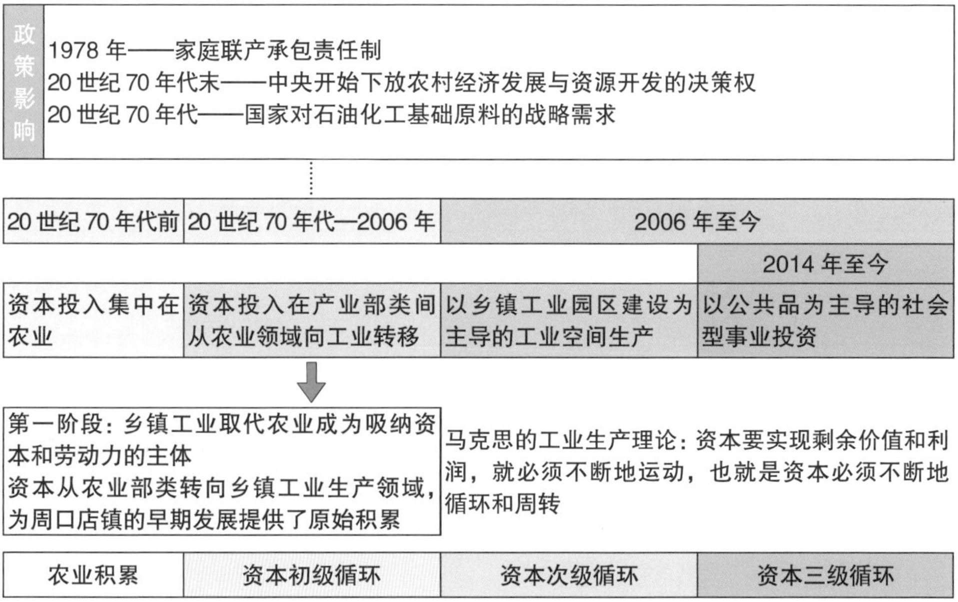

政策影响
1978 年——家庭联产承包责任制 20 世纪 70 年代末——中央开始下放农村经济发展与资源开发的决策权 20 世纪 70 年代——国家对石油化工基础原料的战略需求

20 世纪 70 年代前	20 世纪 70 年代—2006 年	2006 年至今	
			2014 年至今
资本投入集中在农业	资本投入在产业部类间从农业领域向工业转移	以乡镇工业园区建设为主导的工业空间生产	以公共品为主导的社会型事业投资
	第一阶段：乡镇工业取代农业成为吸纳资本和劳动力的主体 资本从农业部类转向乡镇工业生产领域，为周口店镇的早期发展提供了原始积累	马克思的工业生产理论：资本要实现剩余价值和利润，就必须不断地运动，也就是资本必须不断地循环和周转	
农业积累	资本初级循环	资本次级循环	资本三级循环

开始下放农村经济发展与资源开发的决策权，制度松绑也使得乡村资本从农业向工业转移成为可能。工业相对农业明显的经济优势使得乡镇工业迅速成为资本循环的主阵地，积累了大量集体财产。资本从农业部类转向乡镇工业生产领域为周口店的早期发展提供了原始积累。

② 乡镇工业改制创造出更大的资本增值（表 3-4）

进入 20 世纪 90 年代，随着外部国内经济体制改革的推进，个体私营以及外资经济迅速崛起，以及内部“政企不分”“产权模糊”等矛盾的不断激化，乡镇企业在市场竞争中的优势逐步丧失，发展一度陷入困境。20 世纪 90 年代后期，周口店乡镇工业发展速度迅速减缓，甚至出现了负增长。此时制度成为限制资本增值的关键因素，“政企合一”的制度使得资本的自由流动受到限制，企业无法真正做到自我经营、自负盈亏，导致企业负债累累。资本的逐利性决定其总是会

表 3-4　周口店资本初循环第二阶段

政策影响	20 世纪 90 年代——外部国内经济体制改革推进 1996—2000 年——以产权制度改革为核心的乡镇企业改革

20 世纪 70 年代前	20 世纪 70 年代—2006 年	2006 年至今	
			2014 至今
资本投入集中在农业	资本投入在产业部类间从农业领域向工业转移	以乡镇工业园区建设为主导的工业空间生产	以公共品为主导的社会型事业投资

第二阶段：乡镇工业改制创造出更大的资本增值市场化的管理体制打破了要素流动的壁垒，使得资本和劳动力在乡村企业中的流动更充分，改制也使得企业能够接触到广泛的资本来源，国际资本和加入更促进了乡镇企业的发展（如金隅改制为特普丽）

1996 年底，京郊乡镇企业的总销售收入为 50 亿元，而到 2001 年底达到 100 亿元，每年以两位数的速度增长，到 2001 年底实现增加值 250 亿元，利润总额 75 亿元，上缴税金 27 亿元。

农业积累	资本初级循环	资本次级循环	资本三级循环

不断寻求更高增值的方式。在资本逻辑的驱动下，自 1996 年以来，京郊乡镇企业为摆脱困境，走出低谷，在政府的推动和指导下，深化产权制度改革，采用了股份制、股份合作制、合伙制及整体出售、租赁等形式，打破了传统的单一集体所有制格局。据统计，改制前，京郊乡镇企业中 85% 以上属于集体企业，而到 2000 年底，这些集体企业已有 87% 改制为多元投资主体的股份制、股份合作制和合伙制等组织形式。改制后在所有成分中经营者拥有绝对优势，政府从乡镇企业中退出。

乡镇企业改制释放出体制活力，调动了经营者和劳动者的积极性，市场化的管理体制打破了要素流动的壁垒，使得资本和劳动力在乡村企业中的流动更充分。改制也使得企业能够接触到广泛的资本来源，国际资本的加入更为乡镇企业的发展锦上添花。1996 年底，京郊乡镇企业的总销售收入为

50 亿元，而到 2001 年底达到 100 亿元，每年以两位数的速度增长，到 2001 年底，实现增加值 250 亿元，利润总额 75 亿元，上缴税金 27 亿元。同时，乡镇企业改制解除了乡镇企业的地域性捆绑，资本等要素能够在更广阔的范围内自由流动，这为下一阶段资本的空间化奠定了基础。

（2）资本次级循环：资本投入从产业向空间的转移（表 3-5）

① 以乡镇工业园区建设为主导的工业空间生产

生产从农业转向工业，极大地提高了资本和劳动力的配置效率，初期资本的回报率大幅提升。1995 年后乡镇企业的发展一度陷入危机，通过体制改革重新焕发出活力，带来乡镇企业的二次繁荣，资本在产业领域已经较充分地实现增值。但后期乡镇企业布局分散、空间无序的弊端日益凸显，乡镇

表 3-5　周口店资本次级循环

政策影响	2006 年——为环境污染治理和生态修复开始关矿 2012 年——美丽乡村建设		
20 世纪 70 年代前	20 世纪 70 年代—2006 年	2006 年至今	
			2014 年至今
资本投入集中在农业	资本投入在产业部类间从农业领域向工业转移	~~以乡镇工业园区建设为主导的工业空间生产~~	以公共品为主导的社会型事业投资
产业转型，以科技创新为主导 南韩继村创新产业园区（臻味坊） 北京文博数字产业园 神龙丰电商交易园	小产权房	以美丽乡村建设为主导的消费型空间生产（如黄山店村“姥姥家”农家乐）	房地产发展，资本进入（如天恒摩墅、万科七橡墅等）
农业积累	资本初级循环	资本次级循环	资本三级循环

企业出现生产效益低下、污染严重等一系列问题，严重浪费了社会资源，也使得资本的回报率不断下降。过剩的资本需要转化为新的流通形式或寻求新的投资方式，来阻止资本的进一步贬值。

哈维认为固定资本由于其规模大、周期长，可以吸收大量的剩余生产力、劳动力和资本，因此可以通过大量资本投向物质基础设施或建成环境来吸收资本在第一级流通领域的剩余。所以当资本在初级循环中遇到障碍时，资本通过占有空间以及将空间整合进资本主义的逻辑而得以维持存续。2000 年周口店建成 $1km^2$ 的瓦井农民就业产业基地，变分散的小规模经营为集约型发展，形成工业集聚效应。按照这个逻辑，此后应该出现乡村工业园区，但是由于 2006 年的环保政策，周口店镇开始关停采矿业，工业发展受到影响，产业开始转型，发展以科技创新为主导的工业，如南韩继村创新产业园区的臻味坊，从传统坚果产业开始到加工特殊膳食，未来可能将工业与旅游产业相结合。

除此之外，由于农民生活水平提高以及北京西南城区客户需求，房地产行业成为一个安全并拥有高回报率的投资市场，周口店开始出现别墅和地产项目（如天恒摩墅、万科七橡墅等）。不仅如此，房地产市场的各种投机与冒险行为又不断推波助澜，反过来又助推了土地资本效应的发挥。最终的结果是：土地资本与金融资本紧密地结合在一起，这种“土地”与“房地产”的组合，产生了重大的影响，土地与房地产结合所构成的新的空间环境，迫使使用者调整土地用途。

② 以美丽乡村建设为主导的消费型空间生产

2010 年左右，经过近十年的高速发展，工业空间产生的利润几乎已被挖掘殆尽，再加上环保政策的限制，工业空间生产的边际回报率逐年递减，市场对工业产品的需求接近饱和，工业领域的发展出现了“过度积累”的某些特征，如工业产能过剩压缩利润空间、工业企业中劳动力出现闲置现象等。而此时国民收入普遍提高，居民生活基本达到小康水平，我国逐渐步入新的消费时代，居民生活消费由以生存性消费为主导的传统日用型消费向以发展、享受性消费为主导的现代享用型消费转移。乡村空间作为一种特殊的商品，逐渐进入人们的视野。特别是当城市化率超过 50% 以后，越来越稀缺的乡村空间成为人们竞相追逐与消费的对象。于是 2011 年以来周口店大力推进美丽乡村建设，资本进入乡村消费空间生产领域以图获得更大的增值。

2011 年首先选取黄山店村进行试点，2012 年，黄山店村成为房山区新农村社区建设试点，大量资本投入村庄居住环境和基础设施改善中，进行统一风格的民宅改造、道路以及旅游服务设施的建设等。在资本的逻辑下，周口店镇乡村建设从一般意义上的村容整治转变为明确的“开发式”改造，使得原本承担生产生活职能的村庄变成了乡村旅游景区。据统计，从 2009 年到 2016 年，黄山店村景区年接待旅客由 5 万人增加到 40 万人，实现综合收入 2500 余万元，直接安置劳动力就业 200 余人。2016 年全村固定资产投资完成 5000 万元，农民人均纯收入实现 18500 元，劳动力就业持续 10 年稳定在 100%。黄山店村群众富了、环境美了、旅游产业兴旺了，现在的黄山店村是“全国文明村”“中国最美休闲乡村”，昔日的“贫困村”凤凰涅槃，成了远近闻名的沟域发展示范村。

黄山店村试点建设卓有成效。为使空间继续增值，2012 年第二代美丽乡村建设随即投产，此时资本占有的空间内容更加广泛。黄山店村是重点打造的对象，乡村空间生产由点到线、由线及面，扩展至周口店镇乡村全域。资本对空间的占有完全改善了周口店乡村的面貌，原本较城市相对落后的乡村聚落转变为能够带来利润增值的消费空间。

（3）资本第三级循环：资本投入从空间向社会性领域的转移

资本空间化的过程，其实质就是资本对利益的追寻在空间塑造过程中的体现。在资本逐利本性的驱策下，把空间当作一种商品来交易，后期势必会呈现“过度生产”和严重的空间同质化。在周口店的乡村建设中，空间资源的过度消耗和浪费、发展模式单一、乡村特色丧失等问题已然出现，几乎所有村庄都以“乡村旅游”为卖点，大规模生产出雷同的传统民居。由于雷同空间的重复与生硬植入，对于消费者来说一次旅游过后很难保持持久的兴趣。空间同商品一样，只有通过消费的方式才能实现价值和利润，若生产出的空间不能产生足够的消费回馈，就必然造成现存空间资源的大量贬值和浪费。如果有更新、更便宜和更有效率的空间被生产出来并投入使用，那么原有的空间就会加速贬值和消亡。

现在乡村空间建设带来的巨大增益掩盖了背后隐藏的问题，但“遍地乡村旅游”的模式必然不能长久。哈维敏锐地意识到空间生产出现的危机正是由于忽视了人的生存与发展，只有将投入从空间向涉及人的社会福利领域转移，才能正确化解危机。当人的价值重新得到关注，重新获得创造空间的主动权，差异化的空间才能取代模式化、同质化的空间，同时个体的进步也将带动社会全方位的进步。因此资本第三级循环是为提高劳动力数量、改善劳动力质量、增强劳动力再生产能力而进行的投资，建设适宜人类生存与发展的城乡空间。

在周口店乡村，资本的第三级循环体现在以公共品为主导的社会型事业投资，如基础设施的完善和周口店北京人遗址博物馆的建设。这些公共品可以强化村庄自身的“造血”功能，有助于村庄形成良性自组织的有效机制，具有长期稳定的回报效应（表 3-6）。

表 3-6　周口店资本三级循环

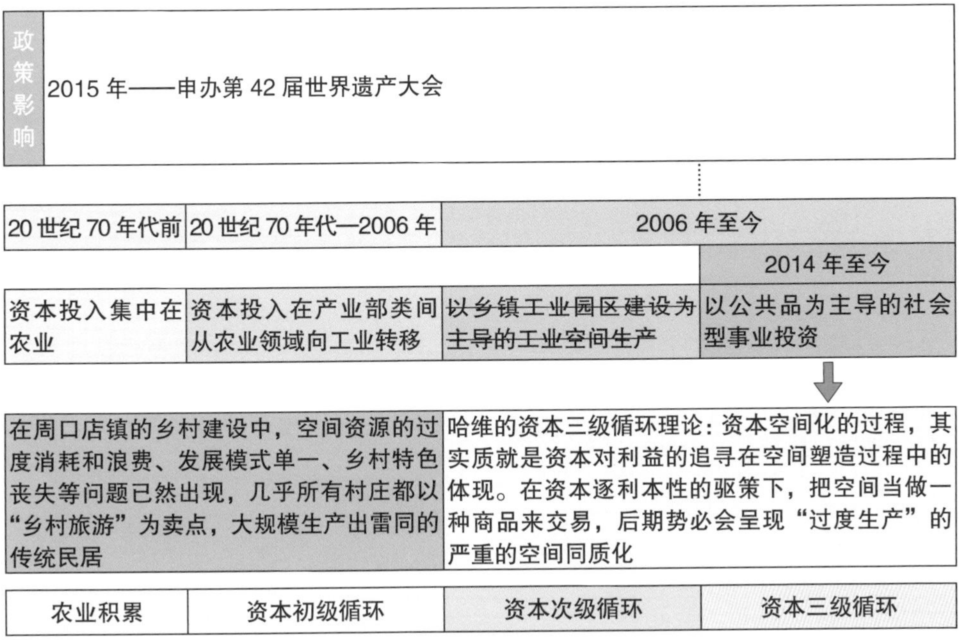

政策影响	2015 年——申办第 42 届世界遗产大会		
20 世纪 70 年代前	20 世纪 70 年代—2006 年	2006 年至今	
			2014 年至今
资本投入集中在农业	资本投入在产业部类间从农业领域向工业转移	~~以乡镇工业园区建设为主导的工业空间生产~~	以公共品为主导的社会型事业投资
在周口店镇的乡村建设中，空间资源的过度消耗和浪费、发展模式单一、乡村特色丧失等问题已然出现，几乎所有村庄都以“乡村旅游”为卖点，大规模生产出雷同的传统民居		哈维的资本三级循环理论：资本空间化的过程，其实质就是资本对利益的追寻在空间塑造过程中的体现。在资本逐利本性的驱策下，把空间当做一种商品来交易，后期势必会呈现“过度生产”的严重的空间同质化	
农业积累	资本初级循环	资本次级循环	资本三级循环

（4）小结

资本三级循环理论是哈维用来解释资本主义条件下资本周转规律的理论，将资本循环的三个回路与大都市近郊区周口店乡村的发展历程相结合，在资本的逻辑下，可以看出周口店的乡村转型大致经历了资本初级循环、资本次级循环和资本三级循环三个阶段。同时由于北京相关政策的影响，在大的资本循环下，在生产部门内也形成了一些具有周口店自身特点的发展，如工业发展经历了从劳动力密集到资本密集再到技术密集型工业的历程，房地产业从小产权房发展到农家乐再发展到商品房建设，公共品由政府主导的基础设施建设到博物馆建设再到世界遗产小镇的建设等（表 3-7、表 3-8）。

表 3-7　周口店各阶段资本三次循环划分及代表性事件

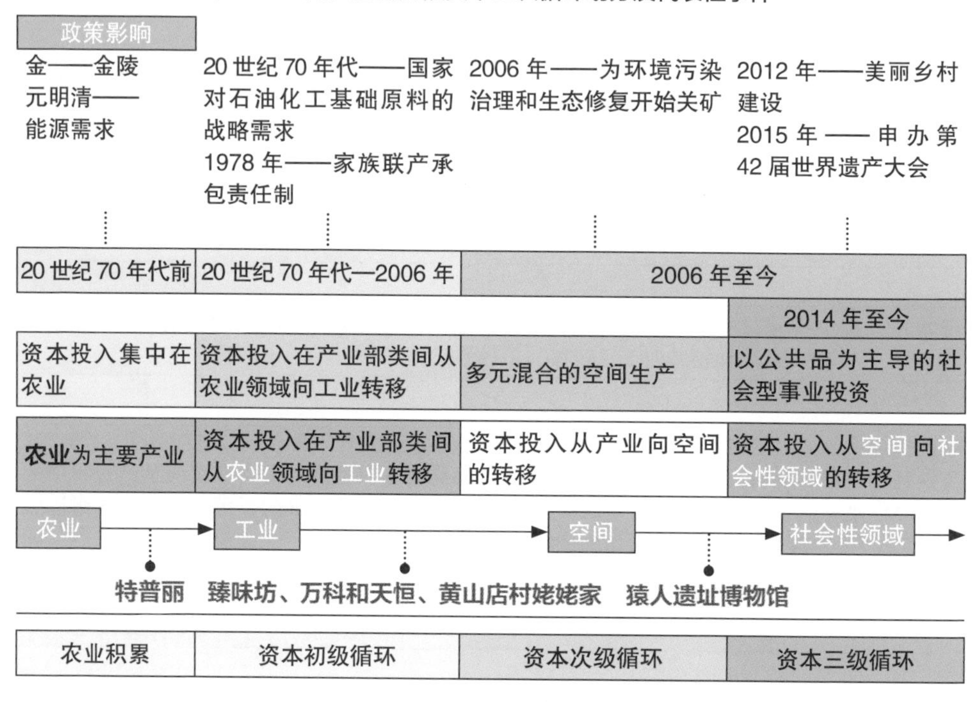

表 3-8　周口店各阶段的资本三循环

特点	资本投入集中在农业	资本投入在产业部类间从农业领域向工业转移	资本投入从产业向空间转移	资本投入从空间向社会性领域的转移
循环阶段	**农业积累**	**资本初级循环**	**资本次级循环**	**资本三级循环**
主导产业	农业为主要产业	工业取代农业成为吸纳资本和劳动力的主体	以乡镇工业园区建设为主导的工业空间生产	以公共品为主导的社会型事业投资
部门转换	农业	工业	房地产	公共品
部门内提升	农业	劳动力密集＞资本密集＞技术密集 采掘业　特普丽　臻味坊	小产权房＞农家乐＞商品房 姥姥家　万科、天恒	政府＞博物馆＞世界遗产 周口店遗址博物馆

3）北京影响下的周口店发展中的三级资本循环

周口店的发展历程基本符合哈维的资本三级循环理论，但是也经历了具有周口店自身特点的生产部门内的循环以及与哈维的理论相矛盾的发展阶段。究其原因，北京作为都城对周口店产生的影响不可忽略，周口店地区的发展是在首都圈层内的特殊的资本循环过程（图 3-17）。

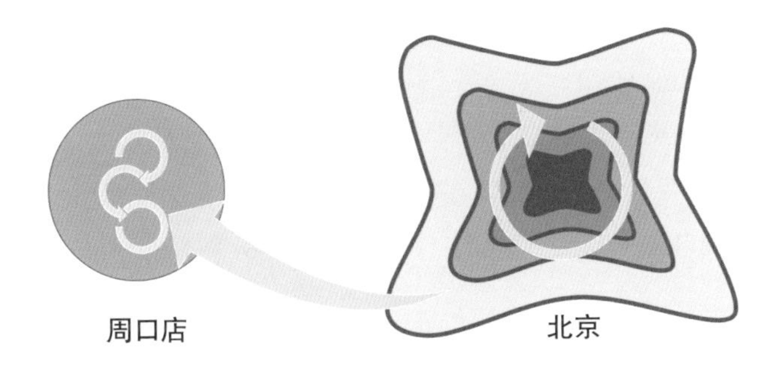

图 3-17　北京对周口店资本三级循环的影响

（1）第一阶段：1949 年前（图 3-18）。在古代，地区发展的稀缺要素为肥沃的土地，周口店发展的地租条件为农业，发展的主导功能为农林牧渔业，该阶段周口店地区以服务和保障都城为首要目的。这一阶段以农田和村落为主导缓慢演进，而由于金陵的建设和京西古道的形成，在谒陵道路上出现了很多寺庙，商业也有初步发展。此外，周口店的采石业和采煤业均有所发展，周口店为都城提供原材料。

（2）第二阶段：1949—1979 年（图 3-19）。中华人民共和国成立后北京五环内工业有初步发展，工业呈点状分散分布，进入资本初级循环阶段，而此时周口店地区尚未实现生产部门间的转换，仍以农业和少量采掘业为主。

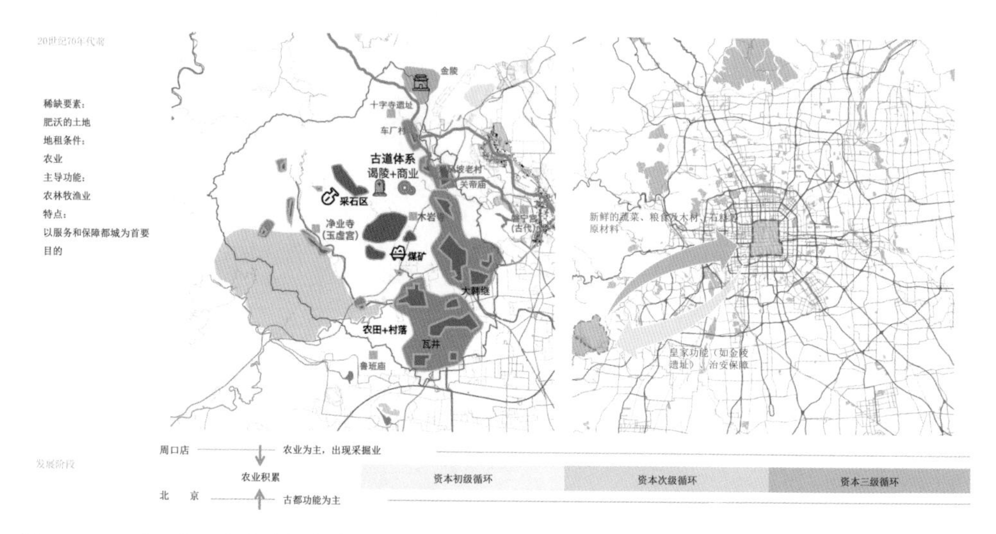

图 3-18　周口店—北京空间机制：第一阶段农业积累

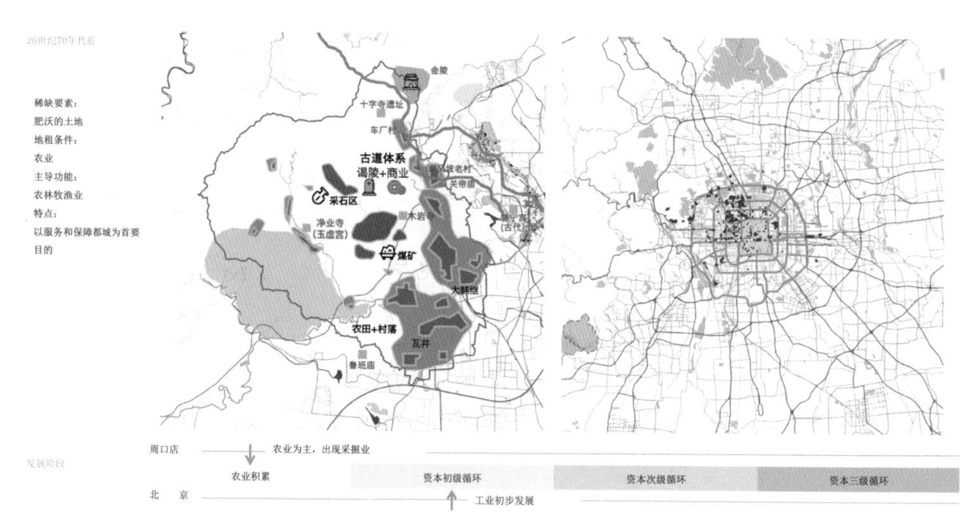

图 3-19　周口店—北京空间机制：第二阶段资本初级循环

（3）第三阶段：1980—1990 年（图 3-20）。第三阶段的稀缺要素是矿产资源；地租条件：采矿；主导功能：采掘业；特点：原料工业为重心的工业资本积累。

（4）第四阶段：1990—2006 年（图 3-21）。第四阶段的稀缺要素是矿产资源；地租条件：采矿；主导功能：采掘业、

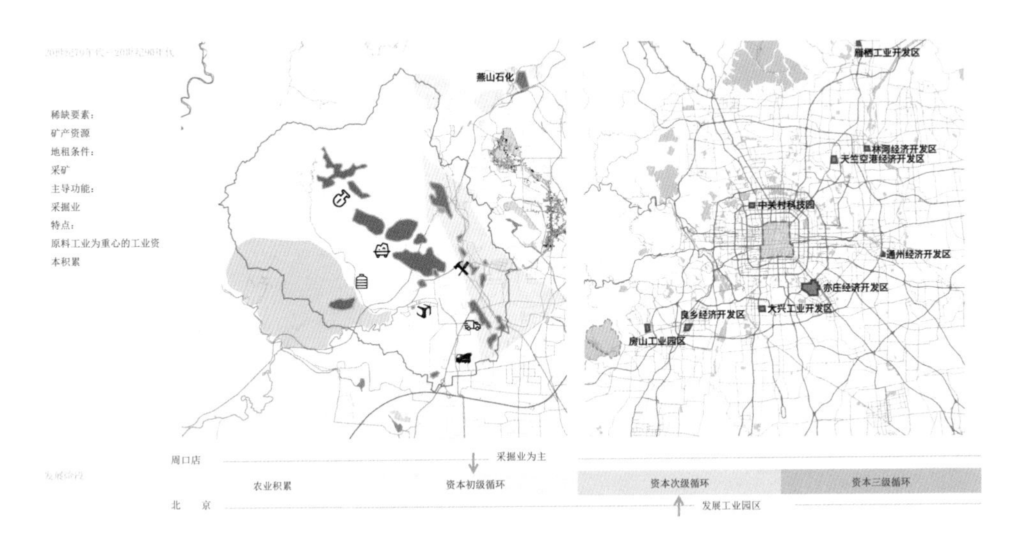

图 3-20　周口店—北京空间机制：第三阶段资本次级循环

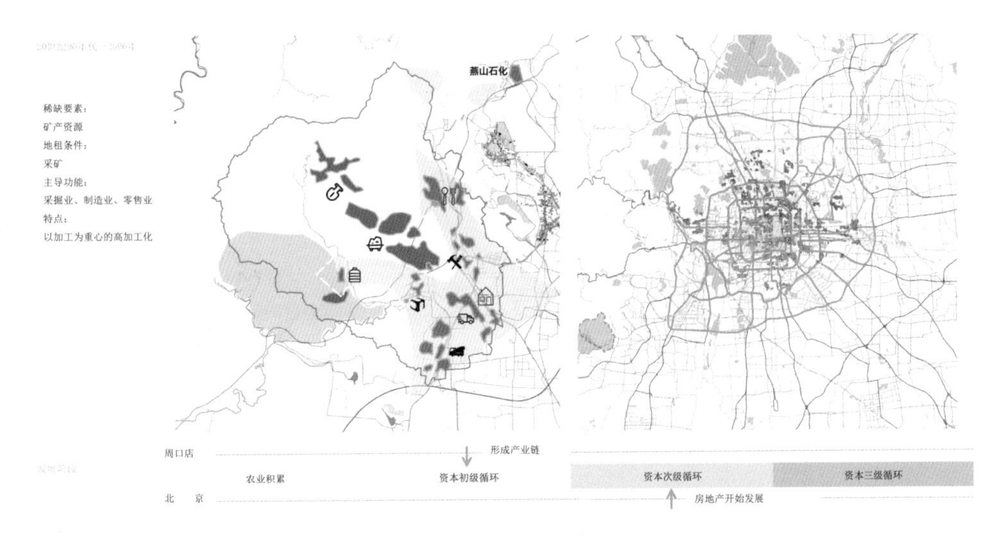

图 3-21　周口店—北京空间机制：第四阶段资本次级循环

制造业、零售业；特点：以加工为重心的高加工化。

（5）第五阶段：2006 年至今（图 3-22）。2006 年之后稀缺要素转为人才、技术；地租条件：房地产、旅游休闲；主导功能：房地产、旅游休闲、高科技；特点：产业转型升级。

（6）第六阶段：2014 年至今（图 3-23）。2014 年后稀

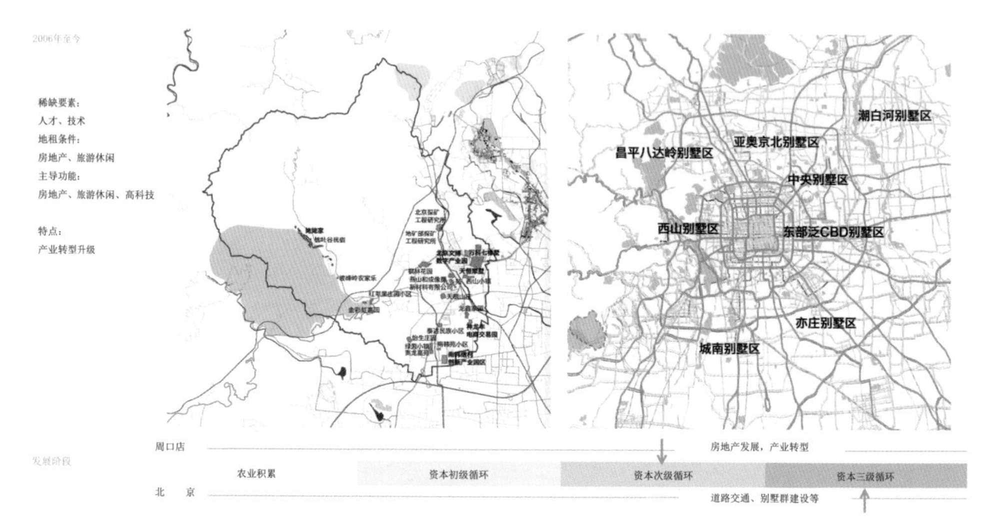

图 3-22　周口店—北京空间机制：第五阶段资本三级循环

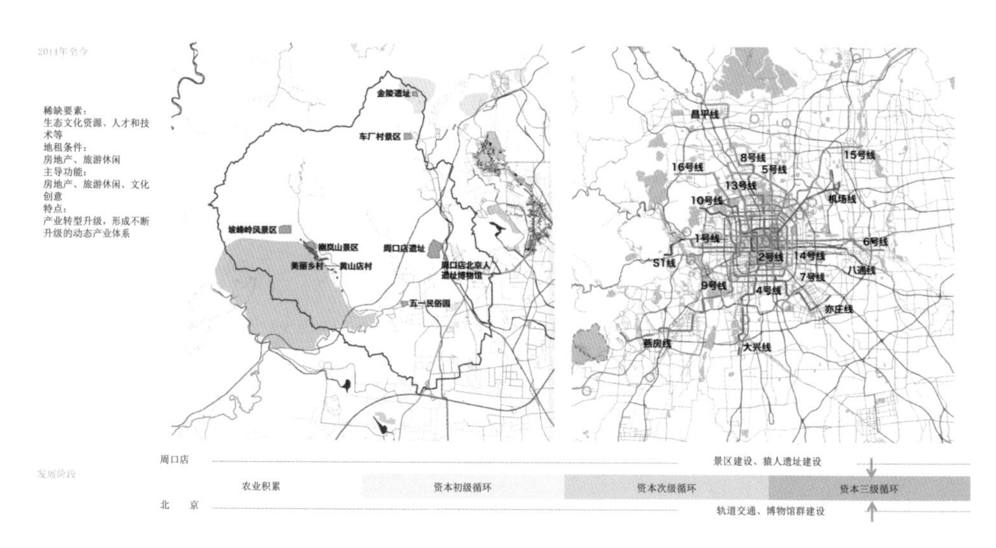

图 3-23　周口店—北京空间机制：第六阶段资本三级循环

缺要素转为生态文化资源、人才和技术等；地租条件：房地产、旅游休闲（图 3-24）；主导功能：房地产、旅游休闲、文化创意；特点：产业转型升级，形成不断升级的动态产业体系。

(a)

(b)

图 3-24 “姥姥家”：一种新的乡村“休闲形态”

3.2.2 专题二：从生态禁地到生态都市主义

1. 研究地生态概况

本次小城镇总体规划的规划范围为北京市房山区周口店镇。房山区位于北京的西南部，海拔高度跨越北京深山区、浅山区、平原区三区。处于环京山区屏障的最南端。同时规划范围在大尺度范围内属于永定河流域，是北京西山永定河文化带的重要节点。

周口店镇属于房山区中部，在房山区内部处于山区和平原的交接区域（图 3-25）。周口店镇山区处于房山区两大山系之一的大房山山系末端，规划范围内最高峰为猫耳山主峰，海拔 1307m，在规划区周边还有上方山和南大山两处山峰。在河流水系中周口店镇区内河流属于永定河支流大石河流域，境内两条河流均属于间歇性河流。

在本次规划范围中，生态资源丰富，地质条件复杂，作为北京重要的生态资源区开展积极的生态保护是上位规划的首要要求。同时规划区内还有大量文化及历史遗产与生态资源交织共存，这又对生态资源的保护工作增加了复杂性。除了规划区内全域的生态资源保护问题以外，深山浅山平原三

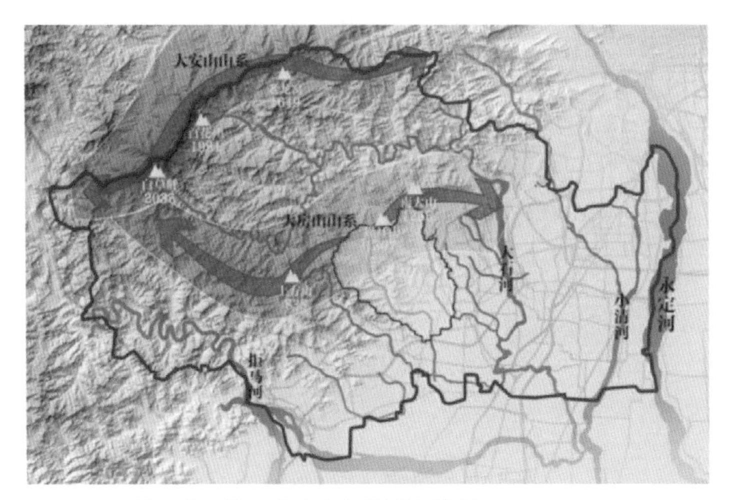

图 3-25　周口店区位：房山中部地形交接区

区景观资源开发程度极度不平衡，部分区域由于历史原因生态破坏严重也成为规划前的需要解决的重要问题之一。

生态专题研究主要聚焦于对规划区内生态资源的合理评估和未来生态保护的方向确定。同时针对规划区内存在的内部景观资源利用不平衡以及和周边城镇比较下的景观可达性较差等情况，结合生态都市主义，提出一套景观资源评价方法体系，希望为后期规划中的景观开发和生态保护提出有效的发展方向和发展边界。

2. 传统生态红线划定方法探究

（1）基础资料处理

基础资料是周口店全域的等高线 CAD 图纸，内附精确的等高线。经过 CAD、Excel、GIS 多个平台多次处理，得到了以下相关数据：周口店镇域边界，周口店镇下辖各村庄边界，周口店镇域内河流流向及交通道路数据，周口店镇域内基础设施建设数据，周口店镇域内基本农田及林地分布因子，周口店镇域内采矿生态破坏区分布因子，猿人遗址保护范围等数据。

（2）生态敏感性评估

在生态敏感性评估因子的选择上，对现有资料进行了分类，主要分为自然因子和人为因子两大类。通过与老师的沟通交流，同时排除有较大相关性的因子，最终确定了自然因子 7 个，人为因子 4 个，共 11 个因子。每个因子根据实际情况把评价结果分为极高敏感区、高敏感区、中敏感区、低敏感区和不敏感区，并赋值相应的分数。同时由于所有因子需要经过加权计算最终的计算结果，为了保证最终的评估结果的准确性，一共划定了 8 个因子的极高敏感区拥有一票否决权（例如海拔大于 600m 的区域不论其他因子一律划为极高敏感区）。较为重要的是，由于没有得到有关地质因子的相关评价资料，地质敏感性评估不能进行。但是，通过查询北京地震断裂带的相关信息能够确认，周口店镇域内没有活动的地质断裂带，故在本次分析中忽略地质因子敏感性评估。选定了具体的评估因子之后，采用层次分析法对每个具体因子的权重进行相应的计算。主要依靠单个因子之间的比对，最终得出权重矩阵，计算最终的因子权重。并利用统计学软件计算层次分析法所得出结果的可靠性，最终采用了较为合理的权重分级（图 3-26）。

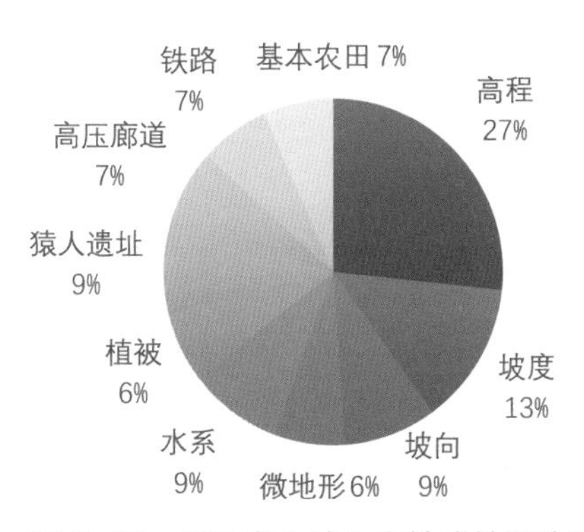

图 3-26　周口店全域生态敏感性评价因子权重

确定了生态敏感性评估标准后开始进入 GIS 平台进行进一步的分析工作。首先需要对前期的 GIS 模型进行进一步的优化（这是在一系列的失败之后得出的经验）。在前期的 GIS 模型中很多资料是矢量片状局部模型，例如采矿区在 GIS 平台上只是标注了“采矿区”的矢量范围。对于这一类数据，首先需要将数据补齐至周口店镇域全域，将其他区域标注为“非采矿区”，只有这样最后通过 GIS 分析才能得到周口店镇域的生态敏感性，否则只会有数据局部的评估结果。在完善了矢量数据后，对矢量数据的数据表添加一列“分值”，标注相应分值后利用此列数据执行转化栅格命令，最后再对得到的栅格结果进行重分类，对每一评价因子做同样的转化操作，得到每个评估因子的评估结果（图 3-27~ 图 3-32）。

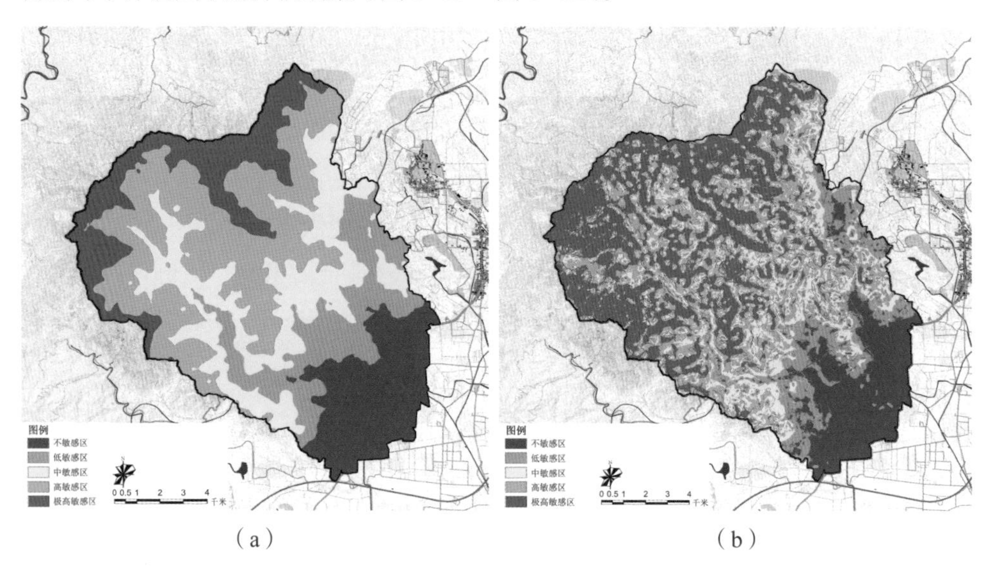

（a）（b）

图 3-27 周口店全域生态敏感性评价：高程因子和坡度因子

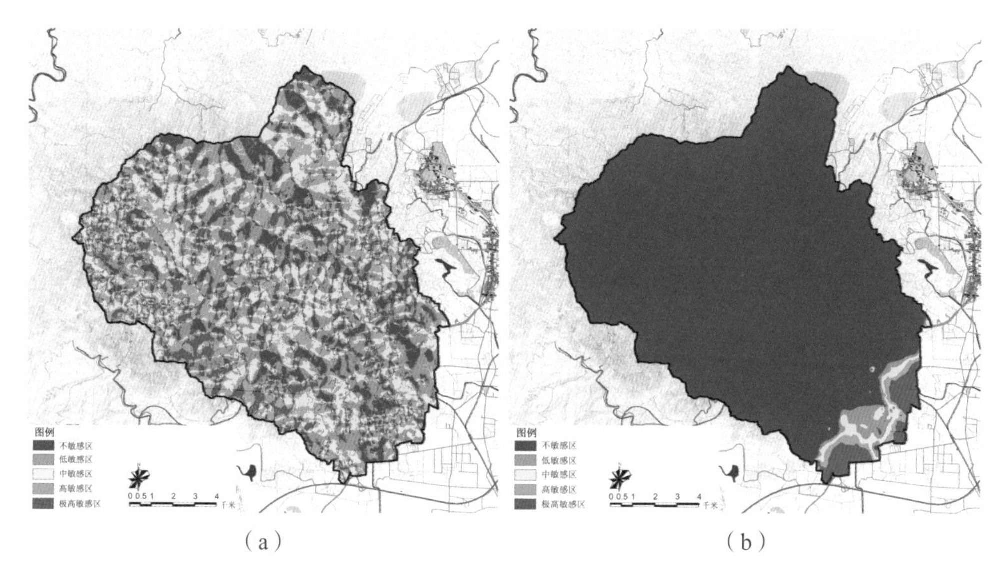

图 3-28　周口店全域生态敏感性评价：坡向因子和微地形因子

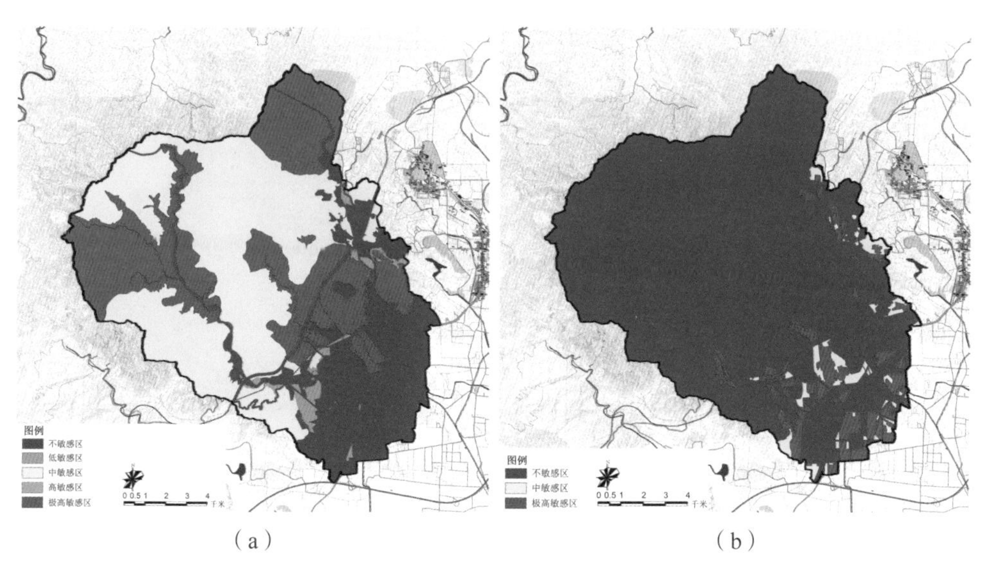

图 3-29　周口店全域生态敏感性评价：植被因子和农田因子

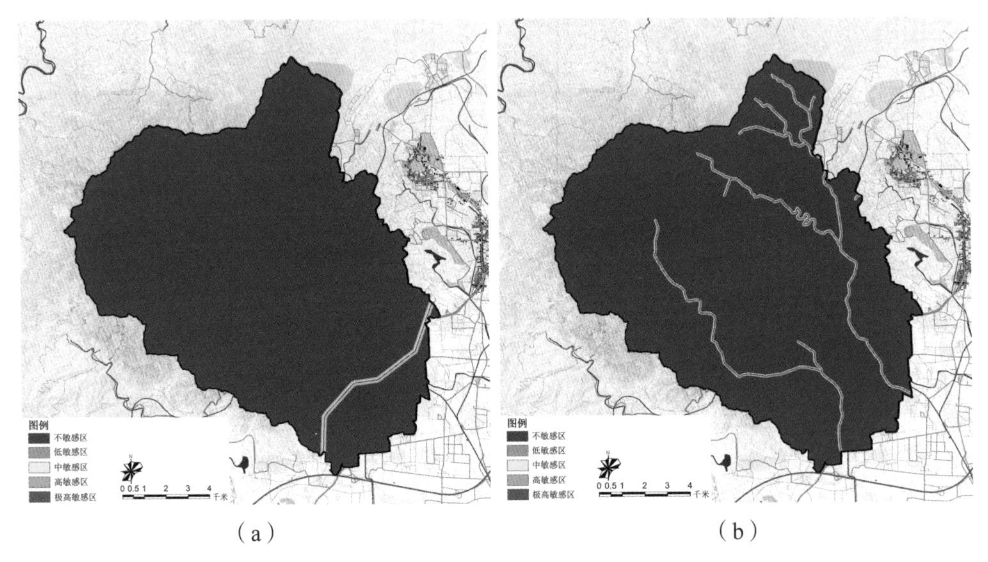

图 3-30　周口店全域生态敏感性评价：南水北调线路因子和一般河流因子

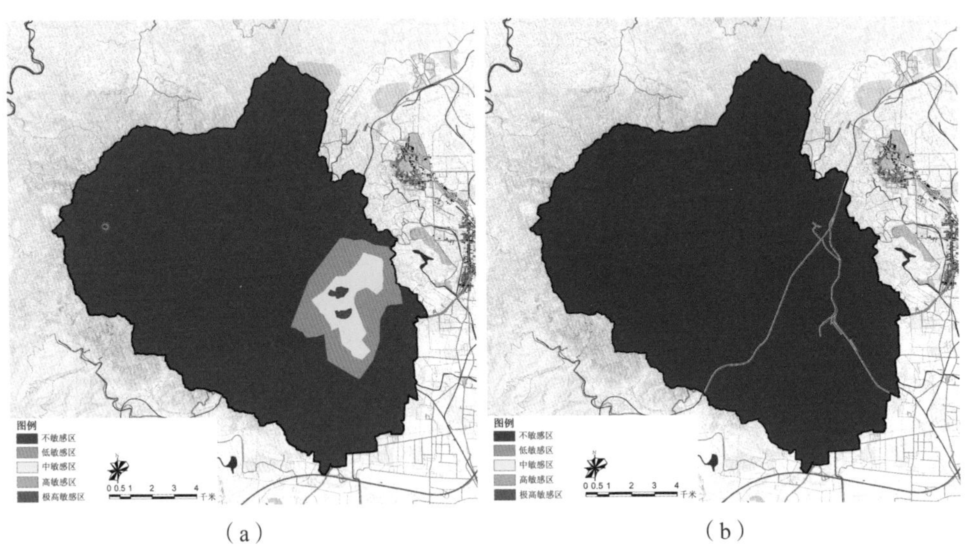

图 3-31　周口店全域生态敏感性评价：周口店猿人遗址因子和铁路因子

得到单独因子的评估结果后，对每个评估结果进行加权处理，利用 GIS 平台“栅格计算器”功能，对每个因子按照前期制定的加权因子进行加权叠加，同时针对“一票否决”因子，利用“栅格计算器”中的条件判断函数，提取特定因子的特定区域叠加到最终的评估结果中，得到最终的周口店镇域生态敏感性评估结果（图 3-33）。

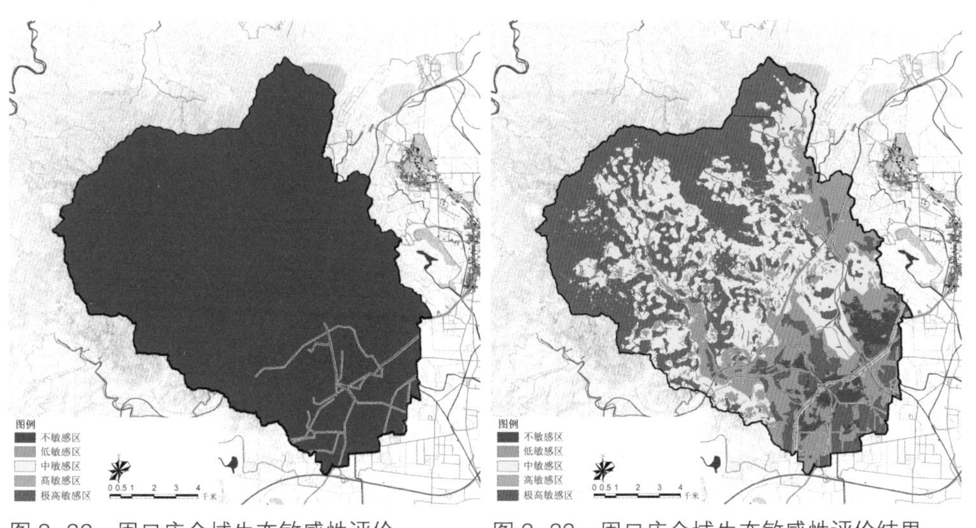

图 3-32　周口店全域生态敏感性评价：高压廊道因子

图 3-33　周口店全域生态敏感性评价结果

在最终的评估结果中，周口店镇域内极高敏感区面积约 51.75km^2，占镇域总面积的 43.64%，主要集中于深山区大片区域和浅山区的斑块状区域。而适宜建设的不敏感区和低敏感区面积约 27.76km^2，占全部面积的 23.42%，主要集中在平原区。此项分析结果对后续的生态红线划定以及用地适宜性评估都有着重要的基础作用，同时也对后期规划方案的落地有着重要的参考作用。

（3）生态红线划定

生态红线划定遵循在 2015 年环境保护部出台的“生态保护红线划定技术指南”开展，主要识别重点生态功能区，生态敏感区、脆弱区，禁止开发区以及其他具有重要生态功能的其他区域，在经过生态保护重要性评估后，根据叠加分析确定生态保护红线的具体区域。本次规划设计中缺乏全国尺度的具体信息，在实际操作中采取了较为简略的划定方法。首先绘制了只含有生态红线的生态敏感性评估图，并提取其中的极高敏感区范围。随后叠加风景名胜区核心区，主要包括坡峰岭景区和金陵景区，再叠加猿人遗址重点保护区和采矿生态破坏区。最后，为了便于管理，生态红线划定方法原则上要求单一控制面积大于 1km^2，但是由于周口店镇域面积较小，所以在一定程度上缩小了单个斑块的面积，以求划定结果更加准确，最终评价结果如图 3-34 所示。

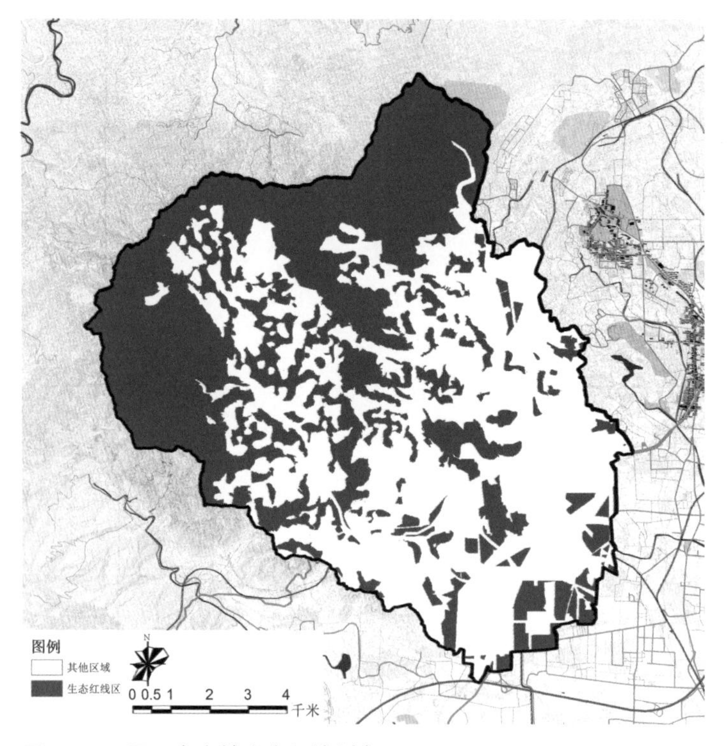

图 3-34　周口店全域生态红线划定

最终结果中，生态红线区占周口店镇域的一半左右，面积达 58.41km^2，这也体现了生态资源在周口店镇发展中的重要性。但是由于在生态红线评估过程中各类资料不足，加之对大部分生态区状况不够熟悉，所以划定的生态红线区域可能不够准确和客观，在后期的规划过程中需要根据实际需要进行调整。

（4）用地适宜性评估

在进行全域用地适宜性评估时，标准参考了《城乡用地评估标准》，并对因子进行选取，具体包括特殊因子、工程地质因子、建成区因子（图 3-35、图 3-36）。最后得到 4 种类型的用地适宜性评价结果（图 3-37）。最终结果中，Ⅰ类适宜建设用地和Ⅱ类可建设用地分别占总面积的 11.35% 和 4.66%，Ⅲ类不宜建设用地和Ⅳ类不可建设用地占比达到了 83.99%。

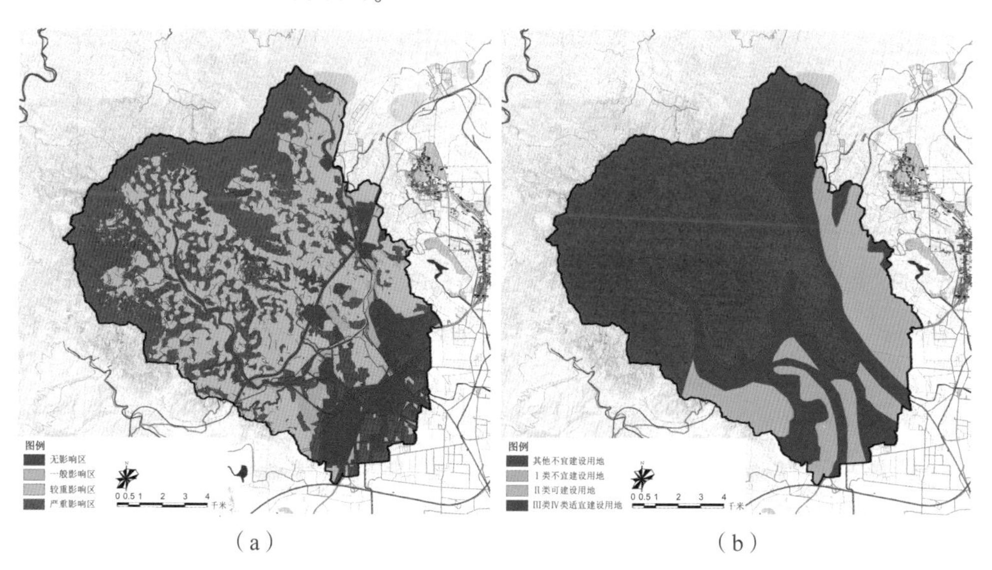

（a）　　（b）

图 3-35　周口店全域用地适宜性评价各因子评估分区：特殊因子和工程地质因子

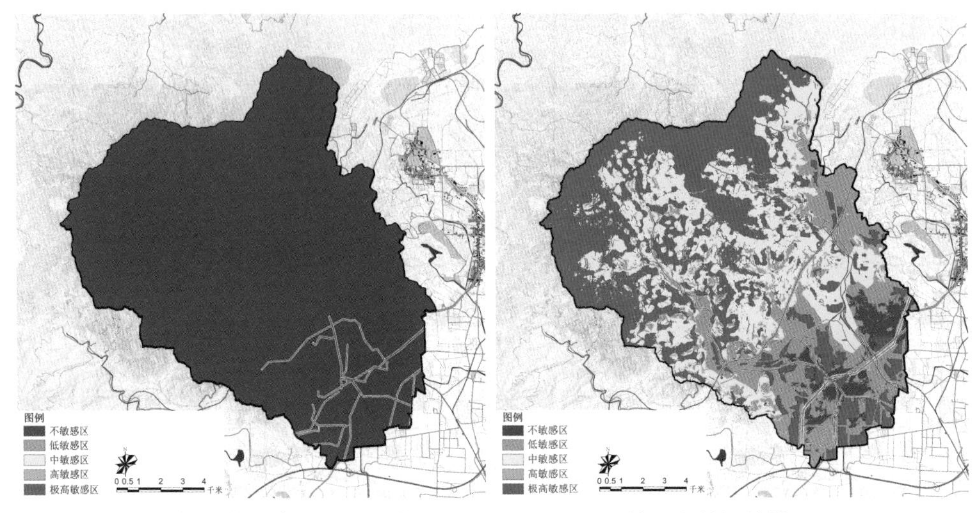

图 3-36　周口店全域用地适宜性评价各因子评估分区：建成区因子

图 3-37　用地适宜性评估结果

3. 从三区三线到生态都市主义

前述的三区三线的划定主要从保护的视角对生态资源进行划分，使生态资源有良好的延续性，并发挥生态资源的一些基础功能，包括水土涵养、净化空气、提供野生动物生境等。在消极的保护之外，如果想要对景观资源进行较大程度的利用，需要对生态资源有更深入的分析，厘清各类生态资源利用的难度，并对生态资源进行更细致的分类，对现状生态资源利用情况进行评估，并提出未来生态资源利用的方式和时序。完成了对场地的三区三线的划定后，对周口店全镇域的生态资源山水格局进行了评估并提出了未来的利用方向。

（1）山水格局分析

房山区处于北京的西南部，海拔高度跨越深山浅山和平原三区，处于环京山区屏障最南端，属于永定河流域，是北京西山永定河文化带的重要节点。周口店镇位于房山区中部，处于山区与平原交界地带，大房山山系末端，生态环境复杂，生态资源丰富。最高峰猫耳山海拔 1307m。在河流水系中属于永定河支流大石河流域，境内有两条河流，均属于间歇性河流。

对周口店镇域内进行整体分析，可以看出周口店镇域内整体呈现西北高、东南低的地形格局，以 100m、300m 作为分界，划分深山区、浅山区和平原区。平原区面积约为 $23.1km^2$，占总面积约 19.4%；浅山区面积约 $38.2km^2$，占总面积约 32.3%；深山区面积约 $57.3km^2$，占总面积约 48.3%。山谷线与山脊线相互咬合，整个镇域由南向北分为 3 沟（图 3-38）。南沟最为深入，两侧山谷线较为复杂，两侧生

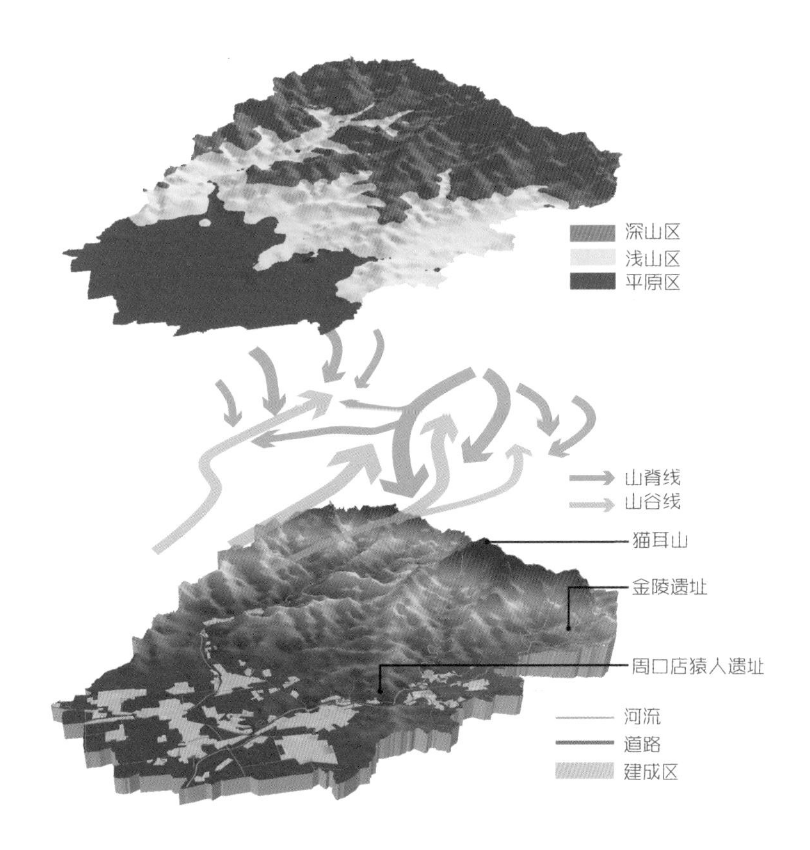

图 3-38　周口店山水格局

态资源较为完好。同时南沟也是周口店镇域内生态旅游最为成熟的区域，同时也在进行美丽乡村的建设。中沟较为宽广，平坦区域较多，在 21 世纪初在中沟区域进行了大量的采石采矿开发，目前所有工厂均已关停，但是生态破坏现象仍未得到恢复。目前中沟整体生态环境状态处于全域最低，急需采取一定措施。北沟分为两个主要部分，较靠南是有丰富历史文化底蕴的贾岛峪，靠北的是金陵遗址和十字寺遗址，目前处于较好的环境保护中，旅游开发程度较低，生态资源保护较好。但是北沟紧邻燕山石化，燕山石化在 21 世纪的快速发展对金陵的景观和生态也有一定的破坏，如何协调北沟与燕山石化的关系成为对北沟整体规划的重点问题。对周口店全域进行南北向剖面分析，可以看出人类活动和自然生态随着海拔变化而变化（图 3-39、图 3-40）。深山区主要以生态涵养为主，历史上曾经有过灵峰寺存在，在浅山区范围内则有大量的寺院宗庙，同时周口店镇域内最重要的北京人猿人遗址也是位于浅山区与平原区的交界区，历史建设说明整个浅山区有较好的生态文化资源开发潜力，而平原区主要以城市建设和农田为主，为人类聚居区。

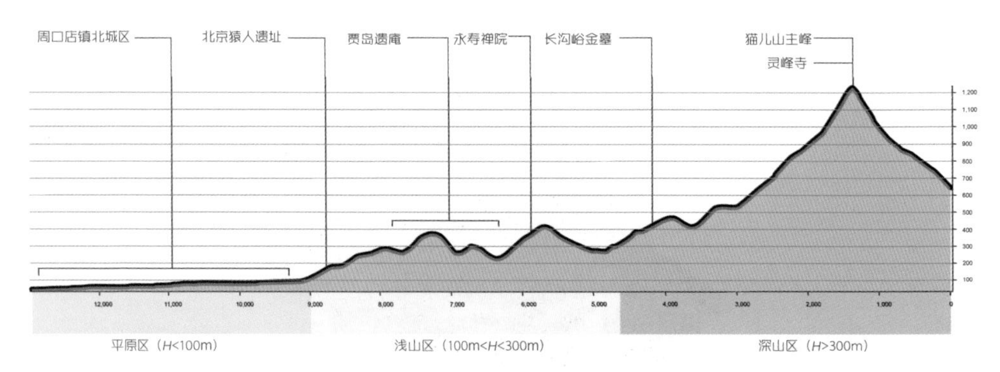

图 3-39　周口店山水格局南北剖面海拔分区一（剖面）

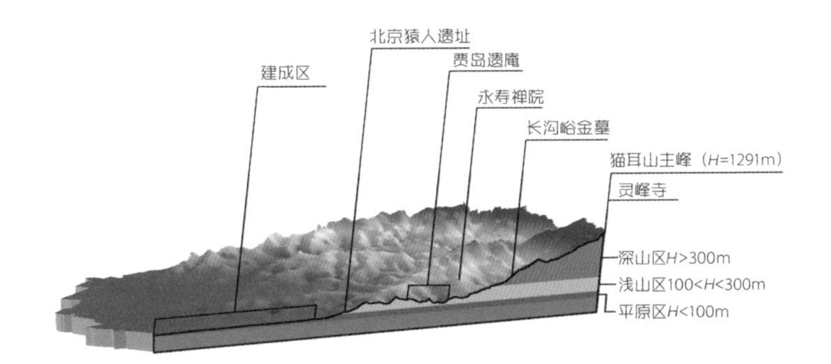

图 3-40　周口店山水格局南北剖面海拔分区一（立体）

对周口店镇域北侧沿西南—东北方向绘制剖面，深入研究南沟、中沟和北沟的特点。可以观察到由西向东山峰与山谷交替出现，自然景观与人文景观融合共生。南沟以坡峰岭景区为主要景观，历史上有较多隐居寺庙存在；中沟面积较小，以自然状态为主；北沟十字寺和金陵遗址占据大部分区域（图 3-41、图 3-42）。

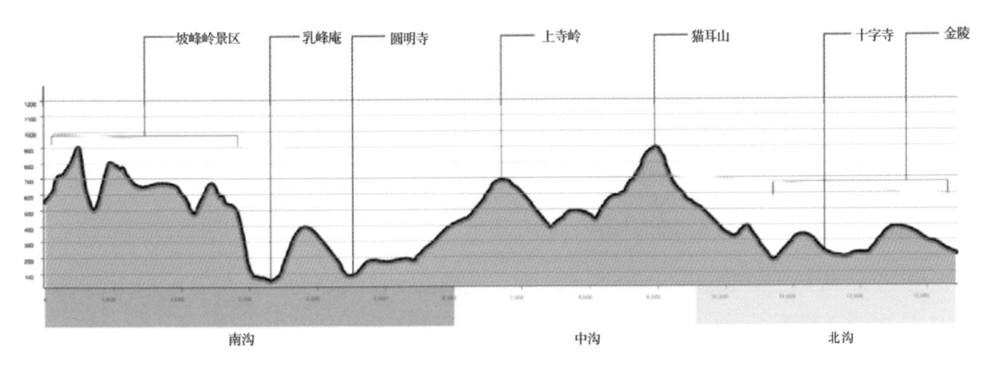

图 3-41　周口店山水格局东西剖面海拔分区二（剖面）

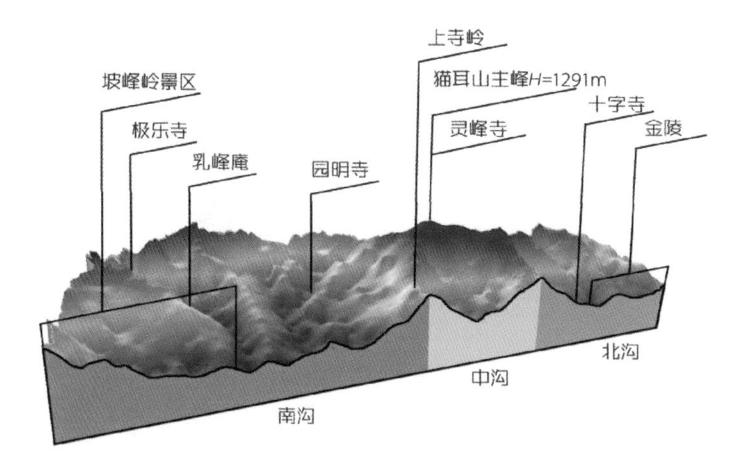

图 3-42　周口店山水格局南北剖面海拔分区二（立体）

（2）景观可达性评估——模型搭建

为了进行景观可达性评估，准备工作包括整理生态景观资源，标记其车行入口和人行入口，对周口店及周边道路交通网络建模等。应用道路交通网络对周口店内重点风景区进行车行可达性分析，周口店内大部分建成区车行景观可达性为 30min 内，显著低于东部燕房组团。应用道路交通网络对周口店内所有风景区进行步行可达性分析，周口店大部分区域处于 45min 可达性之外，步行景观可达性极差，显著低于东部燕房组团（图 3-43~ 图 3-46）。

（3）景观价值评估

分别对不同范围均匀布局视点，依据面积不同分别采用 200m×200m 或 300m×300m 为单位。对每一个采样点的视域范围进行分析，反向分析景观视野最佳区域，评估视野层面的景观价值（图 3-47~ 图 3-52）。深山区、浅山区地形较为复杂，视线较为封闭，没有较为集中的景观区。猫耳山主峰为深山区景观视线最佳点。平原浅山区和建成区分析结果基本一致，猫耳山区域和中沟浅山区以及西南部浅山区为视线最佳区域。

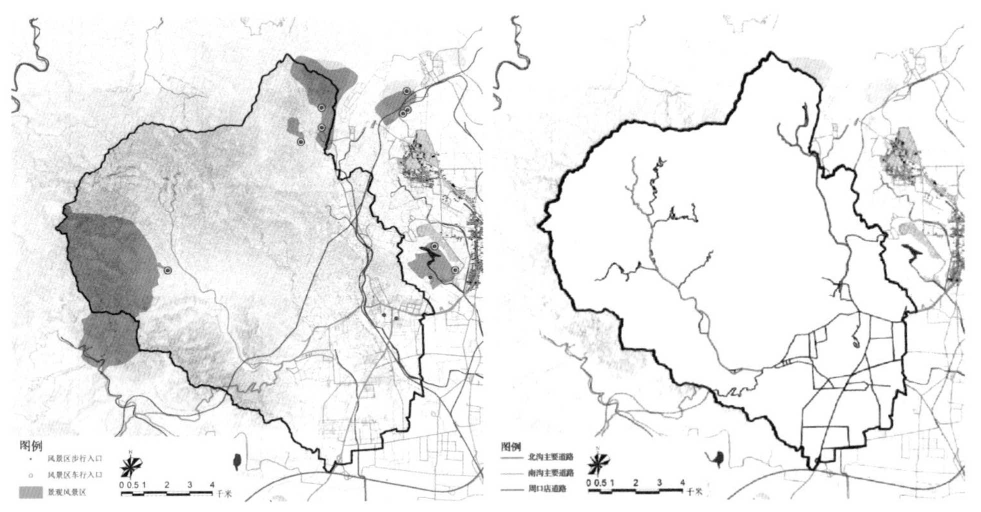

图 3-43　景观可达性评估——模型搭建：景观资源及入口标记

图 3-44 周口店及周边道路交通网络

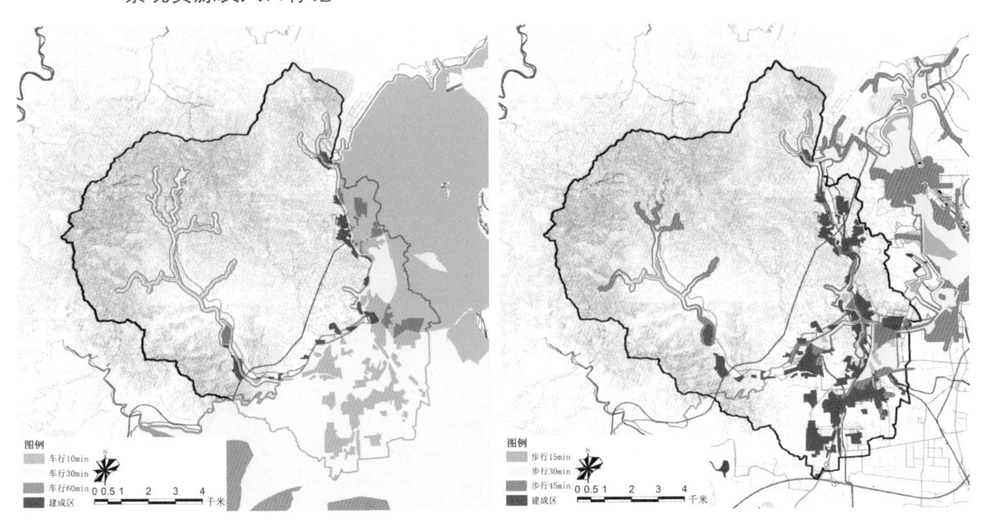

图 3-45　周口店景观可达性评估：车行可达性

图 3-46　周口店景观可达性评估：步行可达性

对主要对外道路沿线区域进行视域范围分析。北沟金陵遗址区景观区域较为集中，南沟坡峰岭沿线景观分布较为破碎，主要景观区位于山区西北部。整理景观视线分析，确定周口店内最佳的景观视线点，主要位于大房山山脊线一线，中沟山脊线一线，以及平原区周边浅山区（图 3-53、图 3-54）。

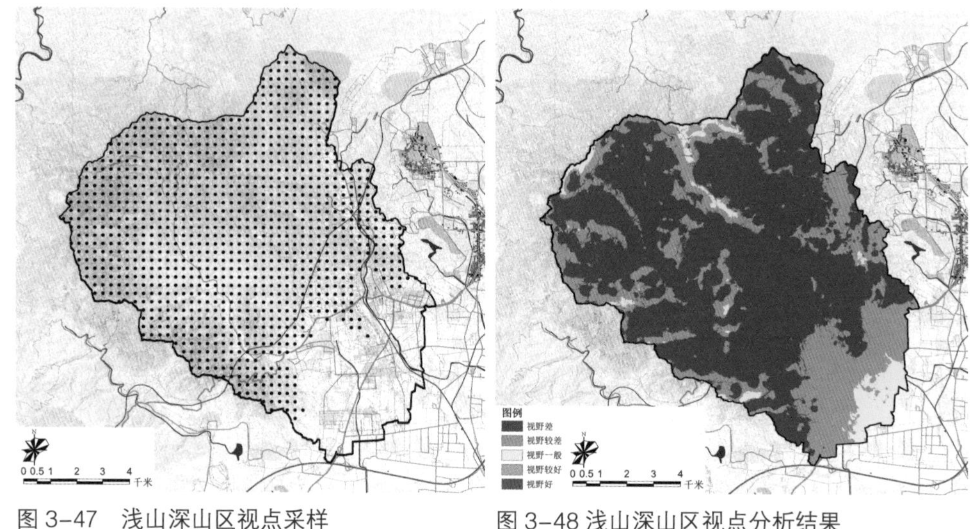

图 3-47　浅山深山区视点采样　　图 3-48 浅山深山区视点分析结果

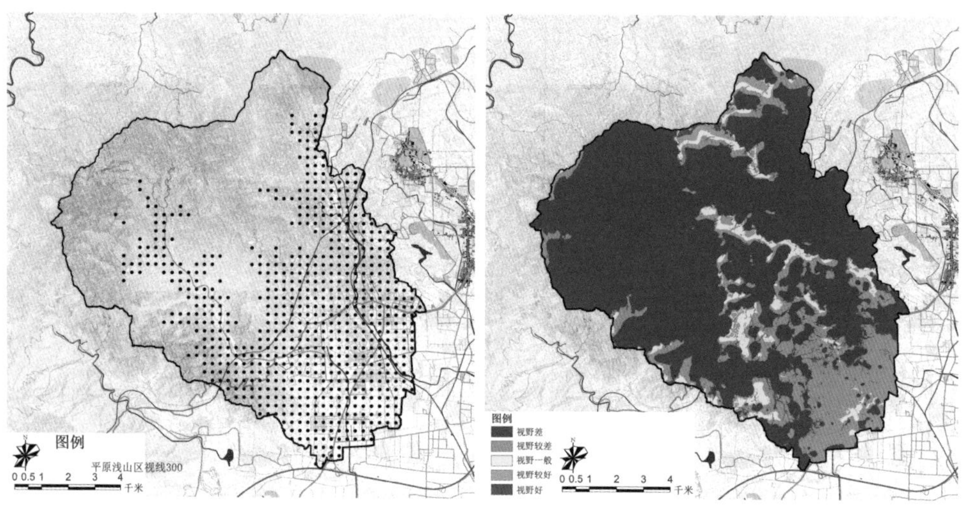

图 3-49　平原浅山区视点采样　　图 3-50　平原浅山区视点分析结果

总结景观视线分析结果，以及前期的生态资源评价结果，对周口店全域进行分区，结果如图 3-55 所示。生态景观重点保护区：守住山脊线，作为全域可视度最高的区域，对其他区域景观有重要的背景作用；生态资源重点保护区：区域可视度较低，应注重生态资源保护；生态景观潜力区：景观可视

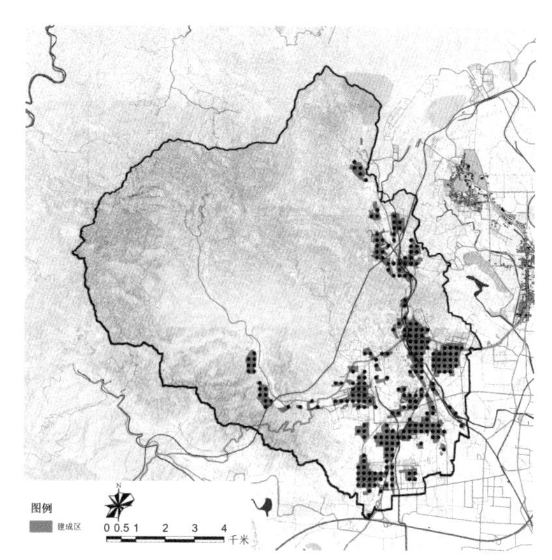

图 3-51　建成区视点采样

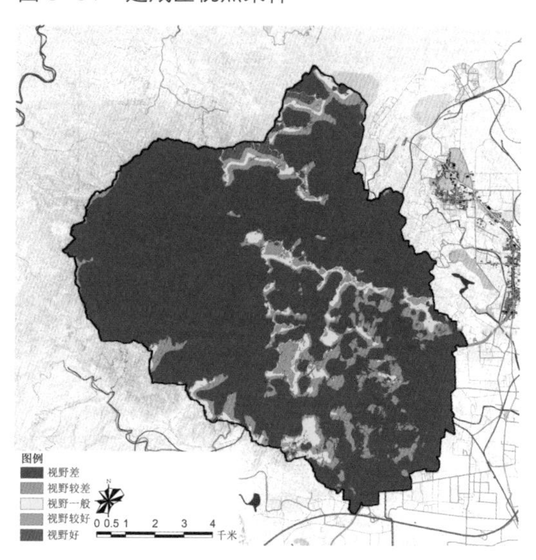

图 3-52　建成区视点分析结果

度较高，但现状景观条件较差，生态破坏较严重，未来有较大潜力，现应注重生态修复；景观开发适宜区：景观可视度较高且现状生态情况较好，距离城区距离较近，可以考虑近期景观开发；平原聚居区：主要建成区及农田区，应以小尺度景观塑造为主。

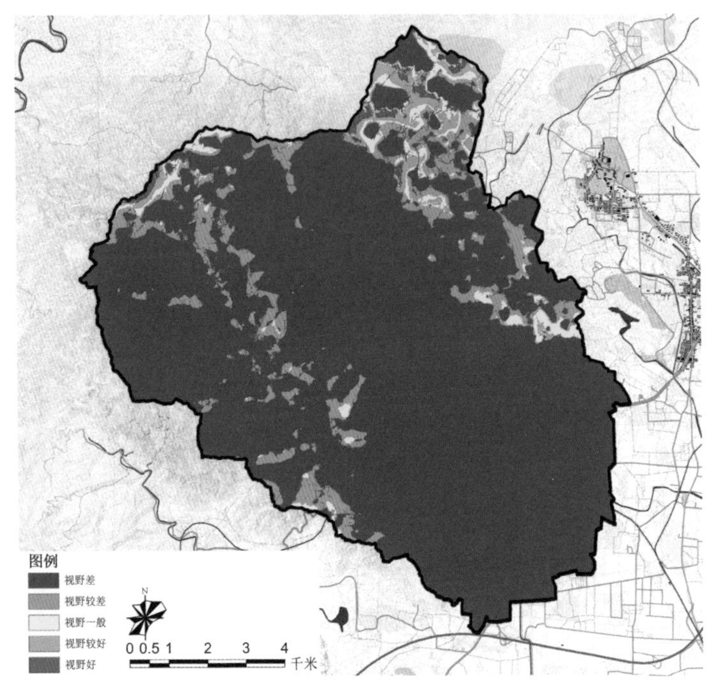

图 3-53　周口店景观价值评估：南北沟道路沿线视野

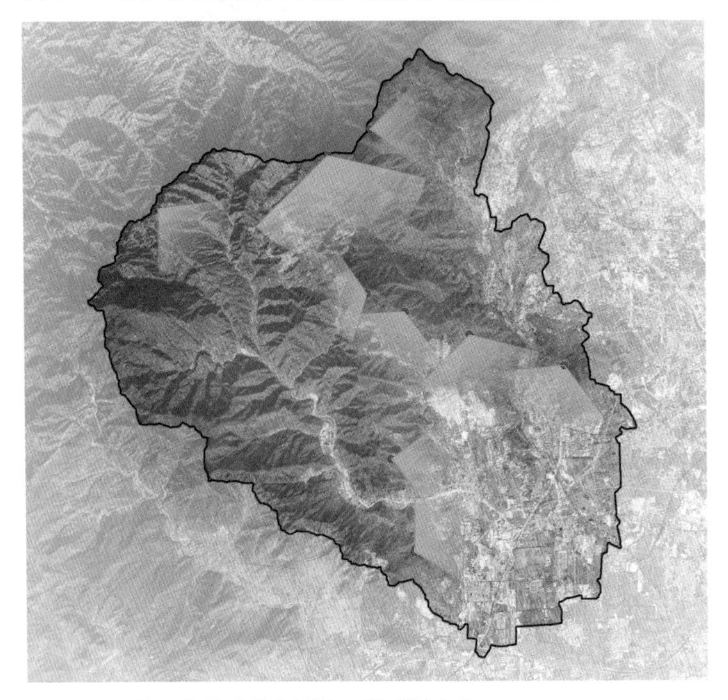
图 3-54　周口店景观价值评估：景观制高点

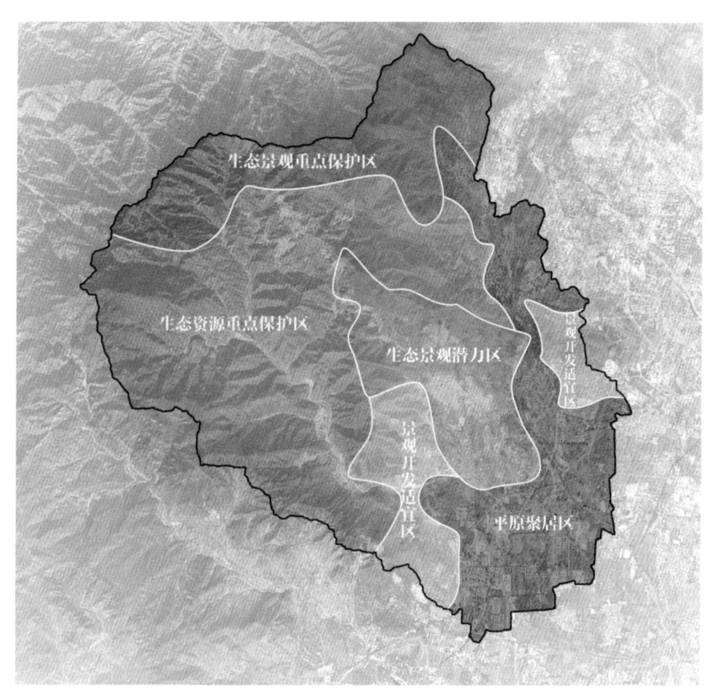

图 3-55　周口店全域景观资源开发方向分区

3.2.3　专题三：从文化遗产到文化都市主义

1. 周口店的文化地位认知

（1）上位规划要求：房山区作为“文化中心”的定位与发展目标

落实《北京城市总体规划（2016—2035 年）》要求：《北京城市总体规划（2016—2035 年）》提出了“三区一节点”的建设要求，对于房山区规划要求中具体表述为“历史文化和地质遗迹相融合的国际旅游休闲区”。落实《房山区分区规划（2017—2035 年）》要求：作为落实北京“四个中心”战略定位的重要支撑，充分发挥特色，积极承担政治、文化、科技创新、国际交往职能。在“文化中心”定位的要求上，房山区总体规划中具体表述为“文脉底蕴深厚，历史文化资源高度集聚”的“文化源头”（图 3-56~ 图 3-58）。

（a）（b）（c）（d）

图 3-56　金陵遗址

（a）（b）

图 3-57　十字寺遗址

（a）　　（b）

图 3-58　周口店猿人遗址

（2）周口店镇是房山区文化宝藏的摇篮和聚集地

周口店拥有 3 处国家级文保单位（占文物大区房山区的 1/3）,5 处区级文保单位，在整个房山区拥有非常强的竞争力。

（3）周口店镇是房山区“三团三道六片”的核心区域

周口店位于山区向浅山区、平原区的过渡带，因此兼具平原区的古城、驿站文化，浅山区的皇家风水、宗教文化，还具有山区的自然科考文化。此外，周口店作为“三团三道六片”的核心区域，穿过浅山带的大动脉文化线路，可谓房山文化的重中之重。

（4）周口店镇是人之源，城之源

周口店拥有北京人遗址与山顶洞人遗址，是中国人类起源发展萌芽的摇篮。3000 年前琉璃河西周燕都遗址的开辟，使得房山成为北京城发祥的重要源头。而从宋金开始，周口店镇的金陵、十字寺、车厂村、云峰寺等村落节点，通过皇家官道、商道等古道，联系着周边的房山老城与良乡，整个房山在文化地位上得以不断纵深、不断发展。周口店镇在房山的城之脉络上，是不可或缺的一环。

2. 周口店镇文化发展脉络梳理

周口店镇有着深厚的历史文化脉络，随着时代的发展，在各时期留下了承载不同类型社会生活文化的遗址（图 3-59）。周口店的历史可以追溯到旧石器时代，古人类因为此处的地理优势选择在此居住。旧石器中期：周口店北京人选址在龙骨山，山有洞穴，东有周口河、大石河。旧石器晚期：出现新洞人、田园洞人、山顶洞人，活动空间由丘陵转向东南平原。

魏晋南北朝之前，房山区发展多集中在琉璃河地区，到魏晋南北朝，周口店地区出现了佛教寺庙，崇圣宫、木岩寺、净业寺三座寺庙都在周口店的后期发展中有着重要地位。

隋唐时期，佛教兴盛，出现了大量寺庙（灵峰寺、药师寺、香光寺、无相寺、十字寺等），同时，著名诗人贾岛在此地留下了很多故事。

到辽代，平原区形成了多个聚居村落，并形成了“一村一寺”的布局。金代是周口店地区发生文化跃进的时期。依托大房山云峰山，修建金陵。金陵的修建，给周口店地区带来了带有皇家印记的寺庙行宫。

元代定都北京，人群集聚。元时期，十字寺代表的景教最为兴盛，但同时道教在周口店也逐渐兴盛，修建了清和宫和朝业寺。此外，自元代，龙宝峪开始有大规模石材开采的记录。

明代各大宗教继续发展，平原村落增加。在金陵所在的北沟，大量村庄出现破坏了金陵的文化格局。同时南沟里出现了大量和修行相关的寺庙庵等建筑，至今仍有修行山洞可见。清代时期对金陵进行了修缮，平原区有了清真寺、山神庙、关帝庙等建筑，与民间生活息息相关。南沟的玉虚宫在清代

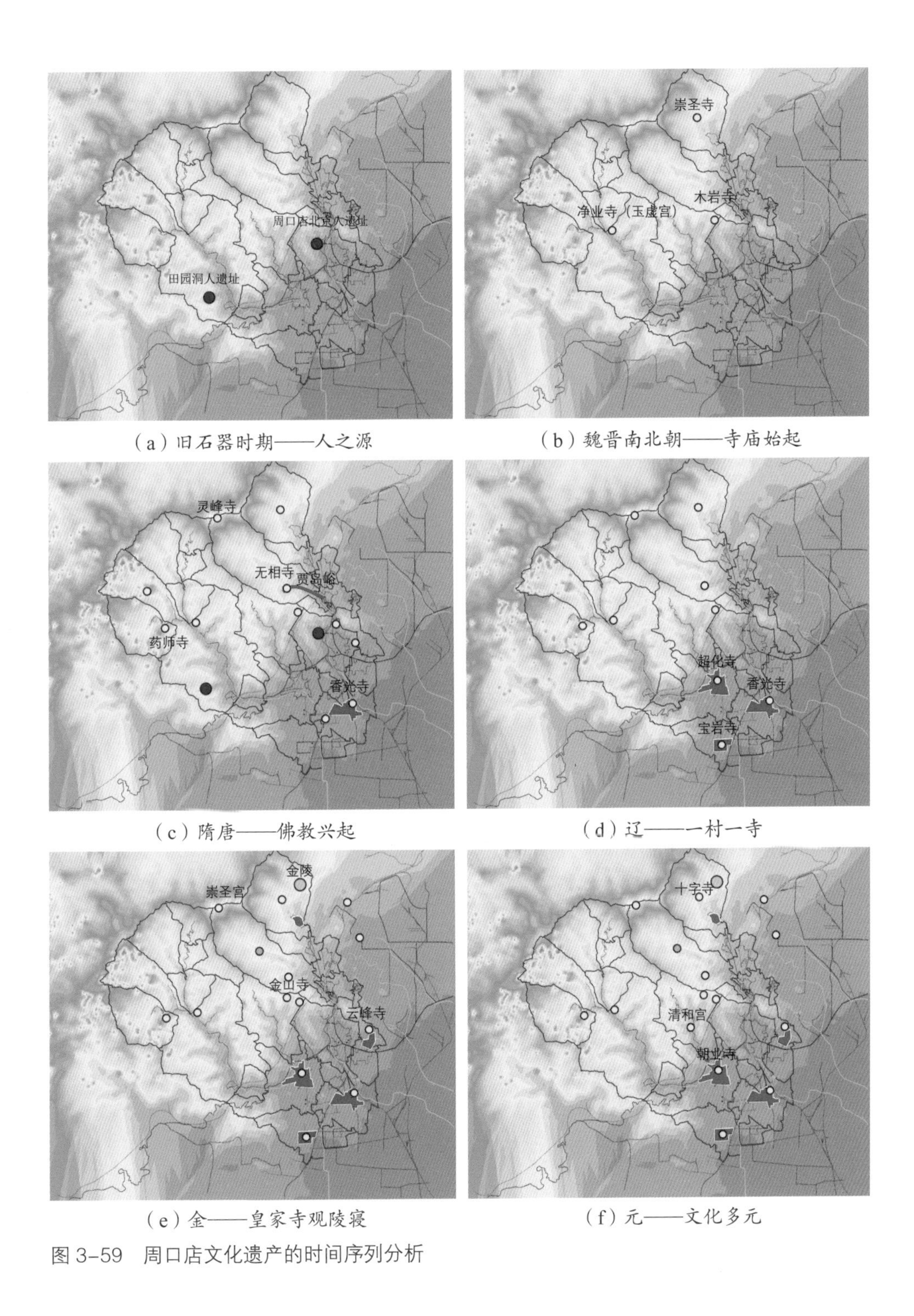

（a）旧石器时期——人之源

（b）魏晋南北朝——寺庙始起

（c）隋唐——佛教兴起

（d）辽——一村一寺

（e）金——皇家寺观陵寝

（f）元——文化多元

图 3-59　周口店文化遗产的时间序列分析

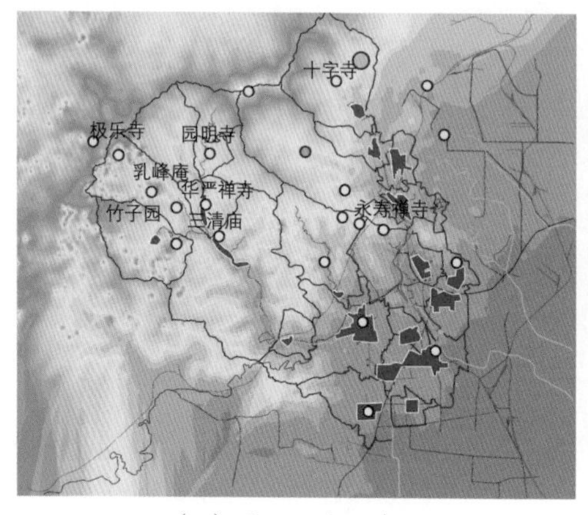

（g）明——文化多元

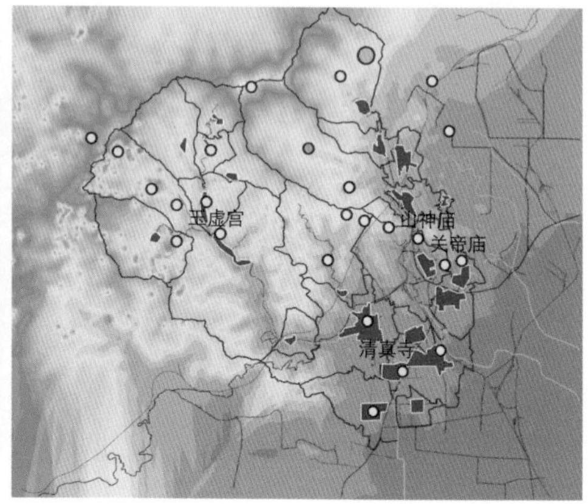

（h）清——文化多元

图 3-59 （续）

地位较高，据传慈禧曾来此处避暑。

周口店的文物古迹根据分布和功能大致可以分成五带：平原生活综合带、北沟皇家文化带、龙骨山平民上香带、龙宝峪沟采矿运输带、南沟深山修行带（图 3-60）。

自古，“燕京八景”“房山八景”在周口店地区都有分布。“燕京八景”中的“道陵夕照”就在周口店，“房山旧八景”中有“金陵佳致”“贾岛遗庵”两处位于周口店，“房山新八景”中也有“红螺三险”“金山香水”位于此。

清人唐岱所画的《大房山选胜图》有两个开在此处。周口店地区内也有大量的诗文踪迹，其中最著名的是跟唐代著名诗人贾岛有关的《过木岩寺日暮》和《寻隐者不遇》。

根据这些文化传颂可以归纳出周口店的三个核心文化区：金陵文化景观区、猿人遗址文化景观区、红螺三险文化景观区（图 3-61）。

金陵文化景观区由点（金陵、十字寺）、线（北沟、谒陵道）共同构成。

猿人遗址文化景观区由点（猿人遗址——博物馆、贾岛

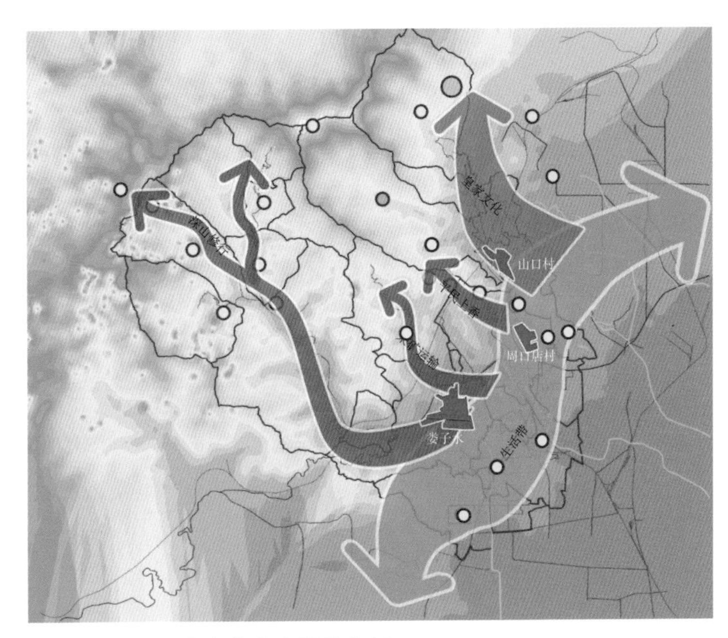

图 3-60　周口店文化古迹结构分析

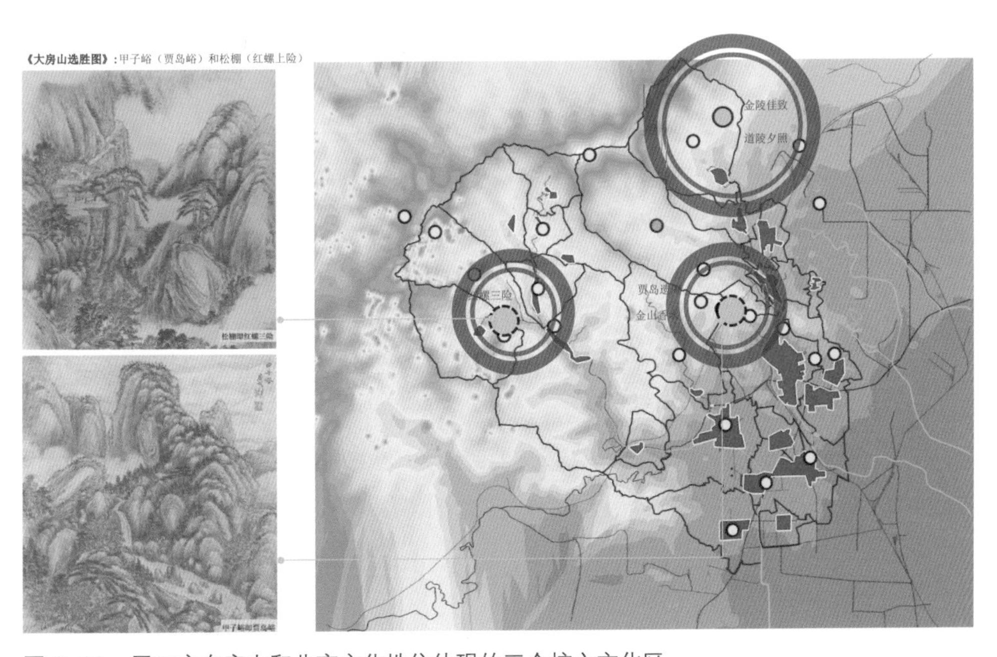

图 3-61　周口店在房山和北京文化地位体现的三个核心文化区

遗庵 / 木岩寺文化、永寿禅寺)、线(贾岛峪)共同构成。

红螺三险文化景观区由点(红螺三险、玉虚宫、药师寺)、线(南沟)共同构成。

周口店古诗词

- 贾岛松:《寻隐者不遇》“松下问童子，言师采药去，只在此山中，云深不知处。”“偶来松树下，高枕石头眠。日出僧未起，寒暑不知年。”
- 木岩寺:《过木岩寺日暮》贾岛“岩岫耸寒色，精庐向此分。流星透疏木，走月逆行云。绝顶人来少，高松鹤不群。一僧年八十，世事未曾闻。”
- 药师寺:“叠翠环溪隐，虚云步顶峰，谁人寻古道，苍松试禅心。”

3. 周口店镇文化景观节点分析

(1)金陵

金陵位于车厂村，是金代皇帝与宗室诸王的陵寝。整个金陵范围广阔，整个兆域面积约为 171.6km^2。其主陵区位于九龙山下，为金太祖陵。主陵区被称为“龙穴”，北部九龙山、连三顶、凤凰山构成的山脊线恰如“行龙”，而南部大石河延伸的水流宛如“抱水”，故有“三山环抱，二水分流”之说，该“行龙”痕迹恰好与浅山区的流线脉络相吻合。主陵区外围的遗址群，包括鹿门峪、崇圣宫、磐宁宫、茶楼顶等。整个主陵区分为帝陵、埋葬后妃的坤厚陵以及诸王兆域。主陵区内部的空间要素包括石桥、神道、两侧碑亭、大小宝顶、墓葬等。这些是规划中重点保护、复原、修缮的部分。金陵遗址是首都功能在历史上的重要体现(图 3-62~图 3-65)。

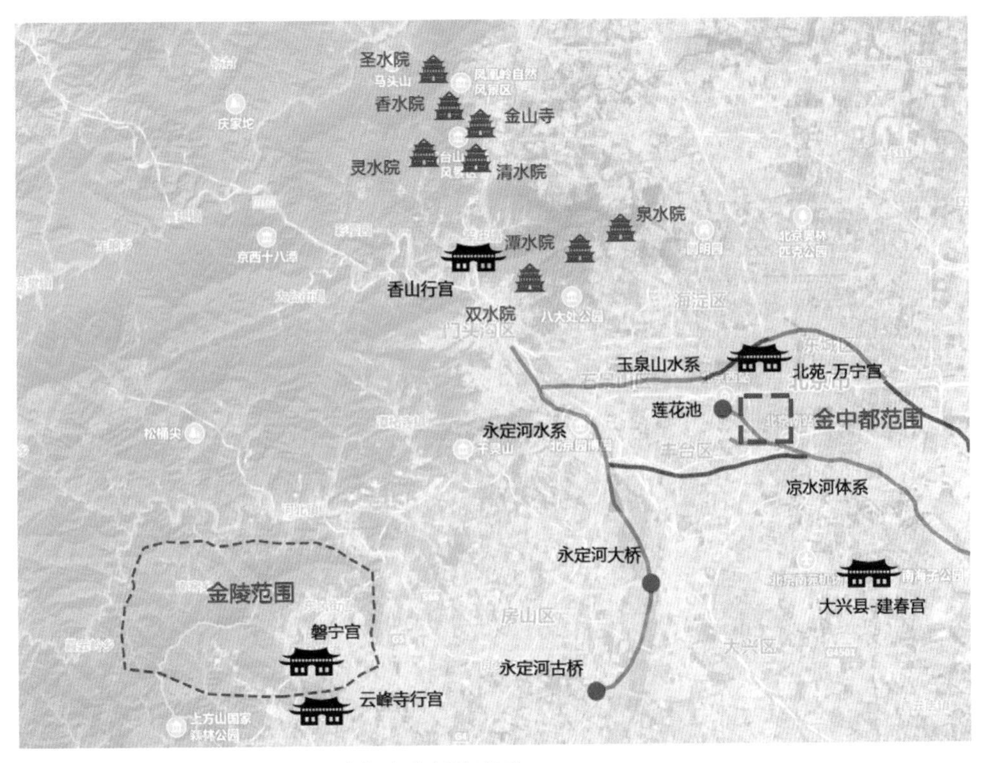

图 3-62　周口店节点分析：金陵与金中都的联系

（a）　（b）

图 3-63　金陵遗址的“建设性破坏”

图 3-64　金陵节点分析

图 3-65　金陵遗址的“荒凉”和“沧桑”

（2）车厂村

车厂村因为金代皇室谒陵停存銮舆之处，故名车厂（场）。周口店镇的车厂老村是三条古道的汇合处，该村曾有西、东、南三座瓮门，如今只存西、南两座。迎风坡老村东坡尚存的一段古道，既是谒陵古道，也是商业古道。从古代志书记载和现存的行宫我们可以大致描绘出金中都去往金陵的谒陵线路。磐宁宫作为整个谒陵路线上的最后一座行宫，而云峰寺是皇帝更衣沐浴临寝之处，是周口店的重要文化资源。古道贯穿了周口店镇的东部与北部，无论是古代还是现代，都起到了重要的作用。

（3）北京猿人遗址

周口店遗址是中国首批的世界文化遗产。遗址位于周口店镇中部，面积 0.24km^2，核心区 1.2km^2，保护区 2km^2，环境影响区 6km^2。《周口店遗址保护规划》中遗址保护范围将由现在的 0.24km^2 扩大到 4.8km^2，其中包括重点保护区 0.4km^2 和一般保护区 4.4km^2，建设控制地带为 8.88km^2。

目前存在的主要问题包括原生地形地貌的破坏和现代建筑设施的不协调、周边环境的污染、遗址保护资金短缺和旅游开发不甚景气。北京猿人遗址游客人数一直较少，周口店遗址管理处主任反映，游客对周口店认知度较低，“不知道看什么”“不了解关注的内容”。这正是遗址的特殊性决定的，周口店遗址受众面窄，游客数量自然不多。在问卷设计中（共147份），针对周口店镇在世界的“闻名”以及在游客中认知度较低这一矛盾的现象，做了一个调研，发现绝大多数人选择了“不感兴趣”“交通不便”“与现代生活关系不大”这三个选项（图3-66）。

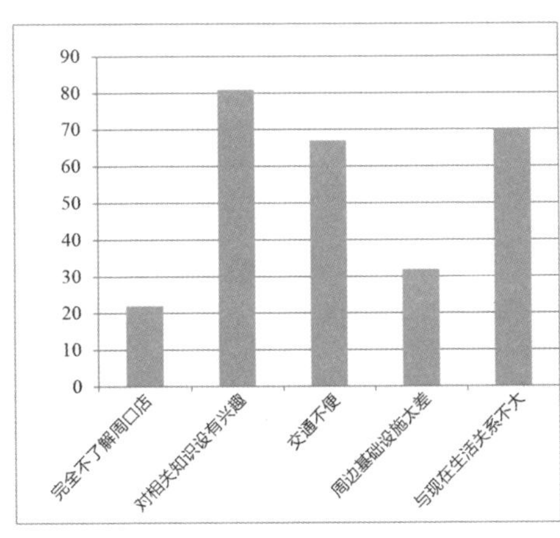

如果有机会前往周口店，在以下白然景点中你最想去哪个呢？如果已经去过，哪个景点最让你印象深刻呢？

[多选题]

选项	小计	比例
周口店猿人遗址——人类义明的摇篮	75	51.37%
金陵遗址——北京最早最人的皇家园寝	45	30.82%
十字寺遗址——全国唯一的景教遗址	8	5.48%
贾岛遗址——“鸟宿池边树，僧敲月下门”	28	19.18%
庄公院——“冬有凌雪之竹，春有耐寒之花”	35	23.97%
红螺三险与玉虚宫——“苍松翠柏，绿荫掩映”	80	54.79%
以上都不想去	0	0%
本题有效填写人次	146	

图3-66　北京猿人遗址问卷调研结果

古人类文化遗产的保护和发展有一定的独特性。世界上历史超过10万年的古人类遗址中，共有8处被列入世界文化遗产，周口店猿人遗址是中国唯一入选的古人类遗址。这8处世界文化遗产现状以及保护大致可以分为两类。第一类以西班牙阿塔皮尔卡遗址和印度尼西亚桑义兰古人类遗址为代表，其遗址现位于人口集聚区，因此在遗址保护上，多次提到“针对性立法保护”“地方社区、地方政府和大学在监管下合作管理”。第二类则以埃塞俄比亚阿瓦什低谷和奥磨低谷为代表，其遗址位于山区，地形崎岖，人迹罕至，规划保护中多次提到“难以立法”“以博物馆和遗址公园为蓝图载体”“放养式”等字眼。以印度尼西亚桑义兰人类遗址为例，为保护遗产，桑义兰人类遗址共在三个不同层面采取了措施：①在自然保护环境方面，当地政府不断进行植树造林，抵消了土地的侵蚀、滑坡。2008 年开始采砂活动被禁止，且自 2008 年以来，该财产被宣布为国家生命财产，受政府保护。②由教育和文化部文化总局全面管理。政府要求所有利益相关者，即地方社区、地方政府和大学，共同管理财产。③开发了四项主题集群（Cluster），即 K 集群（作为游客和访问者中心），N 集群（作为站点进行历史研究），B 集群（人类进化历程）和大宇集群（用作未来研究），游客将四项主题集群串联起来作为一条路线，刚刚好花费一天时间。

此外，从问卷和现场调研来看，亲近自然和休闲类的景区是当前游客比较关注的内容（图 3–67、图 3–68）。

（a）

（b）

图 3–67　深山中的玉虚宫（坡峰岭景区的人文景观）

（a）

（b）

图 3–68　坡峰岭景区的自然景观休闲

3.2.4　专题四：存量改造的方法论框架和谱系构建

1. 上位规划对存量更新的指导

存量更新部分关心宅基地、工矿用地以及采矿未恢复用地三类用地的现状与未来发展路径。北京总规及房山分区规划对存量更新均有明确指示。北京总规中明确提出增减挂钩，全市总体拆占比 1：0.7~1：0.5，且重点关注集体建设用地、农村集体工矿用地以及农民居民点。房山分区规划对量有更明确的指示，规划房山区总体建设用地至 2035 年减量 23 万 m^2，同时明确了低效集体产业拆五还一、矿山拆二十还一、保留的优质宅基地和集体产业不超过总量的 20%（表 3-9、表 3-10）。

表 3-9　上位规划中对于存量更新的指导（房山分区）

	2020 年	2035 年
常住人口规模 / 万人		143
生态保护红线面积占全区面积比例 /%		31.3
城乡建设用地规模 /km^2	291	282

表 3-10　上位规划中对于存量更新的指导（房山分区）

	必须减量用地	减量任务	有条件减量用地
消隐患	山区人口搬迁、煤矿采空区、地质灾害影响区范围内宅基地与产业用地，蓄滞洪区集体产业用地	100%	蓄滞洪区宅基地
促疏解	一般性制造企业禁限目录产业集体产业用地	100%	低效、欠发展产业的集体产业用地
控布局	保障第二道隔离地区与城—镇—村组团发展结构实施涉及的集体产业用地	满足二隔减量要求	保障第二道隔离地区与城—镇—村组团发展结构实施涉及的宅基地
修生态	生态红线、河道、保护区内集体产业用地	100%	—
保支撑	基本农田、市政与交通设施及廊道防护范围内的集体产业用地与宅基地	100%	—

现状建设用地 305km²，2035 年规划建设用地 282km²，总体减量 23km²。减量主要途径：清退低效集体产业、推进集中建设区城镇化、实施基础设施廊道；减量主要对象：集体产业用地（50%）、矿山（20%）、宅基地（20%）、国有用地。

2. 存量更新原理思考

北京现在正面临着不同层次、不同要素的空间存量更新改造进程。这里面既有中心城区、近郊区的存量改造情况，又有远郊区的存量改造情况，既有居住和工业等建设用地的存量提升改造情况，又有生态和非建设用地的存量提升情况（图 3–69~ 图 3–71）。

北京中心城区的存量更新及阿隆索模型解释

南城—丽泽金融商务区
首钢主厂区—文本科技融合示范功能区—文本软件服务、互联网信息服务、文化增值电信服务
园博园会址—西区文化艺术功能区
丰台大红门片区—创意设计服务功能区
798/751d park—艺术区/时尚创意功能区
北京焦化厂—RBD休闲商务区/遗址公园

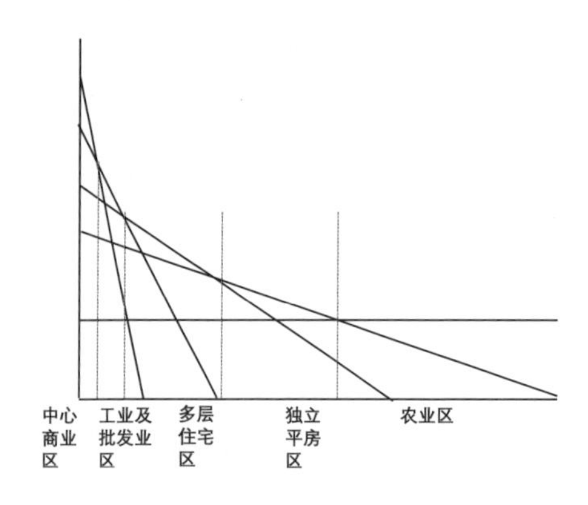

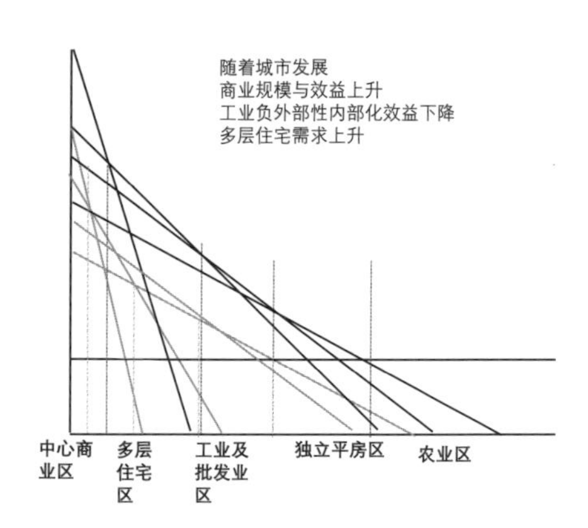

图 3–69　北京中心城区的存量更新及阿隆索模型解释

北京郊区和远郊区特色小镇路径的存量提升案例及模型解释

房山区长沟镇 — 基金小镇 — 京南水乡 — 文化硅谷（数据+文化创意平台）
昌平区小汤山镇—温泉之乡—御礼温泉
密云区古北口镇—国际旅游休闲—长城文化、古镇文化和休闲观光农业
怀柔区雁栖镇— 国际会议— 生态旅游 — 科技城（一流国际水准的会议会展区、休闲度假区和生态宜居区）
大兴区魏善庄镇— 国际创新总部经济（新航城）—月季大会
顺义区龙湾屯镇—山地休闲度假 、红色旅游和都市田园休闲（生态观光旅游—地道战遗址）
延庆区康庄镇 — 创业小镇 — 中关村 · 长城脚下的创新家园

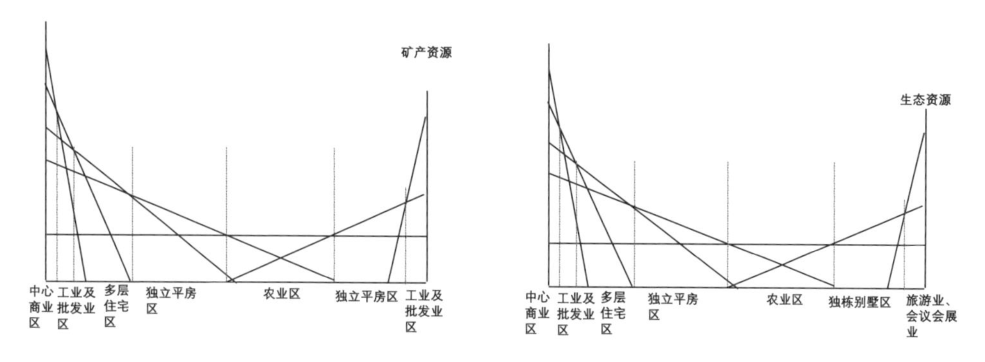

图 3-70　北京郊区和远郊区特色小镇路径的存量提升案例及模型解释

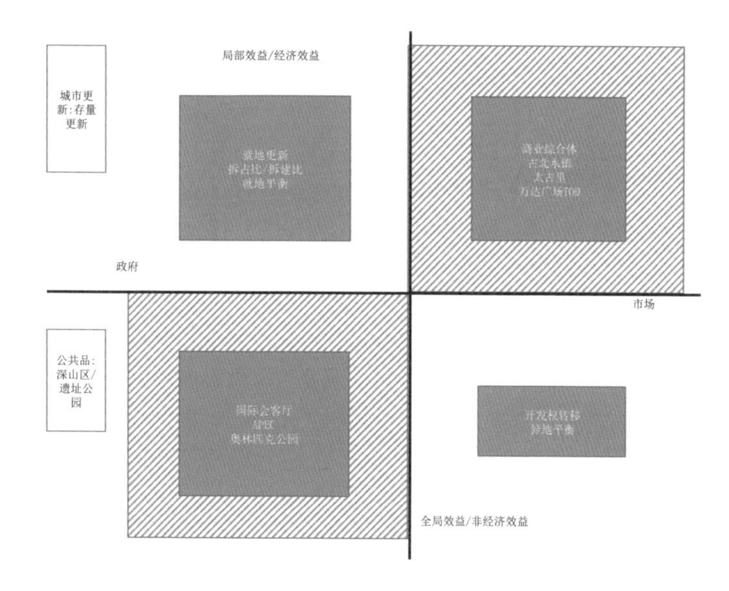

图 3-71　北京不同存量更新改造模式的机制归纳

利用阿隆索模型同样可以分析、揭示、预测周口店存量改造的驱动力。有两个基本的出发点，一是城市自发发展与环保要求导致曲线平移；二是大事件（如世界遗产）驱动下，土地被有效利用形成双中心（图 3-72、图 3-73）。

3. 周口店镇存量现状

聚焦到周口店镇，通过卫星影像及上位存量分布图，经过细致的识别工作，基本摸清周口店现有存量情况（图 3-74）。就建设用地面积来看，村庄居住面积 422 万 m^2，工业用地 320 万 m^2，其中已改造工业地 35 万 m^2，废弃地 106 万 m^2，停产地 180 万 m^2，采矿裸露地 445 万 m^2，合计存量用地面积 1189 万 m^2。

根据上位规划中工业用地拆五占一、采矿用地拆二十占一等要求，我们计算出三类用地一共可置换新用地面积 396 万 m^2，总体拆占比 1：0.33，远低于全市规模的 1：0.7~1：0.5，远期结合建设需求需考虑指标转移。而建筑面积上，我们抽样了各处的宅基地，测算出宅基地容积率在 0.45 左右，停产及改造后的工业地容积率在 0.7 左右，废弃地容积率按 0 处理，以此得到各类用地的现状建筑面积，一共是 341 万 m^2，这为后期做拆建比的测算做好基础工作（表 3-11、图 3-75）。

表 3-11　不同用地拆占比

万 m^2

	现状建设用地面积	现状建筑面积	置换用地面积
村庄居住	422.6	190.2	309.9
工业用地	321.6		64.3
改造工业地	35.4	24.8	
废弃工业地	106.1		
停产工业地	180.2	126.1	
采矿裸露地	445.4		22.3
总和	1189.6	341.1	396.5
拆占比			1：0.33

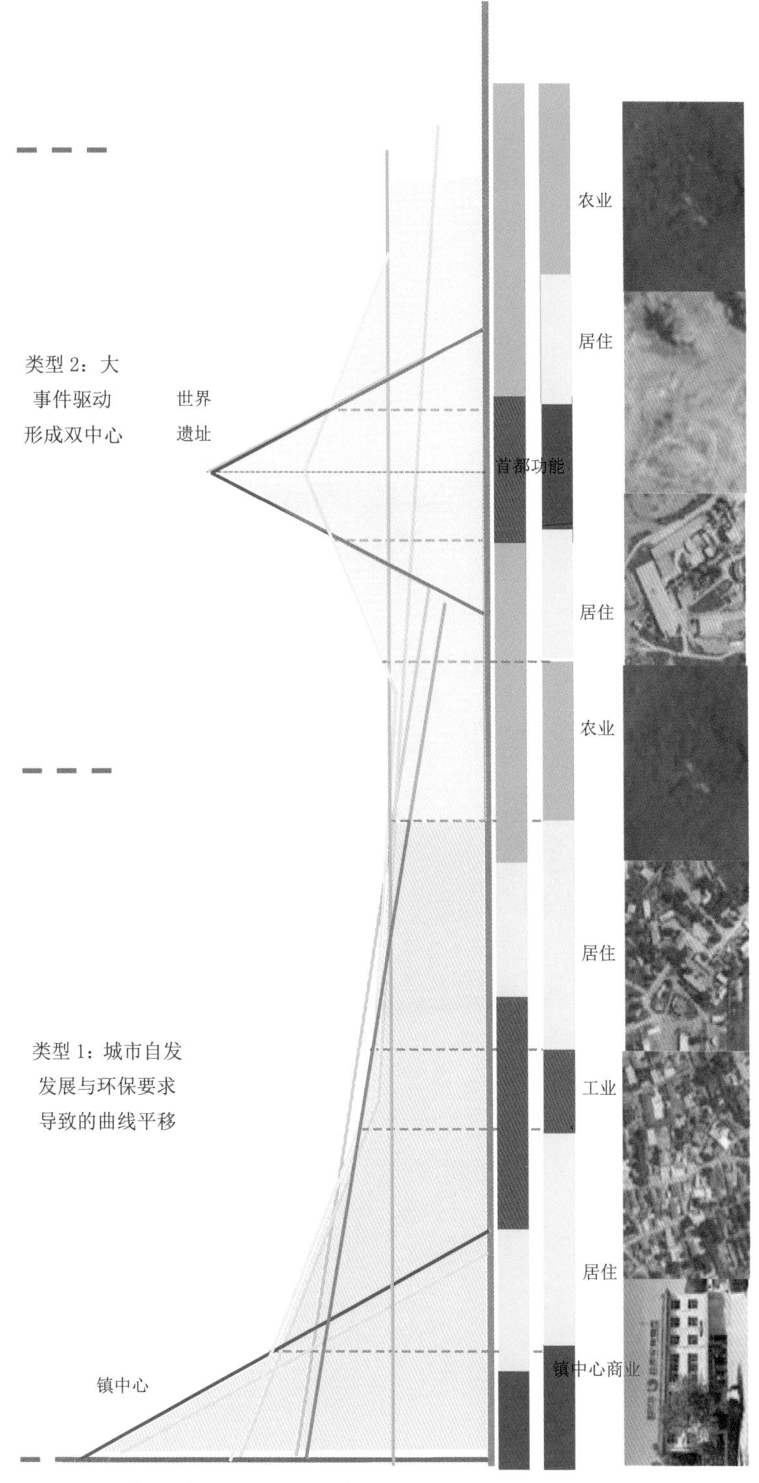

图 3-72　存量改造原理：阿隆索模型

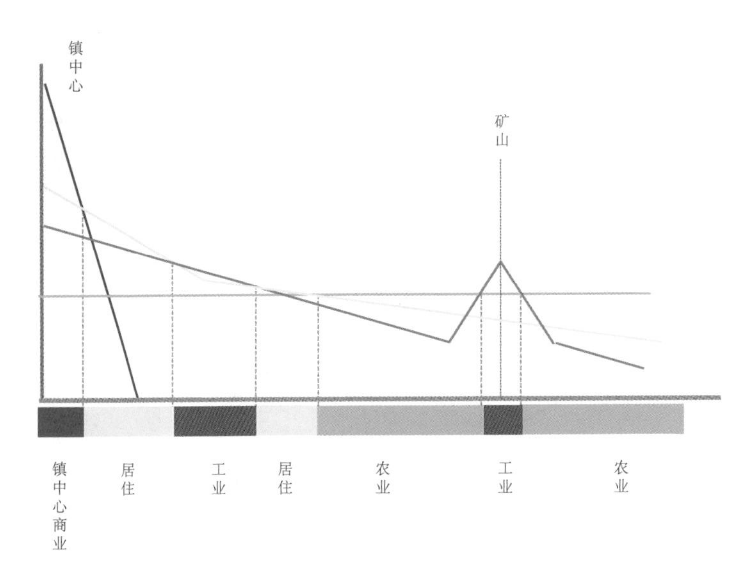

图 3-73　存量改造原理：阿隆索模型（周口店现状土地利用）

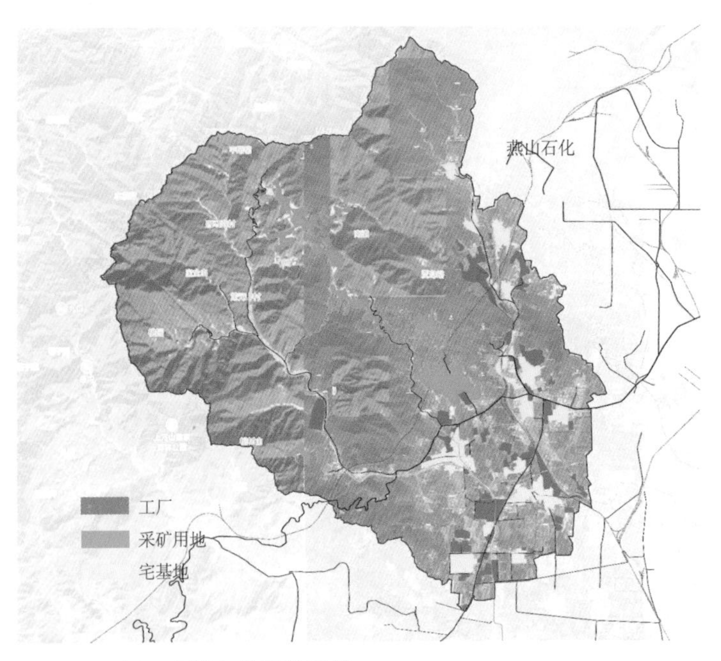

图 3-74　周口店镇存量用地现状

宅区等功能。

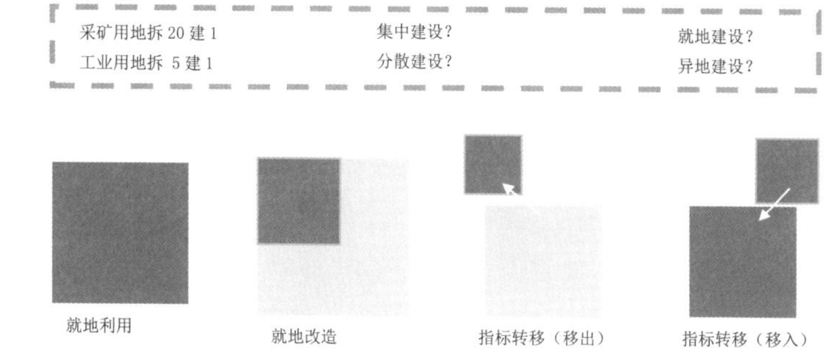

图 3-75 存量改造拆占规模

结合后期设计设想，我们粗略估算了三种模式下的拆建比，为 1：0.9~1：1.7，可做未来设计的参考（表 3-12）：

跳跃发展模式下，居住、工业、采矿以 1.5、1.3、1.3 的容积率进行建设，搭配小高层居住区、创业园等功能。

精明增长模式下，居住、工业、采矿以 1.2、1、1 的容积率进行建设，搭配多层住宅区、工业园等功能。

精明收缩模式下，居住、工业、采矿以 0.8、0.7、0.7 的容积率进行建设，搭配低层住宅区等功能。

表 3-12 不同模式的存量改造拆建比

	现建筑面积	跳跃发展	精明增长	精明收缩
村庄居住 / 万 m^2	190.2	464.9	371.9	247.9
工业用地 / 万 m^2	150.9	83.6	64.3	45.0
采矿裸露地 / 万 m^2	0.0	29.0	22.3	15.6
总和 / 万 m^2	341.1	577.4	458.5	308.5
拆建比		1：1.69	1：1.35	1：0.91

4. 周口店镇存量更新谱系构建

具体到三类存量，工厂的分布靠近居住区与浅山矿场，与居住地高度相关。采矿用地集中在中沟，其中龙骨山裸露地最为连片，面积最大，价值也最高。现有更新路径方面，工厂以更新业态为主要路径，如淘汰的水泥厂等改换成墙纸厂、视频分装厂，呈现明显的产业迭代现象。采矿用地上面，仅龙骨山附近开展了生态修复工作，其余部分均处于搁置状态。而宅基地的更新形态非常多样，出现了村居民集体上楼、小产权房等居住形态变化的现象，山村部分围绕旅游开展的更新更为丰富，有农家乐—姥姥家—村企合作等多种形式，更有部分平原村出现瓦片经济（图 3-76）。

就矿、厂、村具体分析。在研究一系列的采矿用地改造案例后，我们归纳出采矿用地的改造谱系。将不同类型改造按公共品属性来分为四个大的类别，进一步将不同类型归纳为五个策略，即政府主导公共投资下的有限利用策略；政府基础投资社会资本跟入的公共资源 + 市场引入策略；政府主导 + 首都功能的策略；市场主导 + 地区功能策略；私人开发策略。进一步针对价值与成本两维度进行分析，最终得到模式评估办法。可以看到在矿山价值有限的情况下，有限利用与公共资源 + 市场引入模式效率最高；而矿山价值高的情况下，公共资源 + 市场引入，政府主导 + 首都功能，市场主导 + 地区功能三类策略效益最高。

（1）采矿用地谱系

落地到周口店的采矿场上，龙骨山采矿场规模大、毗邻猿人遗址、离建成区近，是明显的高价值改造地，更适宜采取公共资源 + 市场引入的策略或者俱乐部产品策略进行开发，可借鉴法国某采石场改造，强调保留场地工业痕迹，将它塑造为有特色、有标志性的场所。而对其他的深山区采矿区，

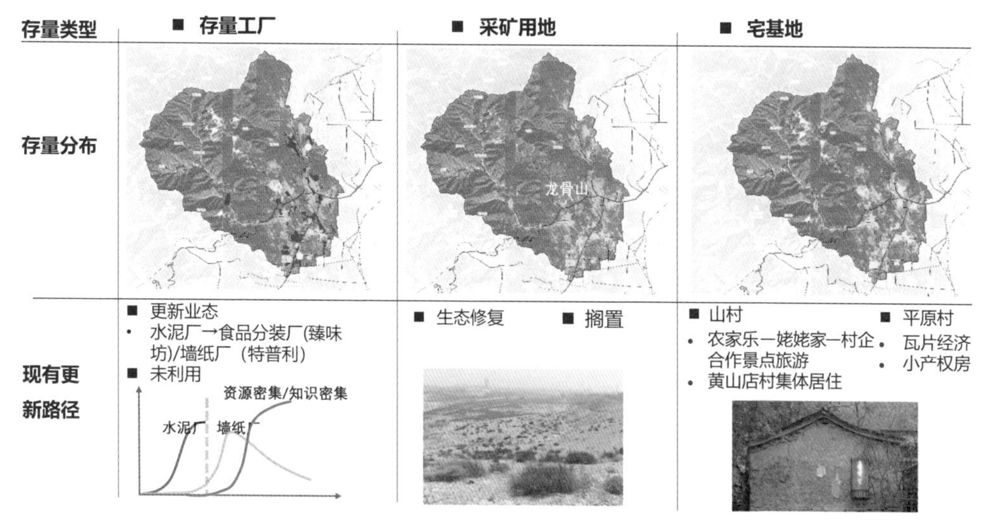

图 3-76　周口店镇存量村厂矿现有更新路径

更适宜采用有限利用的方式，可借鉴日本国营公园改造案例，强调恢复自然状态，修复生态环境。改造指标上，深山区采矿区拆占比一定远小于 20：1，而龙骨山改造会大于 20：1，这两类改造一定会存在指标内部转移，甚至是外部转移（图 3-77~ 图 3-81）。

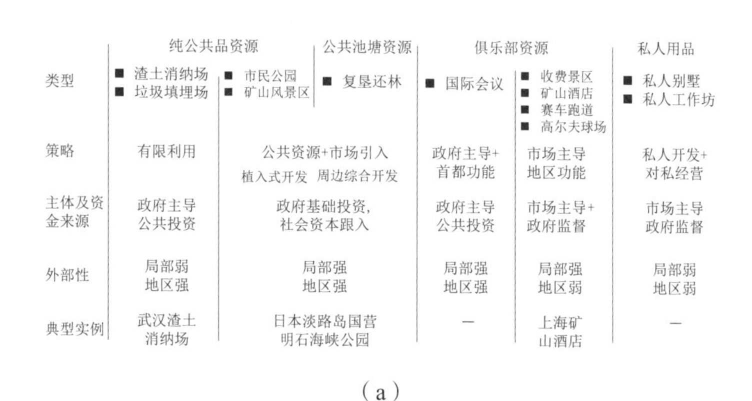

	纯公共品资源		公共池塘资源	俱乐部资源		私人用品
类型	■ 渣土消纳场 ■ 垃圾填埋场	■ 市民公园 ■ 矿山风景区	■ 复垦还林	■ 国际会议	■ 收费景区 ■ 矿山酒店 ■ 赛车跑道 ■ 高尔夫球场	■ 私人别墅 ■ 私人工作坊
策略	有限利用	公共资源+市场引入 植入式开发　周边综合开发		政府主导+ 首都功能	市场主导 地区功能	私人开发+ 对私经营
主体及资金来源	政府主导 公共投资	政府基础投资， 社会资本跟入		政府主导 公共投资	市场主导+ 政府监督	市场主导 政府监督
外部性	局部弱 地区强	局部强 地区强		局部强 地区强	局部强 地区弱	局部弱 地区弱
典型实例	武汉渣土 消纳场	日本淡路岛国营 明石海峡公园		—	上海矿 山酒店	—

（a）

图 3-77　采矿用地改造谱系

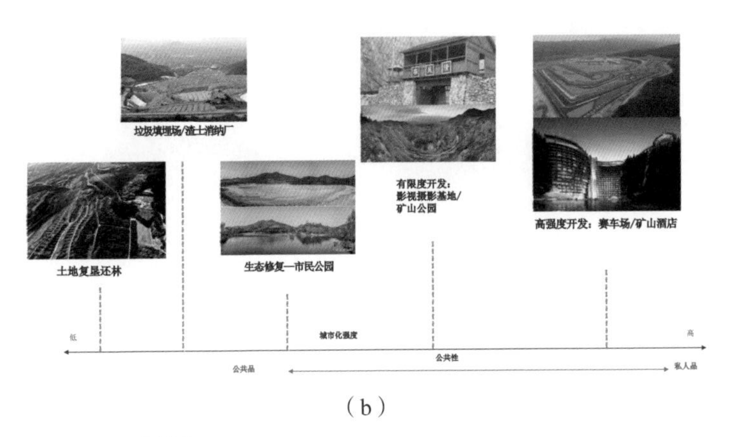

（b）

图 3–77 （续）

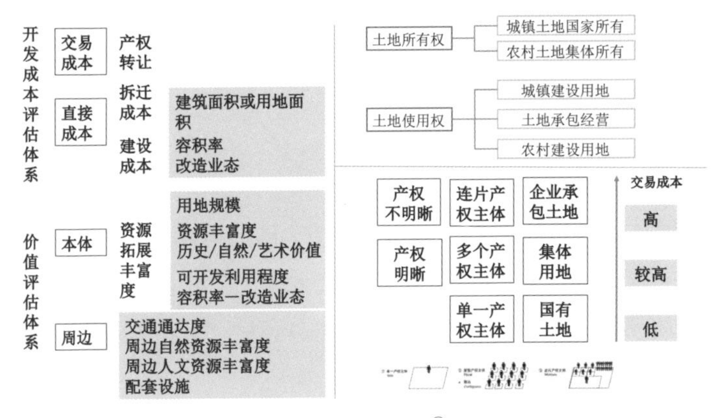

图 3–78 矿改造：本体价值—开发成本[①]

策略	有限利用	公共资源+市场引入 植入式开发 周边综合开发	政府主导+首都功能	市场主导+地区功能	私人开发+对私经营
开发成本	低	中	中	高	高
外部性	局部弱 地区强	局部强 地区强	局部强 地区强	局部强 地区弱	局部弱 地区弱
价值有限	高效益	高效益	效率有限	效益有限	效益有限
价值高	效益有限	高效益	高效益	高效益	效益有限

图 3–79 矿改造模式评估

① 参考资料：吴金峰，邓冰珏，徐佳慧．石景山空间规划存量规划专题．清华设计课。

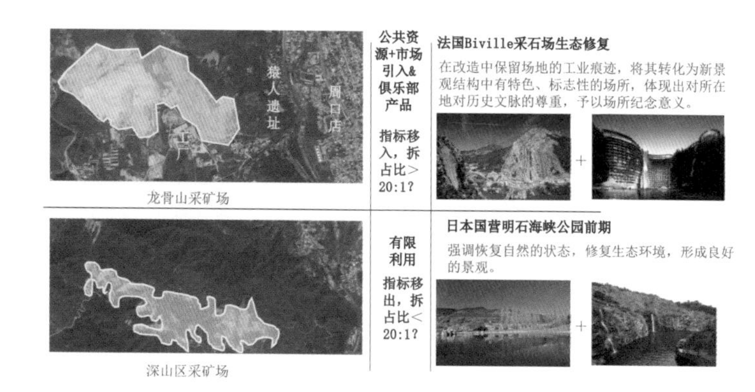

图 3-80　周口店镇矿改造拆占比举例

（a）　（b）

图 3-81　周口店山后采矿场

（2）工厂改造谱系

按同样的办法梳理工厂改造谱系，大致分为还耕、劳动密集型工业、房产开发、资本密集—知识密集型工业、变性改造这五类模式，具体采用哪种模式需在后续确定发展路径后具体问题具体分析。我们以两个地点为例，龙骨山工厂因靠近采矿区、猿人遗址，更适合旅游开发，这就面临着规划变性的问题，可对标北京 798 艺术区的改造，与周边环境形成更良性的互动（图 3-82、图 3-83）。

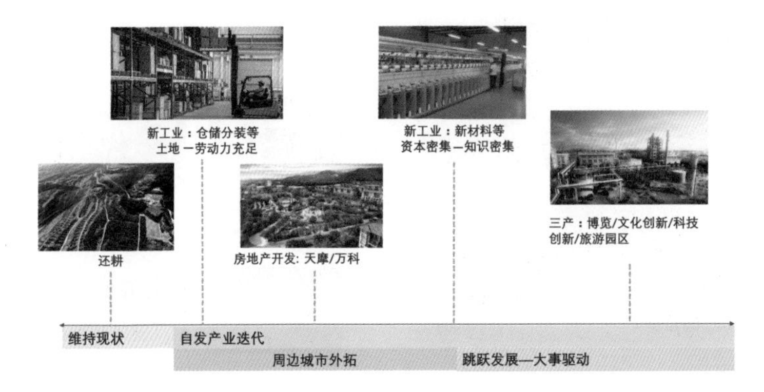

图 3-82　工业用地改造谱系

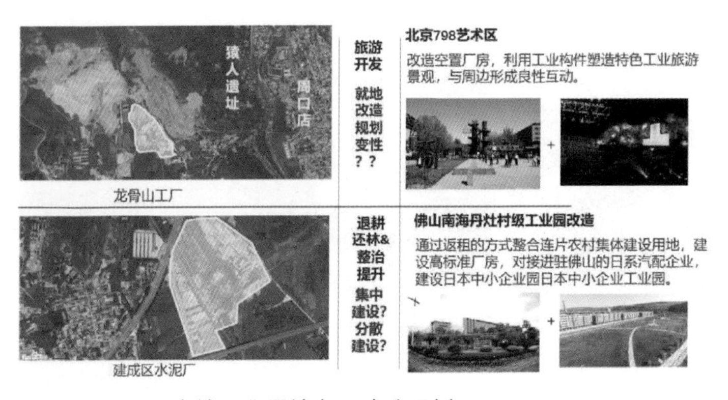

图 3-83　周口店镇工业用地存量改造示例

（3）宅基地改造谱系

宅基地改造谱系从土地性质转变角度出发，分为四个类别（图 3-84），并针对用地形态做了更细致的划分。就地来看，猿人遗址周边宅基地适宜对标斯洛伐克遗址小镇，将重要的采矿活动等遗址展示出来，同时结合社区营造发挥猿人遗址的社会价值（图 3-85、图 3-86）。

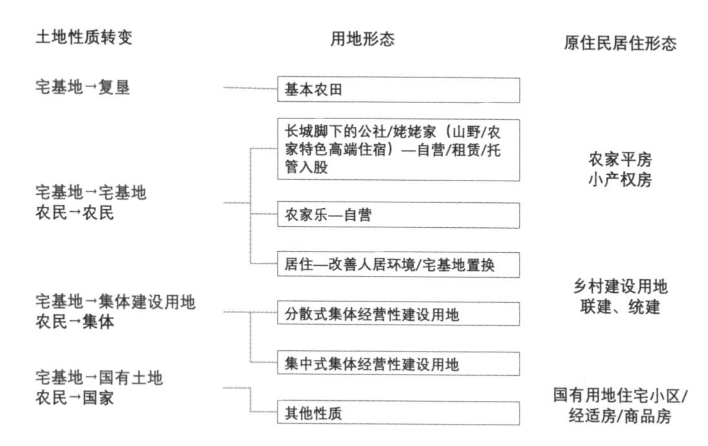

图 3-84　宅基地改造谱系

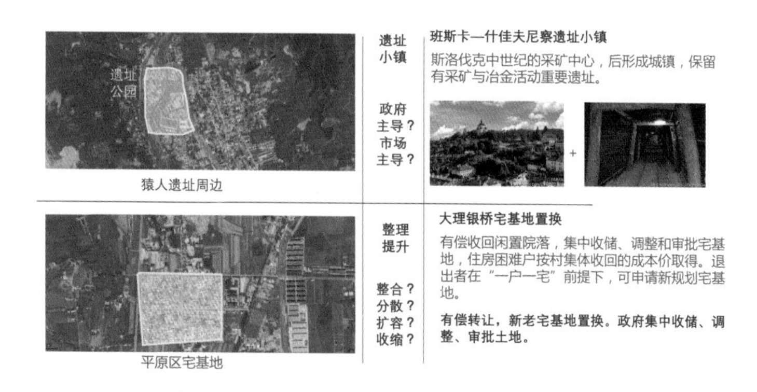

图 3-85　宅基地存量改造示例

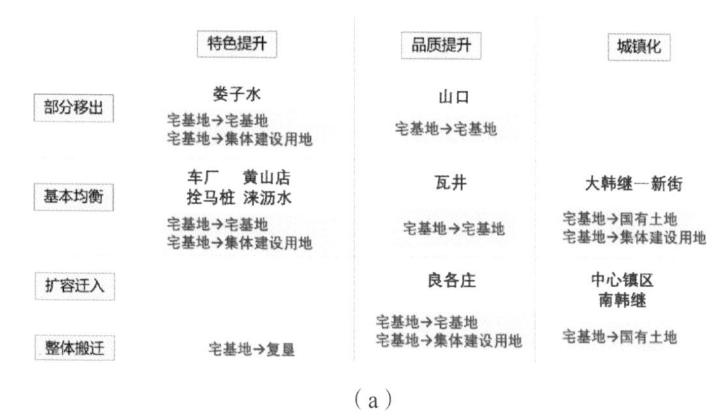

（a）

图 3-86　周口店宅基地改造谱系

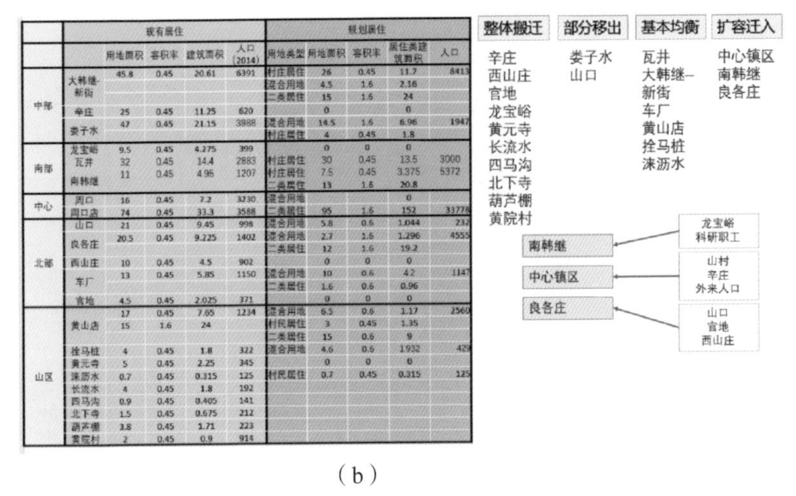

		现有居住				规划居住				
		用地面积	容积率	建筑面积	人口（2014）	用地类型	用地面积	容积率	居住类建筑面积	人口
中部	大韩继-新街	45.8	0.45	20.61	6391	村庄居住	26	0.45	11.7	8413
						混合用地	4.5	1.6	2.16	
						二类居住	15	1.6	24	
	辛庄	25	0.45	11.25	620		0		0	
	娄子水	47	0.45	21.15	3988	混合用地	14.5	1.6	6.96	1947
						村庄居住	4	0.45	1.8	
南部	龙宝峪	9.5	0.45	4.275	399		0	0	0	
	瓦井	32	0.45	14.4	2883	村庄居住	30	0.45	13.5	3000
	南韩继	11	0.45	4.95	1207	村庄居住	7.5	0.45	3.375	5372
						二类居住	13	1.6	20.8	
中心	周口	16	0.45	7.2	3230	混合用地			0	
	周口店	74	0.45	33.3	3588	二类居住	95	1.6	152	33778
北部	山口	21	0.45	9.45	998	混合用地	5.8	0.6	1.044	232
	良各庄	20.5	0.45	9.225	1402	混合用地	2.7	1.6	1.296	4555
						二类居住	12	1.6	19.2	
	西山庄	10	0.45	4.5	902		0	0	0	
	车厂	13	0.45	5.85	1150	混合用地	10	0.6	4.2	1147
						二类居住	1.6	0.6	0.96	
	官地	4.5	0.45	2.025	371		0	0	0	
山区		17	0.45	7.65	1234	混合用地	6.5	0.6	1.17	2560
	黄山店	15	1.6	24		村民居住	3	0.45	1.35	
						二类居住	15	0.6	9	
	拴马桩	4	0.45	1.8	322	混合用地	4.6	0.6	1932	429
	黄元寺	5	0.45	2.25	345		0	0	0	
	涞沥水	0.7	0.45	0.315	125	村民居住	0.7	0.45	0.315	125
	长流水	4	0.45	1.8	192					
	四马沟	0.9	0.45	0.405	141					
	北下寺	1.5	0.45	0.675	212					
	葫芦棚	3.8	0.45	1.71	223					
	黄院村	2	0.45	0.9	914					

（b）

图 3-86 （续）

3.2.5 专题五：从市域、区域、镇域看空间与形态

从市域、区域、镇域三个尺度研究周口店的空间与形态，分别研究了交通、村落、用地三个方面的内容。

1. 交通

1）市域范围：城镇关系与交通现状

周口店紧邻房山三个新城组团（燕房组团、良乡组团、窦店组团），距离北京城区 1.5h 车程，位于京保石发展轴上(图 3-87~ 图 3-90)。

（1）铁路系统

周口镇店内有京原铁路、京山铁路两条线路，良各庄站一个站点。铁路系统北部通往北京城区、张家口；南部通往保定、石家庄；西往太原；东往廊坊、蓟州。

（2）高速与国道

周口店周边区域有京昆高速、京港澳高速两条高速，其他为国道。高速与国道系统北往北京城区、张家口；南往保定、石家庄；东往廊坊、蓟州；西往山西。

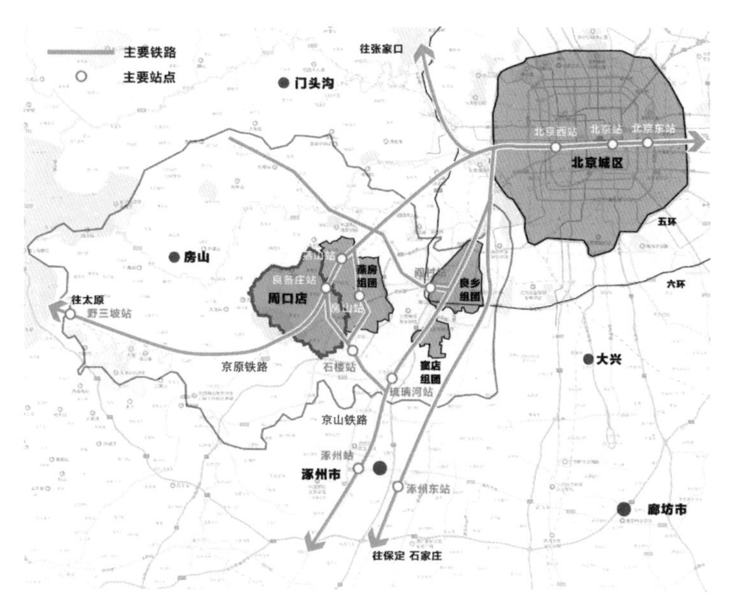

图 3-87　周口店镇在市域范围交通：铁路系统

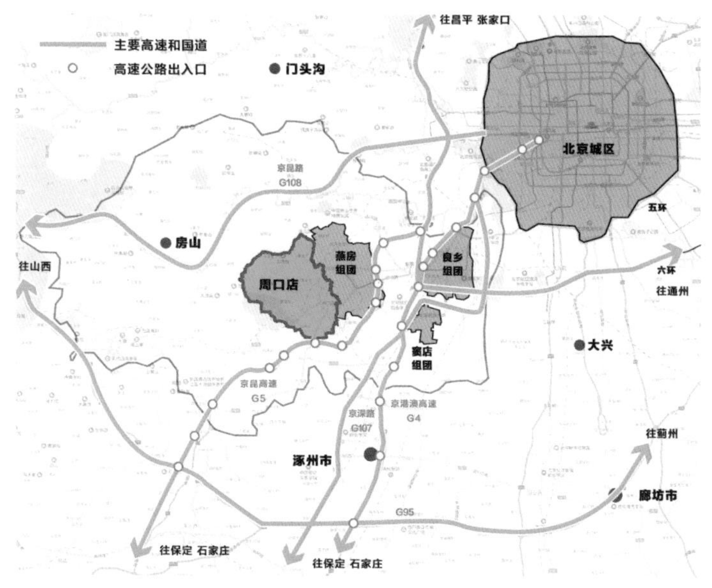

图 3-88　周口店镇在市域范围交通：高速国道

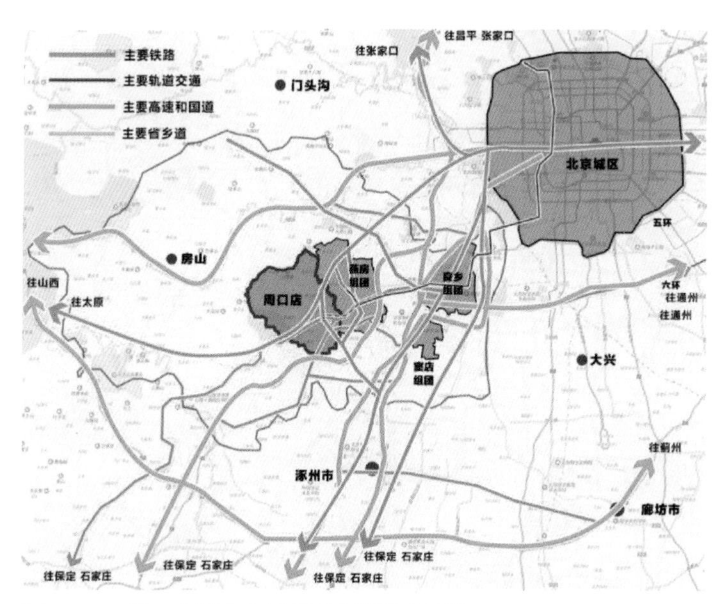

图 3-89　周口店镇在市域范围交通综合现状

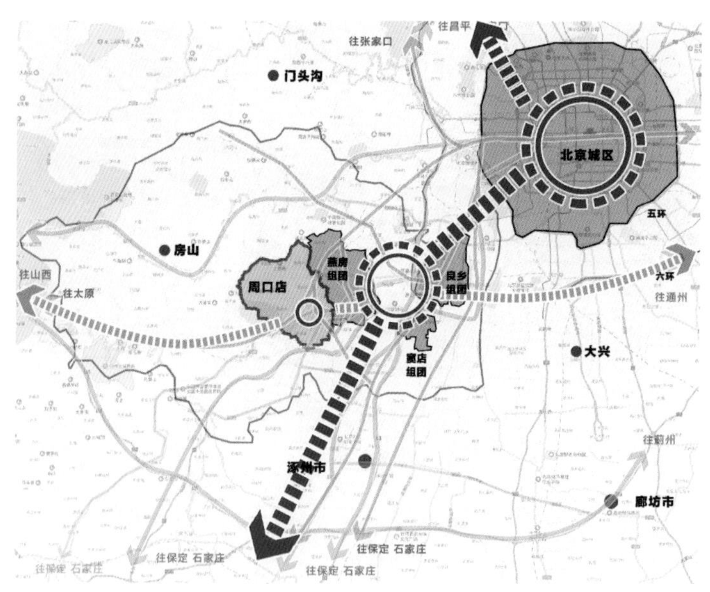

图 3-90　周口店镇在市域范围交通综合现状与新城组团关系

（3）省乡道

周口店镇内重要的省道包括京周路、周张路、房易路三条道路。从省乡道系统可看出，周口店东南部与周边城镇联系较强，北部与周边联系较弱。周口店东南部与燕房组团南部联系较为密切，北部联系缺乏，需要加强。周口店与三个新城组团形成环路网络格局，未来应联动发展。

（4）轨道交通

目前的轨道交通线路是燕房线、房山线，规划有燕房线支线通往周口店镇区，设站周口店镇站。依靠轨道交通从周口店到其他组团进行通勤，周口店—燕房需要 7min；周口店—良乡需要 40min，周口店—北京城区需要 1.5h。

总体上，市域范围交通现状呈以北京市为中心的放射状分布，其中南北向京保石发展轴上交通联系较强。周口店与三个新城组团形成环路网络格局，未来应联动发展。

2）区域范围：周口店镇与燕山、城关交通现状

周口店周边重点城镇为燕山、城关，城镇对外交通体系主要沿东北—西南走向。周口店与城关镇有京周路省道联系，规划有地铁线连接，交通联系较强；与燕山镇的交通联系较弱（图 3-91）。

3）镇域范围：周口店镇内部交通现状

村落主要沿省乡道分布。东南部村庄有省道连接，交通条件相对较好，与周边城镇联系紧密；北部村庄受地形因素制约，道路较少，与周边城镇联系较弱（图 3-92）。

4）公共交通与可达性

对于地铁而言，周口店到燕房组团仅需要 7min，到良乡组团 37min，到北京城区 1.5h；对于公共汽车而言，主要有三条线路，到燕房组团 30min，到良乡组团 70min，到北京城区 2h。从古至今，从马车时代、公路时代到铁路时代、

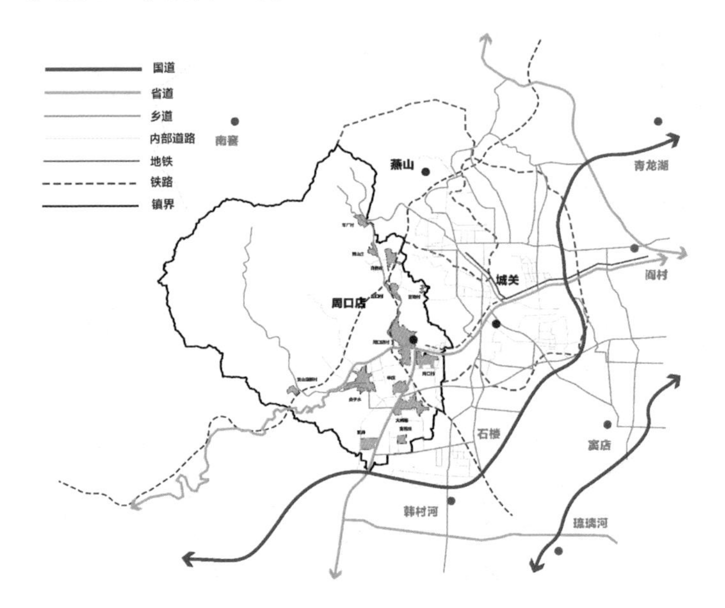

图 3-91　周口店镇在区域范围交通

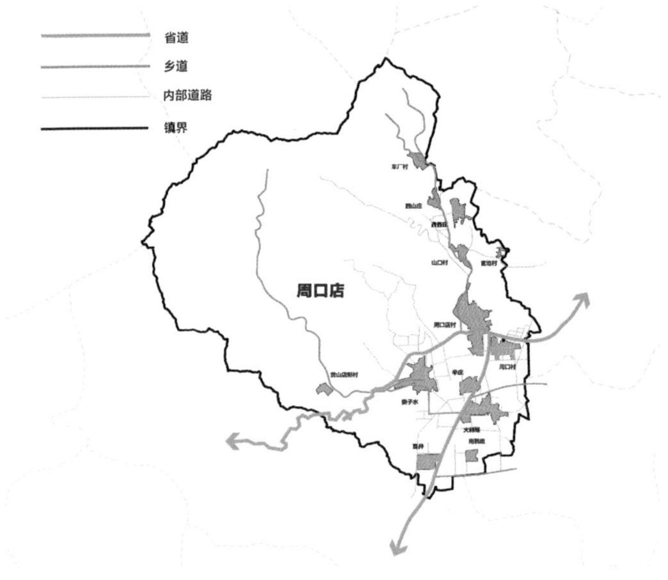

图 3-92　周口店镇镇域内部交通

高速时代，再到轨道交通时代，周口店到北京城的时间从一天缩短到了 1.5h，交通的发展同时带动着地区整体的发展变化（图 3-93~ 图 3-95）。

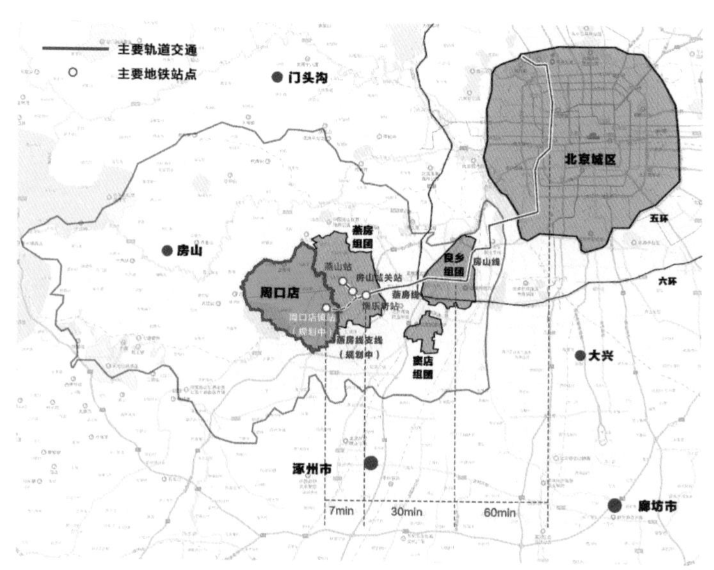

图 3-93 周口店镇可达性：地铁

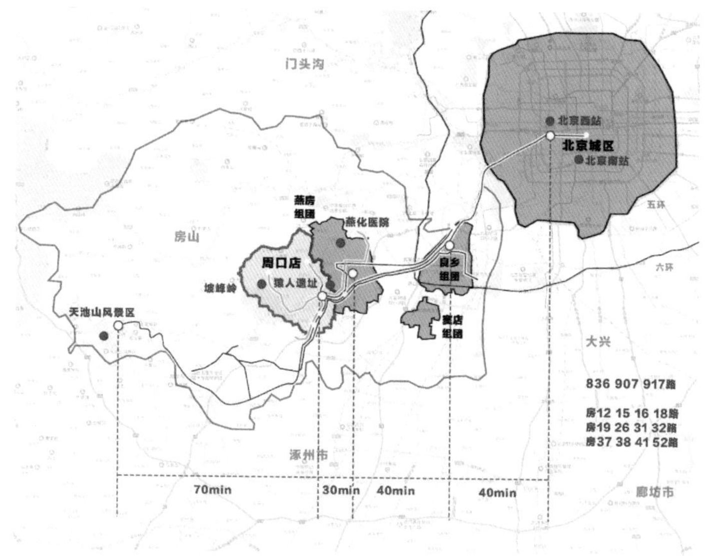

图 3-94 周口店镇可达性：公共汽车

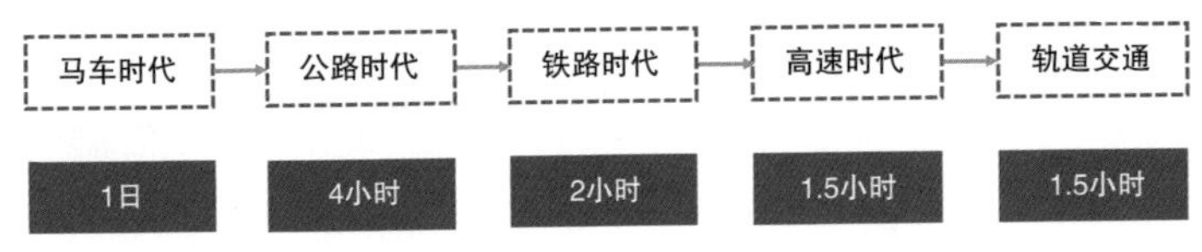

图 3-95　周口店镇抵京时间变化

2. 用地

（1）区域范围用地空间格局

周口店的区位特点是山川及京畿两大因素共同作用。从西北往东南，地势逐渐降低；从东北往西南，受北京城的影响逐渐减弱（图 3-96）。以山川因素和京畿因素共同建立正交体系，其中两个极端分别是：东北象限邻近北京，地处山区；西南象限远离北京、地处平原（图 3-97）。由此形成了两种趋势：靠山靠城的部分，性质更加官方，主要发展历史文化，是镇区中心；远山远城的部分，更具有民间风俗，主要发展生态旅游和平原经济（图 3-98）。

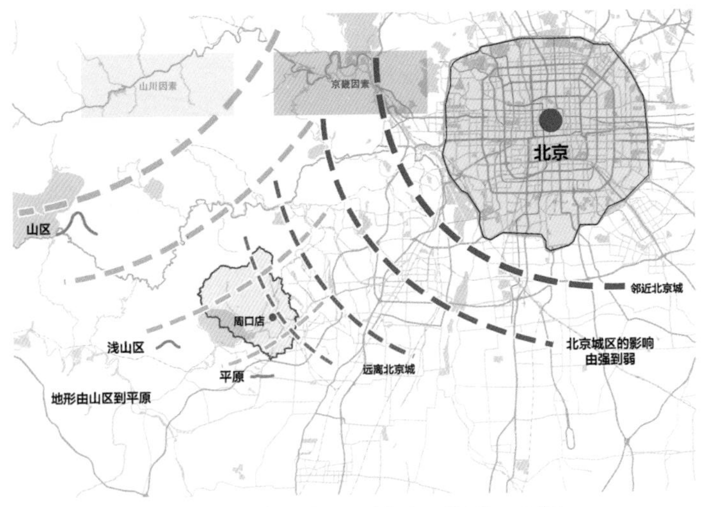

图 3-96　山川因素与京畿因素共同影响下的周口店镇

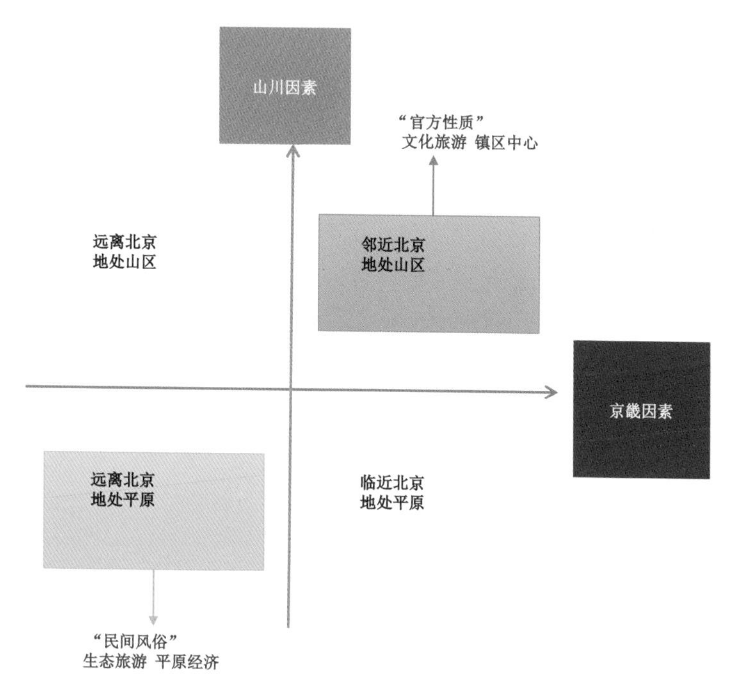

图 3-97　山川因素与京畿因素共同影响下的周口店镇用地谱系

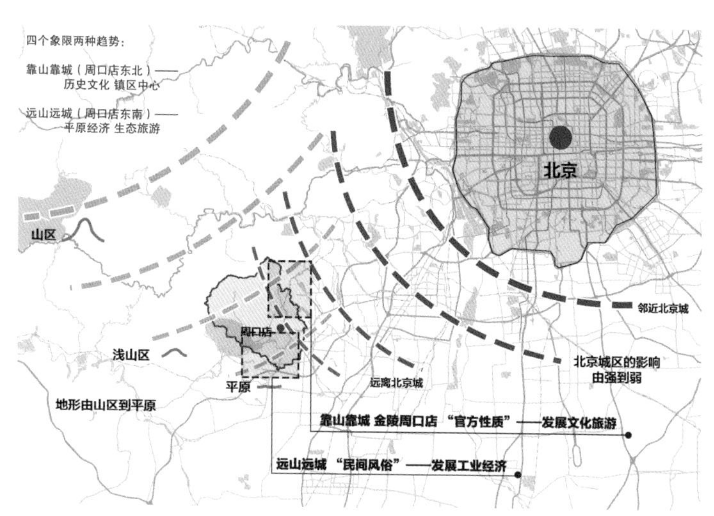

图 3-98　山川因素与京畿因素共同影响下的周口店镇用地谱系及空间分布

周口店紧邻东部城镇集中建设区，未来规划应当重视周口店东南部平原与周边城镇的联动发展。由燕房、良乡、窦店组成的高精尖三角，周口店紧邻其中一角。周口店、大石窝、琉璃河组成的文旅三角，周口店为其中一角。值得注意的一点是，区域尺度上，组团分布是北经济南文旅，而周口店镇内部，组团分布是北文旅南经济（图 3-99）。

（2）村落形态与分布：地形—河沟肌理

周口店镇共有 24 个村，包括车厂村、西山庄、良各庄、山口村、官地村、周口店村、周口村、辛庄、娄子水、大韩继、南韩继、瓦井、黄山店村、龙宝峪、拴马桩、来利水、黄元寺、长流水、北下寺、四马沟、葫芦棚等（图 3-100）。各个村落的面积由大到小的分布。其中最大的是周口店村：142.8 万 m^2。

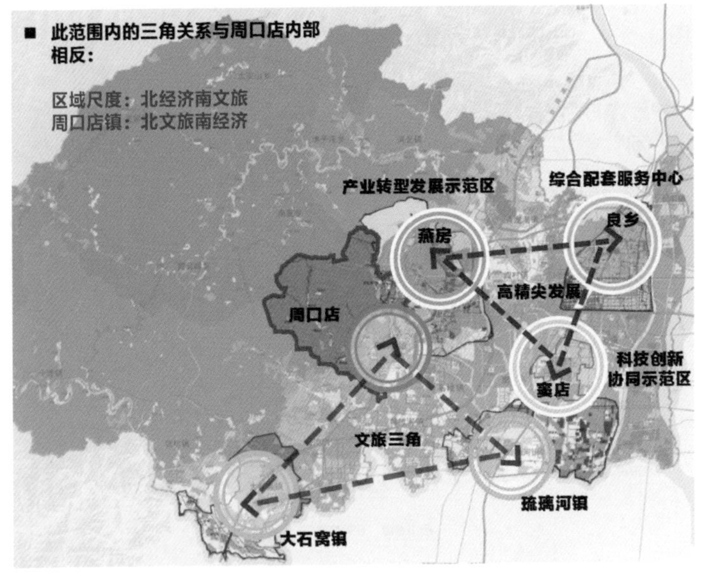

图 3-99　区域范围用地规划中周口店与周围组团关系

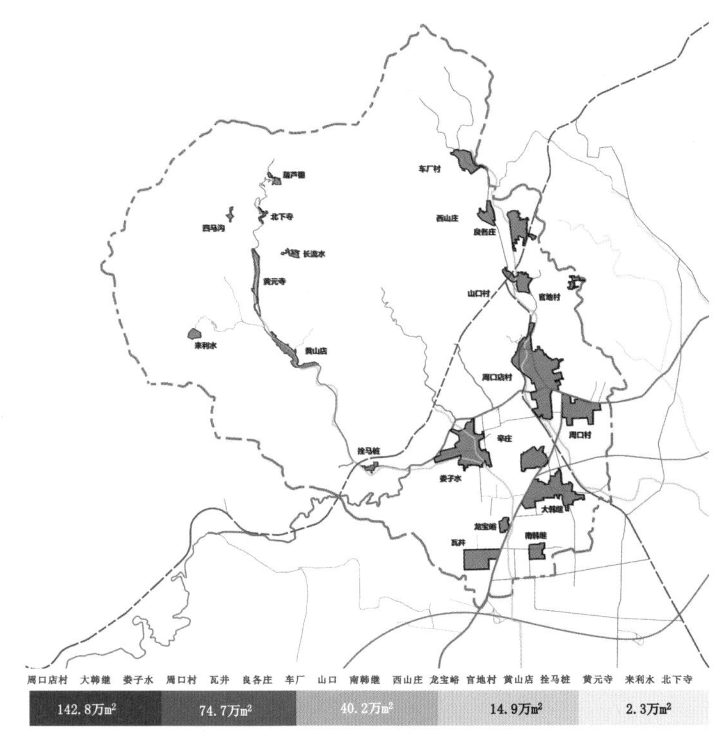

图 3-100　周口店村落分布及面积排序

从地形因素来看，村落大多数分布在东南部平原地区，少数分布在浅山区的山脚和山谷。其中，平原区村落和浅山区村落分别有 12 个，占比各 50%；面积分别为 450 万 m^2、154 万 m^2，分别占比 74.5% 和 25.5%。

从河沟因素来看，周口店镇内有三条沟，村庄大多都沿河沟分布。北沟，沿线分布有金陵遗址、十字寺、猿人遗址和镇政府，这一片区更加邻近北京，更为官方，历史文化丰富，是镇区的中心。南沟，沿线分布有坡峰岭、棋盘岭、玉虚宫、红螺三险，南部还有大量的工业园区。这一片区远离北京，民间风俗，生态旅游资源丰富，适合发展平原经济。中沟，则是大量的采矿用地。三条沟有各自的特点，村落分布非常有特色（图 3-101）。

再深入到村庄内部，有一些特殊的村庄肌理。如周口店村、周口村、南韩继的条状肌理；瓦井村的井字形肌理（图 3–102）。

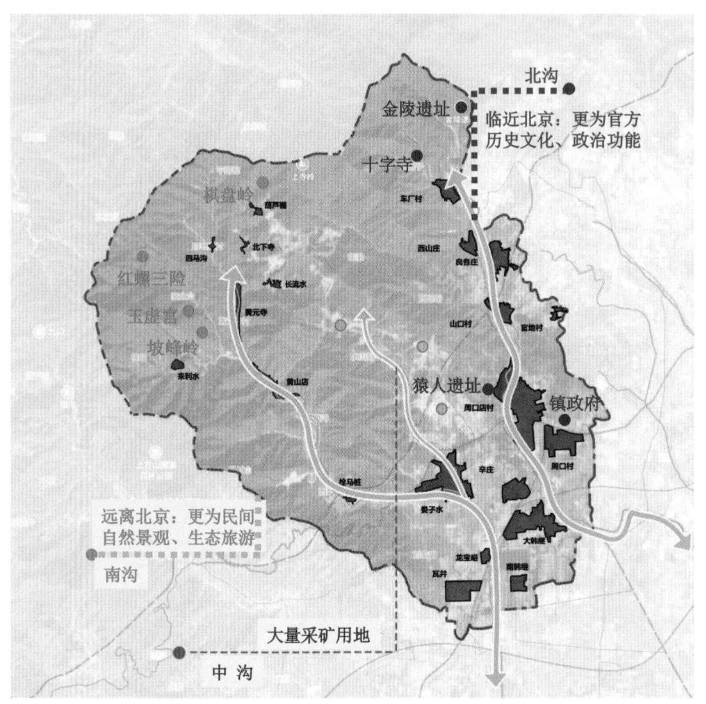

图 3–101　三沟沿线周口店村落分布及特点

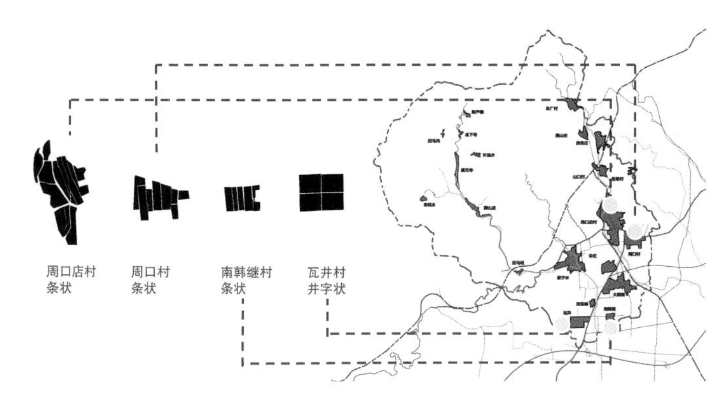

图 3–102　周口店局部村庄肌理

（3）周口店镇综合用地现状

先来看综合用地现状图。以下重点要素的分布如图 3-103 所示：山区、浅山区、平原区；旅游林地、普通林地、基本农田；北沟、中沟、南沟；南水北调干线；正在规划中的地铁燕房线支线；沿平原区与浅山区山脚分布的村落；周口店猿人遗址、其他丰富的景点。

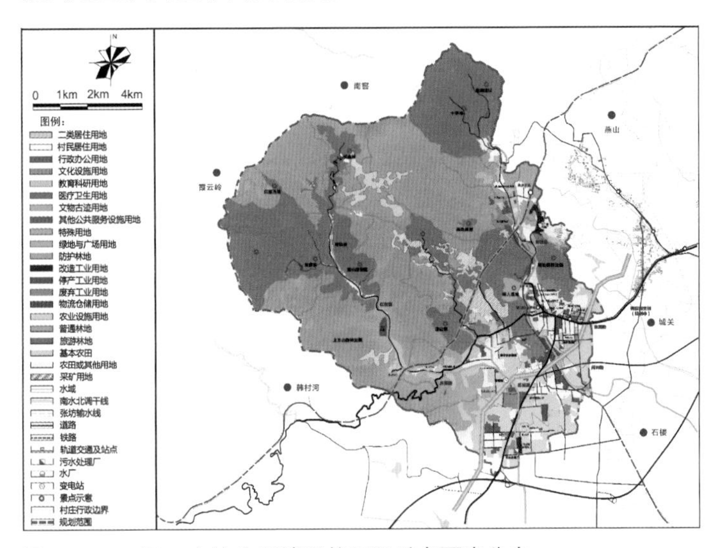

图 3-103　周口店综合用地现状图及重点要素分布

分别来看，居住用地（图 3-104）分为二类居住用地和村民居住用地，占比 46.49%。其中村民居住用地占主要部分。近年来房地产兴建，一些二类居住用地依原有的村民居住用地形成，如天恒摩墅、万科七橡树。

工业用地（图 3-105）分为改造工业用地、停产工业用地和废气工业用地，占比 29.34%。另外，采矿用地有 445.4 万 m^2。周口店有大量的工业用地，主要分布在村庄周围，大致和村落分布的格局类似。

公共管理与公共服务设施用地（图 3-106）包括行政办公用地、教育科研用地、文化设施用地、医疗卫生用地、文物古迹用地和其他公服设施用地，总共占比 8.34%。公共服务设施大量集中在镇区范围，少量分布在南部村庄，北部村庄相对缺乏。

除山区绿化、遗址公园以外绿地与广场用地（图 3-107）仅有三处分布在周口村和周口店村。由于周口店具有丰富的林地，其绿化与广场用地虽然较少，但未必缺乏。

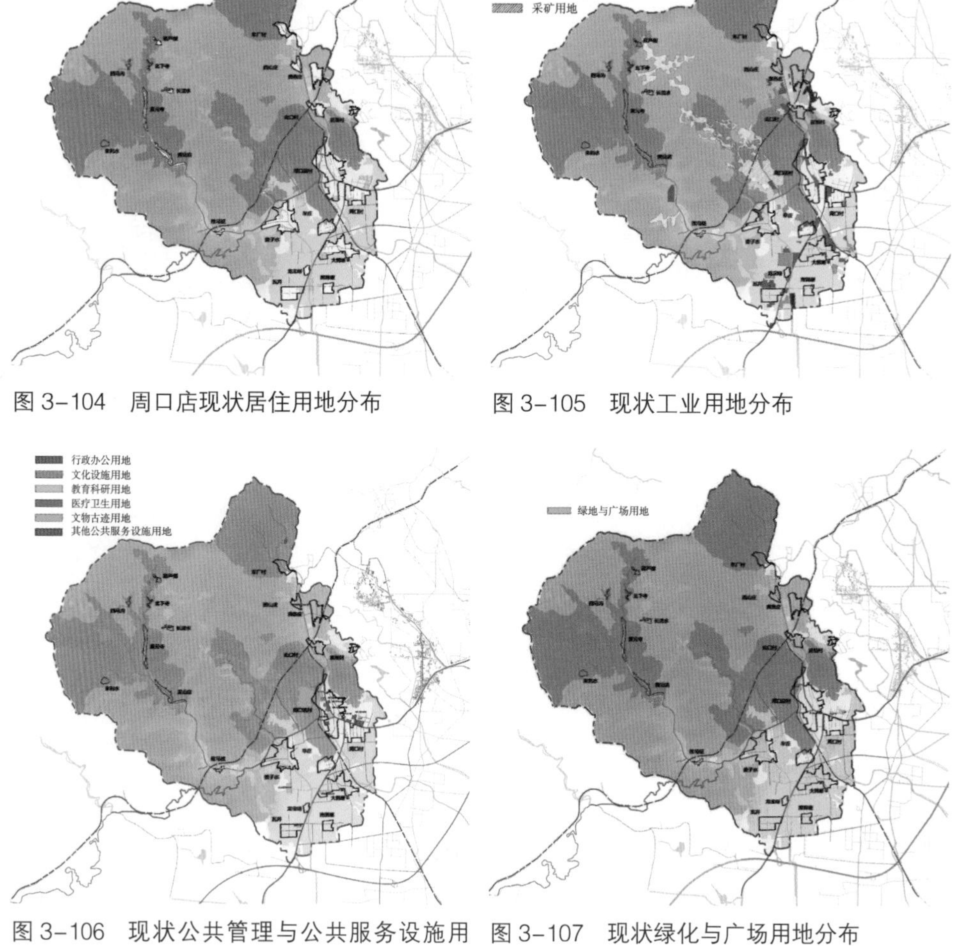

图 3-104　周口店现状居住用地分布

图 3-105　现状工业用地分布

图 3-106　现状公共管理与公共服务设施用地分布

图 3-107　现状绿化与广场用地分布

将以上信息统计成用地平衡表，并与标准的城市建设用地结构的大致范围进行对比，可以看到各类用地的比例基本在区间内，只有绿化与广场用地偏低。另外，总的人均建设用地为 292.9m^2。从主要村庄的人均建设用地情况来看，除去停产废弃的工业用地和仓储用地后的人均建设用地为 161.4 万 m^2，平原区的人均建设用地为 191.7m^2，山区人均建设用地为 110.4m^2。

（4）上位规划实施情况（用地与交通）

用地与交通方面，通过对比 2006 年的规划图与 2018 年的现状图，对上一版规划的实施情况作一个简单的评估。镇域交通系统规划中提出的交通发展目标是，提高对外交通通达性，完善轨道交通体系。现状对外交通的房易路、京周路、周张路、阎周路已经完善；而两条通往山区的路还未建成。轨道交通方面，地铁燕房线支线线路仍在建设当中。用地方面，空间发展策略在山区、浅山区、平原区有所不同。山区严格控制村落等建设用地，只留少量村庄作为生态保育服务基地。山前丘陵地带生态非常敏感，保留的服务村落要特别注意生态建设。平原区为城镇主要的发展空间，以南水北调干渠为界，西北部与周口店遗址较近，特别要控制建设强度和密度，东南部可在保障生态环境的基础上适当提高建设强度。

从用地斑块来看，大致的用地格局未改变。城镇中心区总体规划提出要建立北组团、南组团两个中心。北组团主要功能是行政旅游商务，南组团要建立集中的工业园区。其中，北组团已经完成了部分建设，如镇政府、遗址公园，但商贸服务、公园绿地未建成；南组团未完成建设，基本没有变化，工业园区也未建成。上位规划提出要集中布置工业用地，对矿山要进行生态修复。目前，大量的工业用地还未疏解，大部分处于废弃或停产的状态，南部集中工业园区未建成；大量的采矿用地已经停产，但还未修复。最后是上位规划提出的遗址保护，建立生态景区的要求，这一目标已经完成了一部分，主要的景区陆续建立。但某些遗址的保护范围还需进一步确立（图 3–108~ 图 3–111）。

图 3–108　周口店的生态用地

图 3–109　周口店金陵遗址中村庄

图 3–110　“农家乐”小院

图 3–111 改造后的新厂房

3.2.6　专题六：从底线保障到 SOD 公服引导开发

1. 公共品需求的对象：周口店人口分析

（1）人口增长相对平稳

周口店的人口增长保持着相对平稳的状态（表 3–13）。第五次人口普查时，周口店总人口仅次于良乡镇、城关镇，为房山区第三。第六次人口普查时，被窦店镇、长阳镇、西潞街道、琉璃河街道、阎村镇、青龙湖镇超过，位居房山区第九。2016 年已被韩村河镇、大石窝镇超过。2015 年周口店户籍人口为 37425 人。

表 3-13　周口店镇 1990 年、2000 年、2010 年人口统计数据

统计时间	总人口				家庭户总人口			分年龄人口			居住在本地
	小计	男	女	家庭户数	小计	男	女	0~14 岁	15~64 岁	65 岁以上	户口在本地
1990 年	40090	21486	18604	11144							37217
2000 年	39877	20577	19300	11759	37904	18806	19098	7981	29014	2882	33917
2010 年	42840	22141	20699	13718	40455	20268	20187	4544	34668	3628	30661

（2）老龄化程度提高，出生率降低

总体老龄化程度不高，但增速加快，而年轻人口占比显著下降，部分年份人口自然增长率为负值，人口结构有向倒三角型变化的趋势。

（3）外来人口比例不高

相比快速发展的长阳、良乡、窦店地区，周口店常住人口中，常住外来人口占比不高（表 3-14）。

（4）人口空间分布情况

人口集中分布于平原村。周口店的人口集中分布于平原村落，超过 75%。人数较多的村落为娄子水村、新街村、周口店村、瓦井村、大韩继村（图 3-112）。

南沟村庄人数少于北沟。北沟靠近燕山地区，交通较为便利，村庄人口普遍在 1000 人以上。而南沟深入山区，村庄占地面积小，除黄山店村人数上千外，其他村庄人数都在 500 人以下。

（5）人口流动情况

人口流出现象显著。三次人口普查显示，户籍在本地且居住在本地的比例显著下降，说明当地人口外出务工比例提高。外来人口比例不高。

表 3-14　周口店镇常住人口、常住外来人口与其他地区对比

名称	常住人口 / 人	常住外来人口 / 人	常住外来人口占比 /%
长阳镇	64996	28049	43.15
大安山乡	11217	4438	39.56
窦店镇	65574	25916	39.52
阎村镇	48773	16067	32.94
良乡地区	18978	4967	26.17
拱辰街道	132320	32996	24.94
城关街道	96243	21721	22.57
向阳街道	8569	1790	20.89
周口店地区	42840	8462	19.75
新镇街道	8842	1696	19.18
西潞街道	64757	12284	18.97
青龙湖镇	44598	7198	16.14
东风街道	24321	3739	15.37
迎风街道	31293	4130	13.20
琉璃河地区	59931	7180	11.98
石楼镇	28902	2791	9.66
十渡镇	9778	851	8.70
史家营乡	6300	535	8.49
河北镇	19877	1481	7.45
韩村河镇	39210	2625	6.69
长沟镇	23791	1523	6.40
张访镇	18446	1151	6.24
佛子庄镇	8925	551	6.17
大石窝镇	31129	1853	5.95
南窖乡	3739	161	4.31
霞云岭乡	7140	228	3.19
星城街道	21861	649	2.97
蒲洼乡	2472	67	2.71

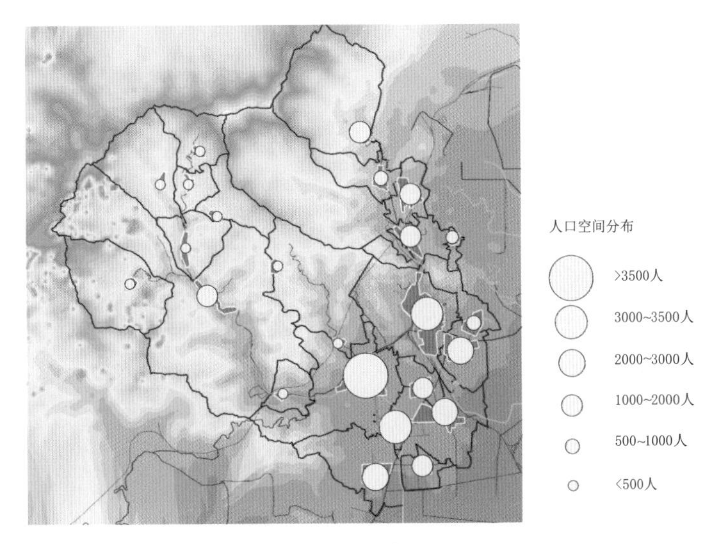

图 3-112　周口店镇人口空间分布情况

2. 周口店镇公共品配套情况

（1）基础公共设施配套

周口店镇各类基础公共设施都有配备，相较城关镇等级稍低，能够满足其现下的自身需求。

（2）教育设施配套情况

周口店镇教育设施基本覆盖村庄（图 3-113）。24 个村落中，有 10 个村落有幼儿园，基本涵盖聚居的村落。共有 5 所小学（还有 1 所尚未投入运营），其中 4 所位于平原村，1 所位于浅山村。共有 2 所中学，1 所位于中心镇区，1 所位于南部片区，能够满足当地的教育需求。

（3）医疗设施基本覆盖，无大型综合医院

周口店镇医疗设施基本覆盖，无大型综合医院。周口店镇区有一家中心卫生院，为一级甲等中心卫生院，床位 25 张；周口店 24 个村庄中，有 10 个有卫生所，平原村都有卫生所。房山区二级及以上大型综合医院集中在燕房组团和良乡组团，周口店在燕房组团和城关镇医疗设施的辐射范围内，房山区第一医院靠房周路，距离镇中心约 6km，可达性高，能够满足周口店居民目前就医的需求。

此外，周口店地区还设有水厂、污水处理厂和变电站。

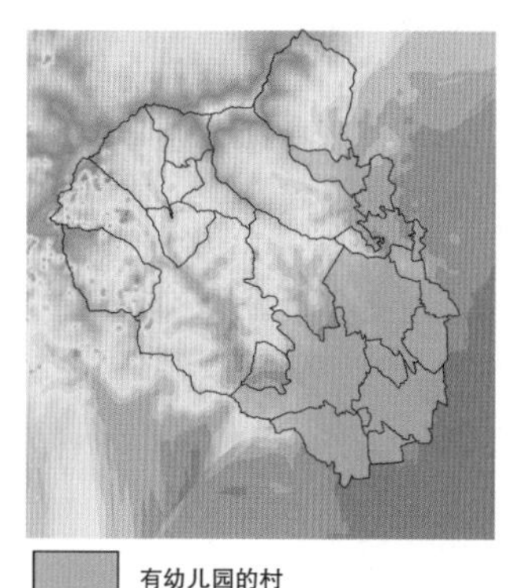

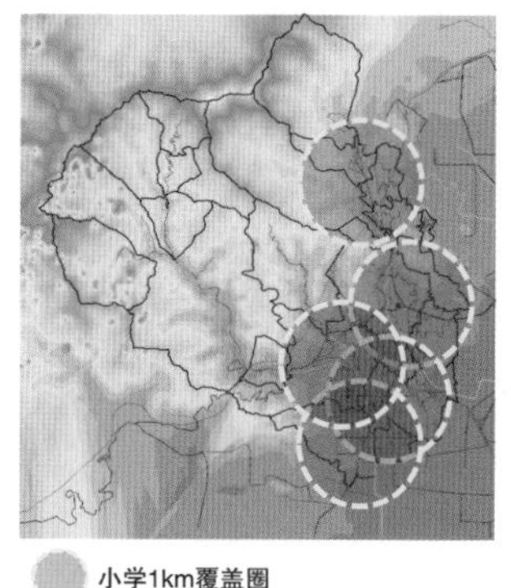

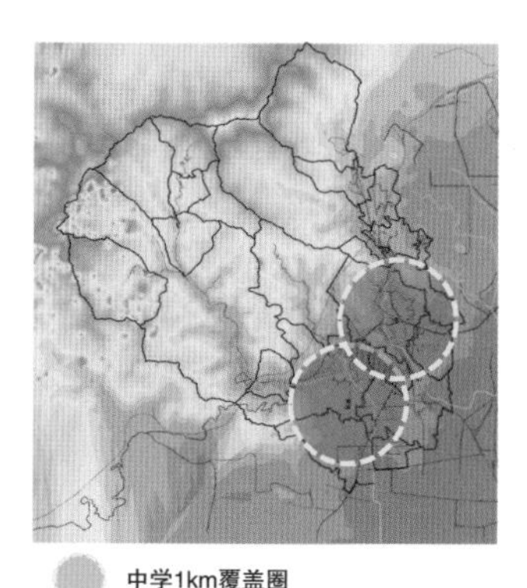

图 3-113　周口店镇教育设施配套情况

3. 公服设施空间分布

周口店重要的区域性公共品集中分布在猿人遗址周边，包括博物馆、周口河、圣火广场、周口店站和铁路、猿人遗址。但各个要素相互分隔，只靠京周路进行连接。这是对此处大量公共品资源的浪费。如果能够通过设计将这个片区打通，形成从周口店地铁站到猿人遗址的步行空间，可以形成周口店重要的旅游核心区(图 3-114~ 图 3-122)。

（a）周口店站 1987 年建成，现在已废弃，为砖红色建筑

（b）京周路为三块板双向四车道道路，路面较宽，阻隔了博物馆和村庄

图 3-114　周口店镇区域性公共品分布的问题及改进可能

（c）周口河为周口店重要河流，长年缺水，河道中草木丛生，废弃垃圾多

（d）圣火广场为2008年奥运会所建，现在除一些节日庆典外利用率较低

（e）各要素相互分隔，只靠京周路连接

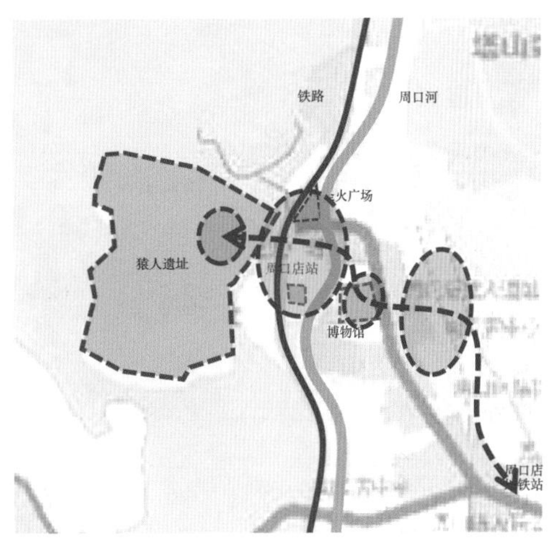

（f）通过设计将片区打通，形成步行空间

图 3-114 （续）

图 3-115 猿人遗址广场

图 3-116 金陵遗址入口附近

图 3-117　猿人遗址博物馆

图 3-118　从猿人洞遗址看博物馆和镇区

图 3-119　香光寺

图 3-120　金陵遗址的“水泥化冲沟”

图 3-121　大韩继村

图 3-122　“姥姥家”高端民宿

3.3
周口店镇“国土空间规划”教学探索

3.3.1 定位、路径与结构

1. 定位

从国家层面，党的十九大报告指出，我国社会主要矛盾已经转化为人民日益增长的美好生活需要和不平衡、不充分的发展之间的矛盾。从北京层面，北京新总规提出首都核心功能：政治中心、文化中心、国际交往中心、科技创新中心。从房山层面，房山区分区规划强调房山区以综合保障首都职能为基础，以科技金融为引领，以文化旅游为提升，以国际交往为补充。

因此，为保障首都四个中心建设，实现房山区区域发展目标，将周口店建设成为以生态保育为基础，以世界遗产展示为引领，发展精品文化旅游，促进国际交往的“世界文化小镇，人类精神家园”（表 3–15）。

表 3–15　周口店“世界文化小镇，人类精神家园”定位的内涵

精神内涵	地区特征	文化依托	文化遗产
人从何来	人类文明的发源地 地质地貌的编年史	山清水秀的生态环境	山顶洞人和田园洞人遗址 房山世界地质公园
人往何去	金代帝王的长眠所	山环水绕的空间格局	金陵与谒陵道
以何养性	东西宗教的博物馆	共生融合的多种宗教	大量寺庙及遗址
以何流芳	诗画碑文的万花筒	自然美景与民俗文化	贾岛故里，诗画碑文

周口店地区从古人类时期至今的发展历史中，可以清晰梳理出交通、生态、用地存量、文化、产业等多方面的发展演变与周期性变化（图 3–123、图 3–124）。周口店发展演进路径经历了从自然条件主导，产业自发空间无序的起步阶

段，到资源密集型工业的 1.0 阶段，再到发展劳动力、资本密集型工业的 2.0 阶段，未来则是进入技术密集的 3.0 阶段（图 3-125）。随着时间的推移，对应不同的发展水平，产业的发展阶段从自发、扩张到集聚、转型，对应的空间也会从无序、蔓延到分化和有序，不同阶段的聚落模式、空间特征、主导产业等各方面都有着区别（图 3-126）。

长波拐点：辽　元　明清　近代　1949年　1970年　2006年　今

重要时期：古人类时代　金陵建设时期　广开煤矿时期　生态破坏时期　煤/灰业鼎盛时期　集体产业发展时期　矿产产业链快速发展期　被迫转型期

生产部门：农业　采掘业　制造业　房地产　先进制造业　公共品

资本循环阶段：农业积累阶段　初级循环　次级循环　三级循环

影响政策：金陵定址　煤矿开采鼓励　家庭联产承包制　企业改制　矿业禁令　美丽乡村

政府角色：可忽略　强烈的（直接的）管理者/调解者　可忽略　强烈的（直接的）管理者/调解者　强烈的（间接的）合作者/推动者

库兹涅茨周期：京西古道建设　1900年京山铁路建成　1972年京原铁路建成通车　2014年京昆高速建成　猿人遗址博物馆建设　政府东迁　2017年12月30日燕房线通车

形态：匀质原始聚落　增长极　点轴结构　网状结构

建设密度：城市密度低，活动分散　活动有一定程度的聚集　高密度，活动中心集聚，紧凑式建筑建设

交通方式：马车　铁路　高速公路　轨道交通
交通设施为生产服务，注重物流　各种交通混杂发展　多种出行方式迅速连接各个角落

政府管理与政策：村民自治　政府介入+企业管理　自由放任主义　多元力量共同管理

图 3-123　从经济周期角度梳理周口店发展历程

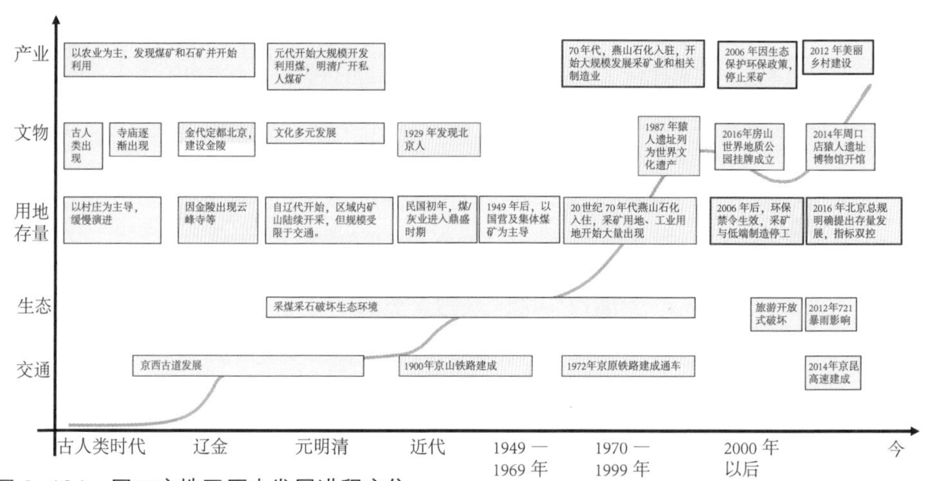

图 3-124　周口店地区历史发展进程定位

	1.0阶段	2.0阶段	3.0阶段
聚落模式			
空间特征	生产、生活、工业空间“三位一体”	类似工业园区的空间被生产出来，城市生活向乡村的渗入，出现消费型空间	空间开始呈现出多样化的特征
主导产业	采掘业	制造业、房地产业	生态文化产业
城市密度	城市密度低，活动分散	活动有一定程度的聚集	高密度，活动中心集聚，紧凑式建筑建设
交通状况	交通设施为生产服务，注重物流	各种交通混杂发展	交通方式多样化，多种出行方式，迅速快捷地连接城市各个角落
环境保护	忽视环境问题	低效率的资源利用方式	重视环境，保护资源，合理高效地使用资源
居住条件	以小产权房为主	商品房出现，房地产开始发展	建设满足不同阶层生活、生产需要的住房
基础设施及土地利用	基础设施欠缺，土地功能分散	围绕资源开发土地	强调可持续的基础设施，并提高公共设施可达性

图 3–125　分阶段梳理周口店演进路径

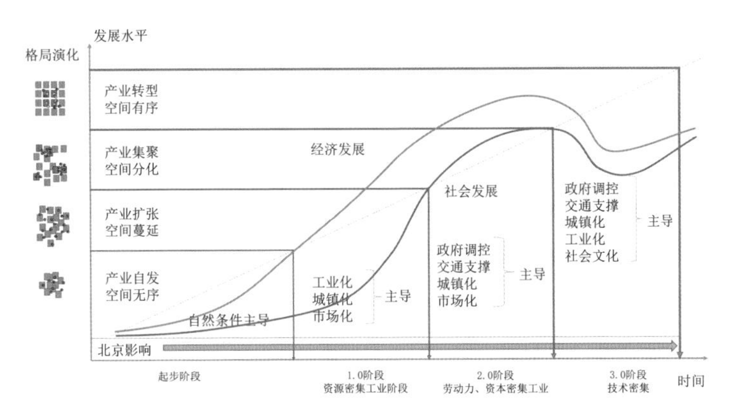

图 3–126　不同演进阶段主导动力与空间演化特征的对应关系

2. 重点片区的演化路径

周口店镇域四个重点片区在不同要素的影响下有着不同的演化路径，以下进行分类讨论梳理。

（1）公共品影响下的演进——周口村、周口店村

周口村、周口店村所在的镇区，是在公共品发展影响下的演进（图 3–127）。在过去，该地区分布着周口村、周口店村、云峰寺村，丰富的工业生产带动着镇区的发展。现在，

镇政府、猿人遗址、猿人遗址博物馆、房地产、轨道交通陆续建立，这些公共资源发展带动镇区的发展。未来，可能的演化方式是北部进一步加强公共品建设，南部进行 TOD 模式的住宅区建设。

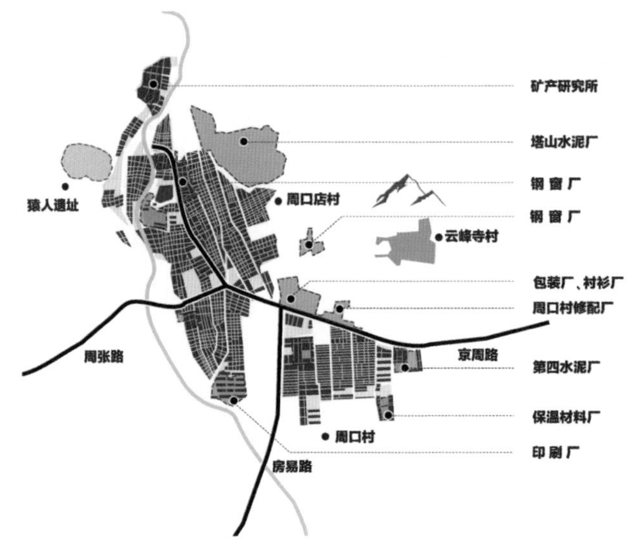

（a）过去：丰富的工业生产带动镇区的发展

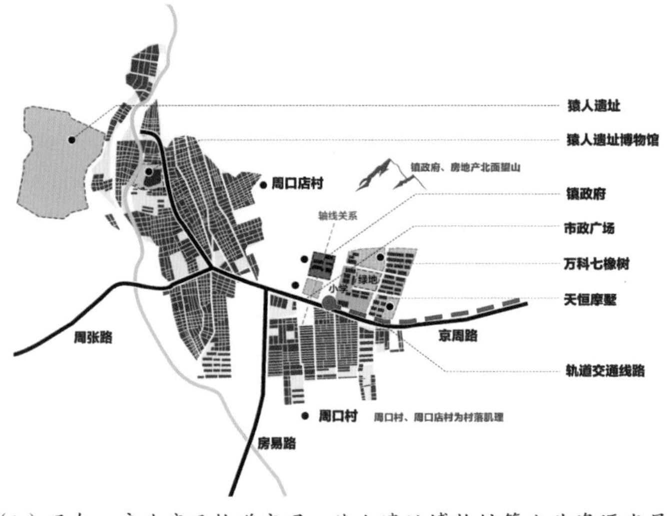

（b）现在：房地产及轨道交通、猿人遗址博物馆等公共资源发展带动镇区的发展

图 3-127　公共品发展影响下的演进——周口村、周口店村

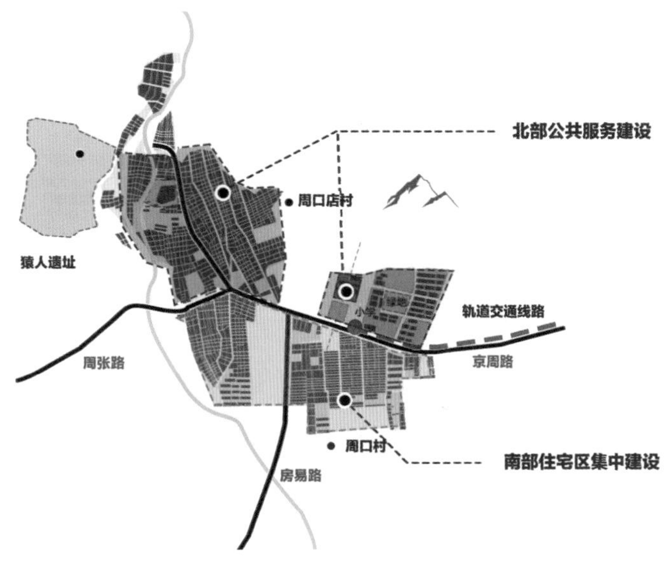

（c）未来：北部加强公共品建设，南部 TOD 模式住宅区建设

图 3-127 （续）

（2）工厂发展—衰败—更新模式下的演进——大韩继、南韩继、瓦井

南部的大韩继、南韩继、瓦井村片区，是在工厂发展—衰败—更新模式下的演进（图 3-128）。在过去，该片区集中了镇区大量的工业生产，是以工业生产为主导的发展。现在，工厂衰败，大量工业用地停产或废弃，与此同时，出现了一些新的加工制造业点，以及图中的臻味坊食品加工公司。未来，可能的演化方式是工业集中布置，类型革新，出现创新科技园区，工业、旅游业联动发展。

（3）特定历史文化资源影响下的演进——北沟

北沟是在特定历史文化资源影响下的演进（图 3-129）。过去是在皇家功能带动，历史资源影响下的演进；现在是金陵保护机制初步形成，属于土地资源影响下的演进。未来则倾向于高品质旅游景区开发、文化资源影响下的演进。

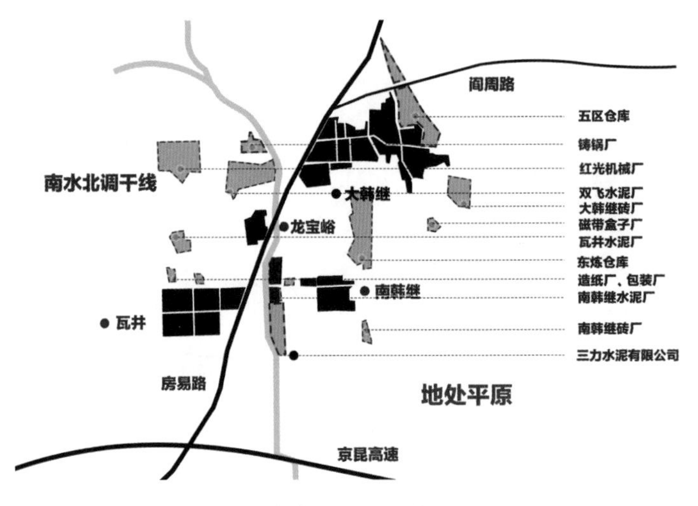

(a) 过去：丰富的工业生产模式下的发展

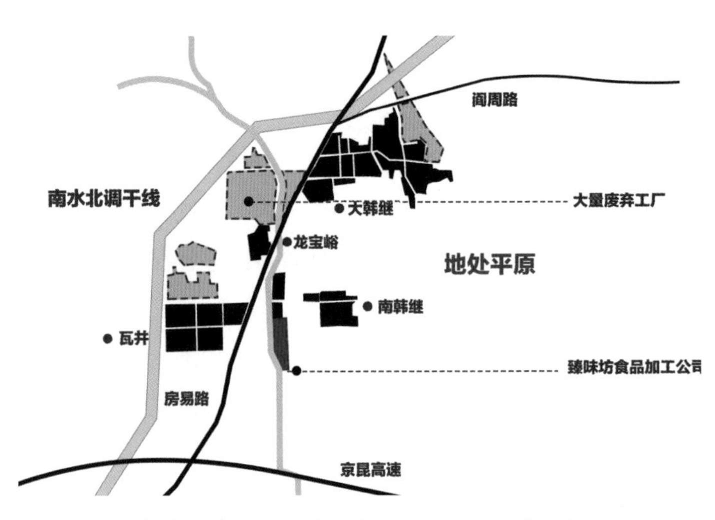

(b) 现在：工厂衰败出现新的加工制造业点

图 3-128　工厂发展—衰败—更新模式下的演进——大韩继、南韩继、瓦井

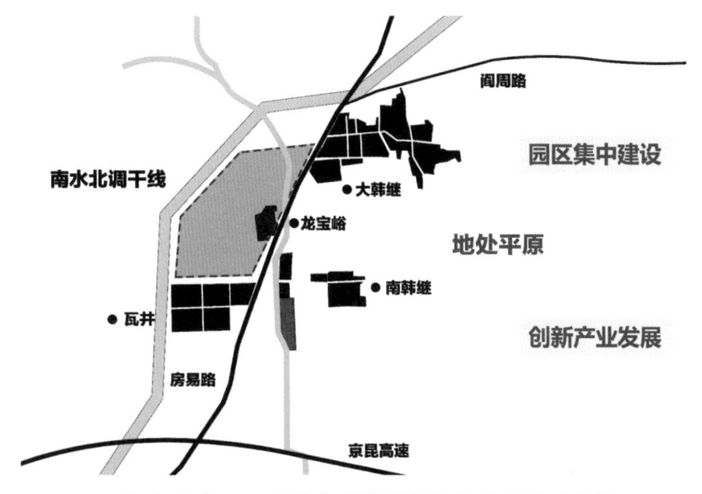

（c）未来：工业集中布置创新和旅游业联动发展

图 3-128　（续）

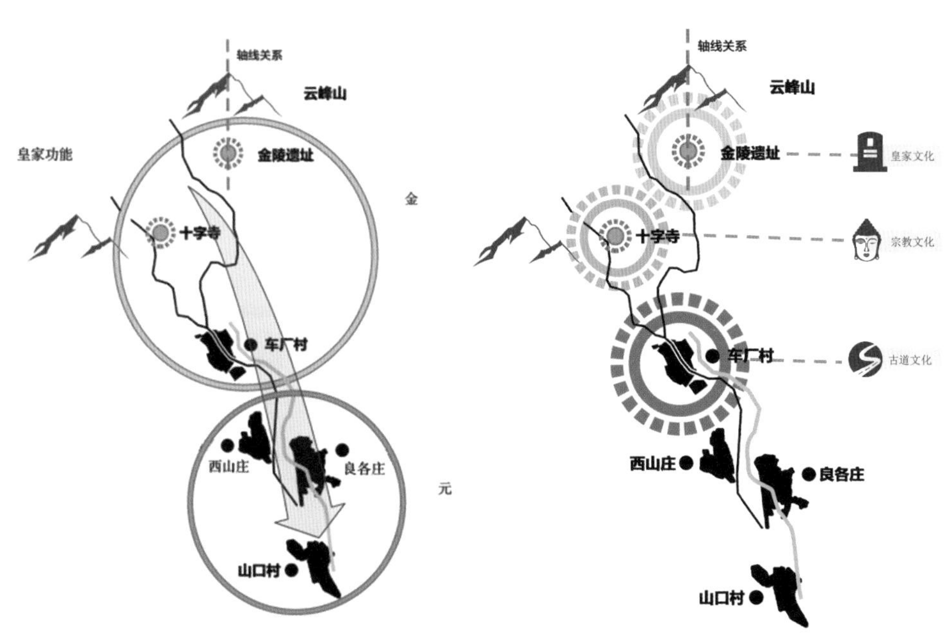

（a）过去：皇家功能带动历史资源影响下的演进　（b）当前：工业化和文化遗产保护下的演进

图 3-129　特定历史文化资源影响下的演进：北沟

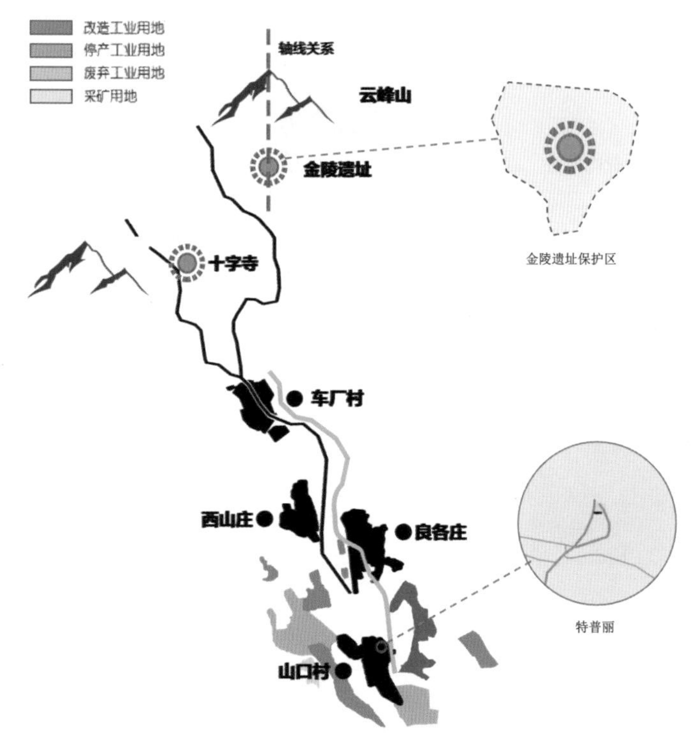

（c）未来：文化导向的发展

图 3-129 （续）

（4）生态自然条件影响下的演进——南沟

南沟是在生态自然调剂影响下的演进（图 3-130)。南沟在过去是古代深山修行之地，无生态旅游开发。现在，自然资源开发为景区，乡村聚落变为消费空间。未来，生态文化景区建立，景区公共品将得到进一步发展。

3. 周口店各部门布局发展及整体结构

根据以上的分析，周口店未来各部门的发展情况也可以分为三个阶段（图 3-131）。

制造业的任务从第一阶段工业聚集，南韩继形成创新产

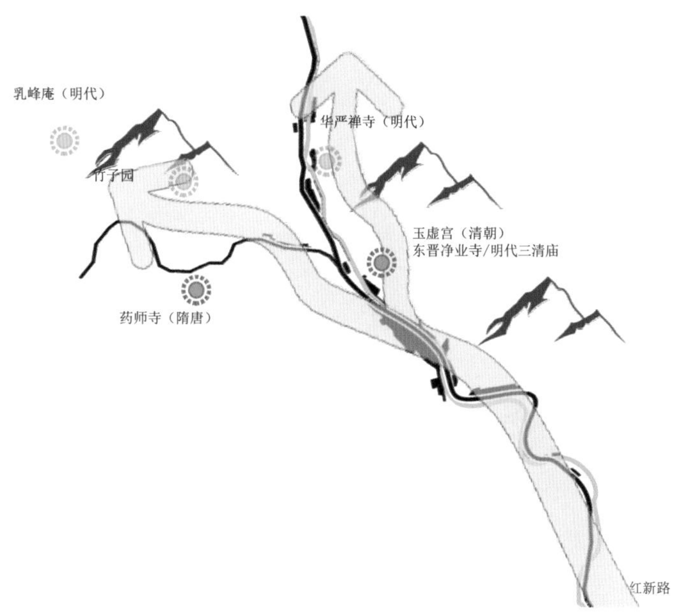

（a）过去：古代深山修行之地，无生态旅游开发

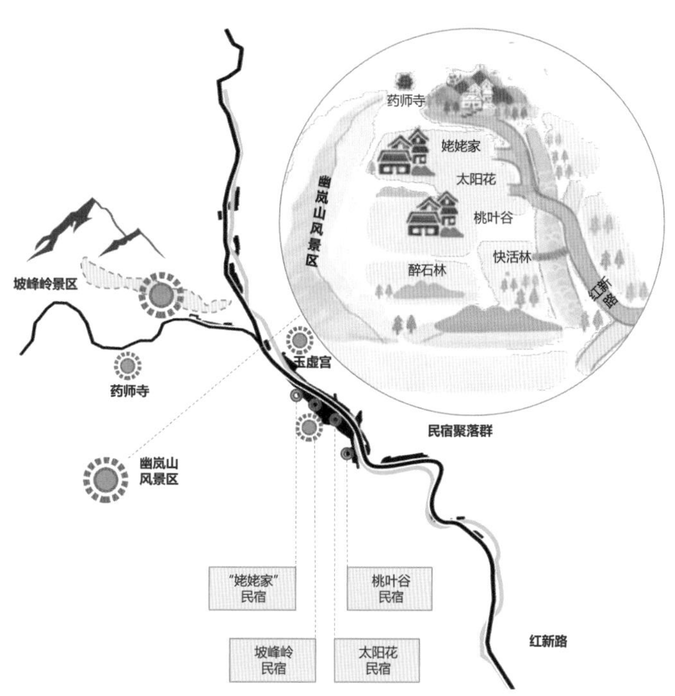

（b）现在：自然资源开发为景区，乡村聚落变为消费空间

图 3-130　生态自然条件影响下的演进：南沟

（c）未来：生态文化景区建立，景区公共品进一步发展

图 3-130 （续）

业园，到第二阶段镇区结合 TOD 模式形成众创空间，到第三阶段世界旅游小镇带动创意聚集产业提升；房地产从初期聚落改造，村庄搬迁到第二阶段形成高端商品房满足居住功能，到第三阶段逐渐形成公园式活力共享社群；公共品方面第一阶段进行基础服务设施建设、生态修复及景观林地建设，第二阶段构建文化体系和公共服务体系，到第三阶段形成世界文化遗产、体育设施及会展体系。

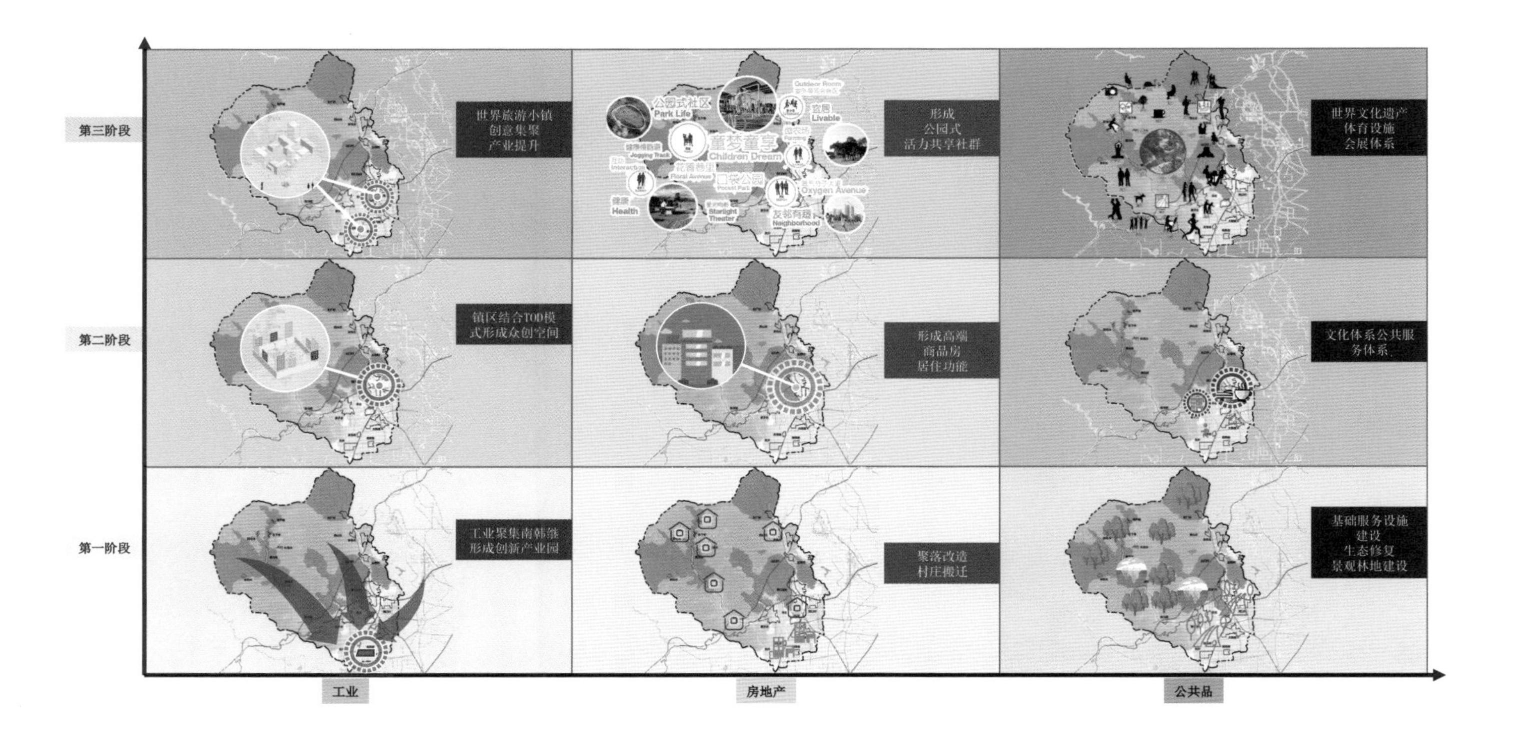

图 3-131　周口店各部门布局发展

由此，我们构建出周口店未来发展的整体结构（图 3-132）。预期未来人口 45000 人，各村落组团围绕中心网络式增长。产业结构上一、二、三产业融合发展。空间结构可以概括为三轴多点，精明演进。三轴分别是北沟历史文化轴、南沟生态休闲轴、中沟转型发展轴。多点为车厂、镇政府、大韩继、黄山店。

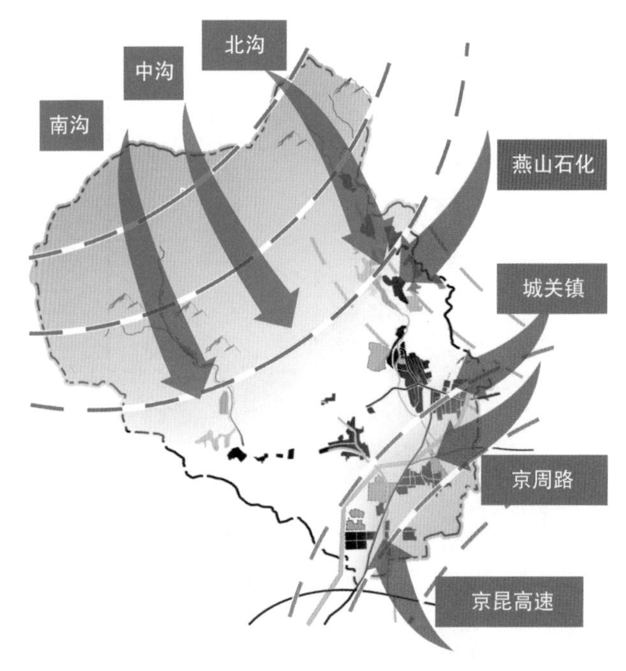

图 3-132　周口店规划总体结构

在此基础上，基于精明演进、大事件驱动的跃进发展、精明收缩三种发展路径进行设想。三种发展路径各有侧重：精明演进模式下，人口、用地自然演进，经济价值高；大事件驱动的跃进发展模式下，人口、用地在大事件带动下增加，文化价值高；精明收缩模式下，人口、用地均收缩，生态价值高（图 3-133~ 图 3-137）。

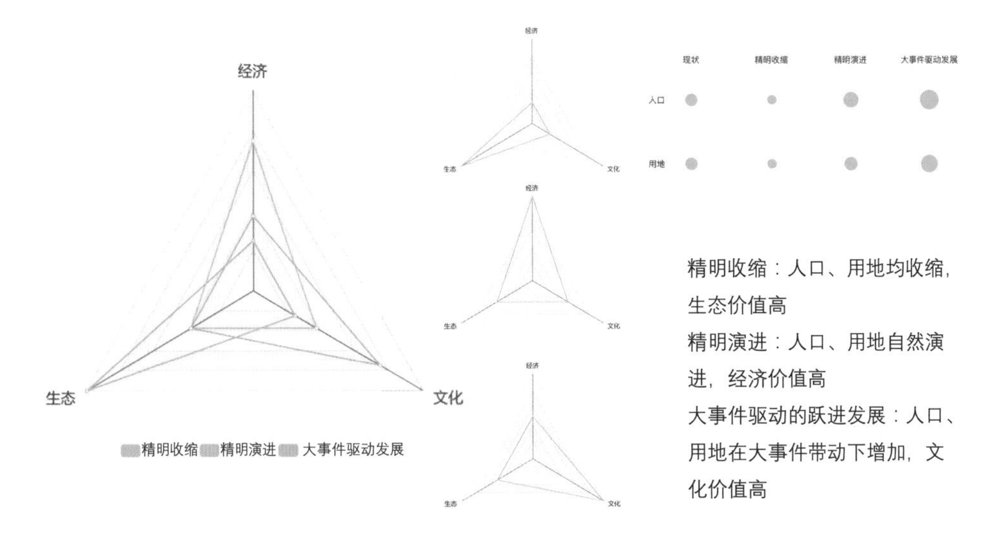

图 3-133　精明收缩、精明演进、大事件驱动的跃进发展三种发展路径对比

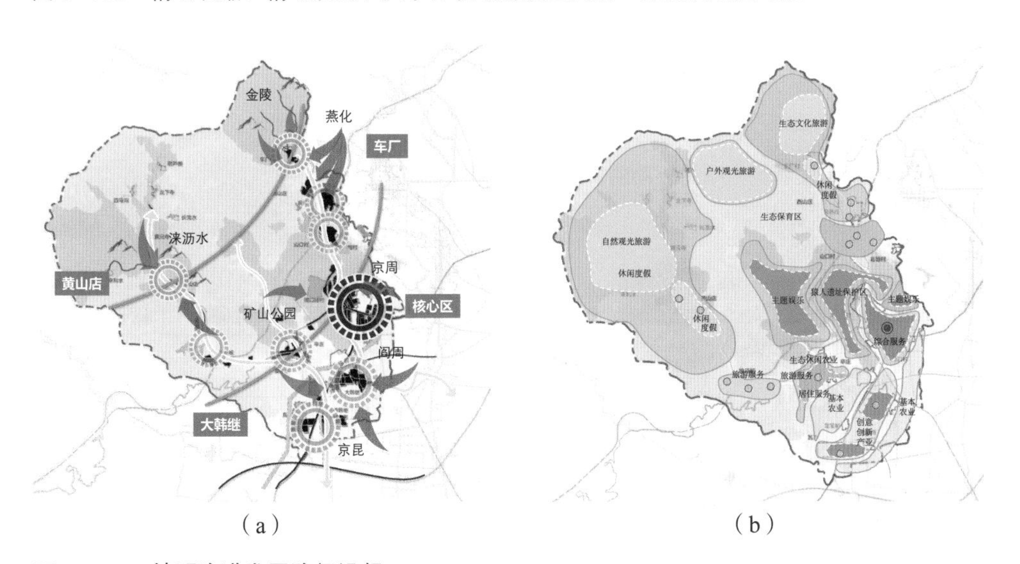

（a）　（b）

图 3-134　精明演进发展路径设想

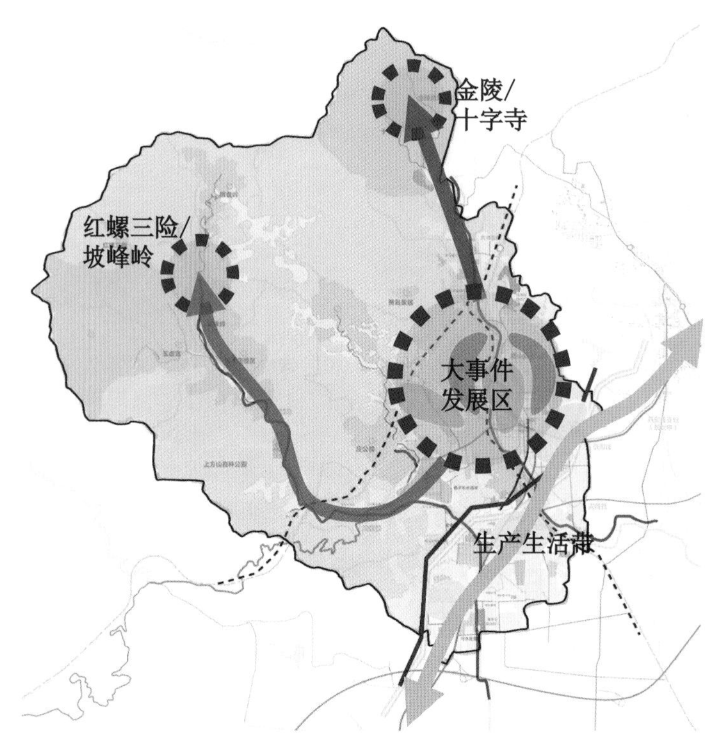

图 3-135　跃进发展：大事件驱动的发展路径设想

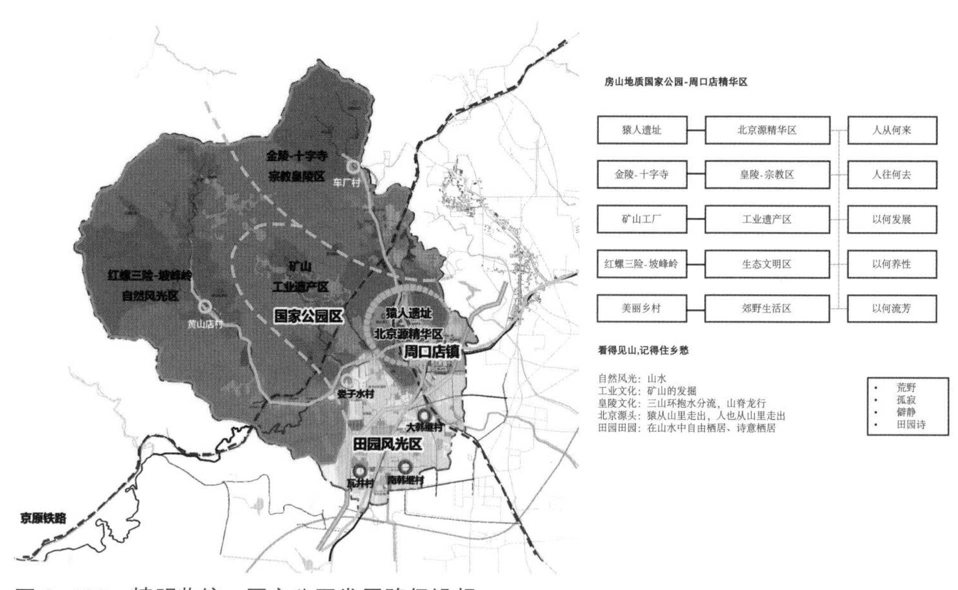

图 3-136　精明收缩：国家公园发展路径设想一

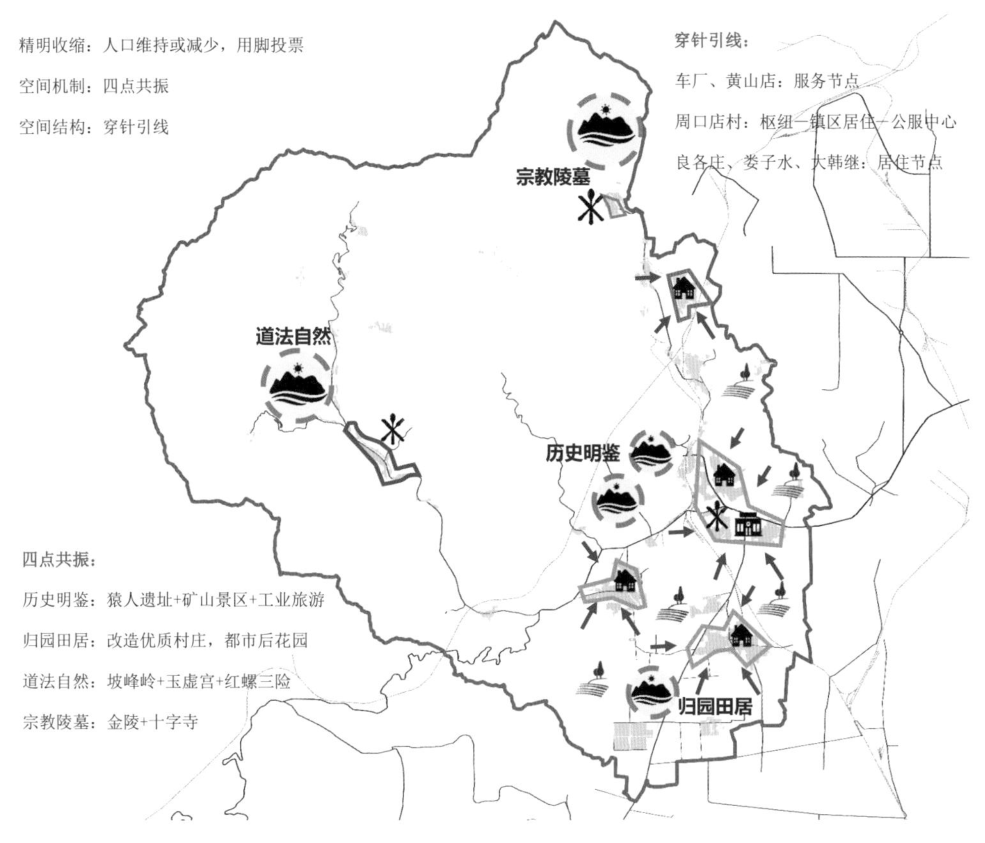

图 3-137　精明收缩：国家公园发展路径设想二

3.3.2　规划战略

1. 总体要求：实施全要素空间管控，落实存量建设约束

（1）实施全要素空间管控

划定五区四线，实施全域、全要素空间管控，形成针对周口店镇的生态—城镇—农业—文化遗产—矿山国土空间格局。

（2）落实存量建设约束

修复矿山采空区（拆二十还一），清退低效集体产业（拆五还一），整理农村居民点，实现城乡建设用地规模减量 400 万 m^2，控制规划建设用地不超过 800 万 m^2，控制总体拆占比小于房山区指标 1：0.5。

2. 生态空间：统筹规划非建设用地，实现蓝绿山水融城

（1）统筹规划非建设用地

坚持生态优先：保持蓝绿空间占比 70%。

山：深入开展矿山生态修复工作，实施退矿还林；

水：加强水源涵养，改善河流水质，营造丰富的滨水生境；

林：增加平原区林地面积，开展矿山还林，提升森林覆盖率；

田：严格保护农田，耕地占总面积不少于 20%。

（2）实现蓝绿山水融城

镇域生态建设：实施城市绿地、郊野森林、国家公园多级生态建设。镇区山水融城：充分利用山水条件，打造环山依水，蓝绿融城的城市生态景观，建设完整连续、层次鲜明的绿道系统，保障镇区绿地覆盖率不低于 50%，人均公园面积不小于 $25m^2$。

3. 城镇空间：塑造特色城市风貌，营建绿色低碳街坊

（1）塑造特色城市风貌，开展中心镇区城市设计

根植地方文化特色，塑造特色城市风貌；梳理地区发展逻辑，探索发展路径。

（2）营建绿色低碳街坊

充分利用海绵城市等城市技术，循环材料等绿色建筑技术，营造绿色低碳街区，实现城市绿色生态生活。

4. 农业空间：保护郊野田园风光，建设宜居美丽乡村

（1）保护郊野田园风光

严格保护农田，耕地占总面积不少于 20%；营造农田景观，发展有地方特色的农业综合体。开发会展农业、休闲农

业、观光农业等现代农业模式。策划农业嘉年华、农业节庆、农耕体验等现代农业文化活动。

（2）建设宜居美丽乡村

整理农村居民点，推动农民上楼，提升农村居住品质。发掘村落文化特征，建设特色宜居美丽乡村，推动乡村郊野旅游。

5. 公服配套：构建多层级公服体系，营造快捷便利生活

（1）构建多层级公服体系

匹配周口店功能定位，围绕“首都会客胜地、文化旅游小镇”匹配国家级—市级—区域级多层级公共服务设施。

（2）营造快捷便利生活

镇域构建城乡一体化公共服务设施，建设镇区—中心村—普通村三级服务节点。以镇区为主体，以中心村为补充，服务各村落。镇区构建社区、邻里、街坊三级生活圈。以街区为基本空间单元，根据人口容量和服务需求合理配置相应的公共服务中心。

6. 产业功能：发展新兴创新产业，培育文旅国交功能

（1）发展新兴创新产业

围绕生态保育、文化旅游、国际交往、创新发展四点定位发展新型产业，更好地服务首都核心功能。把握京周驱动力、京昆驱动力、燕房驱动力，打造创新创意发展带。

（2）培育文旅国交功能

依托周口店猿人遗址，借力优越山水本地，匹配高端公服设施，开发精品旅游项目，打造“旅游—会展—文创”现代服务业集群，致力于打造京西南国际交往中心。

7. 文化传承：活化历史文物古迹，传播世界文化精华

（1）传播世界文化精华

充分利用猿人遗址、十字寺、金陵遗址等历史文化遗产，活化文物，塑造周口店文化精华区，增强文化自信，向全球传播中国文化。

（2）活化历史文物古迹

强化基底，修复历史文化资源；构建体系，串联文化节点，打造文化发展区和发展轴线，提升文化品质；焕发活力，慢行系统串联核心资源，提升文化资源的开放性，节点复合发展（图 3-138、图 3-139）。

（a）

（b）

图 3-138　燕山石化厂

（a）

（b）

图 3-139　从“朝山”看“金陵”核心区

（c）

图 3-139 （续）

3.3.3 镇域空间规划

1. 总体结构

周口店镇空间规划结构可以概括为“七分山水三分城，一核两带三驱动”（图 3-140）。

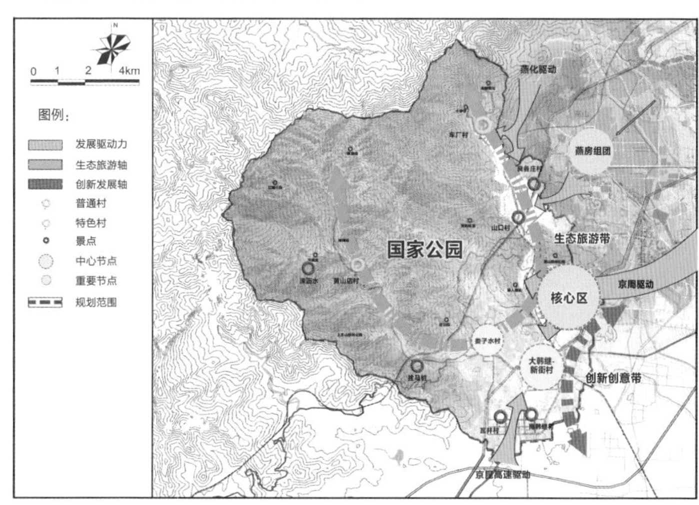

图 3-140 周口店空间规划总体结构图

一核是核心区：文旅服务中心、商业中心、基础设施配套中心。

两大发展轴带（扇面）包括：①生态旅游带。依托国家公园，由南沟、娄子水、核心区、北五村组成，以生态旅游为发展驱动；②创新创意带。由京畿驱动、京昆高速驱动，由核心区、大韩继、南部村庄组成创新创意发展带。

三大外部驱动力包括：①中部—京畿驱动。山川与京畿的汇合，匹配首都核心功能，塑造国家公园门户。②北部—燕化驱动。承接燕山石化转型溢出功能。③南部—京昆驱动。受外部交通带动发展创新产业园区。

2. 五区四线

划定五区：城镇区、农业区、生态区、文化遗产区、采矿区；划定四线：城镇开发边界、永久基本农田、生态保护红线、遗产保护范围（图 3-141、图 3-142）。

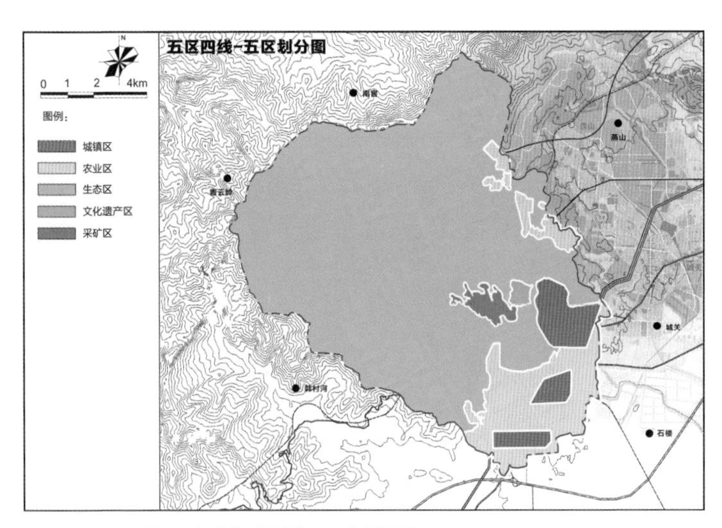

图 3-141　周口店空间规划五区划分图

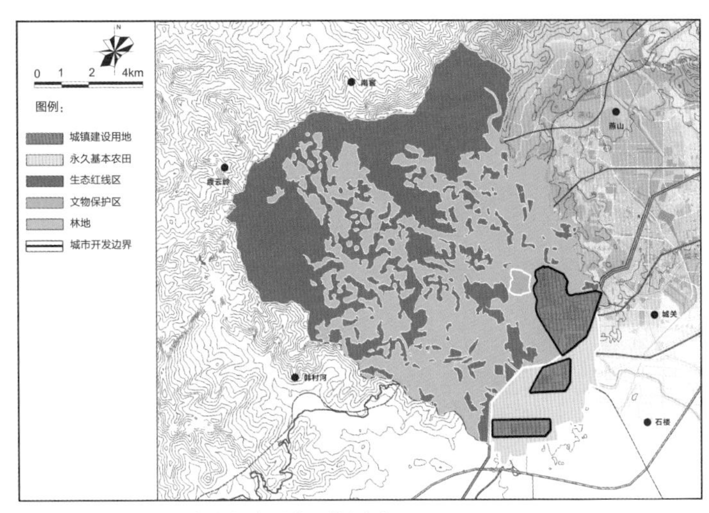

图 3-142　周口店空间规划四线划分图

3. 非建设用地规划

划定城市绿地、景观农田、景观林地、湿地、水源涵养地、普通林地、旅游林地（图 3-143）。基本农田分布在南水北调以南，保证农业生产；景观林地分布在水源涵养地及南沟浅山区，改善水源地生境；景观农田沿旅游交通线分布，发展农业综合体，使之成为旅游路线的一部分。郊野公园——弹性储备绿地临近建成区，具有较高经济价值，具有开发为田园综合体、郊野农地的潜力。作为远期城市发展储备地，规划形成旅游服务中心、综合服务点、南沟北沟服务点等服务节点（图 3-144）。服务节点方面，具体来说旅游服务中心适合在周口店镇区，娄子水可以作为南部片区的综合服务点，在南沟的服务点可以考虑涞沥水和黄山店，北沟服务点主要是车厂村。

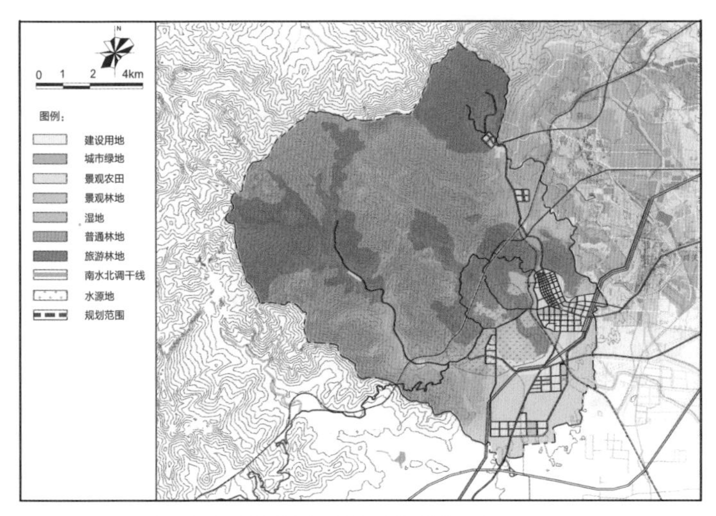

图 3-143　周口店空间规划非建设用地规划图

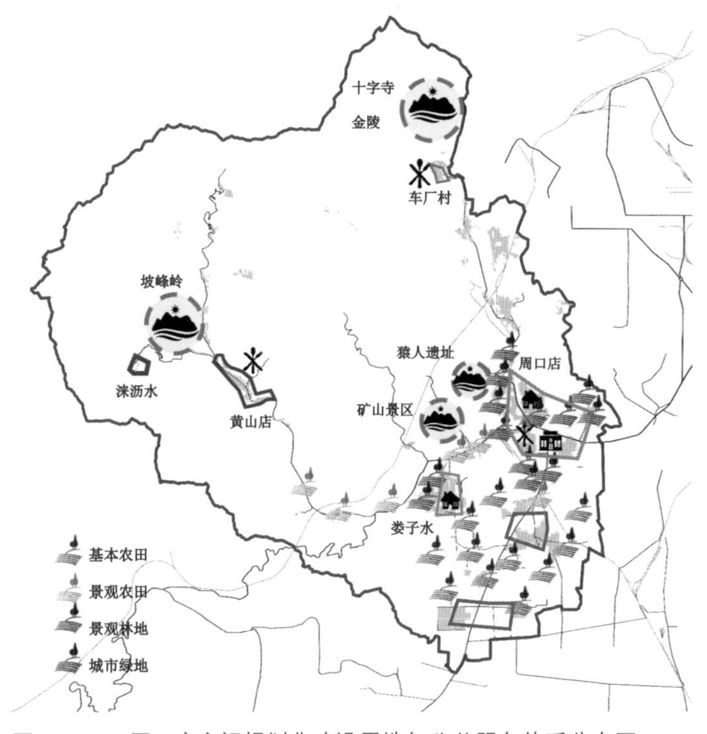

图 3-144　周口店空间规划非建设用地与公共服务体系分布图

4. 用地规划

镇域规划图全面反映规划，包括各类要素：中心镇域、东南片区、三沟村庄的用地规划，以及各类景区、文化遗址、矿山遗址、南水北调干线、铁路交通、轨道交通等各要素的规划（图 3–145）。

用地规划中，总建设用地面积 848 万 m^2。公共管理与公共服务设施用地占比 12.46%，商业用地占比 8.36%，居住用地占比 27%，混合用地占比 7.85%，绿化与广场用地占比 14.94%，道路与交通设施用地占比 29.37%（表 3–16）。

抽样卫星底图，根据楼层、占地比及容积率标准确定村庄居住用地容积率为 0.45，停产及改造工业用地容积率为 0.7，新建设用地平均容积率约 1.5；工业用地拆占比为 5：1，采矿用地拆占比为 20：1；厂矿置换建设用地面积 88 万 m^2。保留 20% 优质宅基地，置换建设用地 338 万 m^2。总体存量用地拆占比为 1：0.37（表 3–17）。

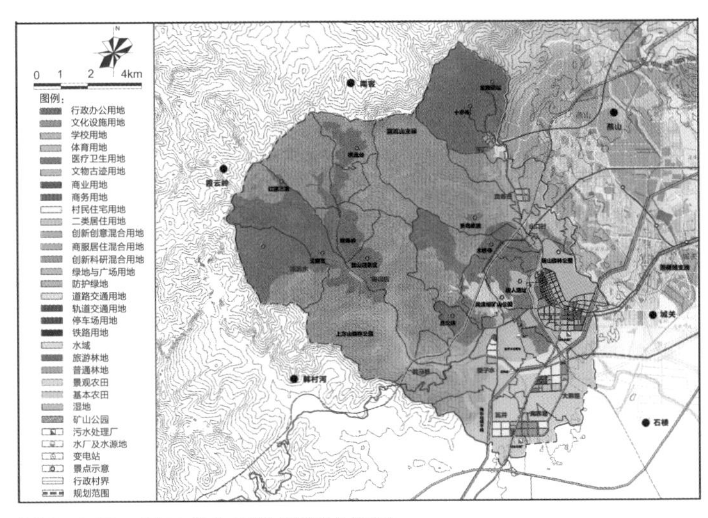

图 3–145　周口店空间规划镇域规划

表 3-16　周口店空间规划用地平衡表

序号	用地性质		面积 / 万 m^2	比例
1	公共管理与公共服务设施用地	总计	105.69	12.46%
		行政办公用地	3.13	11.79%
		文化设施用地	3.77	0.45%
		学校用地	28.23	3.33%
		体育用地	14.37	1.69%
		医疗卫生用地	9.01	1.06%
		文物古迹用地	47.18	5.56%
2	商业用地	总计	70.9	8.36%
		商业用地	30.36	3.58%
		商务用地	40.54	4.78%
3	居住用地	总计	229.04	27.01%
		二类居住用地	125.98	18.04%
		村民住宅用地	103.06	12.15%
4	混合用地	总计	66.61	7.85%
		创新娱乐混合用地	9	1.06%
		商服居住混合用地	22.7	2.68%
		创新科研混合用地	34.91	4.12%
5	绿化与广场用地	总计	126.73	14.94%
		绿化与广场用地	126.73	14.94%
6	道路与交通设施用地	总计	249.12	29.37%
		道路用地	245.89	28.99%
		轨道交通用地	0.41	0.05%
		铁路用地	1.71	0.20%
		停车场用地	1.11	0.13%
	建设用地	总计	848.09	100%

表 3-17　周口店空间规划用地规划存量平衡表

序号	用地性质		面积 / 万 m^2	比例
1	公共管理与公共服务设施用地	总计	91.4	8.34%
		行政办公用地	2.92	0.27%
		文化设施用地	20.7	1.89%
		学校用地	2.5	0.23%
		体育用地	4.2	0.38%
		医疗卫生用地	42.7	3.89%
		文物古迹用地	18.38	1.68%
2	居住用地	总计	509.6	46.49%
		二类居住用地	87	7.94%
		村民住宅用地	422.6	38.55%
3	绿化与广场用地	总计	5.5	0.50%
4	工业用地	总计	321.7	29.34%
5	道路与交通设施用地	总计	122.7	11.19%
6	仓储用地	总计	33.2	3.03%
7	特殊用地	总计	12.2	1.11%
	建设用地	总计	1096.3	100%
	采矿用地—非建设用地		445.4	

	存量项目	减量	置换	建设用地指标净减量
	宅基地 /hm^2	338.08	338.08	0
	工业用地 /hm^2	321.7	53.62	268.08
	采矿用地 /hm^2	445.4	22.27	−22.27
	总计 /hm^2	1105.18	413.97	245.81
	原建设用地 /hm^2	1096.3		
	新建设用地面积控制 /hm^2	850.49		
	折占比	1：0.37		

5. 开发时序

对整体平原浅山区建设时序进行调整，主要分为三期（图 3-146）。

一期：由会展核心区开始推动整体中心区发展，同时启动矿山区博物馆建设和东侧平房区改造，推动绿色景观体系建设，并为未来建设用地开发打下基础。一期后期启动公共服务设施建设。

二期：启动综合服务设施（体育馆、剧场、郊野公园体系和高端酒店）建设，同时推动大韩继村和娄子水村相对应的特色建设。

三期：三期完善核心区河道步行景观体系，同时强化南部村庄建设和景观体系建设。

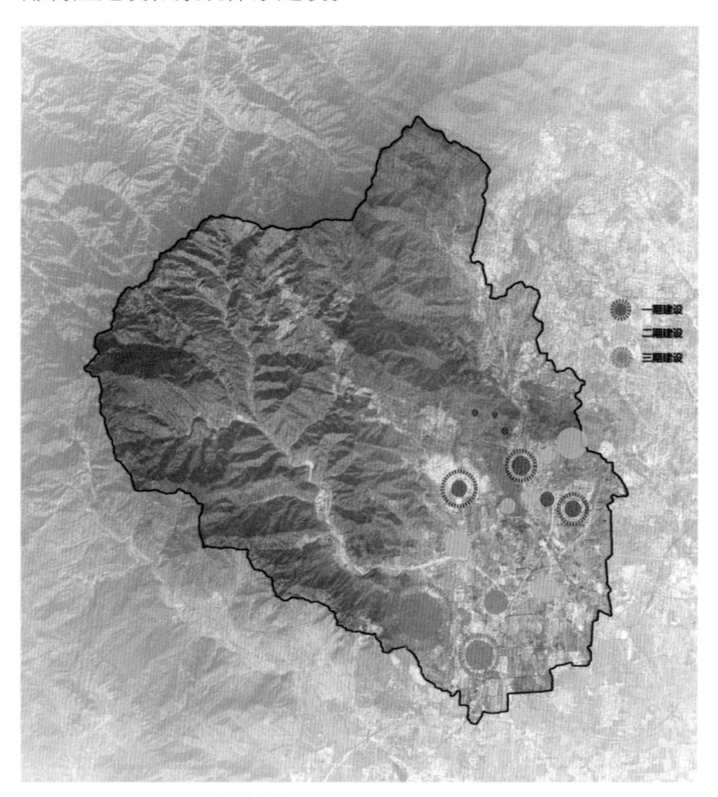

图 3-146　周口店空间规划开发建设时序示意

6. 专项规划

（1）交通规划

道路交通分为四类：对外交通道路、组团间道路、组团内主路、组团内支路；另外还有地铁燕房线支线轨道交通、铁路交通、站点与停车场设施（图 3-147）。

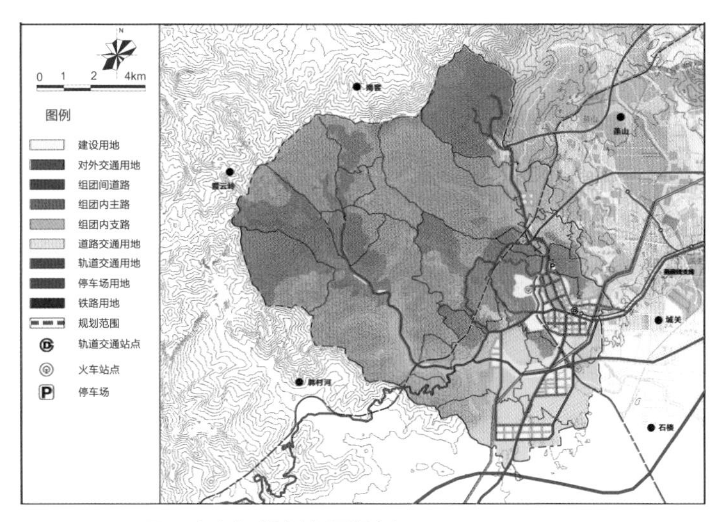

图 3-147　周口店空间规划交通规划图

（2）市政基础设施

镇域的市政设施规划包括电力设施规划、给水设施规划、排水设施规划。其中电力设施规划分为 110kV 高压线、35kV 高压线、10kV 高压线变点站（图 3-148）。给水设施规划有规划供水主管线、规划供水次管线；在娄子水村附近有一自来水厂、一片水源地；另外，沿南水北调干线分布有张坊输水线（图 3-149）。排水设施规划有污水主管线和污水次管线，在镇区和东南部片区分别有一处污水处理厂（图 3-150、图 3-151）。

（3）公服体系

公服配套规划构建层级的 SOD 公服体系，包括国家级的世界文化遗产展览馆、市级的会议会展中心及区域级的体

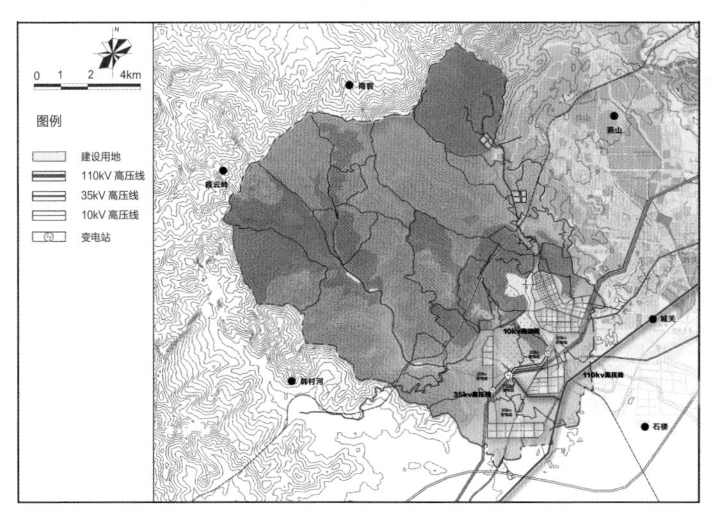

图 3-148 周口店空间规划电力设施规划图

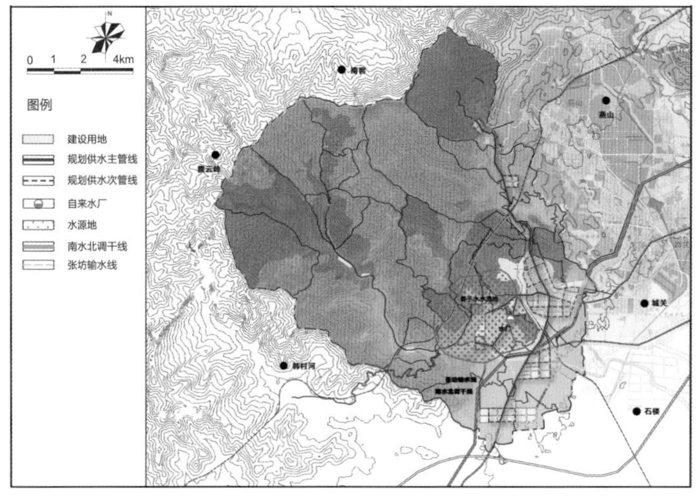

图 3-149 周口店空间规划给水设施规划图

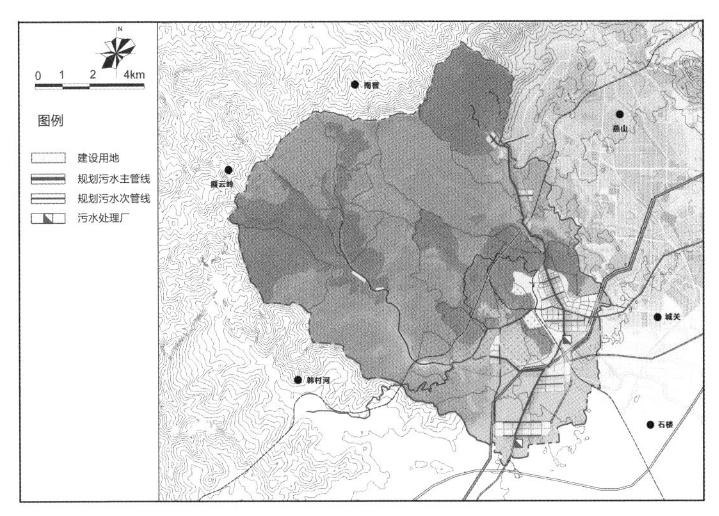

图 3-150　周口店空间规划排水设施规划图

育中心等。同时也形成了城乡一体的生活公服配套圈：包括各类学校、卫生站等。重要村落节点匹配学院、卫生站等基本公服配套，服务各村落。镇区以街区为基本空间单元匹配公服设施，逐级构建社区、邻里、街坊三级生活公服配套圈。

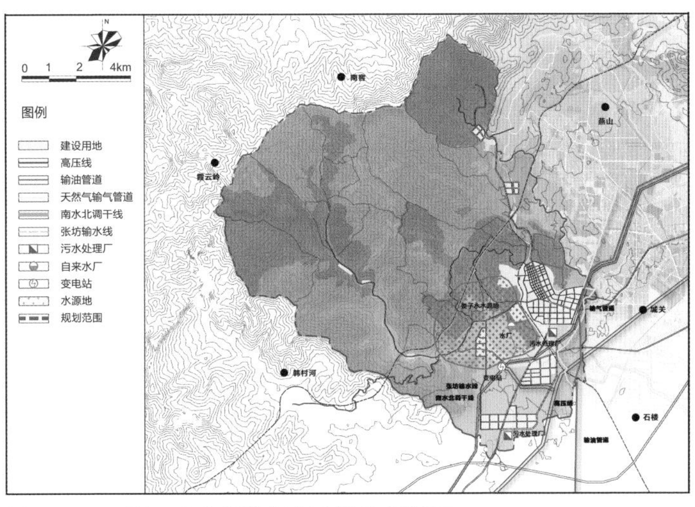

图 3-151　周口店空间规划市政设施规划图

（4）文化遗产

文化精华区规划包括重要文化节点与文化精华区。周口店镇的主要文化精华区有三个片区，分别是金陵遗址为核心的北部片区，周口店猿人遗址为核心的中心片区及红螺三险为核心的西部片区，其中金陵遗址精华区的范围与金陵遗址核心区接近，猿人遗址精华区的范围和《保护规划》给定一致，红螺三险主要是意向性片区，沿山脊线勾勒其边缘。

总体来说，周口店镇目前可以分为四个组团，现状的线路也可以大致分为四条不同的线路，分别为北沟、中沟、南沟和平原区域。这四个区域各有侧重，都有其独特的文化自然景区资源。在旅游精华区的前提下，绘制旅游精华路线图，以中心镇区为起始点，向北中南各引一条线路，并在猿人遗址周边范围引环状线路，共有北沟线、中沟线、南沟线和平原线四条线。

（5）低碳生态

低碳城市空间规划重点关注城市总体空间特征对于城市碳排放的影响，包括城市人口总量和密度、城市总体建筑密度、城市总体空间结构、城市道路体系结构、城市路网密度、职住空间关系、公共服务设施及基础设施可达性、公共空间结构、绿色空间结构、绿地率等。总的来看，低碳空间规划导则的核心内容包括合理引导城市的总体规模和密度；优化城市空间布局，形成紧凑型发展格局；引导适合绿色交通出行的发展模式，合理布局城市基础设施及增加城市碳汇等（图 3-152）。

规划具体措施包括优化道路系统，引导绿色出行，以控制交通能耗需求；根据公共交通运力确定开发强度分布，沿轨道交通站点周边 500~1000m 范围内规划布局高强度的开发；大力发展慢行交通：促进自行车和步行交通分担率的提高，建立慢行体系；安全、慢速，有利于商业氛围的形成，也是人性本质的回归；避免密集的街墙，提供自然空间；多层次引入自然要素（图 3-153）。

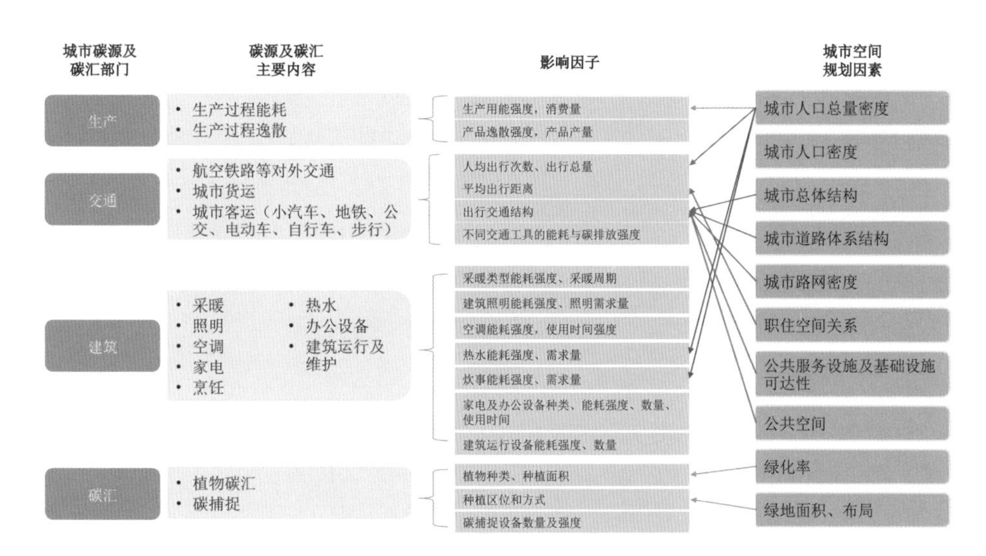

图 3-152　周口店空间规划“空间—碳排放”机制分析

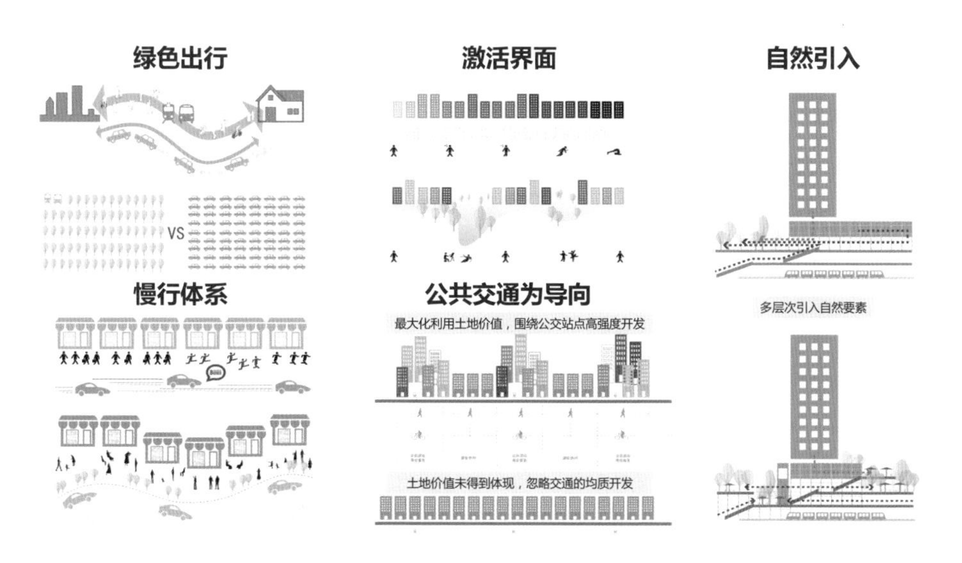

图 3-153　周口店空间规划低碳策略

3.3.4 片区空间规划

1. 北中南沟片区规划

北沟片区规划。①车厂村。车厂村规划保留瓮门和古城体系，沿路两侧发展。主要模式为商住混合的模式，南部地区现有新建的居住小区予以保留，中部地区增设绿地广场，商住容积率均为 1.2。核心节点景区为金陵与十字寺。空间体系，包括：古道体系，从十字寺到车厂，车厂到西山庄再到良各庄，最后出周口店镇，来到房山老城西门；河流体系，河流穿过山口村、良各庄村、西山庄村和车厂村，来到金陵遗址附近，这和我们之前说的曾经的“三山环抱，二水分流”是一致的；燕山石化体系，位于周口店镇东部的燕山石化产业区，对于周口店镇原有的工业都有辐射式的影响。②良各庄、山口村。良各庄以居住功能为主，局部地区与车厂类似，为商住混合模式，滨河地区打造高端住宅景观带，容积率为 1.8。山口村以青年旅社、露营地等为核心功能，靠近铁路沿线，可作为铁道矿山公园的服务节点，以商住混合功能为主，容积率为 1.2。

中沟片区规划。黄山店（0.09km^2）西部地区为现状的“姥姥家”等服务设施，未来将保留这种商住混合的模式（约 0.065km^2），将原本的西八村的 3000 人左右集中安置在东部住宅区（约 0.025km^2）。

南沟片区规划。拴马庄（穆桂英拴马处，因此得名，0.08 km^2）作为非物质文化遗产精华区，现已有的大西坡地区为现状较好的住宅区，应予以保留。

2. 东南平原区

（1）双圈层的规划结构

东南平原区用地格局为圈层式的结构：中心圈层和外围圈层。中心圈层，承担对内服务功能，外围圈层主要承担居住、对外服务功能（图 3-154）。中心圈层分布有中学、商业、小学、幼儿园、步行街、医院、绿地等对内的公共服务用地；外围圈层除了各村庄的居住功能外，分开来看：大韩继村是旅游站点、创意娱乐；南韩继村和瓦井村是创新科技园区；娄子水村是旅游接待、酒店住宿，它们都属于对外服务用地。

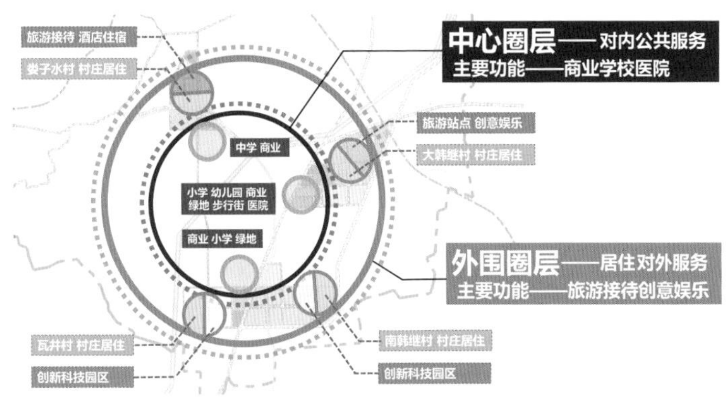

图 3-154　东南平原区南部组团发展模式

（2）用地结构

整个片区的非建设用地大体上分为三个片区：农田景观带、生活绿地带和生态自然带（图 3-155）；建设用地分为三轴：创新创意轴、生活服务轴和生态自然轴，三条轴各自承担了相应的功能（图 3-156）。主要公共服务设施及绿地分布如图 3-157 所示。

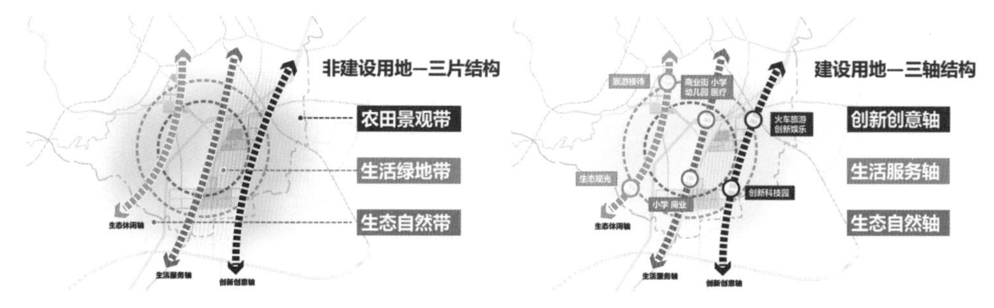

图 3-155　东南平原区非建设用地结构　　图 3-156　东南平原区建设用地结构

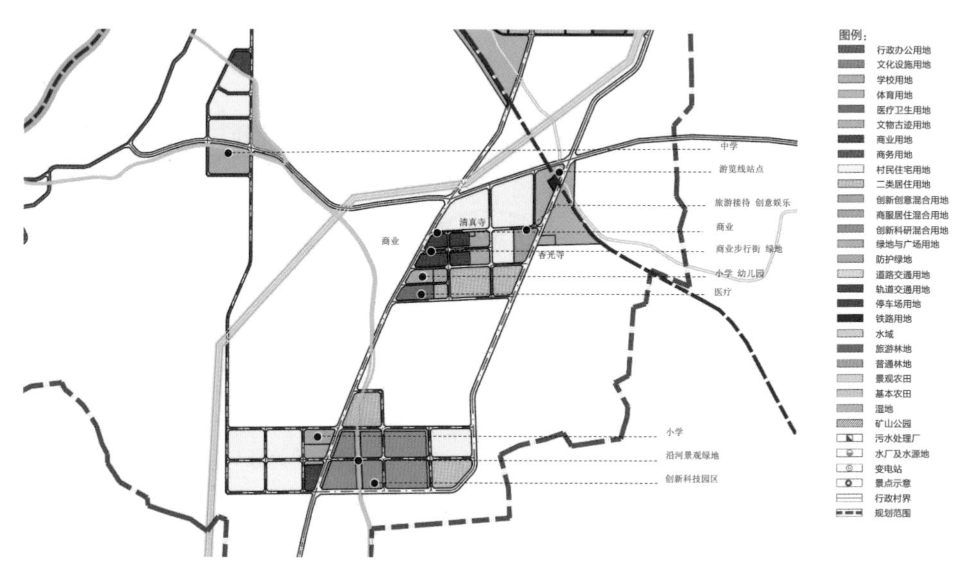

图 3-157　东南部片区规划：主要公共服务设施、绿地分布

3. 周口店中心镇区规划

（1）重大事件后事件时代发展模式

模式一：完全保留，延续事件主题公园。城市中绿地系统缺失的现象越来越明显，而重大事件园区通常有较高的绿地率，有效地弥补了城市“缺绿”的现象。目前，越来越多的大事件园区选址于城乡结合部，初衷就是增加城乡间联系的绿地空间，调节城市和乡村之间的关系，进行新区建设。

模式二：部分保留，构筑都市生态社区。大事件一般要占用大量的土地，在寸土寸金的现代都市，大事件园区的选址越来越倾向于远离城市建成区，与规划选址策略相对应的后续利用模式也在发生着变化。公共交通、公共服务设施先导的新区开发模式已较为成熟，为大事件服务的基础设施建设正好可以作为撬动新区开发的引擎，大事件园区在前期规划中的后勤保障服务区在展后可以改造成生态社区。依托大事件的文化、生态等效应，疏解中心城区人口的居住郊区化进程。

模式三：功能转换，形成商务办公街区。选址在城市中心区的大事件园区，在后续利用模式上多以商务办公功能为主，使大事件的角色能延续并产生推动作用，也有助于解决城市商务办公资源紧缺的现状。大事件不仅改变了所在片区商务办公的格局，也极大地拉动了核心区投资、高新技术产业及其相关产业链的发展，推动了商务办公环境的全面提升。

（2）周口店后事件时代镇区发展

周口店后事件时代镇区发展是以文化遗产和生态资源为动力的发展。初期保护生态环境、文化遗产、进行基础设施建设，重大事件的发生打响城市品牌后，创新型经济资本进入，文旅产业进一步发展。

挖潜利用文化遗产、生态资源、资本来振兴城市的路径，需要经过挖潜、辐射、积聚。①挖潜：在妥善保护的前提下，合理利用和充分发挥猿人遗址、十字寺、金陵这类不可移动文物自身的优势并放大，合理组织生态景观节点，发挥其景观优势。②辐射：在文化遗产、生态景观节点、文旅精华路线周边一定范围内形成空间、产业等带动辐射作用。③积聚：对不同模式活化的文化遗产、生态景观、产业点，通过一定的方式串联起来，因集聚而产生放大效应，助力城市的升级转型。

（3）中心镇区发展模型

中心镇区发展模型包括以下两个模型共同作用(图 3-158、图 3-159)。多核心同心圆模型：猿人遗址是镇区内部的发展动力，燕房组团是镇区外部的发展动力，这两个点共同促进镇区发展。扇形模型：以周口河和铁道线为核心的生态景观带和连接山区和城关镇的交通干道。

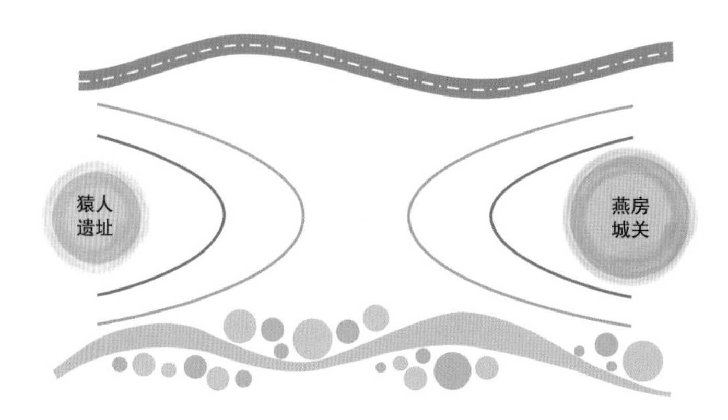

图 3-158　周口店中心镇区发展模型作用图

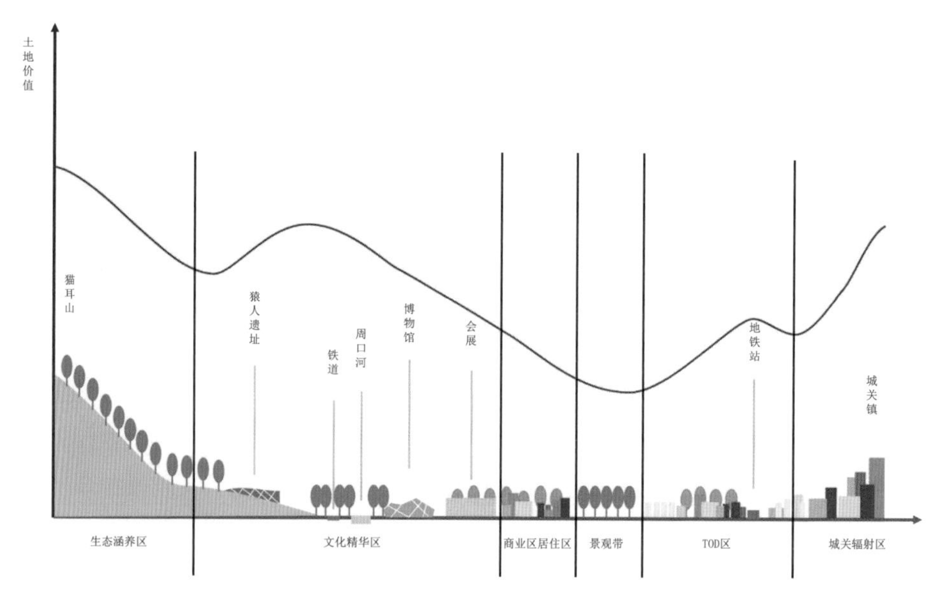

图 3-159　周口店中心镇区新型发展模型

（4）视廊体系

规划在中心区由三面环山确定大致范围，由三条主要视廊控制，并延续向外，包括了历史文化轴、城市发展轴、功能发展轴（图 3-160）。历史文化轴从猫耳山主峰起，通过长沟峪金墓、贾岛峪、文化寺庙区、北京猿人遗址，最终连接新建的快速交通。城市发展轴从塔山森林出发，以南北向最终延伸至大韩继村。功能发展轴从郊野公园出发，穿过居住生活区，延长承接北京功能。

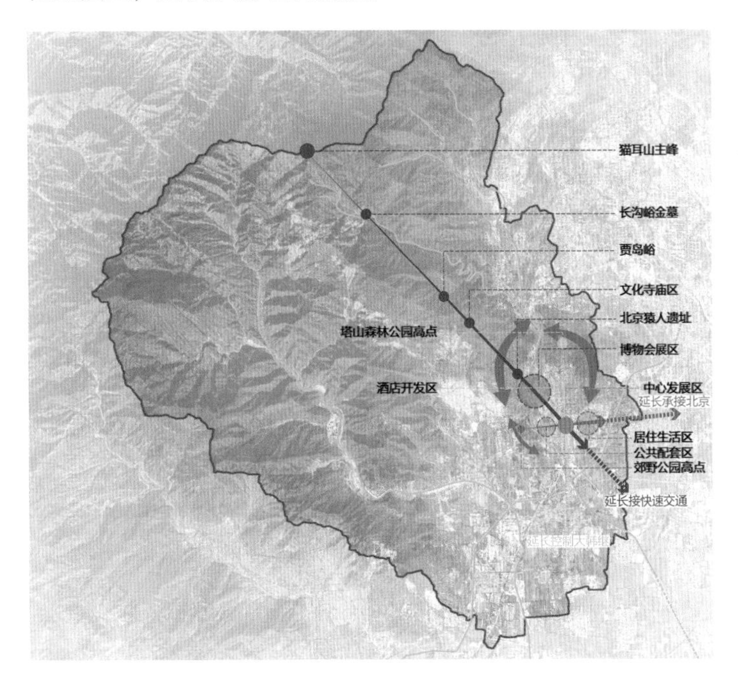

图 3-160　周口店中心镇区视廊体系

此外，还分析了镇域北区和南区的视廊构成。①南区主体梳理三条主要视廊体系。第一，由北向南从金陵出发，经十字寺遗址、贾岛峪、文化寺庙区、矿山遗址区至娄子水村。第二，由西北方出发，从坡峰岭高点出发，自红螺三险、郊野公园、娄子水延伸至大韩继。第三，短轴由两处郊野公园连接，途径娄子水村。②北区视廊体系。北五村主要由西侧大面积山区包围，主要视廊为金陵和塔山森林公园之间的视廊，以及从龙骨山经贾岛峪至北五村的视廊体系。南部四村主体发展空间向东部依托燕房组团发展，车厂村依托金陵发展（图 3-161~ 图 3-165）。

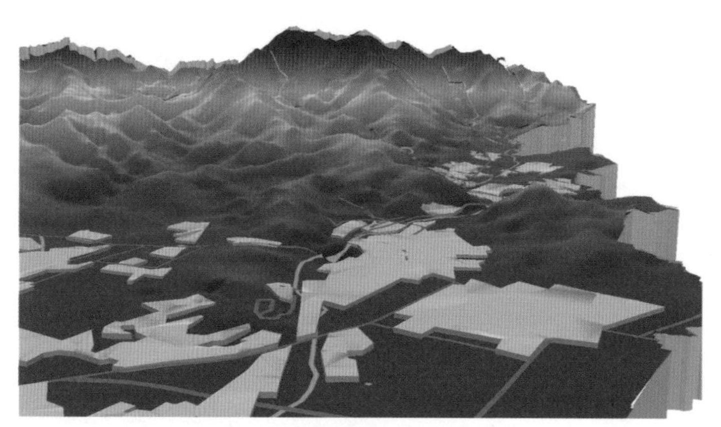

图 3-161　周口店镇区山水城体系

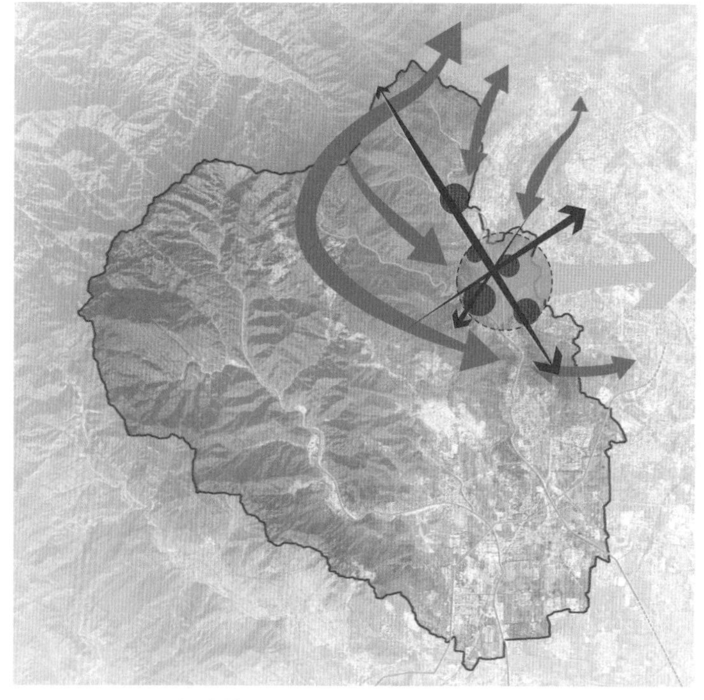

图 3-162　北区视廊体系

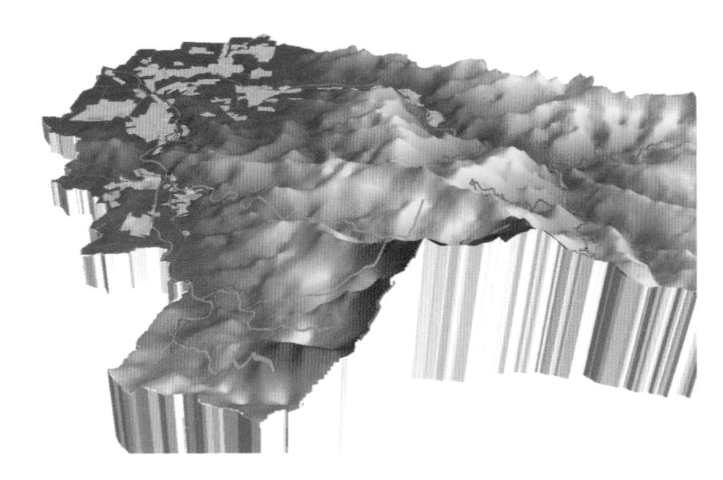

图 3-163　金陵遗址远眺镇区和娄子水村方向

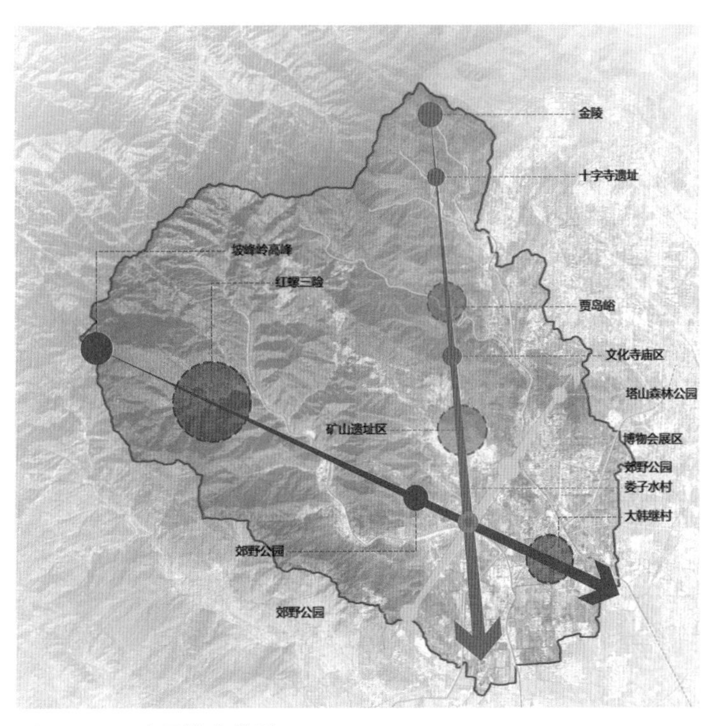

图 3-164　南区视廊体系

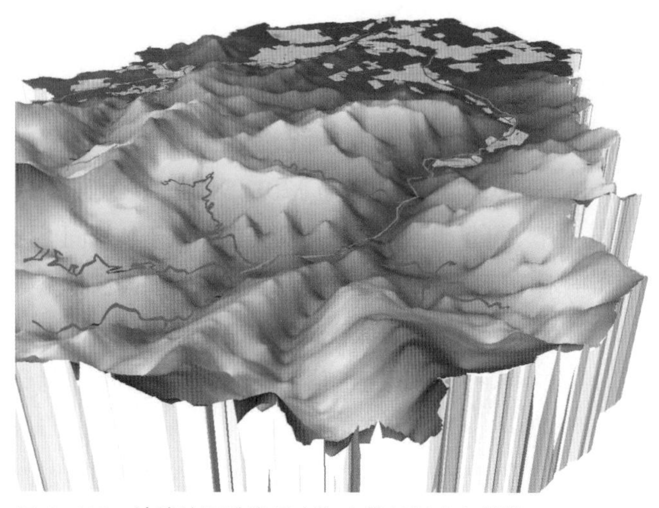

图 3-165　坡峰岭远眺娄子水和大韩继村方向模拟

（5）现状分析

镇区现状被周口店镇交通量最大的三条道路分割。镇区现状建设分散在道路周边，以单层居住组团为主，且相互没有联系，大量未建设用地使得镇区没有整体结构。镇区内最重要的文化遗产，包括猿人遗址和猿人遗址博物馆孤立在镇区一角，没有产生辐射效应与规模效应（图 3-166）。

（6）规划结构

对镇区内主要的通过性交通改道，外移保证镇区内连续的发展空间。对猿人遗址的文化价值进行进一步的开发，引入会展、艺术、体育产业，形成镇区最重要的发展动力。整合镇区的其他配套功能，形成完整的空间结构。开发镇区周边的绿化景观资源，连接缝合镇区的各项功能区（图 3-167）

（7）中心镇区新的发展模型

新规划中构建中心镇区新的发展模型。周口店镇区的土地价值是商业价值、文化价值和生态价值的共同体现。猫耳峰为重要节点的大房山土地生态价值最高；以猿人遗址和博物馆为核心的片区土地文化价值最高；周口店地铁站周边 TOD 的发展模式使地价升高。

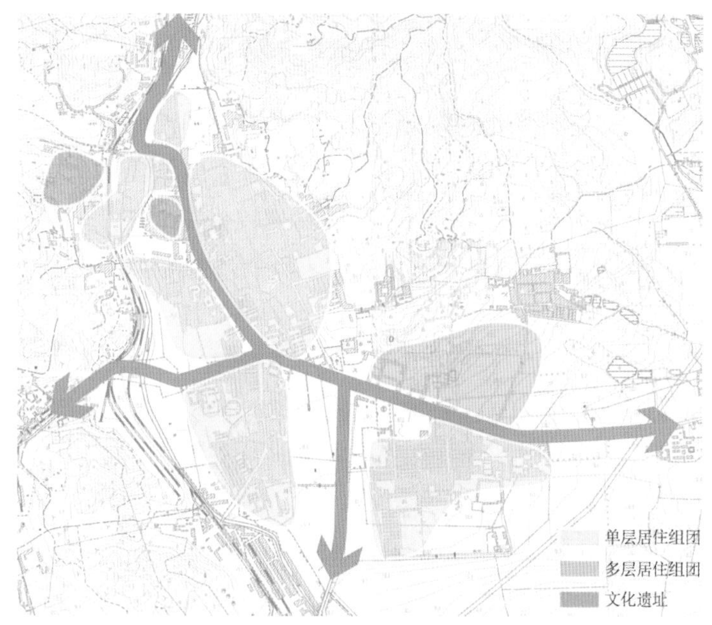

图 3-166　周口店中心镇区现状

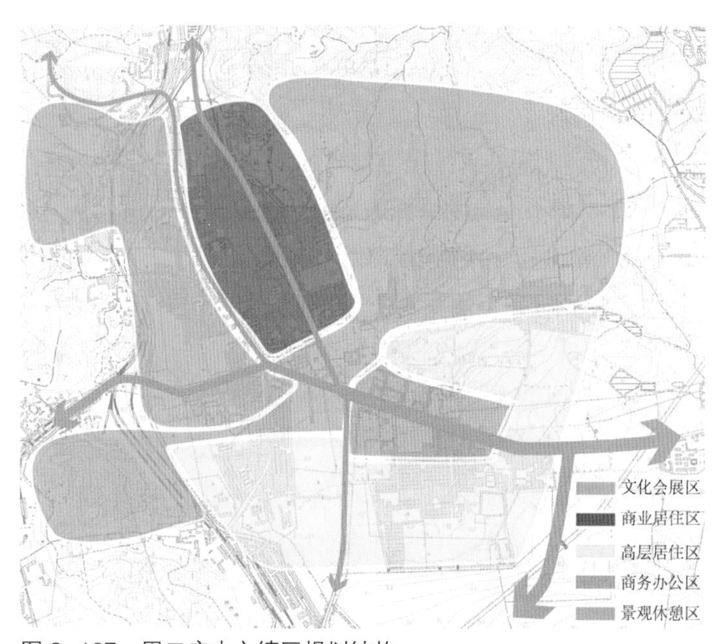

图 3-167　周口店中心镇区规划结构

3.3.5 详细规划与城市设计

1. 控制性详细规划

中心镇区控制性详细规划的用地规划图（图 3-168）。

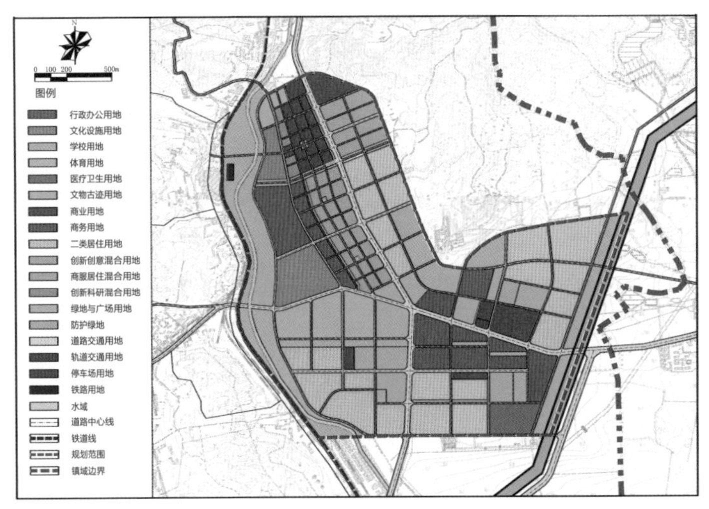

图 3-168 周口店镇中心镇区控制性详细规划用地规划图

（1）道路

中心镇区的过境交通为从城关镇到金陵、十字寺，车流量较大的过境交通从镇区外部通过。北部商住混合街区尺度为 80m×80m，营造街道氛围。普通街区尺度约为 200m×200（300）m，小街区，密路网（图 3-169）。主干道采用四块板的形式，整体道路的断面较窄，采用两块板或一块板的形式，保持小镇的街道氛围。

（2）结构功能分区

4 个主要的居住组团配备教育医疗基础设施，以地铁站为核心的 TOD 开发商业商务区，以猿人遗址为核心打造文化旅游商业区、滨河景观带、中央景观带（图 3-170）。

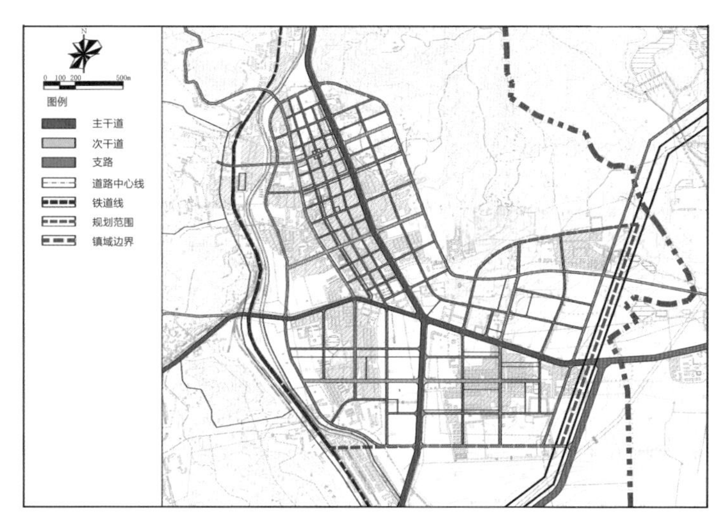

图 3-169　周口店镇中心镇区控制性详细规划道路分析图

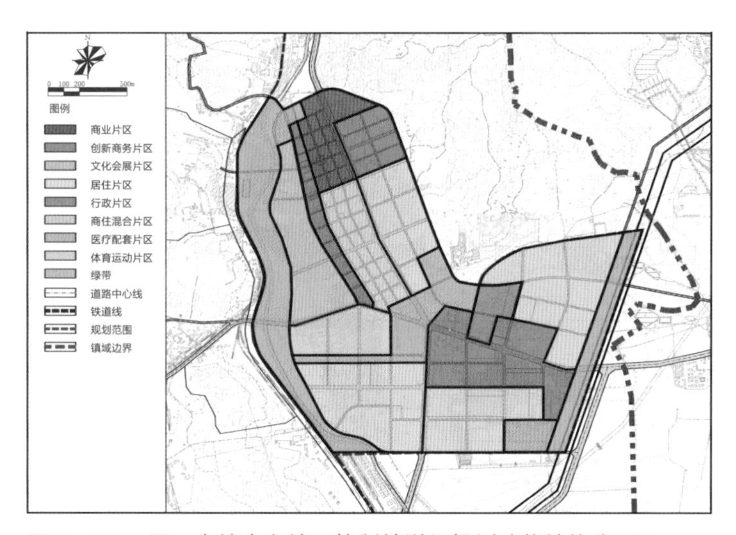

图 3-170　周口店镇中心镇区控制性详细规划功能结构分区图

（3）绿化分析

镇区位于被三侧山脉（龙骨山、塔山、鸡骨山）围出的平原上。龙骨山、塔山、鸡骨山形成了镇区三大绿化片区，通过滨河景观带和中央景观带将这三个主要的绿化片区串联起来。街区设置小型广场公园，形成绿化网络结构(图 3-171)。

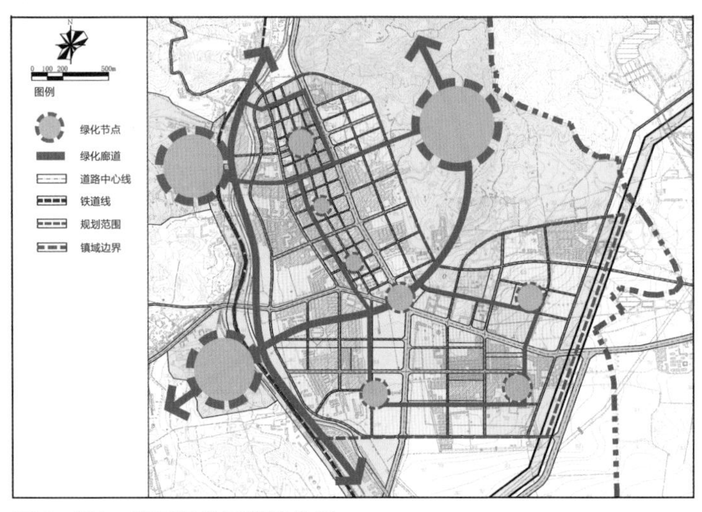

图 3-171　镇区绿化网络结构图

（4）建筑高度控制

根据房山区分区规划，镇区除地标建筑以外建筑控高18m。中心镇区北部由于靠近猿人遗址，营造商业街区氛围，整体控高低于中心镇区南部，由北向南，控制高度提高；中心镇区地标建筑控高36m，为综合性文化设施；中心镇区南部控高呈现TOD模式（图3-172）。

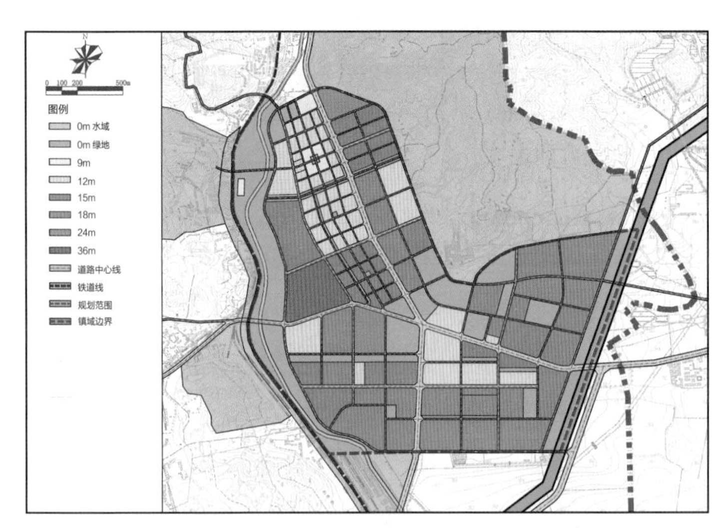

图 3-172　周口店镇中心镇区控制性详细规划建筑高度控制图

（5）建筑密度控制

中心镇区北部商业（商混）街区密度较高，形成有街道氛围的片区。地铁站周边 TOD 模式下建筑密度高于周边居住区（图 3-173）。

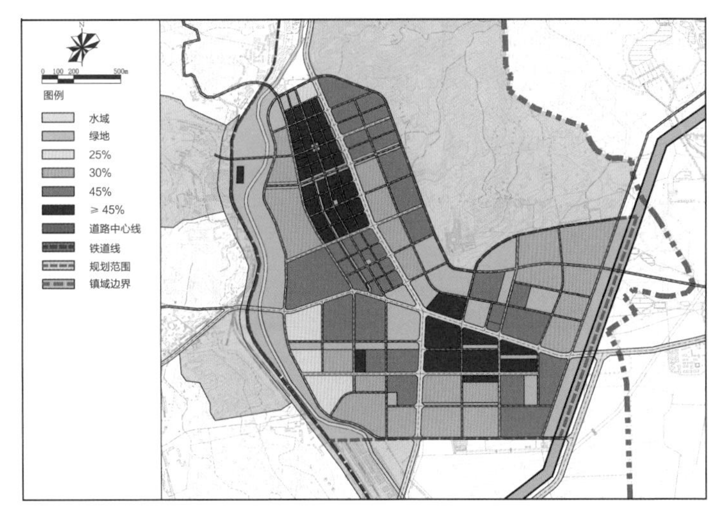

图 3-173　周口店镇中心镇区控制性详细规划建筑密度控制图

（6）建筑容积率控制

在北部保持较低的开发强度，打造良好的城市环境；南部居住区以多层及高层开发强度为主，环绕地铁站以 TOD 模型进行较高强度的开发，保证交通资源的合理分配；沿河景观带保持较低的开发强度，重点对步行景观环境进行打造，同时扩大景观资源的影响范围（图 3-174）。

（7）规划四线图

划定规划四线。红线：街区红线；蓝线：周口河；绿线：塔山公园等公园；紫线：猿人遗址（图 3-175）。

（8）步行系统规划图

中心镇区的步行系统主要由绿化公共空间和商业步行空间构成（图 3-176）。

（9）公共交通规划图

营造良好的步行系统需要和公交系统进行配合（图 3-177）。周口店地铁站是主要的游客换乘地点，通过地铁和公交的换乘，可以便利地到达猿人遗址博物馆和商业片区。

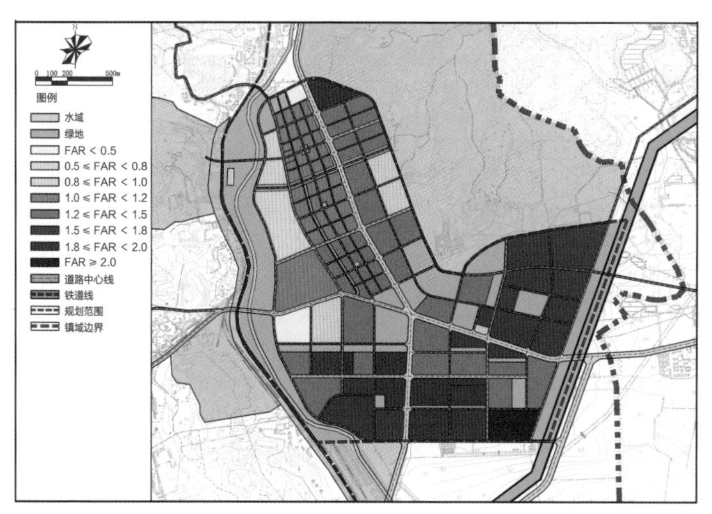

图 3-174　周口店镇中心镇区控制性详细规划建筑容积率控制图

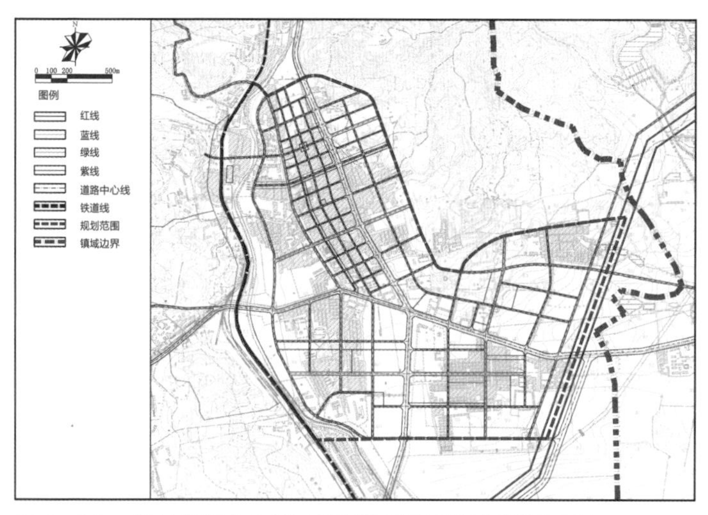

图 3-175　周口店镇中心镇区控制性详细规划规划四线图

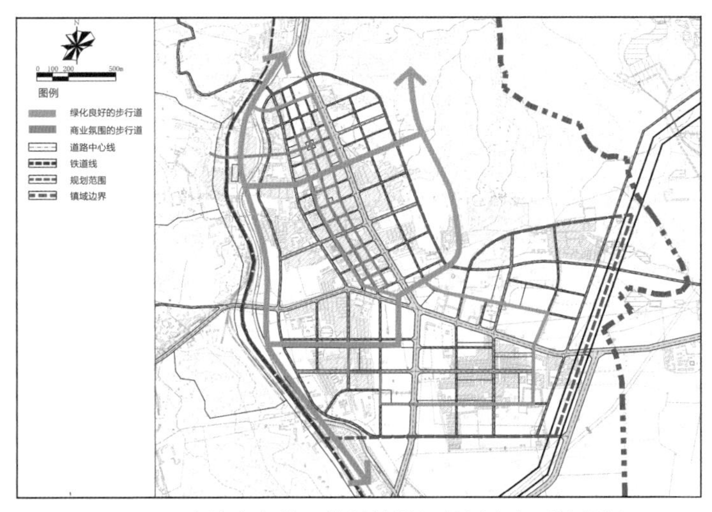

图 3-176　周口店镇中心镇区控制性详细规划步行系统规划图

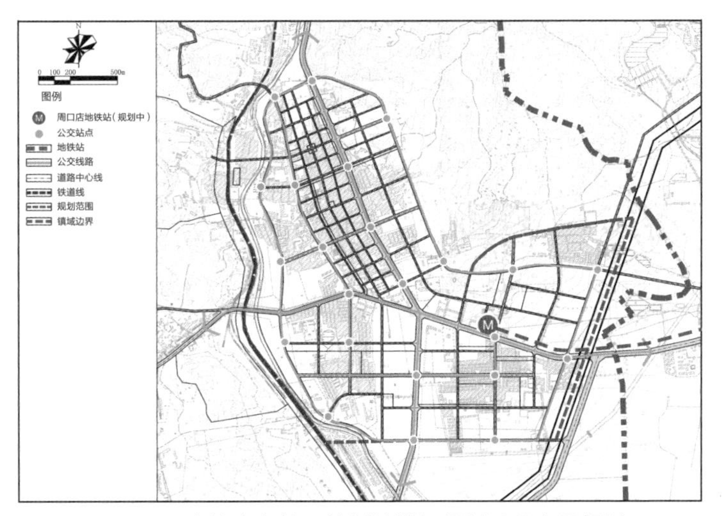

图 3-177　周口店镇中心镇区控制性详细规划公共交通规划图

2. 以猿人遗址为核心，大事件驱动下的镇区北部城市设计

镇区北部的城市设计出发点是以猿人遗址为核心，遵循大事件驱动发展模式进行的（图 3-178、图 3-179）。

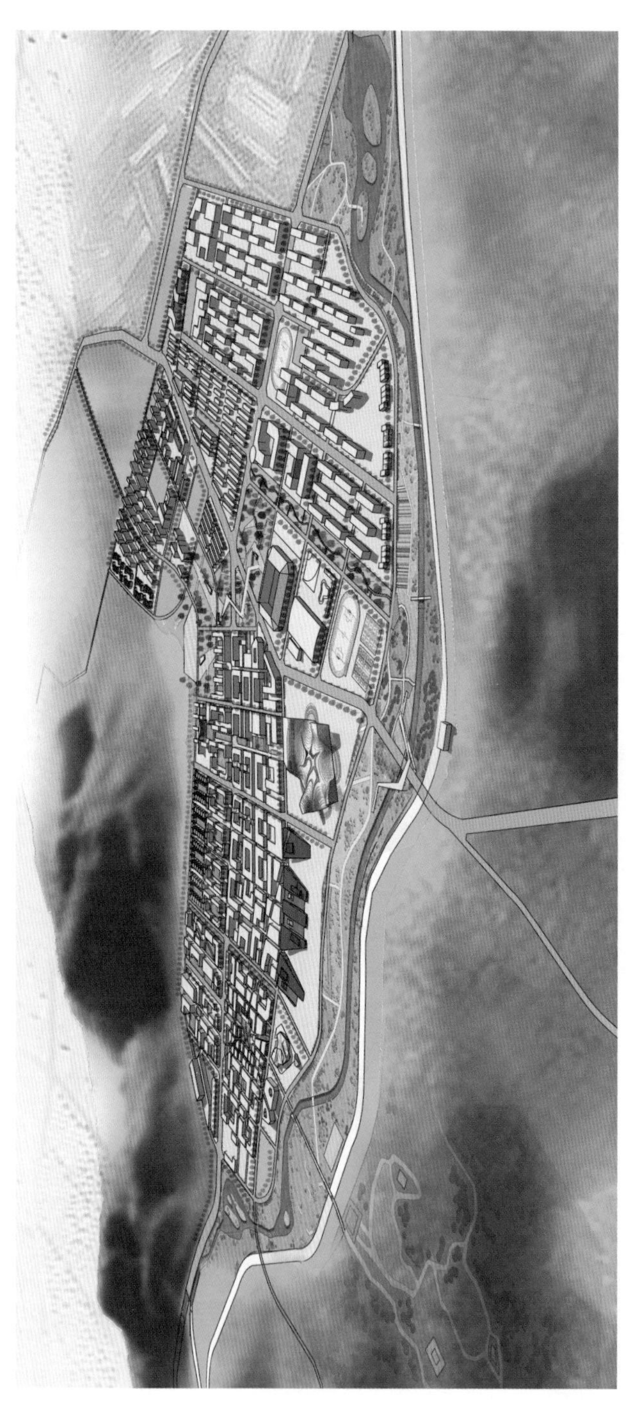

图 3-178　周口店镇中心镇区（包含北部片区）城市设计透视图

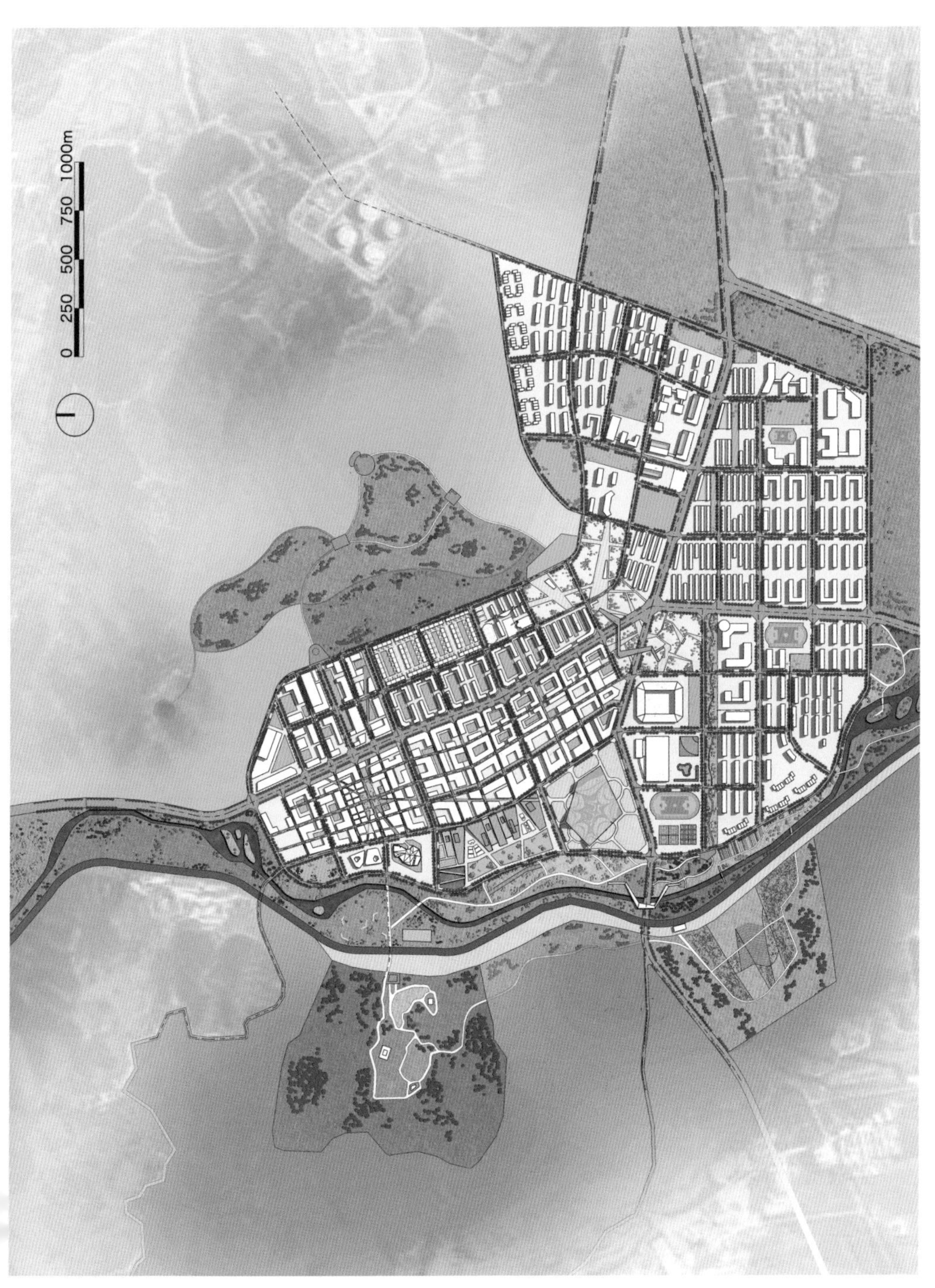

图 3-179 周口店镇中心镇区（包含北部片区）城市设计总平面图

1）北部城市设计分析

（1）北区图底关系

不同功能片区采取不同的建筑尺度，总体上由西北向东南方向尺度变大，形成有规律的建筑排布。主要采取围合形态，创造不同类型的公共空间（图 3–180）。

（2）北区功能

功能布局以混合功能为主，从西向东由公共向私密转换，从北向南由对外功能向对内功能过渡（图 3–181）。

（3）北区高度

控制核心商业区高度最低，打造最佳开放空间。从北向南高度逐渐升高，在西南部文化综合体高度最高，打造地区地标（图 3–182）。

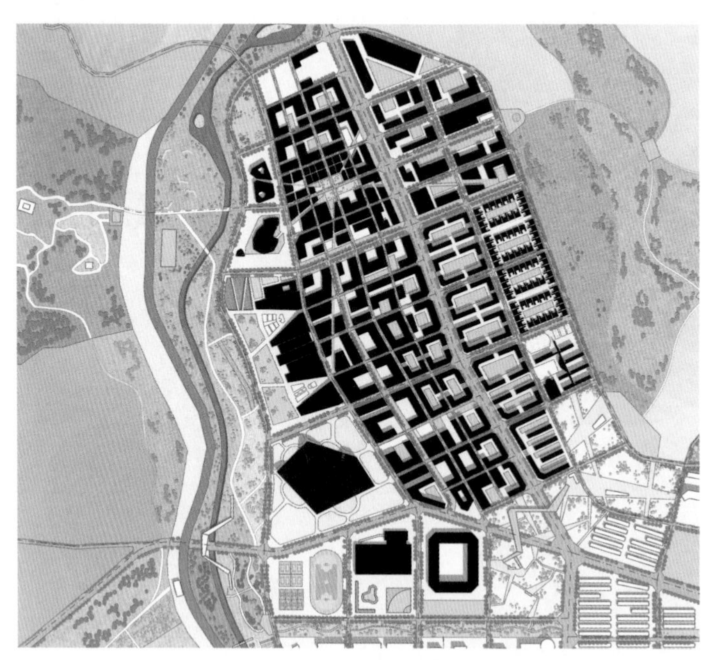

图 3–180　周口店镇中心镇区北部片区城市设计图底关系分析图

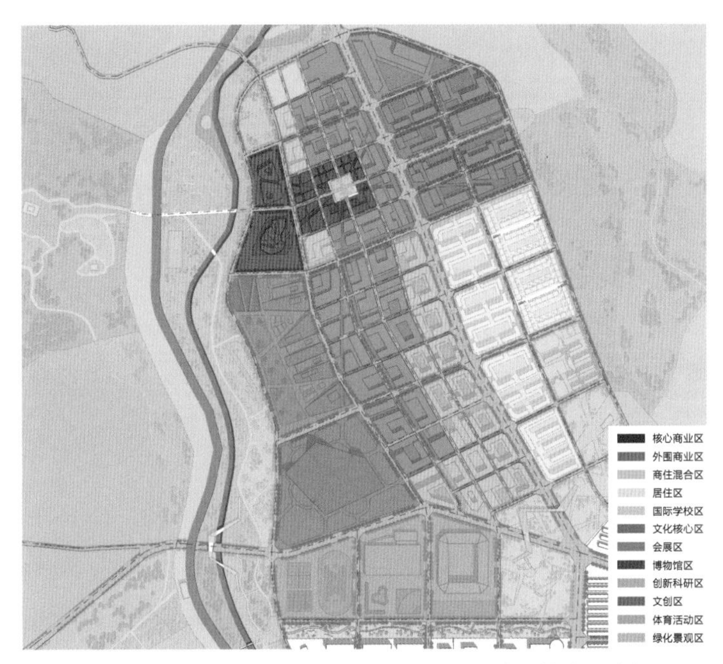

图 3-181　周口店镇中心镇区北部片区城市设计功能分区分析图

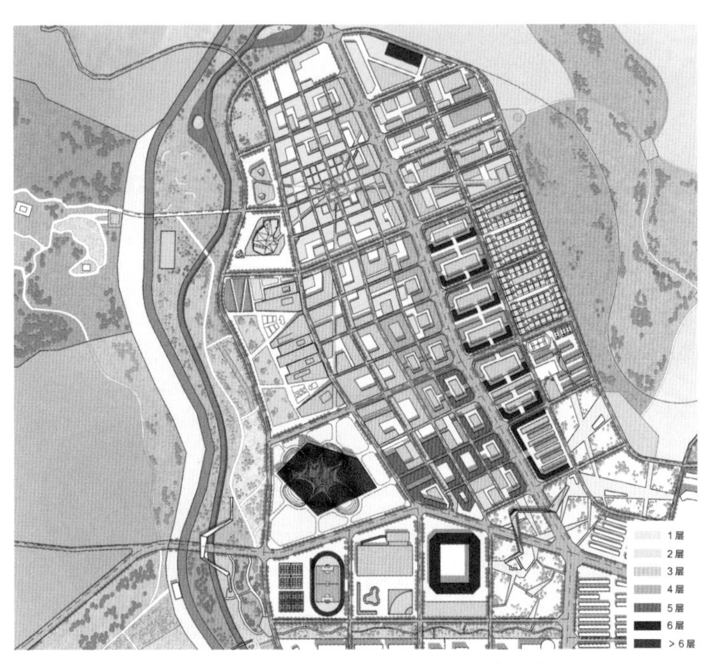

图 3-182　周口店镇中心镇区北部片区城市设计高度分析图

（4）北区绿化体系

保留多条通道，使绿化景观资源由东西两侧向中心扩散，同时重点打造两条南北向绿化通道，形成完整的网状绿化体系。同时地段内形成多个点状的绿化节点，包括公共和私密两种不同类型，完善地段绿化体系（图 3-183）。

（5）北区视廊体系

在地段内的几处重点节点，包括中心广场节点，文化类节点和景观类节点，不同的节点依靠保留的视廊相互联系（图 3-184）。

（6）北区步行体系

在北区步行体系中，可以区分为景观性步道和商业性步道两类（图 3-185）。商业性步道主要集中在内部，以高密度集中形成商业中心。景观性步道分布在外围，创造良好的步行生活的基础。

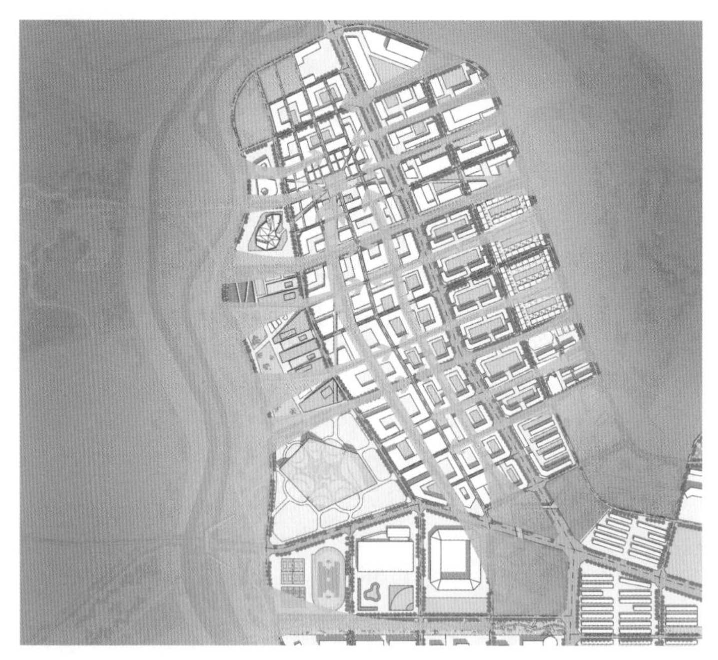

图 3-183　周口店镇中心镇区北部片区城市设计绿化体系分析图

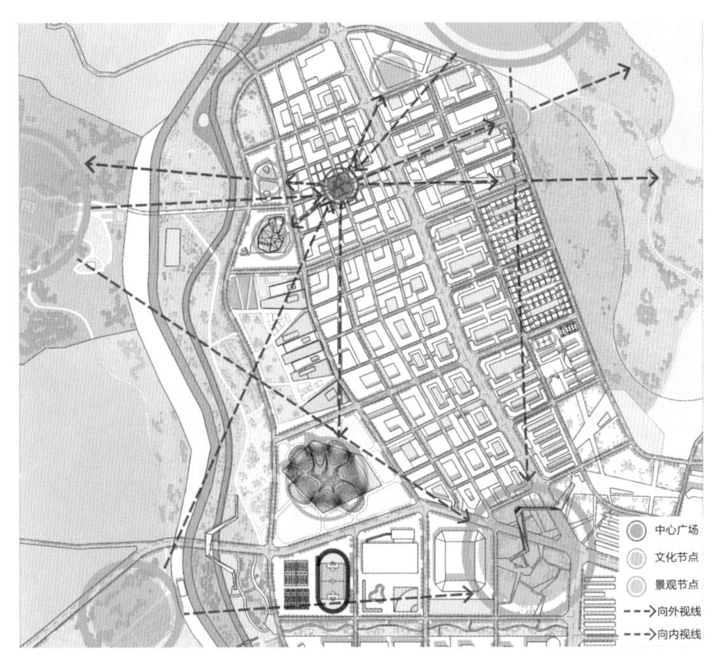

图 3-184　周口店镇中心镇区北部片区城市设计视廊体系分析图

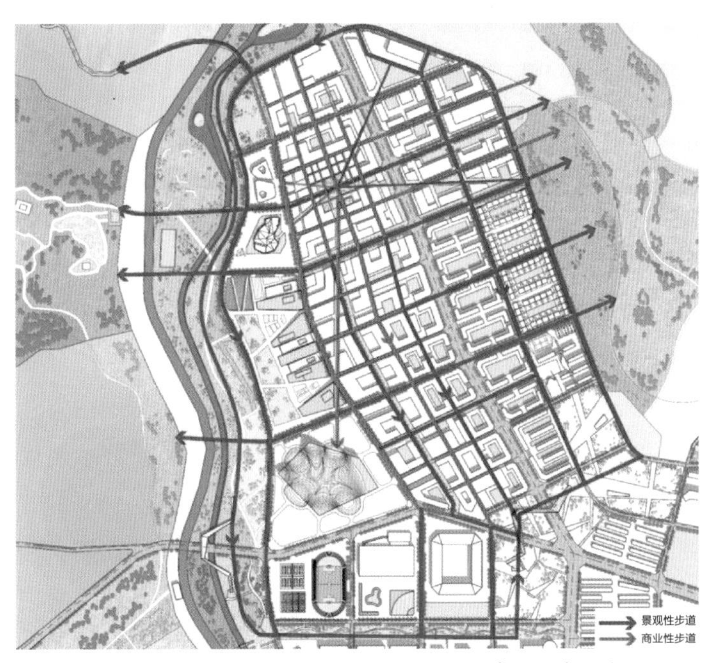

图 3-185　周口店镇中心镇区北部片区城市设计步行体系分析图

（7）北区街道界面

在街道界面的组织中，景观性界面以达到景观开敞为主，商业性界面以更高的贴线率，营造更好的街道氛围为目标（图 3-186）。

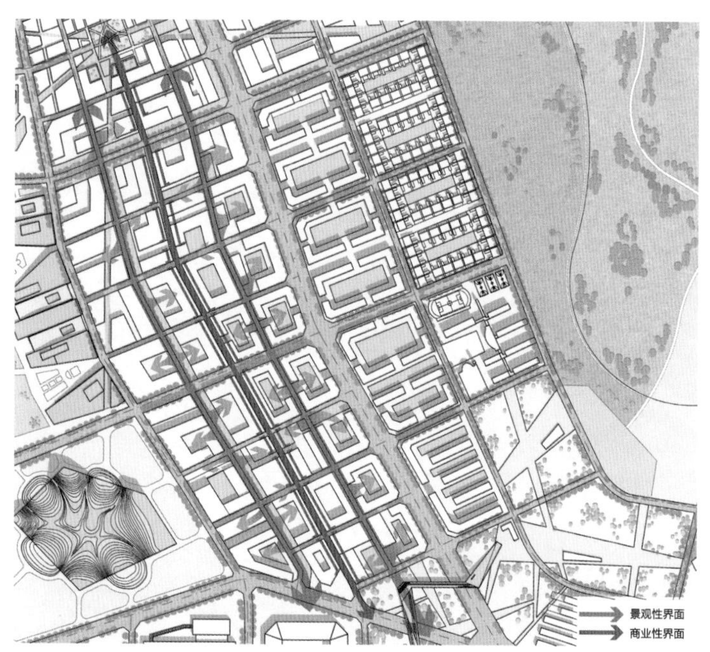

图 3-186　周口店镇中心镇区北部片区城市设计街道界面分析图

2）城市设计细部

（1）中心广场区节点

中心广场区节点以较低的高度环绕出北部最中心的开放空间，周边功能以商业为主，并且以开放平台、绿地空间来打造不同的环境空间（图 3-187、图 3-188）。场地承接从猿人遗址发展来的最重要的文化轴线，文化轴线与北部最重要的商业街交点处即我们的中心场地。同时场地还连接了北部最重要的几处节点，包括猿人遗址博物馆、金陵遗址博物馆、文化中心、塔山森林公园的入口和酒店中心的绿地广场。

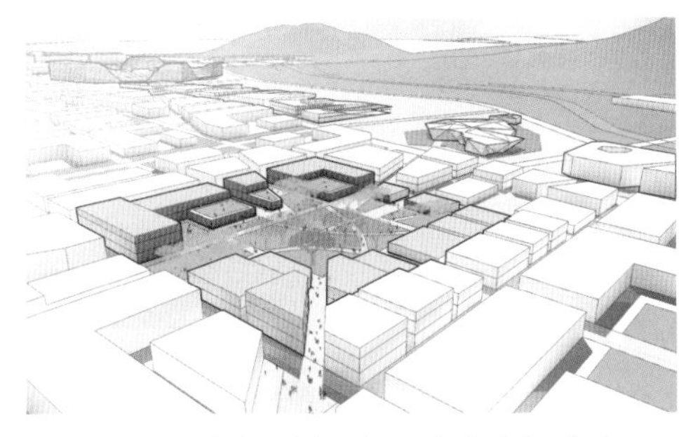

图 3-187 城市设计细部：中心广场节点一

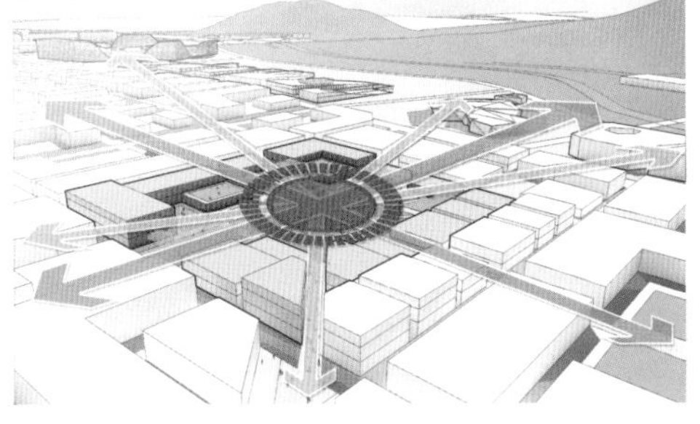

图 3-188 城市设计细部：中心广场节点二

（2）商业街道节点

在中心广场所连接的几条街道中，绿地与硬质广场相互嵌套。硬质广场成为绿地向建筑空间扩散的方向，成为活力最高的斑块状的空间，提升街区整体品质。在这样的街道空间中，商业性街道与景观性街道相互交叉，为不同的人群创造出最为丰富的空间体验（图 3-189、图 3-190）。

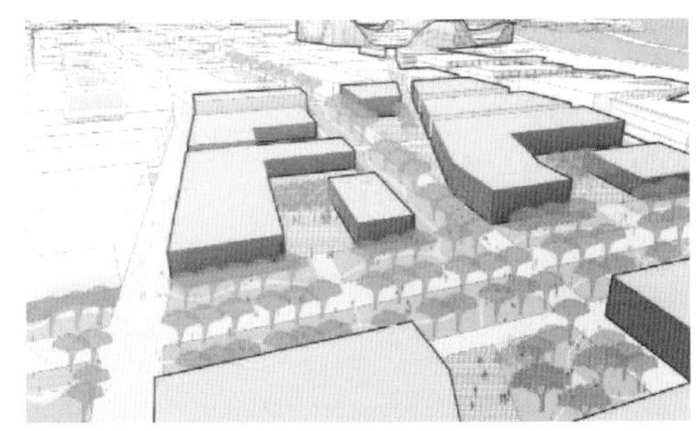

图 3-189 北部城市设计细部：商业街道节点一

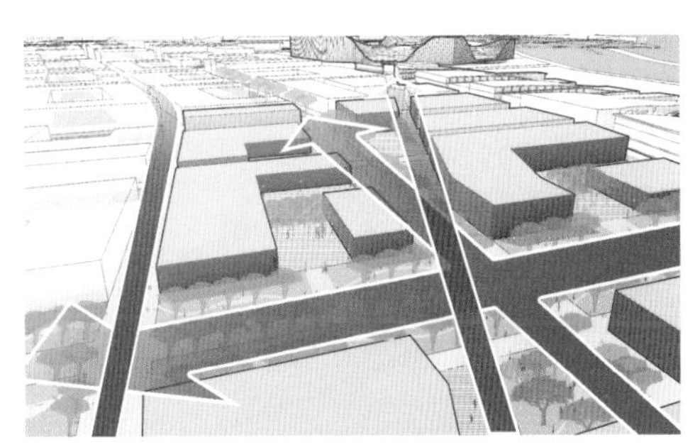

图 3-190 北部城市设计细部：商业街道节点二

（3）中央景观带

通过中央景观带串接两个公园，营造良好的步行环境（图 3-191、图 3-192）。保证车行的通畅和人行的便利，通过天桥将绿地连接起来。天桥指向塔山森林公园和综合体育设施，具有路径的引导性。在天桥上设置绿化等，展示滴灌等科学技术，表达生态友好的理念。通过在天桥上的行进和休憩增加一个欣赏城市风貌的界面。

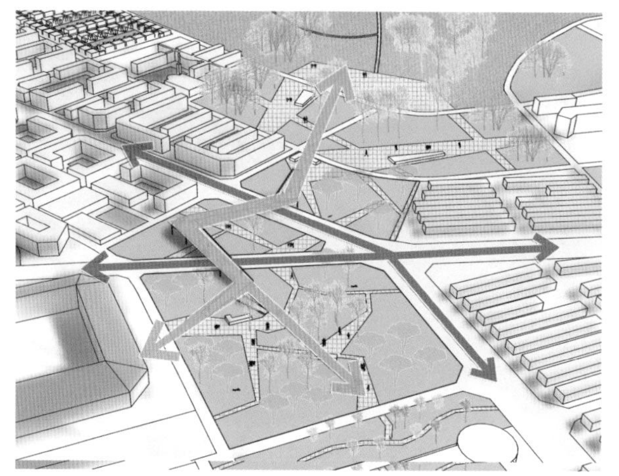

图 3-191　城市设计细部：中央景观带

图 3-192　中央景观带沟通两个公园绿地空间

（4）文化广场

文化广场仅作为地段的地标是不够的，更重要的是为居民提供公共空间，让建筑与场地融合为一个连续空间。人们可以在户外、室内、地面、屋顶自由散步，融合成为一个真正的公共空间，居民可以亲切地称呼这里为“文化广场”，而不是“文化中心”（图 3-193）。从周口店的地理地貌、历史文化来融合形成设计理念，屋顶广场的设计来源于周口店远古的石质地貌，高耸的观景平台分别面向中心广场、猿人遗址、公园和体育中心。功能分别为工业展览、未来规划展示、图书馆和美术馆，在丰富居民文化生活的同时承上启下，串连古今。

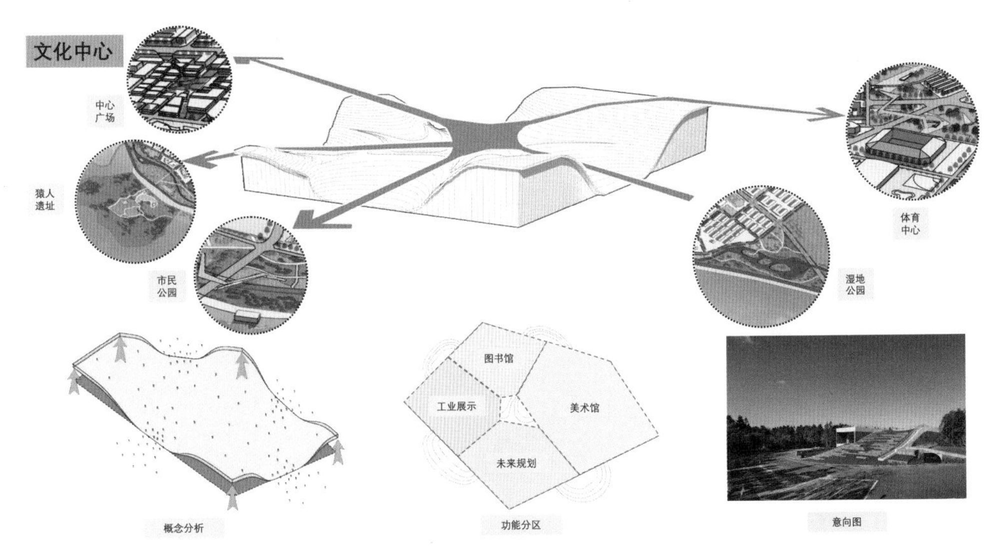

图 3-193 城市设计细部：文化广场

3）绿地景观概念设计

绿地景观设计概念是将线性硬质的岸线恢复成湿地过滤的自然河道，将破碎的小版块森林变成连贯丰富的绿地生态系统。绿地和水系之间围合界定一系列休闲开放空间，以及连接这一系列公园活动空间的步道系统，同时连接南北两个城市节点，形成贯穿整个绿地空间的不间断步道体系（图 3-194）。绿地公园分四个相互关联的分区，每个区都提供丰富多样的体验，由城镇向自然，由静态向动态。绿带起到串联起南北两片，激活整个场地的作用（图 3-195、图 3-196）。

游览路线依次是雕塑公园、音乐草坪、户外剧场、城市公园活力草坪、折叠野花坡与蝴蝶园、栖息地鸟瞰和湿地教育、农夫市场、有机农场、河滨森林步道、黄昏休息水滨、猿人遗址（图 3-197）。

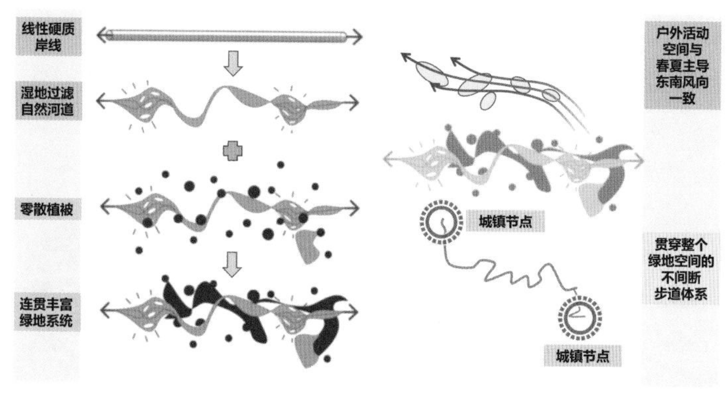

图 3-194　北部城市设计：绿地景观设计概念

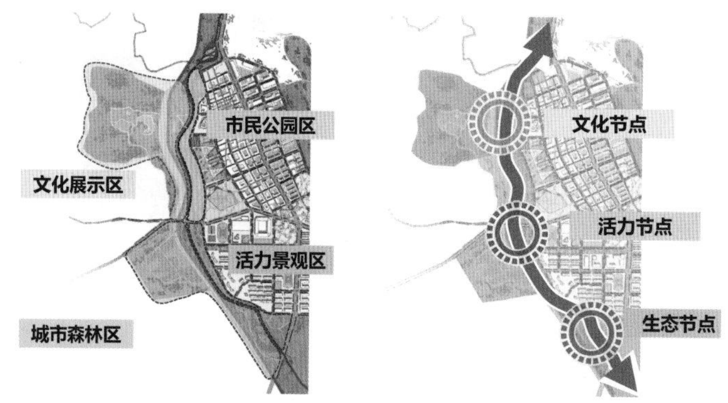

图 3-195　北部城市设计：绿化结构分区

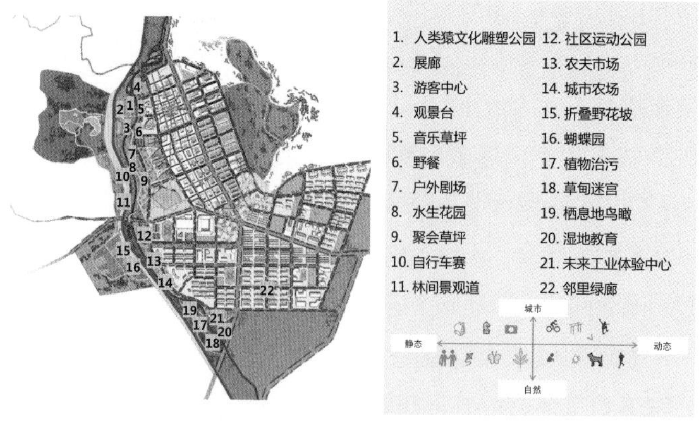

图 3-196　北部城市设计：绿化公园功能布局

图 3-197　北部城市设计：绿带体验路线

绿地景观设计从以下几个角度出发。在微气候方面，科学的微气候设计利用植被和风动原理，将郁闭的森林和开放活动空间沿夏季东南风主导风向交替分布。以树高和开放空间 1∶10 的关系界定空间的尺度，带动微气候空气循环。大面积的森林为户外活动提供了最洁净的空气。建筑间留有间隙，让阳光和气流通过，密度与阳光并存不悖。街坊围合而不封闭，自由而不松散（图 3-198）。

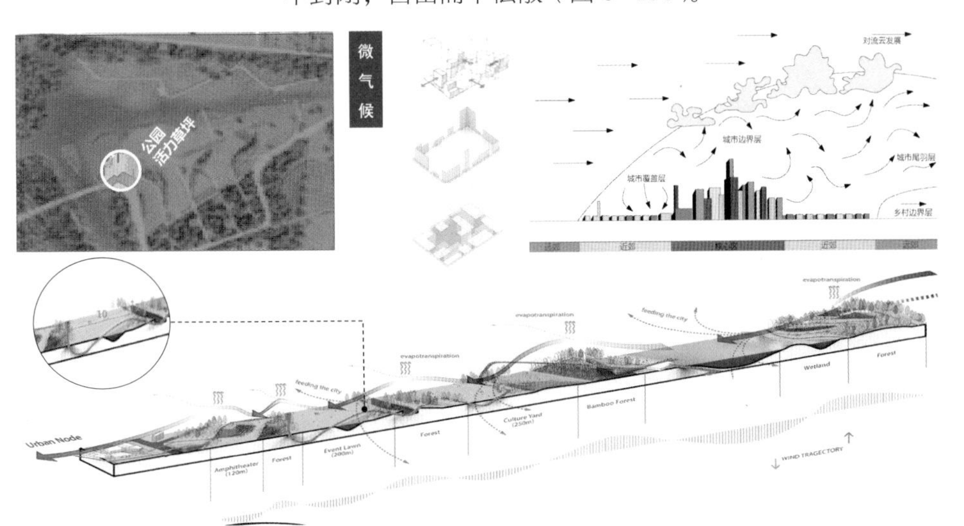

图 3-198　北部城市设计：绿地设计微气候

在连接城镇与自然方面，无污染地块给城市有机农业和社区花园提供了最好的机会。城市农场和社区花园里的有机蔬菜将出现在湖滨农夫市场上，提供从农田到餐桌的体验。折叠起伏的草坪和野花山坡融合了自然与文化，创造了一个惬意又舒适的环境体验（图 3-199）。

在改善生物栖息地方面，规划将景观生态学原理融入设计和整体公园的栖息地配置之中，提供有效的生态修复框架，创造一个高品质、具连通性的生物栖息地（图 3-200）。

图 3-199　北部城市设计：绿地设计连接城镇与自然

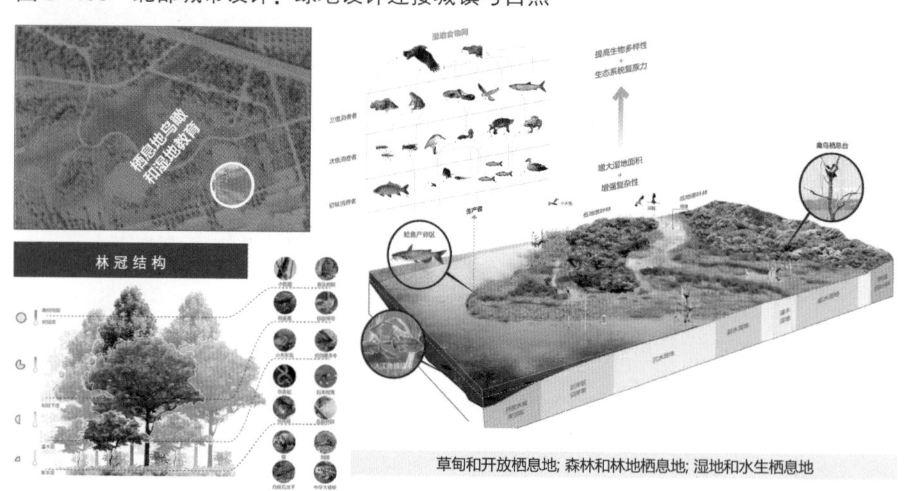

图 3-200　北部城市设计：绿地设计改善生物栖息地

在森林步道方面，公园延展的慢行系统，利用地形和桥梁，提供舒适不间断的空间体验。森林和地形在景观设计中被充分利用，起到对主要交通干道噪声和污染消减的作用(图 3-201)。

在土地修复方面，由于采矿业的发展，绿地内有潜在污染的灰地和棕地，则利用生物降解法和分期开发的策略进行治理（ 图 3-202)。

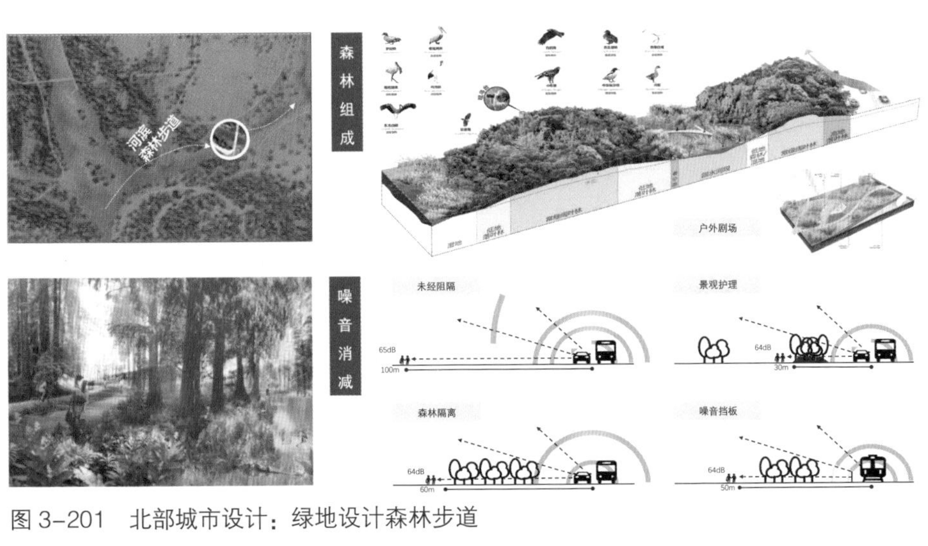

图 3-201　北部城市设计：绿地设计森林步道

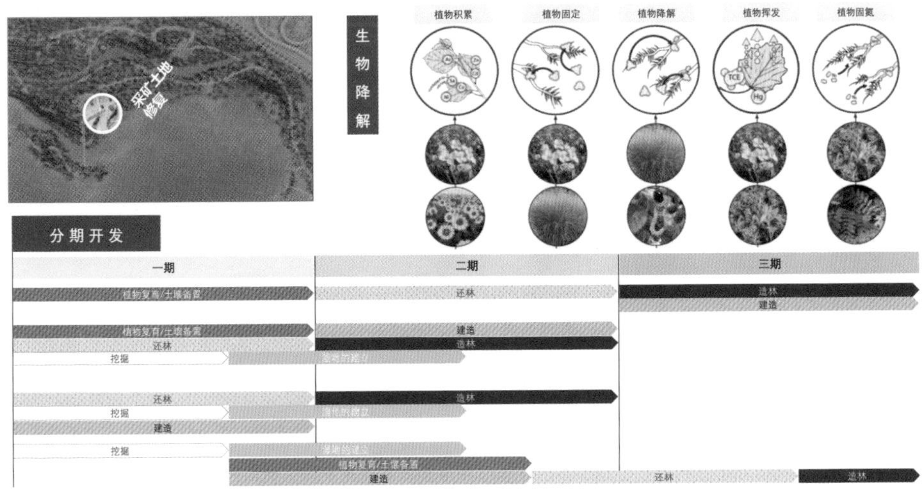

图 3-202　北部城市设计：绿地设计土壤修复

3. 南部片区城市设计

南部片区的城市设计，是以镇政府为核心的 TOD 发展模式下的设计（图 3-203）。

TOD 结构分为三个圈层：最中心的是以轨道交通站点、镇政府为核心的核心商务区，中间圈层是混合商务工作坊，最外围则是居住组团（图 3-204、图 3-205）。

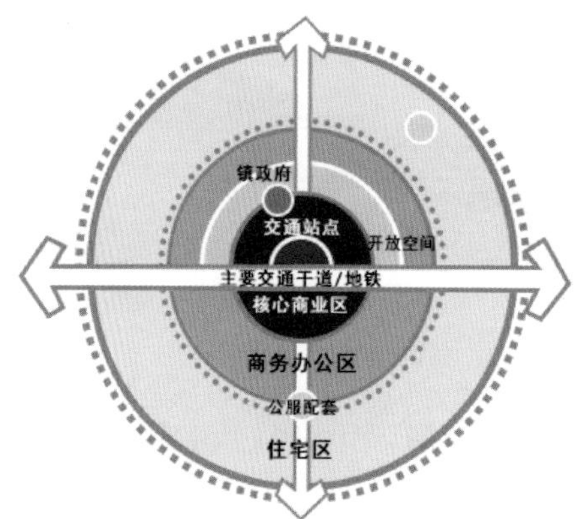

图 3-203　TOD 模式示意图

图 3-204　镇区南部 TOD 结构图

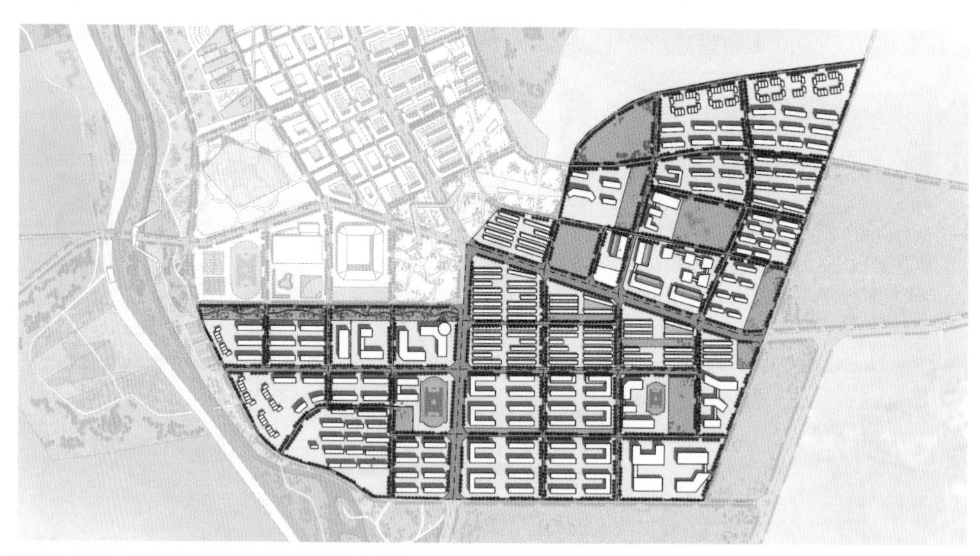

图 3-205　南部片区城市设计总平面图

混合商务工作坊是基于现有肌理的改造与重塑（图 3-206）。其中，我们保留了村落的现状肌理，即一些整齐均匀排列的窄条，对基本的建筑单元进行变化，创造出公共空间。连接小尺度的建筑单体，形成较大尺度的建筑空间。

具体来看，第一圈层的意象图是 TOD 模式下的商业中心；第二圈层意象图是旧肌理改造的混合商务工作坊；第三圈层意象图是居住生活片区（图 3-207 ～图 3-209）。

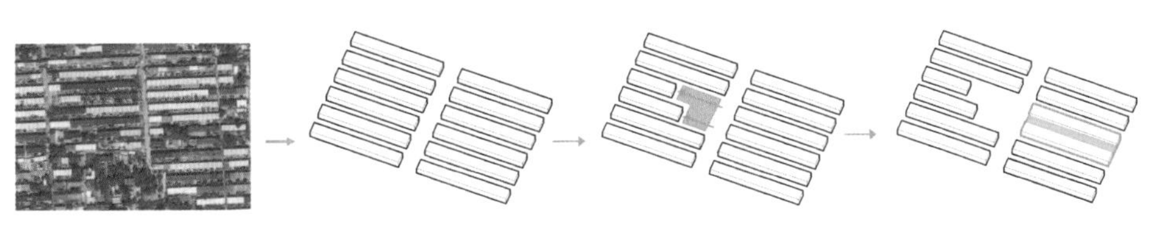

村落现状卫星图　　提取原有条状肌理　　对基本建筑单元进行变化
创造出公共空间　　连接小尺度的建筑单体
形成较大尺度的建筑空间

图 3-206　南部片区城市设计：肌理改造

第一圈层意象图

TOD模式下的商业中心

图 3-207　南部片区城市设计：第一圈层意象

第二圈层意象图

旧肌理改造—混合商务工作坊

图 3-208　南部片区城市设计：第二圈层意象

第三圈层意象图

居住生活片区

图 3-209　南部片区城市设计：第三圈层意象

3.4
学生课程感言摘录

3.4.1 梁媛媛：《从 ABC 到 XYZ》

这次设计课跟以往的都不同，不管是前 8 周的专题研究还是后 8 周的路径探讨和具体设计，都给我留下了深刻的印象。

老师除了在设计上给我们无限的帮助与指引外，还在学术研究道路上给予我们更多的指导，拓展了我们的思路，教会了我们基本的研究思路和方法。老师的指引，更多地让我感到了学术研究这条道路的深邃，也激发了我内心对更多学术和知识的渴望。

首先，虽然规划本科的课程开设得很全面，但是我们并没有机会能真正地投入各个专项课程中，专题研究于我们来说依然是比较陌生的事情。老师给予了我们很多做专题的帮助和启发，使我们在各自的专题上能够逐渐深入并有所创新。在进行产业专题研究时虽然开始觉得很困难，在完成最基本的产业结构和布局分析之后，感到非常迷茫不知道接下来应该做什么，但是后来在老师的建议下仔细研究了哈维的资本三级循环理论，将其与周口店的发展情况相结合，有了自己不太成熟的想法和成果。我在这个过程中收获了很多，这次专题研究对我来说是一次非常珍贵的经历，非常有成就感和幸福感。

其次，这次设计课的教学方法是我们之前从未接触过的。通过对周口店三种不同发展路径的探讨，我们对周口店地区有了更深入的认识，对它未来发展模式的判断也更加理性和全面，最后生成的方案也因此更加有说服力。除此之外我也有机会了解空间规划的总体思路和策略，并且对低碳设计有了初步认识，在最后进行绿带的城市设计时这些理念对我的影响和帮助很大，能够让低碳设计的理念落地是一件很难但也很有成就感的事情。

除了这些方法之外，课程之上其他同学们的思考与学习态度也让我自愧不如，今后也要努力提高自己的表达能力。自由但不随意的合作方式也是这次设计课很有特色的地方，在后 8 周的课程中，大家发挥自己的优势，在设计过程中碰撞出了很多灵感和火花。通过各种合作的组合我对大家的工作模式都更加了解，更加懂得了要取长补短，在合作中发挥自己的优势，为最后的成果呈现贡献出自己最大的能量。

最后，这次设计课让我学会了更好地管理时间和把控设计进度，让我明白了怎么高效率地进行个人研究与合作，大家分工明确且合理，最后才能有完整且出色的设计成果。

总之，这次设计课给予我的影响与感受远远不止以上部分。从这次设计课开始，我要养成良好的学习与思考习惯，一步步接近老师对我们的期望。

3.4.2 刘赟:《如麦田间漫步》

16 周的设计课程于我而言是一次难得的思维训练。从专题到模式推演、总体结构、总体战略、城市设计，我经历了一次完整而闭合的空间规划训练。

前 8 周的存量更新专题让我从一个全新的视角审视地区的发展，在这 8 周中我围绕着存量展开一系列的研究，这很符合当下从增量发展到存量更新的大趋势、大背景。我也从同学们各自负责的专题中受到了许多启发。这启发有来自知识层面的，有来自思维方式层面的。例如，媛媛负责的从三次资本循环角度看地区产业发展，俊波负责的GIS技术应用于生态红线与景观视线分析，王奕然和王笑晨负责的从历史、区域角度横向纵向进行历史文化梳理，还有雅青扎实的绘图与汇报能力等。

后8周我完成了从学理到设计的一系列工作，我的收获主要有二。

一是一种有逻辑的思考方式。在画结构图时，我的初稿仅说明了可能的结构现象，在于老师的建议下，我开始思考现象后的推动力，于是出现了三大驱动力，在三大驱动力下才有了两个轴带。虽然最终结果是近似的，但它们所反映出的思维逻辑并不一样，这种有因可循的绘图方式十分触动我。

二是一种高度凝练、升华提高的表达方式。在写总体战略和修改PPT框架时，于老师给予了我非常大的帮助。对于8周的专题工作，于老师只用一句话便可提取概括其精华，令我敬佩不已。修改总体战略和PPT框架时，于老师对字句逐一斟酌，反复修改，得到的成果更是让我感到不能望其项背。我曾不屑于某些“遥远的字眼”，但经过这次训练，我意识到这些词汇与语句，都是经过高度浓缩总结而来，其背后是一连串的思维逻辑。

在这次设计中，合作与沟通的重要性被充分体现。后8周小组六人分分合合，从个人到小团体再到个人又再到另一个团体。我们没有被禁锢于刻板的分组中，而是因需分合。这种有机合作高效有力，既充分发挥了每个人的工作动力，又提高了彼此间的沟通效率。未来我们将面临各种形式的团队工作，想必，个人的硬实力不能缺席，但团队协调的软技能也必不可缺。

我享受这16周探索式的学习方式，如在麦田间漫步，我知道稻草人的方向，却又不知道它的具体位置，只能钻进麦田，扒开麦穗，才能看到前方。其过程与结果都是富有趣味与挑战的。在这不断摸索的过程中，我也看到了自己的不足，需要学习如何更好地表达自己，需要从语言与汇报文件上做更精心的设计，需要更强大的快速学习能力与设计能力，需要更熟练地掌握软件……

路漫漫其修远兮，吾将上下而求索。相信在未来回看，这 16 周的设计课程一定是难忘而富有启发的。

3.4.3 李俊波:《从量变到质变》

16 周的空间规划课程就这样结束了，一开始我感觉很漫长很庞杂的工作也基本迎来了尾声。很高兴能在于涛方老师的指导，以及各学长学姐的帮助下最终完成课程的训练。在 16 周的学习中我有很多想法，下面想分几个方面简要叙述一下。

首先我想说的是我前 8 周的工作。说实话当时选生态这一专题只是对这个专题有一些兴趣，对于生态分析方面的知识储备还有 GIS 工具的使用现在看来都是远远不够的。事实也证明，在刚刚开始着手进行周口店镇的生态专题的分析时，我一度摸不着头脑不知从何下手，对基础资料的整理也有很多的问题没能解决。在这个过程中，多亏于老师和杨烁学长的帮助，还有其他老师和中规院老师的指导，才逐渐进入生态分析标准流程中，并且慢慢地也能够提出自己的工作流程和工作方法，在这方面非常感谢老师们和学长们提供的帮助。

在进行生态分析的过程中，我还有一个很大的体会，就是于老师对我们个人研究的鼓励。老实说因为各方面能力还不足，所以经常在设计课前花大量的时间在 GIS 平台进行摸索，但是没有很多有效的成果。在设计课上于老师不但没有批评我，还对我当前的方向提出必要的意见，并且鼓励我让我朝着自己的方向去做更多更深入的探索，同时杨烁学长也帮助我解决了很多技术上的问题。正是在这样的多方面的指导和帮助下，我在后期逐渐放松下来投入更多的精力在研究探索上，包括分析内容和分析方法，然后慢慢开始找到方法并且在短时间内做出了自己比较满意的成果。在我看来这就是从量变到质变的过程，在这个过程里，我不仅学会了生态分析应有的最基本的方法和流程，更学会了自己去探索的思维方法，我相信学会了这种思维方法后不管未来遇到怎么样的方案，我应该都能很快地适应并思考出发展的方向。

在后 8 周关于方案成型的工作中，我主要和王笑晨同学合作参与了有关“大事件推动周口店快速发展”模式的探讨及中心镇区方案的成型和城市设计方案的设计深化工作。除此之外我还参与了一部分镇域景观视廊体系和景观资源利用方面的探讨。相比起其他组的同学，我认为我们组工作的主要特点是落地性更强，也更加直观。我们对中心镇区及其周边的各项设计都做了很深入的探讨，同时也进行了很多轮的修改，因此在最终的成果呈现中从量上来看会略低于其他组的同学。通过和老师多次的探讨我对中心镇区的理解逐步发生了变化，也对猿人遗址的文化历史重要性有了新的认识。一开始我也是从实际可操作性出发进行思考，但是通过和老师的讨论我逐步学会从一个新的角度，从文化、历史、会展对地区的推动力及生态山水格局的角度去探索周口店发展的可能性。这也就有了我们最后的方案。老实说我也认为这一方案的可操作性是较低的，但是作为一个教学过程，我逐渐认同探索可能性比一个实际可落地的方案更加重要的观点。我认为从这一点来看，我们全组的教学目标是达到了的。

关于我们组的合作方式，我们组采取了相对比较灵活的组队方式，大家在过程中有个人的工作也有短时间或长时间的组队工作。我觉得这种方式确实能最大程度地发挥每位同学的优势，保证每位同学都能在适合的领域发挥自己的专长。但是我也发现在这个过程中，各个组之间的沟通不畅导致了很多问题。例如，我和王笑晨同学通过多轮的修改最终确定了中心镇区的控规方案，但是刘赟和周雅青同学因为不了解控规的设计思路，在进行南部片区城市设计的过程中又修改了控规，这里面既有有价值的修改，也存在很多不妥的修改，如和现状冲突的修改方案，后期又增加了很多不必要的协调工作。所以我认为应该在保持当前合作方式的优势的前提下，增加各个小组之间的沟通和讨论，这样能促进大家了解其他人的工作，也能保证整体方案的协调程度。

在 16 周的学习中我自认为还是收获到了很多关于空间规划的知识和技能，并且培养了自己相应的思维方法。最后感谢于老师在一学期的学习中对我的指导和帮助，我在学习中有做得不好的地方还请老师批评指出，祝老师工作顺利身体健康。

3.4.4 王笑晨:《完全新鲜的空间规划》

空间规划课程对于我来说是完全新鲜的内容，从控规尺度跳跃到小城镇尺度很不适应，虽然之前看过北京市总体规划和通州副中心总体规划，但是对小城镇尺度上的总体规划实际上没有一个总体上的了解。我想这一方面是因为老师在教学上的改革，老师们加入了很多对空间规划发展的思考，让我对规划行业未来的发展趋势有了更多了解；另一方面还是因为在前 8 周的工作较为分散，没有对所有专题做一个总结性的总体研究，使得对地段的把控缺乏整体性。

在于老师组的最大感受是于老师试图教给我们理性地探讨城市发展规律，这是之前没有接触过的方向，一定程度上让我们接触到了城市规划学术研究的思路。虽然在城市历史课上，老师们都讲过很多城市发展的方式，但基本是基于历史的发展做的分析，是历史分析的视角；人文地理学课上固然对城市发展的模型进行过讨论，但具体如何带入未来规划中去也没有过尝试。在本次设计课上，能够利用一些学过的知识，相对理性地探讨城市发展方向，城市发展逻辑，对我来说是很大的收获。例如，中心镇区的同心圆模式、扇形模式和阿隆索模型可以说是很好地指导和总结了中心镇区的设计思路逻辑，用简洁的语言进行了说明。还有通过对不同地区城市发展形式的总结探讨加深了我对各个因素对地区发展影响的认知，在最后做总结 PPT 的时候重新回顾和整理了之前参考的很多案例，感觉在最后的设计里都能有迹可循，也证明了自己对案例有了较为细致的理解。

3.4.5 王奕然:《仰望星空》

本学期的小城镇规划课程已经结束了，整个课程总体来说，还是收获满满的，认识了小城镇和总体规划的有关内容。当然，就如老师所说，毕竟还是一个意向性概念性的方案，不能完全与实际吻合，或者换句话说，理想总是应该走在前面的，这一点是让我觉得非常赞同的。我曾经很喜欢这样一个故事，说的是哲学家泰勒斯在雨天观察天上的星体，探寻星体的运动的规律，然后一不小心滑进了泥潭里，有人嘲笑他，说哲学家都是“只知道抬头空想却不知道注意脚下的人”。然而，文学家奥斯卡王尔德却说:“我们都在身陷泥潭，却有人在仰望星空。”我想，规划行业也是如此，仰望星空还是必要的，仰望在于对于理想的追求，在于对于城市理想发展模式的探寻与向往。如果只是想着怎么去和现实吻合，我们最终也只会向现实妥协，无法去对理想的模式进行探寻和尝试。

在本学期，我认识到了小城镇总体规划的流程，从专题到后来的三大块分组推进，再到后来分地区的，每个人各自的城市设计控规等，都给了我很大的收获和启发，从大二到大三再到现在的大四，我们做的内容实际上是一步一步在扩展，同时对于知识的认识也是在不断地推进。我们大二的时候是学习场地学习街道，那个时候就觉得和单体建筑已经截然不同，每个元素都需要统筹兼顾；但是到了大三学习住区及城市设计才发现，之前学的还是比较小的区域，对于整个城市而言，仍然不过是城市的单体罢了；之后到了现在的大四，我们学习的内容又从之前城市设计的局部来到了现在整个镇域，一步一步地推进让我们也逐渐在这个专业里找到了灵感与技巧。

前 8 周我所做的内容是文化的专题，后 8 周的前半部分和刘赟同学一同完成了精明收缩的部分，最后完成了旅游文化精华区和精华路线及北五村、西八村的总规建设。在此过程中，老师给我的帮助是非常大的，其他同学给我的触动也是很大的，在我迷茫不知所措的过程中，老师亲自为我找了无数篇有价值的文献，给我指引了方向，我非常感动。前 8 周的金陵兆域图、金陵周边遗址图、路线图等，实际上都是老师手把手在教我画，我感到收获真的很大。同时，老师所给的关于保定名城、黄帝陵等地的资料，也让我感觉得到了启发，学习别人的经验，就会让自己变得丰富。后 8 周的北五村、西八村设计的讨论，也让我真实地感受到，做设计真的不是天马行空从脑子里出东西，给我印象最深刻的是，最后绞尽脑汁想出了一个车厂村的平面图方案，实际上我已经按照了车厂村的肌理来完成，房屋的尺寸都是按照原先的现状完成的。但是老师说，其实这还是一种推倒重来的模式，在老师的建议下，我看了罗德胤老师所做的东西，又上网找了一些内容，深受启发。

同时，在合作的过程中，我也感受到了合作的重要性。我有时一个人在宿舍画图，有时也会在建筑馆和大家一起工作，我明显地能感觉到，和大家一起的时候，那种工作的方式是不一样的，是更高效的，更容易寻找出问题的出路，哪怕只是工作中的只言片语。

当然，反思之中我也认识到，我和其他同学之间仍然存在差距，这些差距也需要在日后的学习中不断弥补，在这门课程上，我挨老师“骂”是最多的，但换个角度看，我认为我的收获也是最大的。一切的言语激励，都是对我成长的推动，我会以这门课作为开始，真正努力认识规划、做好规划，在以后更上一层楼。最后仍以开始的那句话作总结，为了以后在规划的过程中，不忘初心，砥砺奋进，“我们都深处泥潭，却有人在仰望星空”。

3.4.6 周雅青:《抓大放小、自主探索》

16 周的空间规划给了我们非常大的收获。一时之间竟无法一一列出，因此叙述难免有些片段性。

在规划几年的学习中，我都感觉到自己分析能力的不足，特别体现在设计课的调研、概念构思确定等方面上。经常觉得无法下手，对问题的分析也不够透彻，这在规划的学习中无疑是很大的弱点。我曾经尝试培养自己的分析能力，但是一直未能得到提高。

直到这学期的总规学习。前 8 周的专题分析和后 8 周的设计阶段，都有非常丰富的收获。一开始，其实是非常不适应课程要求的，觉得这个东西自己也不太感兴趣、更不擅长，上起手来十分困难。例如，刚开始做空间形态专题的研究，先是对空间与形态到底要分析什么感到困惑，接着明白是对交通、用地的分析，但是此时的理解还是很片面；再到后来从市域、区域、镇域三个尺度来分析交通与用地，范围由大及小，对周口店镇做了细致的分析；还没有止步，在于老师的指导下，进一步从公共交通的角度分析周口店的交通现状，从时间序列的角度分析周口店空间形态的演变与带动发展……至此，我的思路也开始逐渐打开了，在这个探索的过程中分析能力不知不觉地提高了，对空间形态也有一套分析的逻辑，这对以后的学习都是获益匪浅的。

在前 8 周的学习过程中曾跟于老师产生过冲突，于老师教导我要抓大放小，不要总在小事情上纠结，这样很容易失去对大方向的把握。我自己也有了一些思考：确实，我是一个容易在小事情上纠结的人，譬如，画图时的颜色，支路是不是少了一条，用地划分的是不是不够细致……在进行这些细致工作之前，我都没有把握好大的方向，没有进行过对问题本质的思考。我恍然大悟，我的分析能力一直不高，不就是因为太过纠结细节了吗？于是，在于老师的带领下，我开始尝试先把握问题方向，在对问题有了大致的掌握后，再根据需要细化，这样才能提高分析能力，提高专业能力。对于这个转变，是于老师点醒了我，我非常感谢。

后 8 周，前段时间主要做了周口店精明演进的分析。这个问题非常有意思，也符合周口店的特性，同时将肌理和发展逻辑相结合，表达方式也非常新颖。从这部分工作中，我开始真正做了一些独立的思考分析，并且将成果用建筑学专业的语言表达了出来，算是前 8 周转变的第一次练习。可以说，我第一次感受到了自主分析的快乐，只要掌握正确的方法，分析问题也不是件难事，按照于老师的要求来做，我不仅会画图，还学会了研究问题的能力，再一次感谢于老师！

16 周的学习是非常综合的，涉及了空间形态的现状分析和研究、城镇发展逻辑的研究、总体规划目标的确定、控规、城市设计等非常丰富的练习。课程综合度高、深度广，这在给我们巨大挑战的同时，也给了我们充分的锻炼和丰富的收获。谢谢于老师的教导！

主要参考文献

ALEXANDER E R, MAZZA L, MORONI S, 2012. Planning without plans? Nomocracy or teleocracy for social-spatial ordering[J]. Progress in Planning, 77(2): 37-87.

阿维・弗里德曼 ,2016. 中小城镇规划 [M]. 武汉: 华中科技大学出版社 .

房山分区规划(国土空间规划)(2017—2035 年)[Z].

李铁，邱爱华，文辉，等，2013. 中国小城镇发展规划实践探索 [M]. 北京: 中国发展出版社 .

李沁原，于涛方，2018. 调节学派论中国城镇变迁: 以保定为例 [C]// 中国城市规划学会 . 共享与品质——2018 中国城市规划年会论文集(12 城乡治理与政策研究). 北京: 中国建筑工业出版社 .

吴唯佳，于涛方，武廷海，等，2020. 空间规划Ⅱ: 大型项目引领的京张承协同发展 [M]. 北京: 清华大学出版社 .

吴唯佳，武廷海，于涛方，等，2017. 空间规划 [M]. 北京: 清华大学出版社 .

于涛方，吴唯佳，武廷海，2019. 基于“知识统筹·尺度关联”的小城镇规划设计 studio 探索 [C]// 教育部高等学校城乡规划专业教学指导分委员会，湖南大学建筑学院 . 协同规划・创新教育——2019 中国高等学校城乡规划教育年会论文集 . 北京: 中国建筑工业出版社 .

于涛方，吴志强，2004. 大城市周边中小城市崛起的条件和机制研究 [J]. 同济大学学报(社会科学版)，15(03): 50-56.

于涛方，吴志强，2005.“战略转折点”与中小城市的发展战略研究——以济南章丘战略研究为实证 [J]. 城市规划，2005（5）：22-29.
约瑟夫·E. 斯蒂格利茨，杰伊·K. 罗森加德，1999. 公共部门经济学 [M]. 北京：中国人民大学出版社 .

后　记

本作品集是清华大学建筑学院城乡规划专业本科生四年级上学期“小城镇规划设计 studio”课程 2017 年度、2018 年度的设计课基础上整理而成。教学过程中，得到了“学界”“政界”“企业界”等机构单位及专家、领导的大力支持，在此表示最真诚的感谢。

在此尤其要感谢建筑与城市研究所副所长吴唯佳教授在课程组织、现场调研、成果评审等环节的大力支持；感谢武廷海教授在本课程开展中，精心组织的一系列讲座，以及对课程组织的包容和鼓励。在中期专题研究评审过程、终期规划设计评图过程中，得到了建筑学院师生的支持。

本课程的组织，得到了相关地方政府、规划和研究机构的鼎力支持。他们是保定安国市人民政府、安国市石佛镇人民政府、北京房山区周口店镇人民政府、中国城市发展规划院、北京城市规划设计研究院、清华同衡城市规划设计研究院有限公司等。相关的地方政府领导包括安国石佛镇镇书记陈栋、周口店镇方玉祥书记、张福利书记、杨兆军主席等。他们在清华大学师生的现场调研、教学评审中给予大力的支持。感谢北京清华同衡规划设计研究院有限公司的卢庆强总工、汪淳所长、夏竹青所长及中国人民大学郐艳丽教授、北京市城市规划设计研究院王崇烈所长的讲座；尤其要感谢中国城市发展规划院的刘贵利院长、王禹博士，他们对于课程的顺利展开给予了无私的帮助，提供课程选点建议、联系相关单位、提供相关资料、提供相关的建议等。

从学生的作业成果到本书的形成，是一个再整合、再创造的烦琐过程。非常感谢研究生徐佳慧、邓冰钰、孟祥懿、郑伊辰。另外，在教学过程中，也得到了研究生杨烁、陈颂、梁禄全、李沁原等在食宿安排、资料提供、GIS 等技术答疑方面的协助。

最后要隆重推出清华大学建筑学院城乡规划专业 2014 级本科生、2015 级本科生的全体课程选修同学。他们分别是：陈婧佳、邓立蔚、侯哲、李静涵、马晗熙、孟祥懿、张东宇、郑伊辰（2014 级）；梁嫒媛、刘赟、李俊波、王笑晨、王奕然、周雅青（2015 级）。

小城镇如同小麻雀，对其的了解和规划仍需与时俱进。此时，中国小城镇规划范式和方法论正在发生着根本性的变化。当然，这种变化并不是对传统方法的一概摒弃，而是在继承中不断融通创新。在该过程中，谬误难免，但这方面的教学探索，我们不改初心，言近旨远，一直在路上。与之相伴随的是，城市规划是一个非常复杂的、动态的过程，有很多的决策不仅仅需要方方面面的信息对称，而且还需要有权衡的过程。为此，本书中的一些判断不可避免的是，差之毫厘而谬以千里。书中的观点和结论，是在一定的信息和资料约束条件下所做的判断。从真题假做的角度出发，在考虑现实操作性问题的同时，有时候反而鼓励学生可摒弃一些束缚，多一些学理的判断和设计畅想。特此说明，书中观点和结论，仅仅用于教学学术参考，不用于实际的决策。此外，本书的出版得到清华大学出版社张占奎主任、施佳明编辑以及其他编辑、校对老师的全力支持；本书通过网络途径引用了部分图片资料，在此一并感谢。

作者

2019 年 12 月于清华园